Maschinenelemente

Leitfaden zur Berechnung und Konstruktion
für technische Mittelschulen, Gewerbe- und
Werkmeisterschulen sowie zum
Gebrauche in der Praxis

Von

Hugo Krause
Ingenieur

Vierte, vermehrte Auflage

Mit 392 Textfiguren

Berlin
Verlag von Julius Springer
1922

Softcover reprint of the hardcover 4th edition 1922

ISBN-13: 978-3-642-98474-7 e-ISBN-13: 978-3-642-99288-9
DOI: 10.1007/ 978-3-642-99288-9

Vorwort zur zweiten Auflage.

Das vorliegende Buch ist als Lehrbuch für technische Lehranstalten und als Nachschlagebuch für den in der Praxis stehenden Techniker bestimmt. Da es nur die elementarsten Kenntnisse der Mathematik, Mechanik und Festigkeitslehre voraussetzt, eignet es sich auch für niedere technische Lehranstalten und zum Selbststudium. Die erste Auflage ist aus dem Bedürfnis entstanden, für die Schüler einer Werkmeisterschule ein kurzgefaßtes, wohlfeiles Buch zu schaffen, das die allgemeinen Gesichtspunkte, von denen man beim Entwerfen und der Herstellung der Maschinenelemente auszugehen hat, sowie die Hauptformeln zu ihrer Berechnung zusammenfaßt. Da das Buch auch in anderen Kreisen vielfach Eingang gefunden hat, ist die zweite Auflage durch Aufnahme mehrerer Formeln und Berechnungen, die etwas weitergehende Vorkenntnisse (z. B. Trigonometrie) voraussetzen, erweitert worden; doch können diese ohne Schwierigkeit überschlagen werden.

Die Abbildungen sollen in erster Linie zur Erläuterung des Textes dienen, schon des geringen Raumes wegen können sie nicht alle Einzelheiten der betreffenden Elemente wiedergeben und größere Konstruktionszeichnungen nicht ersetzen. Es ist deshalb wünschenswert, im Konstruktionssaal ein größeres Vorlagenwerk für die Schüler aufzulegen. Jedem Schüler die Anschaffung einer solchen Vorlagensammlung ohne begleitenden Text vorzuschreiben, wie es an manchen Techniken geschieht, halte ich, von dem meist hohen Preis dieser Bücher ganz abgesehen, für bedenklich, da der Schüler hierdurch nur zu leicht zum gedankenlosen Abzeichnen verleitet wird.

Das Buch stützt sich in den meisten zur Berechnung der einzelnen Maschinenelemente dienenden Formeln und Konstruktionsregeln, wie auch in einigen Abbildungen auf das im Verlage von Alfred Kröner in Leipzig erschienene klassische Werk: Die Maschinenelemente, von C. v. Bach. Auch die Bezeichnungen sind meist im Einklang mit diesem Werke, bzw. den meistgebräuchlichen sich gleichfalls an Bach anlehnenden Nachschlagebüchern Hütte und Freytag, Hilfsbuch für den Maschinenbau, gewählt. Dagegen habe ich die von einigen Kritikern bemängelten Abweichungen in der Anordnung des Stoffes beibehalten, da ich es bei einem Lehrbuch, das von teilweise noch sehr wenig vorgebildeten Schülern in die Hand genommen wird, für logisch halte, das Leichtere vor dem Schwereren zu behandeln, auch wenn dabei z. B. die indirekte Übertragung (Riementrieb) vor der direkten (Zahnräder) zur Besprechung kommt. Sonst bin ich bemüht gewesen, allen mir zur Kenntnis gelangten Wünschen nachzukommen, soweit es der Zweck des Buches und die Rücksicht auf Umfang und Preis zuließen. Da der Wunsch, dem Buch seinen wohlfeilen Preis auch in der zweiten Auflage nach Möglichkeit zu erhalten, den Ergänzungen gewisse Grenzen setzte, habe ich bei diesen namentlich die allgemeinen Kapitel (Befestigungsmittel und Transmissionen) berücksichtigt, die Elemente der Dampfmaschinen usw. werden doch meist erst bei Besprechung dieser Maschinen eingehender behandelt, und diese Behandlung ist oft erst im Zusammenhang mit der der Wirkungsweise der Maschinen recht verständlich.

Allen, die mich durch Ratschläge für die Neuauflage, wie auch den Firmen, die mich durch Überlassung ihrer Druckschriften und Zeichnungen unterstützt haben, spreche ich hiermit meinen verbindlichsten Dank aus.

Iserlohn, im April 1913.

Der Verfasser.

Vorwort zur dritten Auflage.

Die zweite Auflage, die während des Krieges im Auftrage der Gesellschaft zur Herausgabe technischer Literatur in Warschau durch Prof. Dipl.-Ing. A. Humnicki auch in die polnische Sprache übertragen wurde, war zu Beginn des Jahres vergriffen, so daß das Buch einige Zeit im Buchhandel fehlte.

Die Neubearbeitung hatte in erster Linie die Normalisierungsarbeiten und die Verwendung von Ersatzmaterialien zu berücksichtigen. Erstere sind nur zum kleinen Teil abgeschlossen, von letzterer läßt sich noch nicht sagen, in welchem Umfange sie sich behaupten wird. Es war deshalb nach beiden Richtungen hin Beschränkung geboten.

Verschiedenen Wünschen Rechnung tragend, wurde eine kurze Zusammenstellung der wichtigsten Baustoffe vorausgeschickt und der Herstellung nach den Grundsätzen wirtschaftlicher Fertigung mehr Beachtung geschenkt, auch Beispiele aus dem Werkzeugmaschinenbau herangezogen. Die Erweiterungen mußten aber, um den Preis des Buches nicht in unzulässiger Weise zu erhöhen, in engen Grenzen gehalten werden, weshalb auch nicht alle Wünsche Berücksichtigung finden konnten. Ein elementares Buch muß sich eben auf die für durchschnittliche Verhältnisse geltenden Näherungsformeln beschränken, deren Anwendung natürlich Grenzen gesetzt sind, sobald es sich um verwickeltere Kräftewirkungen, hohe Geschwindigkeiten und außergewöhnliche Temperaturen handelt.

Iserlohn, im Herbst 1919.

Der Verfasser.

Vorwort zur vierten Auflage.

Die dritte Auflage war so schnell vergriffen, daß das Manuskript zur vierten in sehr kurzer Zeit fertiggestellt werden mußte. Ich mußte mich deshalb in der Hauptsache auf unbedeutende Ergänzungen aller Abschnitte beschränken. Neu eingeschaltet wurde der Abschnitt „Über die Herstellung von Zeichnungen“. Die Fortschritte der Normung wurden soweit als möglich berücksichtigt.

Iserlohn, Ende 1921.

Der Verfasser.

Inhaltsverzeichnis.

III. Maschinenelemente zur Fortpflanzung der drehenden Bewegung von einer Welle auf die andere.

A. Der Riementrieb.

B. Der Seiltrieb.

C. Reibungsräder.

D. Zahnräder.

IV. Maschinenelemente der geradlinigen Bewegung.

A. Seile und Ketten, deren Rollen und Trommeln.

B. Kolben und Kolbenstangen.

V. Maschinenelemente zur Umänderung der geradlinigen Bewegung in eine drehende.

Die Teile des Kurbelmechanismus.

VI. Maschinenelemente zur Aufnahme und zur Fortleitung von Flüssigkeiten, Dämpfen und Gasen.

A. Zylinder.

B. Rohre und Rohrverbindungen.

C. Absperrvorrichtungen.

Anhang.

Berechnung der Federn.

Tabellen.

Quellenwerke.

v. Bach, C., Die Maschinenelemente. 11. Aufl. Leipzig 1914, A. Kröner.
Freytag, Fr., Hilfsbuch für den Maschinenbau. 6. Aufl. Berlin 1920, Julius Springer.
Dubbel, H., Taschenbuch für den Maschinenbau. 3. Aufl. Berlin 1920, Julius Springer.
v. Grove, O., Konstruktionslehre der einfachen Maschinenteile. Leipzig 1906, S. Hirzel.
„Hütte", Des Ingenieurs Taschenbuch. 21. Aufl. Berlin 1911, W. Ernst & Sohn.
Keller, K., Berechnung und Konstruktion der Triebwerke. 4. Aufl. München 1904, Bassermann.
Laudien, K., Maschinenelemente. 2. Aufl. Leipzig 1920, Dr. M. Jänecke.
Lindner, G., Maschinenelemente, Stuttgart 1910, Deutsche Verlagsanstalt.
Rebber, W., u. A. Pohlhausen, Berechnung und Konstruktion der Maschinenelemente. 7. Aufl. Mittweida 1913, Polytechnische Buchh. R. Schulze.
Reuleaux, F., Der Konstrukteur. 4. Aufl. Braunschweig 1899, F. Vieweg & Sohn.
Schneider, M., Die Maschinenelemente. Braunschweig 1905, F. Vieweg & Sohn.
Volk, Einzelkonstruktionen aus dem Maschinenbau. Berlin, Julius Springer.
Haupt, P., Kugellager und Walzenlager. München 1920, R. Oldenbourg.
Hippler, Die Dreherei und ihre Werkzeuge. Berlin 1918, Julius Springer.
Stiehl, Theorie des Riementriebs. Berlin 1919, Julius Springer.
Güldner, Kalender für Betriebsleitung und praktischen Maschinenbau. Leipzig, Degener.
Uhlands Ingenieur-Kalender. Leipzig, A. Kröner.
Lueger, O., Lexikon der gesamten Technik. Stuttgart, Deutsche Verlags-Anstalt.
Zeitschrift des Vereins deutscher Ingenieure.
Der Betrieb.
Mitteilungen über Forschungsarbeiten.
Werkstattstechnik.
Werkzeugmaschine.
Das Metall (Zeitschr. f. d. ges. mech., chem. u. elektrochem. Metallverarbeitung).
Druckschriften der im Text angeführten Firmen.

Kurze Bemerkungen über die wichtigsten Werkstoffe.

Einem bei der Besprechung der 2. Auflage dieses Buches geäußerten Wunsche nachkommend, sollen die wichtigsten Werkstoffe und ihre Haupteigenschaften ganz kurz zusammengestellt werden. Diese kurze Aufstellung kann natürlich eine eingehende Beschäftigung mit der Materiallehre nicht ersetzen, soll vielmehr nur ein Hilfsmittel bei der Aufstellung der Stücklisten und der Materialangabe auf den Zeichnungen sein.

Gußeisen, kohlenstoffreich (bis 6%), durch ein- oder mehrmaliges Umschmelzen aus grauem oder halbiertem Roheisen unter Zusatz von Altguß, manchmal von Stahlspänen oder -abfällen mit Koks im Kupolofen, seltener im Flamm- oder Tiegelofen hergestellt. Um die für den Sonderzweck erforderlichen Eigenschaften zu erzielen, mischt man verschiedene Gießereiroheisensorten mit anderen Zusätzen (Gattierung). Im gewöhnlichen Gußeisen ist der Kohlenstoff vorwiegend als Graphit enthalten, solches Gußeisen ist verhältnismäßig weich und mit Schneidwerkzeugen leicht bearbeitbar, es dehnt sich im Moment des Erstarrens aus und füllt deshalb die Form gut aus, gibt also scharfe Abgüsse; seine Farbe ist grau: Grauguß. Ein wesentlicher Bestandteil ist Silizium, schädliche Bestandteile sind Schwefel und Phosphor; letzterer macht das Gußeisen zwar leichtflüssig, vermindert aber die Festigkeit erheblich.

Wenn siliziumarmes Gußeisen mit höherem Mangan- oder Chromgehalt rasch abgekühlt wird (Kokillenguß), scheidet sich der Kohlenstoff nicht als Graphit aus, es entsteht das weiße Roheisen, das hart und spröde (Hartguß), schwer bearbeitbar ist und stark schwindet. Formt man in Sand, stellt aber einzelne Teile der Form, an denen das Gußstück hart werden soll, aus Kokillen her, so erhält man bei geeigneter Gattierung Gußstücke, die in der Hauptsache aus dem weichen Grauguß bestehen, an einzelnen Stellen, wie Laufflächen u. dgl., aber aus dem harten Weißguß.

Gußeisen ist leicht schmelz- und gießbar, aber nicht schmiedbar. Schmelzpunkt der meisten Gußeisensorten etwa 1200° C, Zugfestigkeit 1200—2400 kg/qcm, Druckfestigkeit 7000—8500 kg/qcm, spez. Gewicht 7,1—7,3 (flüssig etwa 6,9), Schwindmaß 0,9—1,35%.

Darstellung auf Zeichnungen meist weite Schraffur (im vorliegenden Buch, der besseren Unterscheidung bei der starken Verkleinerung wegen, gestrichelte Schraffur), farbig: Neutraltinte.

Verwendung für alle schwieriger gestalteten, namentlich hohlen Teile, Lager, Kupplungen, Zahnräder, Riemen- und Seilscheiben, Kolben, Zylinder, Rohre, Ventile usw. Für Teile, die im Betriebe starke Zugspannungen oder stoßweise auftretende Beanspruchungen auszuhalten haben, ist Gußeisen möglichst nicht zu verwenden.

Temperguß — schmiedbarer Guß, entsteht aus geeignetem Gußeisen durch längeres Glühen der fertigen Gußstücke in sauerstoffhaltigen Stoffen (Roteisenstein), wobei der als Eisenkarbid vorhandene Kohlenstoff in Temperkohle verwandelt und teilweise, namentlich an der Oberfläche, verbrannt wird. Dadurch wird das Eisen schmiedbar. Zugfestigkeit 3200—3600 kg/qcm.

Verwendung für kleine Massenartikel, Hebel, Riegel, Flügelmuttern u. dgl., soweit diese nicht durch Schmieden im Gesenk hergestellt werden.

Darstellung wie Schmiedeeisen mit besonderer Kennzeichnung in den Stücklisten.

Stahlformguß, nicht zu verwechseln mit Gußstahl (siehe dort), wird aus schmiedbarem, nicht immer merklich härtbarem Material, also Schmiedeeisen oder Stahl, im Tiegelofen, Kleinkonverter, sauren oder basischen Martinofen oder Elektroofen geschmolzen und in Formen gegossen. Die Festigkeitseigenschaften schwanken in weiten Grenzen, die Zugfestigkeit etwa zwischen 3500 und 7000 kg/qcm und mehr, für die Druckfestigkeit ist bei weichem Material die Quetschgrenze 2100 kg/qcm und mehr maßgebend, bei härterem Material steigt die Druckfestigkeit mit dem Härtegrade bis über die Zugfestigkeit. Die Festigkeit läßt sich durch Überschmieden noch erhöhen.

Darstellung: Kreuzweise schraffiert, abwechselnd schwach und stark. Farbig violett schraffiert.

Verwendung für Ventilgehäuse für hohen Druck, Dampfturbinengehäuse, Laufräderscheiben, höher beanspruchte Zahnräder usw.

Zuweilen wird auch Guß aus reinem Gußeisen mit Zusatz von Stahlschrott als Stahlguß bezeichnet.

Mitisguß (Weichguß), schmiedbar und schweißbar, durch Umschmelzen von Schweißeisenabfällen unter Zusatz von Aluminium im Tiegelofen mit Ölfeuerung hergestellt, gibt beim Gießen scharfe Formen und erreicht nahezu die Festigkeit des Stahles.

Darstellung wie schmiedbarer Guß.

Das schmiedbare Eisen wird eingeteilt in das nicht härtbare Schmiedeeisen mit geringem Kohlenstoffgehalt (etwa 0,05—0,6%) und den infolge höheren Kohlenstoffgehaltes (0,6—1,5%) oder Gehaltes an anderen Legierungsbestandteilen härtbaren Stahl, nach der Herstellung in das in teigigem Zustande (fast nur noch durch den Puddelprozeß) gewonnene Schweißeisen (Schweißschmiedeeisen und Schweißstahl) und das in flüssigem Zustande (Konverter, Martinofen, Tiegelofen oder Elektroofen) gewonnene Flußeisen (Flußschmiedeeisen und Flußstahl). Im Auslande wird meist alles Flußeisen als Stahl bezeichnet. Wir unterscheiden:

Schmiedeeisen, schmiedbar, nicht härtbar, wohl aber durch längeres Glühen in kohlenstoffhaltigen Stoffen äußerlich verstählbar (Einsatzhärtung, Zementieren).

Darstellung: Enge Schraffur, farbig: preußischblau.

Hierzu gehören:

Schweißeisen, meist von gröberem, sehnigem Gefüge, Schmelzpunkt 1500—1600° C, unterhalb des Schmelzpunktes in weiten Grenzen weich und formbar, deshalb schmiedbar und schweißbar (durch Druck und Schlag zusammenfügbar). Zug- und Druckfestigkeit 3300 bis 4000 kg/qcm parallel, 2800—3500 kg/qcm senkrecht zur Sehnenrichtung. Spez. Gewicht 7,85. Verwendung namentlich der feinkörnigen, sich dem Stahl nähernden Abarten für Zapfen, Wellen, Bolzen, Schubstangen usw.

Flußeisen, von feinkörnigem hellgrauen Bruch, je nach dem Herstellungsprozeß Bessemereisen, Thomaseisen, saures und basisches Siemens-Martineisen, Elektroeisen oder Tiegelflußeisen genannt, Schmelzpunkt 1350—1450° C, verdrängt das Schweißeisen immer mehr. Zug- und Druckfestigkeit 3400—4400 kg/qcm (bei den weicheren Sorten des Schweiß- und Flußeisens ist für die Druckfestigkeit die Quetschgrenze 1800—2000 kg/qcm und mehr maßgebend).

Man versteht unter Flußschmiedeeisen gewöhnlich das Walzeisen; Formguß siehe Stahlguß und Mitisguß.

Stahl, gekennzeichnet durch Härtbarkeit, größere Festigkeit und größere Dichte, also höheres spezifisches Gewicht. Da diese Eigenschaften mit dem Gehalt an Kohlenstoff und anderen Legierungsbestandteilen allmählich ansteigen, hat man keine scharfe Grenze, man hat deshalb festgesetzt, Eisen von mehr als 5000 kg/qcm Zugfestigkeit als Stahl zu bezeichnen.

Darstellung: Abwechselnd stark und schwach schraffiert, farbig: violett.

Schweißstahl, gewonnen wie Schweißeisen, außerdem aus Schweißeisen durch Zementieren als Zementstahl. Schmelzpunkt 1300 bis 1400° C, verhältnismäßig weich und zäh.

Gerbstahl ist durch weitere Verarbeitung unter dem Hammer bzw. der Walze veredelter Schweißstahl.

Flußstahl, weniger gut schweißbar, aber von hoher Festigkeit; 5000—10 000 kg/qcm und mehr, spez. Gewicht 7,85 und höher. Flußstahl von guter Schweißbarkeit wird häufig als Gerbstahl (siehe oben) oder als Raffinierstahl bezeichnet.

Je nach der Herstellung unterscheidet man Bessemerstahl, Siemens-Martinstahl, Tiegelstahl und Elektrostahl; erstere bilden den dem Schmiedeeisen nahestehenden und in der Hauptsache wie dieses verwendeten Maschinenstahl, letztere die hochwertigen Legierungsstähle: Schneidstahl oder Werkzeugstahl und die hochwertigen Konstruktionsstähle, die auch nach den hauptsächlichen Legierungsbestandteilen Nickel, Chrom, Wolfram, Molybdän, Vanadium usw. benannt werden.

Federstahl ist ein zähharter Stahl von ungehärtet bis 10 000 kg/qcm und mehr, gehärtet bis 17 000 kg/qcm und mehr Festigkeit.

Der im Tiegel gewonnene Flußstahl wird vielfach als Gußstahl bezeichnet. Dieser durch Walzen in Stabform gebrachte Schmiedestahl ist nicht zu verwechseln mit Stahlguß. Der außerordentlich großen Unterschiede zwischen der Festigkeit, Härte, Dehnungsziffer usw. der verschiedenen Stahlarten wegen ist es, da man in den Zeichnungen nicht für jede Art eine besondere Darstellung wählen kann, unbedingt notwendig, in den Stücklisten die Art des zu verwendenden Materials genau anzugeben.

Von den zahlreichen anderen im Maschinenbau noch verwendeten Werkstoffen können nur die wichtigsten angeführt werden:

Das **Kupfer,** rotes, weiches, sehr geschmeidiges, die Elektrizität und die Wärme gut leitendes Metall, Schmelzpunkt 1084° C, spez. Gewicht gegossen 8,7—8,8, gehämmert, gewalzt oder elektrolytisch niedergeschlagen 8,9—8,96, Festigkeit 2200—2700 kg/qcm, nimmt bei stärkerer Erwärmung rasch ab. Es ist ziemlich widerstandsfähig gegen chemische Einwirkungen.

Verwendung: Als Blech für Teile von Kesselwänden (Feuerbüchsen), für Rohre, Stehbolzen, Nieten usw., namentlich aber für elektrische Leitungen und Teile elektrischer Maschinen.

Darstellung: Kreuzweise schraffiert, farbig: rot.

Noch größere Bedeutung als das reine Kupfer haben die Kupferlegierungen, besonders das Messing und die Bronzen.

Darstellung: Abwechselnd dick gestrichelt und schwach durchgezogen schraffiert, farbig: gelb oder orange.

Messing, gelbe Legierung von Kupfer und Zink, bestehend aus zwei Mischkristallen: α-Kristalle mit ungefähr 62,5% Kupfer und β-Kristalle mit $53^1/_3$% Kupfer. Im Schrauben-Preßteil- und Profilmessing überwiegt der β-Kristall, in der Glühhitze bildsam, bei gewöhnlicher Temperatur spröde, daher mit Schneidwerkzeugen gut bearbeitbar, da die Späne brechen und sich nicht zu langen Spiralen aufwinden, im Präge-, Stanz- und Nietmessing überwiegt der α-Kristall, in der Glühhitze spröde, dagegen bei gewöhnlicher Temperatur weich und bildsam, allerdings auch weniger fest als β-Messing. Schmelzpunkt 880—915° C.

Durchschnittliche Zerreißfestigkeit von gegossenem Messing 1500 kg/qcm, spez. Gewicht 8,4—8,7, bei gewalztem und gezogenem Material steigt das spezifische Gewicht bis 8,73, die Zerreißfestigkeit bis 7000 kg/qcm und mehr, durchschnittlich kann sie gleich 5000 kg/qcm gesetzt werden.

Der Normblattentwurf unterscheidet: „Messing“ ohne absichtliche Zusätze und „Sondermessing“ mit absichtlichen Zusätzen. Messing wird bezeichnet als „Ms“ mit einer dahintergesetzten Ziffer, die den Kupfergehalt angibt, z. B. Schaufelmessing (für Turbinenschaufeln) „Ms 72“, Gußmessing 67 wird „Ms 67 Guß“ genannt zum Unterschiede von dem Patronenmessing „Ms 67“, Druck-Messing „Ms 63“, Schmiedemessing „Ms 60“, Schraubenmessing „Ms 58“ (mit 2% Bleigehalt).

Für Sondermessing „So Ms Guß" und „So Ms" (gewalzt) ist als Zusammensetzung festgelegt: 55—59% Kupfer, 0—0,3% Blei, 0—2% Mangan, 0—0,5% Zinn, 0—0,5% Aluminium, 0—0,5% Nickel, Rest Zink. Kondensatormessing mit 29% Zink, 1% Zinn.

Verwendung: Hähne, Ventile, Rohre, Schmierbüchsen usw.

Rotguß, Maschinenbronzen: Reine Bronze ist eine Legierung des Kupfers mit Zinn, die Maschinenbronzen enthalten aber neben diesen beiden Bestandteilen noch Zink und Blei. Zur Verbesserung der Eigenschaften setzt man noch Phosphor, Silizium, Mangan, Vanadium u. dgl. zu, die den als Kupferoxydul gelösten Sauerstoff entfernen, in der nach ihnen genannten Bronze aber meist nur in Spuren enthalten sind, nur die Aluminiumbronze enthält Aluminium als wesentlichen Bestandteil.

Die Zusammensetzung der Maschinenbronzen ist sehr verschieden, einige Zusammensetzungen siehe unter Lager. Es ist deshalb auch nötig, in den Stücklisten genauere Angaben zu machen, die Angabe „Bronze" ist zu unbestimmt.

Schmelzpunkt etwa 750—920° C, spez. Gewicht 7,4—8,9.

Der Normblattentwurf unterscheidet „Zinnbronzen", und zwar Rohrbronze „Rohr Bz" mit 1,5%, Walzbronze „Wz Bz" mit 6% und Phosphorgußbronze „Ph Bz" mit 10% Zinn, ferner „Sonderbronze", und zwar 2 Maschinenbronzen „Ma Bz hart" und „Ma Bz weich" mit 11 bzw. 9% Zinn neben 4% Zink (der Name Rotguß für diese Legierungen ist wegen seiner Mehrdeutigkeit ausgeschieden), Flanschenbronze mit 5% Zinn und 4% Zink, Aluminiumbronze „Al Bz" mit 5—10% Aluminium, Rest Kupfer. (Näheres siehe Das Metall 1920 Heft 20.)

Verwendung für Lagerschalen, Hähne, Ventile und solche Maschinenteile, die chemischen Einwirkungen ausgesetzt sind.

Die Kupfer-Nickel- (Monelmetall) und Kupfer-Nickel-Zink-Legierungen (Neusilber) haben für uns weniger Bedeutung; in der Elektrotechnik werden ähnliche Legierungen als Widerstandsmaterialien gebraucht.

Das **Nickel,** ein weißes, ziemlich hartes, festes und dabei dehnbares Metall von 8,9 spez. Gewicht und etwa 1465° C Schmelzpunkt, wird für Ventilsitze verarbeitet, vereinzelt auch für andere Maschinenteile, die eine hohe chemische Widerstandsfähigkeit besitzen sollen, in letzterem Falle findet auch Anwendung:

das **Blei,** ein sehr weiches, geschmeidiges, wenig festes Metall, Schmelzpunkt 325° C, spez. Gewicht 11,45. Außer zu Röhren dient es namentlich zur Verkleidung von Teilen aus anderen Metallen, da seine geringe Festigkeit der Verwendung zur Herstellung selbständiger Teile Grenzen setzt. Durch Legieren mit Kupfer, Antimon, neuerdings auch Calcium, Natrium und Magnesium wird es zwar härter, verliert aber an chemischer Widerstandsfähigkeit.

Darstellung: Kreuzweise schraffiert, farbig: grau.

Das **Zinn,** ein weißes Metall, von 230° C Schmelzpunkt, ist der Grundbestandteil der als Weißmetall bekannten Legierungen, die zum Ausgießen von Lagerschalen, Exzenterbügeln usw. dienen, einige Zusammensetzungen siehe unter „Lager“, ähnliche Legierungen werden auch mit dem Hauptbestandteil Blei hergestellt (siehe gleichfalls unter „Lager“), schließlich auch mit dem Hauptbestandteil Zink. Die Zusammensetzungen aller dieser Legierungen sind sehr verschieden. Darstellung wie Blei, genauere Angabe in der Stückliste notwendig.

Das **Zink,** weiß mit einem Stich ins Blaugraue, Schmelzpunkt 420° C, bei 950° siedet und verdampft es, spez. Gewicht des gegossenen Zinks etwa 7, des gewalzten etwa 7,2. Gegossenes Zink ist spröde und brüchig und meist von großkristallinischem Gefüge. Das Gefüge läßt sich verfeinern, wenn man das Zink bei einer nur wenig über seinem Schmelzpunkt liegenden Temperatur gießt. Schwindmaß sehr hoch 1,6%, deshalb zeigen Vollgüsse leicht Senkungen an der Oberfläche und Sauglöcher, Hohlgüsse reißen leicht, wenn der Kern nicht weich und nachgiebig gemacht und die Form nicht sofort nach dem Erkalten geöffnet wird. Reines Zink verschmiert die Feile, man legiert es deshalb mit 1—10% Kupfer durch Zusetzen von Messingblechschnitzeln.

Zwischen etwa 90 und 160° C wird das im gegossenen Zustande so spröde Zink, das nur eine Zerreißfestigkeit von 200—300 kg/qcm und fast gar keine Dehnung zeigt, so dehnbar, daß man es hämmern, walzen, ziehen usw. kann. Die Erfahrung lehrt, daß für das Walzen namentlich die Temperaturen 90—110° und 135—160° evtl. 170° geeignet sind. Nach dieser Bearbeitung bleibt das Zink auch bei gewöhnlicher Temperatur viel zäher als gegossenes Zink, es nimmt Festigkeiten von 1600—2500 kg/qcm an und zeigt Dehnungen von 15—18%. Beim Erhitzen über die oben gegebene Temperaturgrenze tritt eine Rückkristallisation ein, und das Zink wird wieder grobkristallinisch und spröde.

Der Mangel an Kupfer und Kupferlegierungen zwang während des Krieges zu umfangreicher Anwendung von Zink und Zinklegierungen als Ersatzmaterialien, und diese Anwendung wird auch nach dem Kriege noch eine gewisse Bedeutung behalten, wobei die auf dem Gebiete der Veredlung des Zinkes gemachten Erfahrungen zu beachten sind. Von den zahlreichen „Kriegsbronzen“, die von einzelnen Firmen in den Handel gebracht wurden, abgesehen, handelt es sich in der Hauptsache um folgende zwei Wege:

1. Legieren mit 3% Aluminium und bis zu 6% Kupfer, langsames Gießen bei niedriger Temperatur, Vermeidung starker Einschnürungen am Gußstück und Anwendung eines großen verlorenen Kopfes, gutes Legieren durch Bildung von Vorlegierungen aus dem Kupfer mit einer kleineren Menge Zink und dem Aluminium mit einer kleineren Menge Zink. Man erhält dabei hohe Festigkeit und Härte, gute Verarbeitbarkeit durch Schneidwerkzeuge und feinkörnigen, lunkerfreien Guß. Einige Sonderlegierungen siehe unter „Lager“.

2. Dadurch, daß man reines oder legiertes Zink bei den oben für das Walzen angegebenen Temperaturen aus einem Zylinder durch eine Lochmatrize in Gestalt eines Stangenmaterials von

entsprechend geringerem Durchmesser herauspreßt. Man erhält dabei ein außerordentlich feinkörniges Preßzink von im Mittel etwa 1700 kg/qcm Festigkeit und 30% Dehnung, das verhältnismäßig weich, sehr biegsam und geschmeidig ist und sich zu feinstem Draht ausziehen läßt.

Aluminium und Aluminiumlegierungen haben ihrer Leichtigkeit wegen große Bedeutung für den Automobil- und Luftschiff- bzw. Flugzeugbau erlangt, auch als Lagermetalle sind Aluminiumlegierungen verwendet worden.

Aluminium ist ein grauweißes Metall vom spez. Gewicht 2,6—2,7, Schmelzpunkt 658° C, guter Elektrizitätsleiter, Schwindmaß 1,6%, Zerreißfestigkeit im gegossenen Zustande 1000—1200 kg/qcm, gewalzt 1475 kg/qcm, kalt bearbeitet bis 2700 kg/qcm. Es ist aber sehr weich, verschmiert die Feile und läßt sich mit Schneidwerkzeugen schlecht

Materialtafel für die Textfiguren.

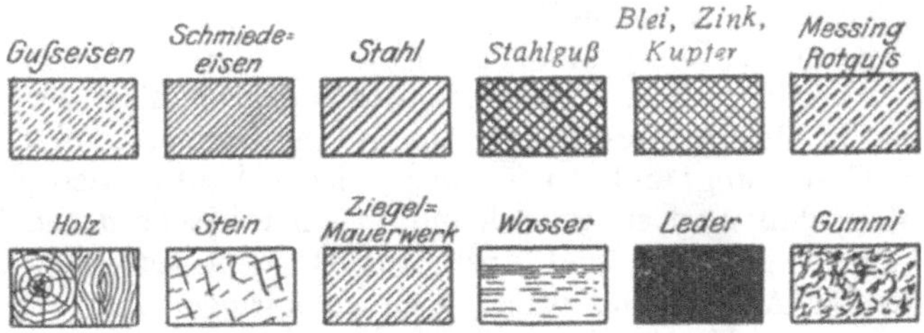

Lagermetalle aller Art außer Rotguß sind kreuzweise schraffiert, Nickel (bei Ventilen) schwarz dargestellt.

bearbeiten. Besser bearbeitbar sind die Aluminium-Magnesiumlegierungen (Magnalium), meist wird aber das Aluminium mit Zink und Kupfer legiert, z. B. 90% Aluminium, 7% Kupfer, 3% Zink oder 92% Aluminium, 8% Kupfer; 82% Aluminium, 15% Zink, 3% Kupfer; 65% Aluminium, 35% Zink usw.

Bei zu hohem Zinkzusatz wird die Dehnung zu gering, bewährt haben sich Legierungen mit 12% Zink, 1,5% Kupfer, 0,5% Mangankupfer, Rest Aluminium, Bruchfestigkeit 1600—2000 kg/qcm, Dehnung 2—4% und 15% Zink, 1% Siliziumkupfer, Rest Aluminium, Festigheit 1800—2200 kg/qcm, Dehnung 1—1,8%.

Von den zahlreichen Sonderlegierungen ist besonders das Duralumin der Dürener Metallwerke zu erwähnen. Zu beachten ist, daß bei vielen dieser Sonderlegierungen die günstigen Festigkeitseigenschaften durch eine besondere Wärmebehandlung, ein Vergüten erreicht werden. (Näheres siehe des Verfassers: Das Aluminium und seine Legierungen, Eigenschaften, Gewinnung, Verarbeitung und Verwendung.)

Was die Darstellung der Materialien auf Zeichnungen betrifft, geht schon aus den vorstehenden äußerst knappen Angaben hervor, daß man nicht jedes Material durch eine besondere Schraffur oder

Farbe kennzeichnen kann, es ist deshalb neuerdings üblich, die Schnitte gleichartig zu schraffieren und die genaue Materialangabe der Stückliste zuzuweisen, für die Textfiguren des vorliegenden Buches ist die bisherige Kennzeichnung der Materialien gemäß nachfolgender Materialtafel beibehalten worden, neue Abbildungen sind dagegen gleichartig schraffiert, ohne Rücksicht auf die Werkstoffe. (Abb. 37, 38, 39, 53, 73, 79, 106, 343, 346, 347, 348, 353, 381).

Normalisierung.

Die Notwendigkeit, die Wirtschaftlichkeit unserer Fabriken aufs höchste zu steigern, hat während des Krieges dazu geführt, daß man den Bestrebungen, die Betriebe zu spezialisieren und die Bauweisen der Maschinen zu typisieren, das heißt aus der Vielheit der Bauweisen bestimmte, sich gleichbleibende Ausführungsformen herauszubilden, erhöhte Beachtung geschenkt hat, da sie die Grundlage bilden für wirtschaftliche Massenherstellung.

Maschinen*teile* können aber nicht nur für *eine* typisierte Maschine verwendet werden, sondern sie können für eine große Zahl verschiedener Maschinen in gleicher Gestaltung Anwendung finden. Einigt man sich über die Gestaltung und Ausführung solcher häufig wiederkehrender Teile dahin, daß man sie überall nur in einer beschränkten Zahl von gleichbleibenden Größen und Ausführungsformen verwendet, so kann an Stelle der Anfertigung dieser Teile in geringer Zahl die Massenanfertigung unter Umständen in Sonderbetrieben, die sich voll und ganz der Vervollkommnung der Bauart wie der Verbesserung der Erzeugung widmen können, treten, was neben der Verbesserung der Erzeugung eine bessere Ausnützung aller uns zur Verfügung stehenden Arbeitskräfte und Arbeitsmittel und eine Einschränkung des übermäßigen, unfruchtbaren, nicht dem technischen Fortschritt dienenden Wettbewerbs ermöglicht.

Diese übereinstimmende Gestaltung und Ausführung eines Maschinenteils für verschiedene Verwendungszwecke, z. B. eines Handrades für den Support einer Drehbank, ein Ventil, einen elektrischen Schaltapparat, nennt man Normalisierung. Die Normalisierung braucht sich also durchaus nicht auf Maschinenteile, die in derselben Fabrik verwendet werden, zu beschränken, sondern die verschiedensten Fabriken können dieselben Normalteile verwenden. Normalisiert hat man zuerst Schraubengewinde, Nieten und Profileisen, im übrigen war eine Normalisierung meist nur innerhalb größerer Fabriken oder auch Fachverbände zu finden.

Mit der Gründung des Normenausschusses der deutschen Industrie (NDI) im Dezember 1917 ist die Normalisierung auf die breiteste Basis gestellt worden. Eine Reihe von Normen (D. I.-Normen) sind schon angenommen, z. B. Metrisches- und Whitworth-Gewinde, Vierkante, Kegelreibahlen für Stiftlöcher, Zylinderstifte, Kegelstifte, Normaldurchmesser, Zeichnungen, eine große Anzahl anderer Normblätter sind im Entwurf fertig und stehen zur Beratung.

Neben diesen allgemeinen Normalien, die in verschiedenen Industriezweigen verwendet werden, hat man zur Vereinheitlichung von Erzeugnissen eines bestimmten Industriezweiges, z. B. elektrischer Maschinen, Hebezeuge, optischer Apparate, noch Sondernormen aufgestellt.

In vorliegendem Buch konnten die Arbeiten des Normenausschusses nur zum Teil berücksichtigt werden, da bisher nur wenige Normblätter fertig vorliegen, auch die Normalisierung nicht die Aufgabe hat, dem Lernenden selbständiges Nachdenken über die zweckmäßigste Gestaltung eines Maschinenteiles abzunehmen und ihn in ähnlicher Weise zu gedankenlosem Arbeiten zu verleiten, wie es die früher üblichen Faustformeln und Bezugseinheiten taten. Jeder Konstrukteur muß aber die Arbeiten des Normenausschusses der deutschen Industrie (der seine Mitteilungen in der Zeitschrift „Der Betrieb" veröffentlicht) verfolgen und die zum Beschluß erhobenen Normblätter immer zur Hand haben und bei seiner Arbeit sorgfältig beachten, denn die Normung bewirkt eine Verringerung des Lagerbestandes an Maschinenteilen und insbesondere an Werkzeugen, erweitert die Austauschbarkeit, entlastet den Konstrukteur von Nebenarbeiten und erspart Rohstoffe, gibt vor allen Dingen aber die Grundlage für wirtschaftliche Herstellung, zu deren Förderung der Ausschuß für wirtschaftliche Fertigung, dessen Organ gleichfalls die obengenannte Zeitschrift „Der Betrieb" ist, gegründet worden ist. Voraussetzung für die Normung eines Maschinenteils ist allerdings, daß dessen konstruktive Entwicklung abgeschlossen ist; ist dies nicht der Fall, ist eine allgemeine Normung nicht statthaft, es kommt dann höchstens die Aufstellung sog. Werknormen für jeden einzelnen Betrieb in Betracht, die leichter als allgemeine Normen nach Bedarf geändert werden können.

Soweit die laufenden Arbeiten des Normenausschusses der deutschen Industrie und des Ausschusses für wirtschaftliche Fertigung in vorliegendem Buche noch keine Berücksichtigung finden konnten, muß auf obengenannte Veröffentlichungen verwiesen werden, die fertigen D. I.-Normblätter können von der Geschäftsstelle des Normenausschusses der deutschen Industrie, Berlin NW 7, Sommerstr. 4a, bezogen werden.

Allgemeine Konstruktionsgrundsätze.

Alle Konstruktionszeichnungen sind vor der Ausführung auf lückenlose Anwendung der D. I.-Normen zu prüfen und darüber hinaus Vereinheitlichungen in weitgehendstem Maße einzuführen. So ermöglicht eine Normalisierung der Hohlkehlenmaße die Beschaffung von Schablonen und Sonderdrehstählen, eine Normalisierung der Flanschenstärken eine Beschränkung der Schraubenbolzenlängen, eine Normalisierung der Kegelbohrungen und die Verwendung gleicher Kegel bei Gabelstangen, Kreuzköpfen usw. erleichtert die Herstellung usw.

Aber auch sonst muß der Konstrukteur die Herstellung immer im Auge haben. Alles Überflüssige ist zu vermeiden, nur das Notwendige konstruktiv durchzuführen. Große Stücke sollen nur möglichst einfachen Arbeitsvorgängen unterworfen werden, Handarbeit soll vermieden oder doch auf ein Mindestmaß beschränkt werden.

Alle Stücke müssen sich gut und bequem formen lassen, die Modelle müssen einfach und handlich sein und möglichst vielseitige Verwendung zulassen. Die Massen müssen richtig verteilt sein, so daß Lunker und Saugstellen vermieden werden. Kerne müssen gut entlüftet werden können.

Der Guß muß möglichst spannungsfrei herstellbar sein, sperrige Auswüchse sind zu vermeiden, wenn nötig sind Teile abzutrennen und besonders zu formen, namentlich größere Gußstücke sind zwecks Anpassung an den Formplatz und zwecks billiger zweckmäßiger Herstellung in mehrere Teile zu zerlegen. Symmetrische Gestaltung, die die Verwendung desselben Modells für Rechts- und Linksausführung zuläßt und weitgehende Verwendung von Kernbüchsen sind anzustreben, für die Möglichkeit leichter Entfernung des Kernes ist Sorge zu tragen.

Bei größeren Schmiedestücken ist die Lunkerbildung im oberen Teile des Blockes zu berücksichtigen, wenn nötig sind die Teile zu zerlegen, um sie durchbohren zu können. Große plötzliche Querschnittsänderungen sind zu vermeiden, da sie leicht zu unzulässigen Spannungen führen und auch die Ursache geringerer Durcharbeitung der weniger herabgeschmiedeten Teile bilden.

Vor allem ist aber auch auf die weitere Bearbeitung und den Zusammenbau von vornherein Rücksicht zu nehmen. Alle Stücke müssen sich bequem aufspannen lassen, die Zahl der zur Bearbeitung erforderlichen Aufspannungen soll so klein wie möglich sein. Die Teile sind also so zu gestalten, daß die Bearbeitung möglichst ohne nochmaliges Umspannen ausführbar ist.

Schmierfänger, Tropfnasen u. dgl. dürfen die Bearbeitung und die Aufstellung bzw. den Zusammenbau nicht erschweren.

Arbeitsflächen, welche gehobelt werden, sind ungeteilt auszuführen, soweit sie gefräst oder von Hand nachgearbeitet werden, sind sie in schmale Einzelflächen aufzulösen. Arbeitsleisten sollen nicht breiter als notwendig sein. Zwischen zusammenarbeitenden Teilen ist in den äußersten Stellungen genügend Spielraum zu geben, damit Nacharbeiten nicht notwendig ist.

Der Zusammenbau aller Teile ist leicht und sicher zu gestalten, Keilnuten, Schraubenlöcher usw. sind so anzuordnen, daß die Keile und Schrauben leicht eingezogen werden können.

Über die Herstellung von Zeichnungen.

Für die Herstellung von Zeichnungen werden vom Normenausschuß neue Grundlinien aufgestellt, doch sind die Beratungen nur zum Teil abgeschlossen. Es schien aus diesem Grunde verfrüht, die Druckstöcke zu diesem Buche, soweit sie diesen Normen nicht entsprechen, schon durch neue zu ersetzen, doch sollen nachstehend die bisherigen

Beschlüsse und Entwürfe des N. D. I. im Auszuge wiedergegeben werden.

D. I. Norm 5 macht über die Blattgröße, Maßstäbe und Farbe der Darstellung in den Zeichnungen folgende Angaben:

Maße in mm.

Zeichenblatt unbeschnitten . . .	1000 × 1400	700 × 1000	500 × 700	350 × 500	250 × 350	175 × 250	125 × 175	87 × 125
Lichtpause beschnitten . . .	960 × 1360	680 × 960	480 × 680	320 × 460	230 × 320	160 × 230	115 × 160	80 × 115
Dabei verbleibt ein Rand um die Zeichenfläche . . .	10	10	10	5	5	5	5	5

Die Blätter sind in der Breitlage zu verwenden. Gegenstände, die im Verhältnis zu ihrer Breite sehr hoch sind, können so aufgezeichnet werden, daß die Zeichnung hochstehend gelesen werden kann.

Als Maßstäbe sind zu benutzen:

1 : 1,

1 : 2,5, 1 : 5, 1 : 10, 1 : 20, 1 : 50, 1 : 100 für Verkleinerungen,

2 : 1, 5 : 1, 10 : 1 für Vergrößerungen.

Alle Gegenstände sind maßstäblich darzustellen, Abweichungen sind durch Unterstreichen der Maßzahlen kenntlich zu machen.

Der Maßstab der Zeichnung ist im Schriftfeld anzugeben, alle hiervon abweichenden Maßstäbe sind daneben in kleinerer Schrift aufzuführen und bei den zugehörigen Darstellungen zu wiederholen.

Die Stammpausen sind in schwarzen Linien und in schwarzer Schrift auszuführen, sie müssen in jeder Beziehung so vollständig sein, daß in den Vervielfältigungen (Blaupausen, Weißpausen, Drucken usw.) besondere Farben entbehrt werden können. Ausnahmen sind nur zur Angabe von Farbanstrichen und für Zeichnungen, die in einer Farbe nicht klar und übersichtlich wirken, zulässig.

D. I. Norm 15 sieht folgende Linienstärken vor: 1,2, 1, 0,8, 0,6, 0,4, 0,3 mm. Die zu diesen Vollinien gehörenden Strichlinien, Strichpunktlinien und Maßlinien sind in der genannten Reihenfolge schwächer. Es sind zu verwenden:

V o l l i n i e n. 1. Für sichtbare Kanten und Umrisse, und zwar 1,2 bis 0,3 mm stark. Sie sind — besonders bei Werkzeichnungen — so stark auszuziehen, wie es die Größe oder die Art der Zeichnung zuläßt, und zwar einheitlich bei allen im gleichen Maßstab gezeichneten Darstellungen eines Gegenstandes. 2. Für die Umrisse benachbarter Teile zur Andeutung des Zusammenhanges, für Grenzstellungen bei Hebeln, Kolben, Griffen usw. und bei Ansichten zur Angabe von Querschnitten, die in die Zeichenfläche gedreht sind, z. B. von Armquerschnitten bei Rädern, und zwar in der Stärke der Strichpunktlinien. 3. Als Maß- und Maßhilfslinien in der Stärke der untersten Linien der Gruppen. 4. Zum Schraffieren von Schnittflächen in der Stärke der Maßlinien.

Strichlinien. 5. Für unsichtbare (verdeckte) Kanten und Umrisse. Die Striche sind nicht zu kurz zu ziehen, ihre Länge hängt von der Gesamtlänge der zu strichelnden Linie ab. 6. Bei Sinnbildern z. B. für Kernlinien bei Schrauben (s. D. I. Norm 27) und für Grundkreise bei Zahnrädern (s. D. I. Norm 37).

Strichpunktlinien. 7. Für Mittellinien, und zwar etwas stärker als die Maßlinien. 8. Für Sinnbilder, z. B. für Teilkreise bei Zahnrädern (s. D. I. Norm 37). 9. Für Bearbeitungszugaben, z. B. bei Schmiedestücken. 10. Für Teile, die vor dem dargestellten Gegenstand liegen. 11. Zur Angabe von Schnittebenen. Hierbei sind die Striche etwas stärker als die sichtbaren Kanten auszuziehen. Bei den unter 9, 10 und 11 aufgeführten Linien sind die Striche kürzer als bei den Mittellinien zu halten.

Freihandlinien. 12. Für Sprengfugen und für Bruchkanten bei Metallen, Isolierstoffen, Steinen u. a. m. als Linien mit schwachen Krümmungen in der Stärke der Strichlinien; ebenso für Bruchkanten bei Holz als Zickzacklinien in der Stärke der Mittellinien. 13. Für Holzquerschnitte und für Holzoberflächen zur Kennzeichnung von Hirnholz und Langholz in der Stärke der Maßlinien.

Die Anordnung der Ansichten und Schnitte behandelt D. I. Norm 6:

Die Gegenstände sind im allgemeinen in der Gebrauchslage zu zeichnen, d. h. stehende nicht liegend für den Beschauer der Zeichnung und umgekehrt. In Teilzeichnungen kann bei Gegenständen, die in senkrechter oder wagerechter Achslage verwendet werden, wie Schrauben, Lager, Zahnräder, Bolzen usw., von dieser Regel abgewichen werden. Teile mit schräg im Raume liegenden Achsen sind in Einzeldarstellungen so anzuordnen, daß die Achsen wagerecht oder senkrecht gerichtet sind, wenn nicht besondere Gründe für die Beibehaltung der schrägen Achslage sprechen. Die einmal gewählte Blattlage (lange oder kurze Blattkante unten) ist beim Aufzeichnen weiterer Teile beizubehalten. Für die Anordnung der Draufsicht (Grundriß), der Untersicht, der Seitenansichten gilt die Sehrichtung, die Rückansicht wird neben die rechte Seitenansicht gelegt. Ist es nötig oder gerechtfertigt, hiervon abzuweichen, wie es bei Zeichnungsänderungen mit Nachträgen wegen Platzmangel oder bei Gegenständen mit schrägen Flächen (Dachbinder u. a. m.) oder bei sehr langen Körpern vorkommen kann, so ist die Sehrichtung durch einen Pfeil mit großen Buchstaben anzugeben, z. B. Ansicht in Richtung *A* oder Schnitt *A—B*, gesehen in der Richtung *C*. — Im allgemeinen ist für die Darstellung die Hauptansicht (Aufriß, Vorderansicht) die Draufsicht und die Seitenansicht zu wählen. Es können eine oder die beiden letztgenannten Ansichten weggelassen werden, wenn der Gegenstand durch zwei Ansichten oder durch die Hauptansicht ausreichend festgelegt ist. Um eine weitere Ansicht oder einen Schnitt zu sparen, können in die Darstellungen einfache zeichnerische Angaben aus einer zur Zeichenfläche senkrechten Ebene in feinen Linien eingetragen werden, z. B. Armquerschnitte, Flanschformen usw. — Als Hauptansicht ist diejenige (der Schnitt) zu wählen, die beim

Beschauen des Gegenstandes in wagerechter Richtung an Form und Abmessungen möglichst viel ausdrückt, oder die eine vorteilhafte Lage der Draufsicht oder der Seitenansicht für die Ausnutzung des Zeichenraumes ergibt. Es ist vorzuziehen, Gegenstände um schräglaufende Kanten umzulegen, wenn hierdurch ungünstige Verkürzungen der Darstellung vermieden werden.

Der Entwurf der D. I. Norm 140 „Bearbeitungsangaben" sieht für Schruppen ein mit der Spitze die Linie, die die zu bearbeitende Fläche darstellt, berührendes gleichseitiges Dreieck vor, für Schlichten 2, für Feinschlichten 3 solcher Dreiecke, für Kratzen ein ∾, für Sonderbearbeitung mit Spanabnahme (Schleifen, Polieren) ein offenes Dreieck V, für Sonderbearbeitung ohne Spanabnahme (Härten, Kordeln usw.) einen offenen Halbkreis ◡. Die Art der Bearbeitung ist in das offene Dreieck bzw. den Halbkreis einzuschreiben, oder es ist eine Nummer oder ein Buchstabe einzuschreiben, dessen Bedeutung nebenan zu erläutern ist. Ist die Fläche zu kurz, so ist das Bearbeitungszeichen auf eine Hilfslinie, die Verlängerung der Flächenlinie, zu schreiben.

Sinnbilder für Niete und Schrauben bei Eisenkonstruktionen gibt D. I. Norm 139. Die Darstellung der Schrauben und Muttern, des Gewindes usw. ist im Abschnitt „Schrauben" erläutert. D. I. Norm 16 gibt Schriftvorlagen.

D. I. Norm 28 gibt Richtlinien für die Anwendung von Schriftfeld und Stückliste.

Schriftfeld und Stückliste sind in der unteren rechten Ecke der Zeichnung anzubringen. Im Schriftfeld ist alles zu vereinigen, was an allgemeinen Vermerken zur Zeichnung gehört. Bestellerlisten und Zeichnungslisten, Schutzstempel, behördliche Genehmigungsvermerke usw. sind in den Mustern nicht enthalten, sie sind nach Bedarf dem Schriftfeld anzugliedern.

Buchstaben und Ziffern sind nach D. I. Norm 16 zu schreiben, für den Vordruck auf Zeichnungen ist gleichfalls die schräge Blockschrift zu verwenden.

Schriftfeld und Stückliste sind im Aufbau den Vorlagen anzupassen. Insbesondere sind die Spalten „Stückzahlen", „Benennung und Bemerkung", „Teil" und „Werkstoff" nach den Mustern anzuordnen. An Stelle der in Klammern eingefügten Worte können auch Bezeichnungen gebraucht werden, die der Eigenart des Betriebes angepaßt sind; so kann unter anderem die Spalte „Gewichtsangaben" in mehrere Spalten, z. B. in „Rohgewicht" und „Fertiggewicht" oder in „gerechnet" und „gewogen" aufgelöst werden. Die Spalte „Teil" enthält die laufende Teilnummer (früher Pos.). Spalten, die nicht gebraucht werden, können fortfallen.

Mehrere Stückzahlspalten sind anzuwenden, wenn der Gegenstand in verschiedenen Ausführungen (Bauart a, b, c usw.) hergestellt werden soll; anderenfalls kann ein Vordruck mit nur einer Stückzahlspalte verwendet werden.

Das Feld für Änderungen kann fortfallen, wenn die in der Zeichnung bzw. Stückliste vorgenommenen Änderungen nicht im Schriftfeld aufgeführt werden.

Die Muster können hier nicht wiedergegeben werden, es sei auf D. I. Norm 28, Blatt 1—4 verwiesen.

Weitere noch nicht endgültige Normentwürfe enthalten folgende Vorschläge:

Bruchlinien für Teile, die abgebrochen dargestellt werden, sind freihändig, nicht übertrieben unregelmäßig zu zeichnen, und zwar schwächer als die Vollinien der sichtbaren Kanten. Bei Rundkörpern ist eine Schleifenlinie mit schraffierter Bruchfläche zu verwenden; in ähnlicher Weise kann bei Flach- und Profileisen die Querschnittform an der Bruchstelle angedeutet werden. Bei Holz ist eine dem Bruche entsprechende Zackenlinie zu zeichnen. Schnittflächen können durch die nach der Bruchseite hin offene Schraffur als abgebrochen gekennzeichnet werden.

Die Schnittflächen eines Teiles sind unter 45° zur Achse der Grundlinie gleichartig mit feinen Linien ohne Rücksicht auf den Werkstoff zu schraffieren. Der Abstand der Schraffurlinien ist entsprechend der Größe der Fläche zu wählen. Holz, Flüssigkeiten, Erdreich und körnige Massen können besonders gekennzeichnet werden; doch ist für Mauerwerk oder Beton auch die Linienschraffur zulässig. Schnittflächen verschiedener aneinanderstoßender Teile sind durch verschieden gerichtete oder verschieden weite Schraffur zu kennzeichnen. Schmale Flächen werden voll geschwärzt. Bei aneinander stoßenden geschwärzten Flächen ist die Fuge als weißer Streifen anzudeuten. Die Oberflächenart kann zeichnerisch bei Holz zur Angabe der Faserrichtung oder entsprechend, wenn es sich um Hirnholz handelt, gekennzeichnet werden. Gekordelte Flächen können, je nach der Art der Kordelung, wiedergegeben werden, bei schräger Kordelung ohne Verkürzung. — Zur Kennzeichnung des Verlaufes der Schnittebenen sind kurze, kräftige Strichpunktlinien zu verwenden. Die Enden und die Knickpunkte sind mit großen Buchstaben in alphabetischer Folge zu bezeichnen. Die Lage der Buchstaben soll der Stellung der Maßzahlen in den wagerechten Maßlinien entsprechen.

Maße: Jedes Maß ist in die Ansicht einzutragen, die über die Form des Gegenstandes klaren Aufschluß gibt. Nur die unbedingt nötigen Maße sind anzugeben, und zwar so, daß jedes Rechnen in der Werkstatt fortfällt. Wiederholungen von Maßen in mehreren Ansichten sind zulässig, wenn dadurch die Verständlichkeit der Zeichnung erhöht wird. Aneinandergereihte (Kettenmaße) müssen sich auf das gleiche Stück beziehen. Bei Hohlkörpern dürfen nicht Innen- und Außenlängenmaße zugleich in einer Linie hintereinander angeordnet werden. Maße sind nur dann herauszuziehen, wenn dadurch die Klarheit der Darstellung gewinnt. Maßhilfslinien sollen andere Maßhilfslinien oder Körperkanten so wenig wie möglich schneiden. In Richtzeichnungen sind vorwiegend nur die Aufbaumaße einzuschreiben. Bei den Systemzeichnungen für Eisenkonstruktionen können Maßlinien fortgelassen werden; die Maßzahlen werden neben die Systemlinien geschrieben. Niete können sinnbildlich ohne Maßangabe gekennzeichnet werden; Näheres siehe D. I. Norm 139. — Blechstärken können ohne Maßlinien in den Hauptflächen der Bleche (z. B. 8 stark) ebenso rechteckige Querschnitte (z. B. 10 × 2) angegeben werden. Profile werden in oder neben dem Stabe eingetragen. Bei Lochteilungen können längere Maßketten mit gleicher Maßzahl durch Angaben wie 8 × 40 vermieden werden; in vorliegendem Beispiele bedeutet der erste Wert die Anzahl, der zweite die Größe der Lochteilung.

Die Maßlinien dürfen nicht zu dicht neben die Körperkanten gezeichnet werden; bei nebeneinanderlaufenden Maßlinien sind die Abstände möglichst gleich groß zu halten. Die Maßlinien sind für die Eintragung der Maßzahlen so zu unterbrechen, daß diese neben den Mittellinien, Körperkanten oder Maßhilfslinien Platz finden. Stehen mehrere Maßlinien eng aneinander, so sind die Lücken gegeneinander zu versetzen. Bei Ansichten oder Schnitten, die nur bis zur Symmetrielinie gezeichnet sind, sollen die Maßlinien etwas über diese hinausgezogen werden. Maßlinien, deren Richtung innerhalb des Winkels von 30° über die senkrechte Stellung liegt, sind zu vermeiden. Die Maßhilfslinien sind senkrecht zur Maßlinie zu ziehen und laufen 2—3 mm über diese hinaus. Ausnahmsweise ist ein Winkel von 60° zulässig. Jede Maßlinie erhält zwei Maßpfeile, die in der Regel nach außen zeigen. Ist der Raum für die Maßzahl beschränkt oder fallen die Maßpfeile ungünstig, so sind die Maßlinien durch Hilfslinien zu verlängern und die Maßpfeile nach innen zeigend anzubringen. Die Größe der Maßpfeile richtet sich nach der Stärke der Linien; im allgemeinen sind drei verschiedene Größen, etwa 3,5, 2,5 und 1,5 mm lang, ausreichend. Radien gelten von dem durch einen kleinen Kreis gekennzeichneten Mittelpunkte bis zur Maßpfeilspitze am Kreisumfange. Der kleine Kreis fällt fort, wenn der Mittelpunkt schon durch ein Mittellinienkreuz gekennzeichnet ist.

Maßzahlen dürfen durch Mittellinien oder Körperkanten weder getrennt noch durchschnitten werden; auch dürfen sie nicht an der Kreuzungsstelle zweier Maßlinien stehen.

Ist zwischen den Pfeilen kein Platz für die Maßzahl, so muß sie möglichst nahe der Maßlinie geschrieben werden, und zwar in der gleichen Schriftrichtung, als wenn sie in der Maßlinie stände: Bezugslinien sind zu vermeiden. Die Größe der Ziffern soll im allgemeinen 3,5 oder 2,5 mm betragen. Dezimalstellen sind ebenso groß wie die Hauptzahlen zu schreiben. Die Maße sind in Millimetern anzugeben; werden außerdem noch andere Maßeinheiten (cm, m, Zoll) benutzt, so sind diese den Maßzahlen anzufügen. Alle Angaben über Gewindearten sind vor die Maßzahl, sonstige Zeichen oder Buchstaben erhöht hinter die Maßzahl zu setzen. Ein Abmaß ist über die Maßlinie zu stellen, z. B. bedeutet

— $210^{+0,1}$ nicht größer als 210,1 und nicht kleiner als 210 mm,

— $18,9^{-0,2}$ nicht größer als 18,9 und nicht kleiner als 18,7 mm.

Bei zwei Abmaßen ist das eine über, das andere unter die Maßlinie zu schreiben, z. B. bedeutet:

— 1200^{+3}_{-3} nicht größer als 1203 und nicht kleiner als 1197 mm,

— $100^{+0,2}_{-0,05}$ nicht größer als 100,2 und nicht kleiner als 99,95 mm,

— $100^{-0,02}_{-0,03}$ nicht größer als 99,98 und nicht kleiner als 99,97 mm.

Rund- bzw. Durchmesserzeichen ∅ und Quadratzeichen □ sind hinter die Maßzahl zu setzen. Das Durchmesserzeichen ist bei runden Gegenständen der Maßzahl stets anzufügen. In der Ansicht, die den Rundkörper kreisförmig erscheinen läßt, fällt jedoch das Rundzeichen fort, wenn in der Maßlinie beide Maßpfeile erscheinen. Kann oder soll bei einem Radius die Maßlinie nicht bis zum Mittelpunkte gezogen werden, so ist der Maßzahl der Buchstabe *r* erhöht anzufügen. — Auch wenn bei Kegeln die Enddurchmesser nebst der zugehörigen Kegellänge eingetragen sind, ist die Angabe z. B. „Kegel 1 : 5", die sich auf die Durchmesser bezieht, oder der Winkel hinzuzufügen. Maßzahlen für nicht maßstäblich gezeichnete Teile sind zu unterstreichen. Bei abgebrochen gezeichneten Teilen fallen die Striche fort.

Die Angabe der Passung ist in folgenden Abkürzungen rechts erhöht neben die Maßzahl zu schreiben. W bedeutet Einheitswelle, B Einheitsbohrung, weiter Laufsitz wird mit WL, leichter Laufsitz mit LL, Laufsitz mit L, enger Laufsitz mit EL, Gleitsitz mit G, Schiebesitz mit S, Haftsitz mit H und Festsitz mit F bezeichnet, und zwar entsprechen diese Bezeichnungen der Feinpassung, bei Edelpassung wird ein e, bei Schlichtpassung ein s und bei Grobpassung ein g vorgesetzt.

Beim Gewinde bedeuten Zollangabe ohne weiteren Zusatz Whitworth-Gewinde, bei Whitworth-Feingewinde soll ein W, beim metrischen Gewinde ein M, beim Gasgewinde Gg, beim Trapezgewinde ein T, beim Sägegewinde ein S, beim Kordelgewinde ein K (dürfte sich mit der Wahl der Bezeichnung „Rundgewinde" ändern) gesetzt werden. Entsprechende Bezeichnungen sind (D. I. Norm 406 Bl. 4) für Walzprofile vorgesehen.

Diese Normblätter sind Entwürfe, also noch nicht endgültig.

Auf weitere Einzelheiten einzugehen würde hier zu weit führen, es muß auf die Normblätter selbst verwiesen werden.

Unter Maschinenelementen versteht man solche Maschinenteile, welche in derselben oder ähnlicher Form bei einer größeren Anzahl verschiedenartiger Maschinen vorkommen.

I.

Verbindende Maschinenelemente.

Je nachdem die Verbindung eine Trennung ohne Zerstörung der verbundenen oder der verbindenden Teile gestatten soll oder nicht, unterscheidet man lösbare und unlösbare Verbindungen.

A. Unlösbare Verbindungen.

Unlösbare Verbindungen werden hergestellt durch Nieten, Schrumpfen oder Schwinden (Zusammenziehen beim Erkalten eines vorher erwärmten Teiles der Verbindung), ferner durch Schweißen, Löten, Leimen und Kitten.

1. Nietverbindungen.

Das Niet besteht aus dem Nietschaft und zwei Nietköpfen Der eine Kopf wird schon bei der Fabrikation der Niete hergestellt und heißt Setzkopf, der andere erst bei der Vernietung erzeugte heißt Schließkopf (Fig. 1).

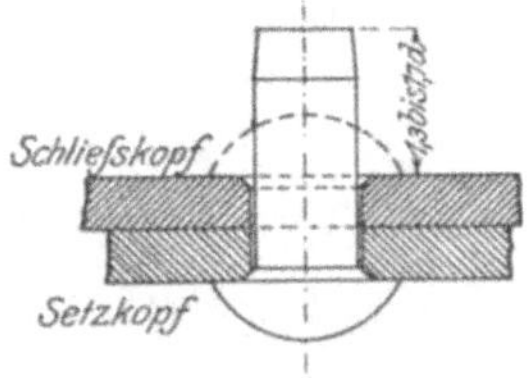

Fig. 1.

Der Schließkopf kann entweder durch Handarbeit gebildet werden: Handnietung, oder durch Nietmaschinen (Pressen): Maschinennietung.

Die Nietmaschinen werden meist durch Druckwasser (hydraulisch)oder auch Druckluft (pneumatisch) betrieben. Sie pressen zunächst die zu vernietenden Platten fest auf einander und bilden dann den Schließkopf in einem Druck.

Zieht man die Niete im glühenden Zustande ein, wobei sich der Schließkopf leichter bilden läßt und die Platten durch die Zusammenziehung beim Erkalten fest aufeinandergepreßt werden, so spricht man von warmer Vernietung, werden die Niete kalt eingezogen, von kalter Vernietung.

Je nachdem die Niete in einer, zwei oder mehreren Reihen angeordnet sind, unterscheidet man einreihige, zweireihige und mehrreihige Nietverbindungen.

Sind bei zwei- oder mehrreihigen Verbindungen die Reihen gegeneinander versetzt, so spricht man von versetzten oder Zickzacknietungen (Fig. 8 u. 10), sind die Niete hintereinander angeordnet, von Parallel- oder Kettennietungen (Fig. 9).

Sind die Ränder der zu vernietenden Bleche direkt übereinandergelegt (überlappt), so nennt man die Nietnaht Überlappungsnietnaht (Fig. 7, 8, 9, 10), sind dagegen die Bleche stumpf gegeneinandergestoßen und durch eine oder zwei Blechplatten verbunden: einseitige (Fig. 11), bzw. zweiseitige (Fig. 12 u. 13) Laschennietnaht.

Wenn die Zerstörung einer Nietnaht dadurch herbeigeführt würde, daß die eine Blechplatte über die andere bzw. über die Lasche hinweggeschoben wird, so müßte der Nietschaft zerschnitten (abgeschert) werden. Je nachdem dies in ein, zwei oder mehreren Querschnitten jedes Nietes geschehen würde, nennt man die Verbindung einschnittig (Fig. 7, 8, 9, 10, 11), zweischnittig (Fig. 12 u. 13) oder mehrschnittig.

Man fertigt die Niete in der Regel aus demselben Material wie die zu vernietenden Bleche, also aus Schmiedeeisen (Flußeisen oder Tiegelstahl, Schweißeisen kommt nur noch selten zur Verwendung), Kupfer oder Messing. Eisenniete unter 10 mm Durchmesser sowie Kupfer- und Messingniete werden kalt eingezogen. Der ungünstigen Beanspruchung wegen ist immer vorzügliches Material zu verwenden.

Für Eisenkonstruktionen kommen auch Nickelstahlnieten in Anwendung.

Vernietungen, welche dichthalten sollen, müssen verstemmt werden, d. h. die Kante des einen Bleches wird mit Hilfe des Stemmeisens fest auf das andere gepreßt. Um dies zu erleichtern, werden die Blechkanten unter einem Winkel von 18° behauen oder behobelt (Fig. 2). Auch die Nietköpfe werden häufig verstemmt. Bei Laschennietnähten nimmt man oft eine wellenförmig begrenzte Lasche (Fig. 13), um dieselbe wirkungsvoller verstemmen zu können.

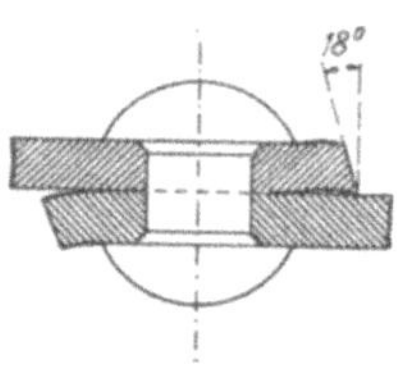

Fig. 2.

Die Nietlöcher können gestanzt oder gebohrt werden, Flußeisenbleche sollten nur gebohrt werden.

Nach den Anforderungen, welche an eine Nietverbindung gestellt werden, unterscheidet man:

1. Vernietungen, welche ausschließlich Kräfte zu übertragen haben: feste Vernietungen;

2. solche, welche nur kleine Kräfte auszuhalten haben, aber einen dichten Abschluß herstellen müssen: dichte Vernietungen;

3. solche, welche sowohl bedeutenden Kräften widerstehen, als auch abdichten müssen: feste und dichte Vernietungen.

Zu den ersteren gehören die an Eisenkonstruktionen (Dach- und Brückenträgern), zu den zweiten die an Wasser- und Gasbehältern, zu den dritten die an Dampfkesseln vorkommenden Vernietungen.

Für die festen Vernietungen wählt man für den Kopf gewöhnlich die durch einen Korbbogen begrenzte Form Fig. 3 (genauer macht man die Kopfhöhe in der Verlängerung des Lochrandes $^3/_8\,d$, wobei die Kopfhöhe in der Mitte 0,51 d wird, der kegelige Übergang zwischen Schaft und Kopf ist für den Eisenbau nicht mehr behördlich vorgeschrieben), für die dichten und die festen und dichten den breiteren Kopf Fig. 4, in beiden Fällen vorausgesetzt, daß man den Schließkopf mit dem Schellhammer (einem der Form des Nietkopfes entsprechend ausgehöhlten Eisenklotz) oder mit Nietmaschinen bildet. Bildet man den Nietkopf mit dem Handhammer, so gibt man ihm oft die Kegelform Fig. 5, darf er nicht über das Blech herausstehen, die versenkte Form Fig. 6. Setzköpfe mit trapezförmigem Profil verwendet man im Innern von Feuerbüchsen, da sie besseren Schutz gegen Abbrennen bieten.

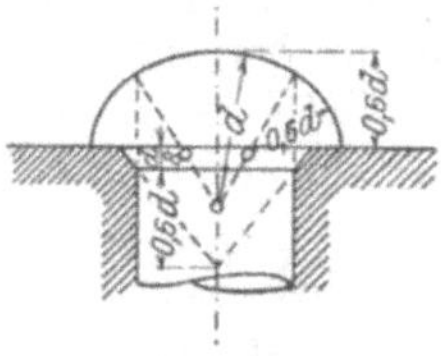

Fig. 3.

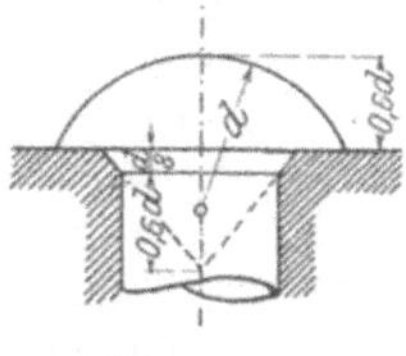

Fig. 4.

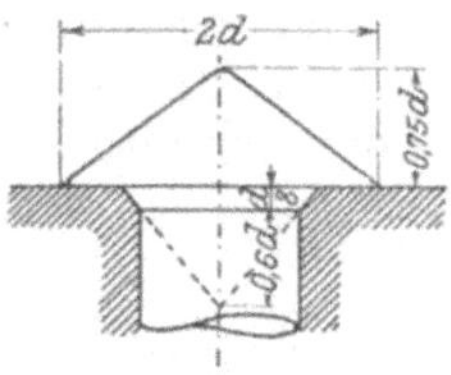

Fig. 5.

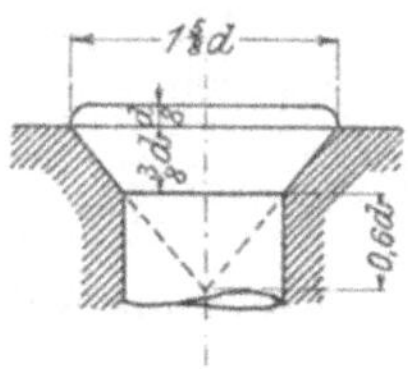

Fig. 6.

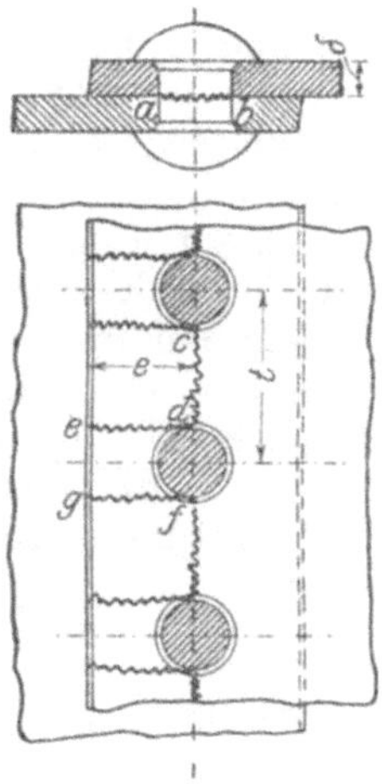

Fig. 7.

Sowohl für Kessel- wie für Eisenbauniete hat der N. D. I. folgende Reihe der rohen Nietdurchmesser angenommen: 10, 13, 16, 19, 22, 25, 28, 31, 34, 37, 40 und 43. Die Löcher werden durchweg je 1 mm größer gebohrt, so daß geschlagene Niete jeweils 1 mm größer sind. Für Eisenbauniete wurden ferner noch die Durchmesser 4, 5, 6 und 8 mm gewählt. Der Kopfdurchmesser der Kesselniete wurde auf das 1,8fache des rohen Nietdurchmessers, abgerundet auf ganze Millimeter, die Kopfhöhe auf 0,66 d, abgerundet auf ganze oder halbe Millimeter, festgesetzt. Das kleine Versenk zwischen Schaft und Kopf, das häufig bei weniger sorgfältiger Aussenkung der Bleche an der Setzkopfseite aufsaß, ohne daß der Kopf richtig anlag, wurde durch eine Ausrundung mit einem Halbmesser von ungefähr $\frac{d}{10}$ ersetzt. Die Längenabstufung wurde bis 60 mm auf 2 mm, über 60 mm auf 3 mm festgesetzt.

Für den Eisenbau wurden statt des korbbogenförmigen Kopfes der bisherige Schiffbaunietkopf mit 1,6 d Kopfdurchmesser und 0,66 d Höhe vorgeschlagen, der Übergang ist nur mit der sich aus der Herstellung der Gesenke ergebenden Abrundung, die 0,05 d auch infolge Abnutzung der Gesenke nicht überschreiten soll, vorgesehen, so daß die Löcher nur abgegratet zu werden brauchen.

Es ist zu erwarten, daß als Werkstoff allgemein ein Flußeisen mit 34—41 kg/qmm Festigkeit und etwa 25% Bruchdehnung verwendet wird.

Was die Darstellung von Nieten und Schrauben bei Eisenkonstruktionen betrifft, so verweisen wir auf das noch nicht endgültige Normblatt D. J. Norm 139. Normblätter sind weiter in Vorbereitung für Halbrundniete, für den Eisenbau (124), für den Kesselbau (123), Linsensenkniete (303), Senkniete (302), Blechniete usw.

Man berechnete früher die Nietverbindungen auf Grund der Anschauung, daß die Zerstörung stattfinden könne: 1. durch Abscheren der Niete in der Schnittfläche a—b (Fig. 7), 2. durch Zerreißen des Bleches an seiner schwächsten Stelle, zwischen den Nieten c—d, oder 3. dadurch, daß mit den Nieten das vor denselben liegende Blech $d\,e\,g\,f$ herausgeschert wird.

Eine richtig dimensionierte Nietnaht müßte natürlich gegen alle drei Arten der Zerstörung gleiche Sicherheit bieten, es müßte also z. B. für die einreihige Überlappungsnietnaht, wenn k_s' die zulässige Schubspannung des Nietmateriales, k_s die zulässige Schubspannung des Bleches, k_z die zulässige Zugspannung des Bleches, d der Nietdurchmesser, δ die Blechstärke, t der Abstand zweier Nieten (die Nietteilung) und e die Entfernung des Blechrandes von der Nietmitte ist, sein:

$$\frac{d^2\pi}{4}\cdot k_s' = (t-d)\,\delta\,k_z = 2\left(e-\frac{d}{2}\right)\delta\,k_s\,.$$

Bei der Beanspruchung 3 setzte man als widerstehende Fläche nur $\left(e-\frac{d}{2}\right)\delta$ statt $e\,\delta$ ein, da die unmittelbar am Nietloch liegenden Blechteile nur geringe Widerstandsfähigkeit haben.

Oder man dachte sich nach Schwedler um jedes Niet ein Band gelegt, dessen Zugfestigkeit gleich der Schubfestigkeit des Niets ist und ermittelte daraus die Nietteilung.

In Wirklichkeit ist die Beanspruchung der Niete nicht so, wie diese Art der Berechnung von Nietverbindungen voraussetzt.

Da die Niete in der Regel in glühendem Zustande eingebracht werden, muß ihr Durchmesser kleiner sein als der Lochdurchmesser. Nach dem Erkalten wird also der Nietschaft das Nietloch nicht mehr ausfüllen, zumal er sich infolge der nach Bildung des Schließkopfes gehinderten Längszusammenziehung noch weiter in der Querrichtung zusammenzieht. Ehe aber eine Beanspruchung des Nietschaftes auf Schub stattfinden kann, müssen die Bleche, die hier wie die Backen einer Schere wirken, den Nietschaft berühren, müßten sich also gegeneinander verschieben, was, auch wenn der Nietschaft noch nicht zerstört werden würde, als unzulässig zu betrachten ist. Soll eine derartige Verschiebung der Platten nicht eintreten, so muß der durch die Aufeinanderpressung der Platten durch die Nieten hervorgerufene Gleitungswiderstand genügend groß sein.

C. v. Bach (Die Maschinenelemente 10. Aufl., Verlag von Alfred Kröner in Leipzig) hat über die Größe dieses Gleitungswiderstandes umfangreiche Versuche angestellt, aus denen hervorgeht:

1. daß eine höhere Stauchtemperatur (hellrot) vorteilhafter ist als eine niedrige, vorausgesetzt, daß der Druck auf den Nietkopf so lange dauert, bis das Niet so weit erkaltet ist, daß es dem Bestreben der Platten, die Entfernung zwischen den Nietköpfen zu vergrößern, nicht mehr nachgibt;

2. daß der Gleitungswiderstand um so größer ausfällt, je größer die Stärke der zu vernietenden Teile ist, da ja dann die Zusammenziehung des Nietschaftes beim Erkalten und damit die Pressung zwischen den Platten entsprechend größer wird;

3. daß der Gleitungswiderstand, bezogen auf den Quadratzentimeter Nietquerschnitt, bei mehrreihigen Vernietungen nicht dieselbe Größe erreicht wie bei einreihigen, weil sich infolge der Elastizität des Bleches die Kraft nicht gleichmäßig über alle Niete verteilt;

4. daß der Gleitungswiderstand bei zweiseitiger Laschennietung kleiner als bei einseitiger Laschennietung und bei Überlappungsnietung ist, weil die Kräfte nicht wie bei den letztgenannten Nietverbindungen klemmend wirken und auch die gegeneinanderstoßenden Bleche meist nicht gleich stark sind, so daß die Laschen nur auf einer Seite fest auf das Blech gedrückt werden, während das andere Blech zwischen den Laschen nur lockerer sitzt;

5. daß der Gleitungswiderstand bei Maschinennietung gewöhnlich kleiner als bei Handnietung ist, weil der Stempel den Schließkopf zu früh verläßt (siehe auch 1), bleibt der Stempel dagegen genügend lange auf dem Schließkopf, so ist der Gleitungswiderstand bei Maschinennietung größer als bei Handnietung;

6. daß das Verstemmen den Gleitungswiderstand bedeutend erhöht und deshalb nicht nur bei dichten, sondern auch bei nur festen Verbindungen zu empfehlen ist.

Nach Versuchen von Bach und Baumann (Z. d. V. D. I. 1912) wird der Entstehung von Nietlochrissen durch Anwendung starken Druckes der Nietmaschine Vorschub geleistet. Das glühende, bildsame Material des Nietschaftes pflanzt den axialen Druck in radialer Richtung fort, wobei das Material der Lochwand überanstrengt werden kann und dabei an Zähigkeit bedeutend einbüßen muß. Die Erwärmung des Lochwandmaterials wirkt in ähnlichem Sinne.

Die Versuche zeigten, daß bei Anwendung der üblichen hohen Kräfte in den Nietmaschinen die Bleche in der Nähe der Nietlöcher über die Streckgrenze beansprucht werden, wobei die Bleche sich wölben, die Nietköpfe eingeprägt werden usw. und im Bleche Risse entstehen.

Bei gut aufeinanderliegenden Blechen ist die von der Nietmaschine geäußerte Schließkraft ohne Einfluß auf die Kraft mit der die erkalteten

Nieten die Bleche zusammenpressen, die Zusammenziehung des Nietschaftes beim Erkalten genügt zur Hervorbringung des erforderlichen Gleitwiderstandes. Die erforderliche Schließkraft scheint also nur bedingt dadurch, daß gut ausgebildete, verstemmbare Köpfe gebildet werden müssen und dadurch, daß die Bleche, wenn sie die Neigung haben zu klaffen, zusammenzuziehen sind. Bei zu großer Schließkraft nimmt die Festigkeit der Verbindung ab.

Die Länge der Zeit, während welcher der Schließdruck aufrechterhalten wird, ist nur dann von Einfluß, wenn die Bleche das Bestreben haben auseinanderzufedern. Im letzteren Falle hat sich (Stempel nicht gekühlt) eine Schließzeit von 1 Minute als ausreichend erwiesen.

Kurze Nieten ergeben geringere Nietkräfte als lange, eine Folge der Formänderungen unter und in den Nietköpfen. Von einer Länge gleich etwa dem dreifachen Durchmesser ab, war eine weitere Steigerung der Nietkraft nicht mehr festzustellen. Die größte erzielte Spannung kommt der unteren Streckgrenze des Materials nahe.

Werden lange Nieten teilweise angewärmt, so entsteht die Gefahr, daß Setzköpfe abspringen und das Material dauernd geschädigt wird. Dem ersteren Übelstand kann durch Anordnung eines ausreichenden Überganges zwischen Schaft und Nietkopf, Ausrunden der Ecke, Brechen der Kante des Nietlochs, mit Erfolg entgegengewirkt werden.

Eine Verminderung der Festigkeit der Verbindung und der Zähigkeit des Bleches kann auch beim Verstemmen eintreten. Von der bei Verwendung eines scharfen Stemmeisens leicht eintretenden Beschädigung abgesehen, wird auch bei Benutzung des abgerundeten Stemmeisens das Material örtlich stark gequetscht, die Streck- oder Quetschgrenze überschritten. Das Verstemmen ist also mit Vorsicht auszuführen, das Verstemmen der Nähte der Landdampfkessel innen und außen, wie es für Schiffsdampfkessel vorgeschrieben ist, wird deshalb von Bach nicht empfohlen, zumal sich die Notwendigkeit des inneren Verstemmens neben dem äußeren bisher nicht ergeben hat.

Man kann den Gleitungswiderstand für jedes Paar Berührungsflächen 900—1600 kg/qcm Nietquerschnitt nehmen, und zwar den niedrigeren Wert, wenn Bleche und Nietköpfe unverstemmt, den höchsten, wenn Bleche und Nietköpfe auf beiden Seiten verstemmt sind. Es wurde jedoch durch Versuche festgestellt, daß das Gleiten schon bei einer Belastung von 400—800 kg/qcm der Scherfläche der Niete eintritt, also bereits bei der Nutzlast Verschiebungen eintreten, die allerdings immer kleiner werden, trotzdem sollte man mit Rücksicht darauf in allen wichtigen Fällen die Vernietungen auch auf Scherfestigkeit und Lochleibungsdruck berechnen.

Wiederholt ist auch der Vorschlag gemacht worden, statt der Nieten mit fertig vorgebildeten Setzköpfen Stifte zu verwenden, an denen auf beiden Seiten gleichzeitig Köpfe angestaucht werden. Die Vorteile dieser Arbeitsweise sind folgende:

Die Kosten für das Anstauchen der Setzköpfe werden gespart.

Das Einbringen der Niete wird vereinfacht.

Es ist leichter, die ganze Niete gleichmäßig zu erwärmen und das Abspringen des Setzkopfes infolge ungleichmäßiger Erwärmung zu verhüten.

Beim Anwärmen des ganzen Niets mit vorgebildetem Setzkopf verzundert dieser stark, die Zunderschicht wird beim Nieten verdrückt und bildet die Quelle von Undichtigkeiten, die durch Stemmen zu beseitigen sind, während das Verstemmen sonst bei sachgemäßer Arbeit entbehrt werden könnte. Bei Stiftnieten läßt sich erwarten, daß der Zunder bei der Kopfbildung abspringt.

Ein schwerwiegender Nachteil der zylindrischen Nietstifte ist jedoch darin zu erblicken, daß es nicht immer sicher gelingt, das Nietmaterial auf die beiden Köpfe gleich zu verteilen und zentrisch sitzende Köpfe zu erzielen.

In der Materialprüfungsanstalt Stuttgart wurden deshalb Versuche mit dem Jöllenbeckschen von der Firma Ernst K. Schuch & Co., München, vertriebenen Niet mit kegelig vorgepreßtem Kopf (Durchmesser nach dem Stiftende zu größer werdend) gemacht, die ergaben, daß die Nietköpfe wenig versetzt waren, die Bleche beim Nieten eine gewisse Wölbung erfuhren, die Bleche an den Lochrändern keine bedeutende Quetschung erkennen ließen und die Spannungen, mit denen die Nieten die Bleche zusammenpressen, ungefähr ebenso groß ermittelt wurden wie bei gewöhnlichen Nieten.

Nach dem Jöllenbeckschen Verfahren, das durch das Unnötigwerden des Verstemmens bedeutende wirtschaftliche Vorteile bietet, sind schon zahlreiche Lokomotivkessel zur vollen Zufriedenheit der Behörden abgeliefert worden.

Die Nietnähte sind nach C. v. Bach (a. a. O.) wie folgt zu dimensionieren:

a) Feste und dichte Vernietungen. Ist d die Blechstärke in Zentimetern, so macht man erfahrungsgemäß den Nietdurchmesser für:

	einschnittige Vernietungen		$d = \sqrt{5\,\delta} - 0{,}4$ cm
zweischn.	einreihige	,,	$d = \sqrt{5\,\delta} - 0{,}5$,,
,,	zweireihige	,,	$d = \sqrt{5\,\delta} - 0{,}6$,,
,,	dreireihige	,,	$d = \sqrt{5\,\delta} - 0{,}7$,,

Der Durchmesser des Nietloches muß, damit man die Niete im glühenden Zustande einbringen kann, 0,5—1 mm größer als der Nietdurchmesser sein.

1. Einschnittige, einreihige Vernietung. (Fig. 7.) Die Belastung der Nieten kann man nehmen 600—700 kg pro Quadratzentimeter Nietquerschnitt, die Entfernung von Mitte zu Mitte Niet, die Nietteilung

$$t = 2\,d + 0{,}8\,,$$

die Entfernung des Lochmittels vom Blechrand

$$e = 1{,}5\,d\,.$$

2. Einschnittige, zweireihige Vernietung. Belastung 550 bis 650 kg pro Quadratzentimeter Nietquerschnitt.

a) Zickzacknietung (Fig. 8),

$$t = 2{,}6\,d + 1{,}5\,; \qquad e = 1{,}5\,d\,; \qquad e_2 = 0{,}6\,t\,,$$

b) Parallelnietung (Fig. 9),

$$t = 2{,}6\,d + 1\,; \qquad e = 1{,}5\,d\,; \qquad e_2 = 0{,}8\,t\,.$$

3. Einschnittige, dreireihige Vernietung (Fig. 10). Belastung 500—600 kg pro Quadratzentimeter Nietquerschnitt.

$$t = 3\,d + 2{,}2; \qquad e = 1{,}5\,d; \qquad e_2 = 0{,}5\,t\,.$$

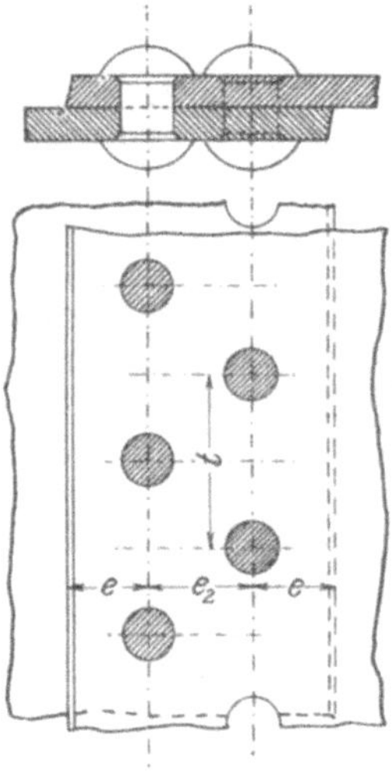

Fig. 8.

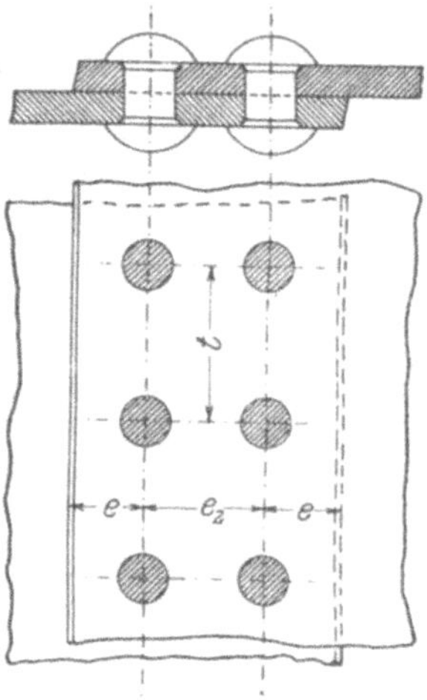

Fig. 9.

4. Einseitige Laschennietnähte (Fig. 11). Die Lasche hat die gleiche Beanspruchung auszuhalten wie das Blech; da sie aber durch Stöße, Abrosten u. dgl. leichter angegriffen wird als das volle Blech, so macht man die Laschenstärke

$$c = \frac{9}{8}\,\delta\,.$$

Die einseitige Laschennietnaht kann ein-, zwei- und mehrreihig ausgeführt werden und wird dann wie die entsprechenden Überlappungsnietnähte dimensioniert.

5. Zweischnittige, einreihige Vernietung. (Doppelte Laschennietnaht, Fig. 12.) Da der Widerstand gegen Gleiten hier in zwei Berührungsflächen wirkt, kann man die Verbindung mit 1000—1200 kg pro Quadratzentimeter Nietquerschnitt belasten, wobei natürlich für jede Niete nur ein Querschnitt (nicht wie bei der Schubfestigkeitsrechnung zwei) einzusetzen ist.

Die Laschenstärke müßte hier gleich der halben Blechstärke sein, wird aber aus schon obengenanntem Grunde etwas stärker genommen, und zwar

$$c = \frac{5}{8}\,\delta \text{ bis } \frac{2}{3}\,\delta\,; \quad t = 2{,}6\,d + 1\,; \quad e = 1{,}5\,d\,; \quad e_1 = 0{,}9\,e\,.$$

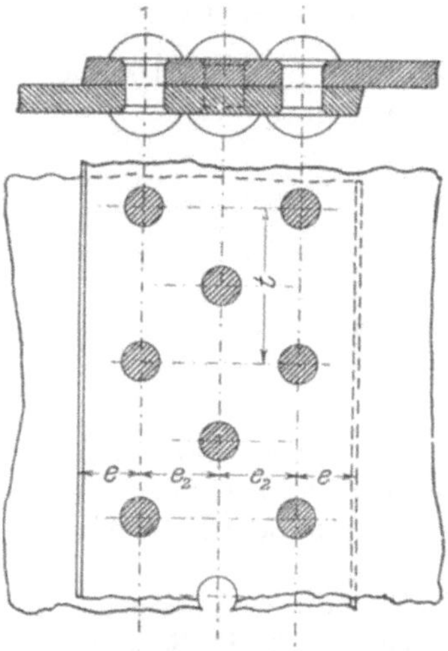

Fig. 10.

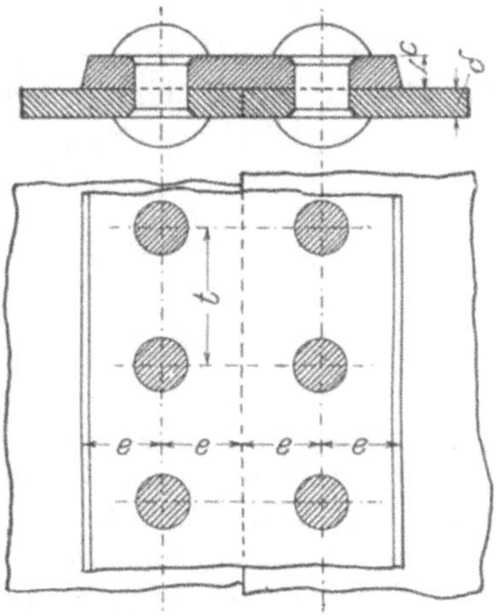

Fig. 11.

6. Zweischnittige, zweireihige Vernietung. Belastung 950 bis 1150 kg pro Quadratzentimeter Nietquerschnitt.

$$t = 3{,}5\,d + 1{,}5; \quad e = 1{,}5\,d; \quad e_1 = 0{,}9\,e; \quad c = \frac{5}{8}\,\delta \text{ bis } \frac{2}{3}\,\delta;$$

Reihenabstand $e_2 = 0{,}5\,t$.

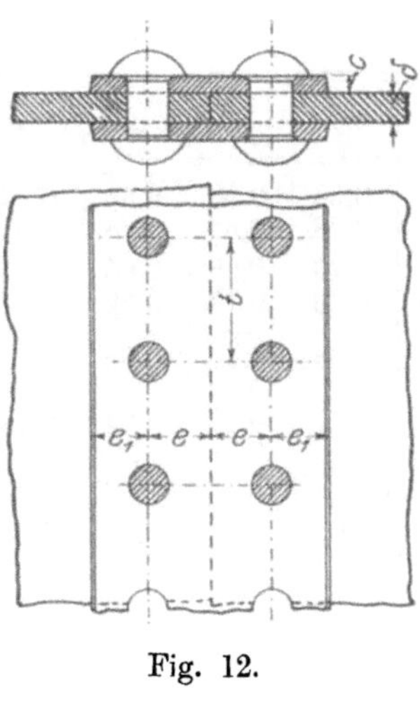

Fig. 12.

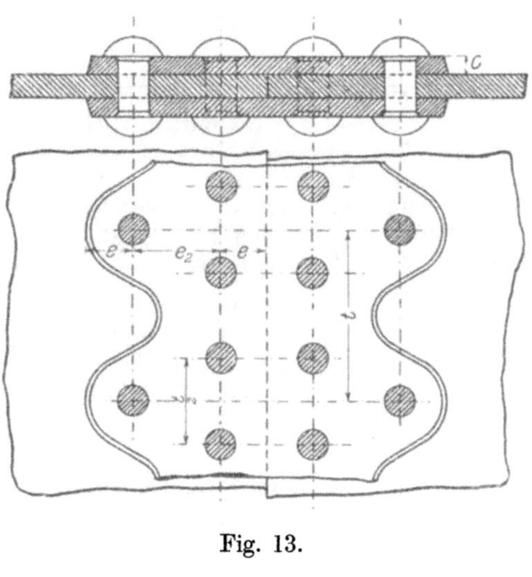

Fig. 13.

Ist die Nietteilung der äußeren Nietreihe doppelt so groß als die der inneren (Fig. 13), so macht man die erstere

$$t = 5\,d + 1{,}5\ \text{cm}\,,$$

ferner

$$c = 0{,}8\,\delta; \qquad e = e_1 = 1{,}5\,d; \qquad e_2 = 0{,}4\,t\,.$$

7. Zweischnittige, dreireihige Vernietung. Belastung bis 1100 kg pro Quadratzentimeter Nietquerschnitt.

$$t = 6\,d + 2 \text{ (äußere Nietreihe)};$$

$$t_1 = \frac{t}{2} \text{ (innere Nietreihe)};$$

$$c = 0{,}8\,\delta; \qquad e = 1{,}5\,d; \qquad e_2 = \frac{3}{8}\,t; \qquad e_1 = e\,.$$

Bei mehrreihigen Doppellaschennietnähten nimmt man häufig, um trotz großer Teilung gut verstemmen zu können, in der äußeren Lasche eine Nietreihe weniger. Es werden dann nur die äußere Lasche und die äußeren Nietköpfe verstemmt.

Bei der Berechnung der Blechstärke eines durch Vernietung herzustellenden Gefäßes darf nicht die volle Blechstärke in Rechnung gezogen werden, dieselbe muß vielmehr mit dem Festigkeitsverhältnis φ der Nietnaht multipliziert werden. Das Festigkeitsverhältnis ist

$$\varphi = \frac{\text{Festigkeit der Nietnaht}}{\text{Festigkeit des vollen Bleches}}\,,$$

also z. B. bei einreihiger Vernietung:

$$\varphi = \frac{(t - d)\,\delta}{t \cdot \delta} = \frac{t - d}{t}\,.$$

	Nietdurchmesser	10	20	30	40	50 mm
einschnittig Überlappungsnietnähte und einseitige Laschennietnähte	einreihig	0,64	0,58	0,56	0,55	0,54
	zweireihig, parallel	0,72	0,68	0,66	0,65	0,64
	zweireihig, zickzack	0,76	0,70	0,68	0,66	0,65
	dreireihig	0,80	0,76	0,73	0,72	0,71
zweischnittig zweiseitige Laschennietnähte	einreihig	0,72	0,68	0,66	0,65	0,64
	zweireihig, gleiche Nietteilung	0,80	0,77	0,75	0,74	0,74
	zweireihig, außen doppelt so große Teilung	0,69	0,65	0,64	0,63	0,62
	dreireihig, Teilung außen doppelt so groß als innen	0,62	0,57	0,55	0,54	0,53

Nehmen wir eine Blechstärke von 12 mm an, so ist bei einschnittiger, einreihiger Vernietung:

$$d = \sqrt{5\,\delta} - 0{,}4 \text{ cm} = \sqrt{5 \cdot 1{,}2} - 0{,}4 = 2 \text{ cm}$$

Da dieser Nietdurchmesser nicht mehr ausgeführt wird, müssen wir 22 mm wählen und erhalten

$$t = 2\,d + 0{,}8 = 2 \cdot 2{,}2 + 0{,}8 = 5{,}2 \text{ cm};$$

folglich

$$\varphi = \frac{t - d}{t} = \frac{5{,}2 - 2{,}2}{5{,}2} = \frac{3}{5{,}2} = 0{,}58.$$

Das Festigkeitsverhältnis φ kann vorstehender Tabelle entnommen werden, wobei man bei nicht in der Tabelle enthaltenen Nietdurchmessern seinen Wert zwischen den nächstgelegenen einschätzen kann.

b) Dichte Nietverbindungen, die nur kleine Kräfte zu übertragen haben. Man nimmt den Nietdurchmesser

$$d = \sqrt{5\,\delta} - 0{,}4 \text{ cm},$$

die Nietteilung

$$t \text{ bis zu } 3\,d + 0{,}5 \text{ cm},$$

den Abstand des Nietmittels vom Blechrand

$$e = 1{,}5\,d.$$

c) Feste Nietverbindungen. Hier kann man den Nietdurchmesser wählen:

$$d = \sqrt{5\,\delta} - 0{,}2 \text{ cm}.$$

Es wurden bisher fast ausschließlich die Nietdurchmesser 12, 16, 20, 23 und ausnahmsweise 26 mm verwendet.

Die Summe der Stärken der zu vernietenden Teile soll höchstens $= 4\,d$ sein. Müssen längere Niete verwendet werden, so darf man nicht das ganze Niet erwärmen, da sonst die Gefahr vorliegt, daß der Nietkopf infolge der starken Zusammenziehung beim Erkalten abgerissen wird.

Für auf Zug oder Druck beanspruchte Stäbe von Eisenkonstruktionen setzt man nach den preußischen Vorschriften vom 1. Mai 1903 die Schubspannung der Nieten gleich der Zugspannung im vollen, nicht durch die Nieten geschwächten Blech, also bei einschnittiger Vernietung die Summe der Nietquerschnitte gleich dem Stabquerschnitt. Diese Regel kann man mit Rücksicht darauf, daß der Leibungsdruck (der Druck auf die Fläche Schaftdurchmesser mal Länge) nicht zu groß werden darf, auch für zweischnittige Vernietung befolgen. Die preußischen Bestimmungen über Hochbauten vom 31. Januar 1910 setzen den Höchstwert der Scherspannung auf 1000 kg/qcm (man setzt gewöhnlich 600—1000 kg/qcm), den des Leibungsdrucks auf 2000 kg/qcm fest.

Die Teilung wählt man nach Lindner (Maschinenelemente, Stuttgart, Deutsche Verlagsanstalt) bei einer Reihe $t = 3\,d$, bei zwei Reihen $t = 3{,}5$ bis $4\,d$, bei drei Reihen $t = 4{,}5\,d$ bis $5\,d$, den Abstand vom Stirnende des Stabes $2\,d$, von den Seitenkanten $1{,}5\,d$, der Reihen voneinander mindestens $2{,}5\,d$.

Hat die Verbindung Kräfte zu übertragen, deren Richtung wechselt, so verwendet man vorteilhaft gedrehte Niete, deren Durchmesser 2% größer ist als der Durchmesser des aufgeriebenen Loches, treibt diese ein und vernietet sie kalt. Die Niete müssen aus bestem weichen Schmiedeeisen hergestellt sein. Den Nietquerschnitt kann man in diesem Falle nach Bach mit 320 kg/qcm, die Lochwand bis 400 kg/qcm belasten, woraus sich ergibt

$$\frac{\pi d^2}{4} \cdot 320 = d \cdot \delta \cdot 400$$

oder

$$d = 1{,}6\,\delta\,.$$

Um die nötige Flächenpressung zu erzeugen, zieht man dann noch einige Niete warm ein.

Wenn man an Stelle dieser kostspieligen Vernietung die gewöhnliche Vernietung anwendet, so darf man mit der Belastung nicht über

200 kg pro Quadratzentimeter Nietquerschnitt bei einschnittiger,
350 „ „ „ „ „ zweischnittiger

Vernietung gehen. Bei Stößen ausgesetzten Verbindungen ist die zulässige Belastung noch niedriger zu wählen.

Bildung körperlicher Ecken durch Vernietung.

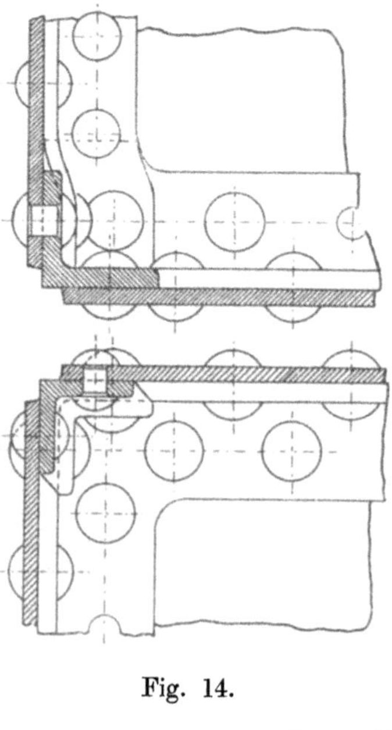

Fig. 14.

Man verbindet die zu vernietenden Platten durch Winkeleisen, die man in den Ecken übereinanderkröpfen muß; das untenliegende Winkeleisen ist dabei so auszuschmieden, daß keine Lücke entsteht.

Die Schenkeldicke δ_1 des Winkeleisens nimmt man 1—2 mm stärker als die Blechdicke, die Entfernung des Nietloches vom Winkeleisenrand wie von der inneren Schenkelkante gleich 1,5 d, also die Breite des Winkeleisens

$$b = 3\,d + \delta_1\,.$$

Fig. 14 zeigt ein Beispiel einer solchen Verbindung.

Bei schwachen Blechen, die sich nicht verstemmen lassen, legt man zwecks Dichtung der Nietnaht mit Mennige getränkte Leinwand- oder Papierstreifen bzw. Schnuren zwischen die zu vernietenden Bleche.

Dampfkesselvernietungen.

Die mit dem 9. Januar 1910 in Kraft getretenen allgemeinen polizeilichen Bestimmungen über die Anlegung von Dampfkesseln geben folgende Materialvorschriften bzw. Bauvorschriften für Landdampfkessel:

Schweißeisen: Feuerblech muß mindestens 36 kg/qmm Zugfestigkeit längs und 34 kg/qmm quer der Faser haben bei einer Dehnung von mindestens 20 bzw. 15%. Bei Bördelblech sind die entsprechenden Werte auf 35 kg/qmm, 33 kg/qmm, 15% bzw. 12% festgesetzt. In Rechnung zu setzen ist 33 kg/qmm für Schweißeisenbleche. Nieteisen soll 35 bis 40 kg/qmm Zugfestigkeit bei mindestens 20% Dehnung haben. Bei der kalten Biegeprobe muß das Nieteisen, ohne rissig zu werden, so gebogen und platt aufeinandergeschlagen werden können, daß die beiden Enden der Länge nach parallel liegen. Warm muß sich ein Nieteisen oder der Schaft fertiger Niete von einer Länge gleich dem doppelten Durchmesser auf $^1/_3$ bis $^1/_4$ der Länge zusammenstauchen und dann lochen lassen, ohne aufzureißen.

Flußeisen: Die Zugfestigkeit soll mindestens 34 kg/qmm und höchstens 51 kg/qmm sein, die Dehnung

bei	einer	Festigkeit	von	34	kg/qmm	mindestens	28%
„	„	„	„	35	„	„	27 „
„	„	„	„	36	„	„	26 „
„	„	„	„	37 bis 41	„	„	25 „
„	„	„	„	42	„	„	24 „
„	„	„	„	43	„	„	23 „
„	„	„	„	44	„	„	22 „
„	„	„	„	45	„	„	21 „
„	„	„	„	46 bis 51	„	„	20 „

In Rechnung setzt man

Blechsorte	I	mit	34	bis	41	kg/qmm	Festigkeit	mit	36 kg/qmm
„	II	„	40	„	47	„	„	„	40 „
„	III	„	44	„	51	„	„	„	44 „

Für Bleche, welche im ersten Zuge liegen oder gebördelt werden, darf nur die Blechsorte I benutzt werden.

Nieteisen soll eine Zugfestigkeit von 34 bis 41 kg/qmm bei mindestens 25% Dehnung und einer Gütezahl (Festigkeit in Kilogramm pro Quadratmillimeter plus Dehnung in Prozent) von 62 haben. Bei Blechen von mehr als 41 kg/qmm Zugfestigkeit darf das Nietmaterial bis 47 kg/qmm Zugfestigkeit haben, wenn die Dehnung den für Bleche gegebenen Werten entspricht. Bei der kalten Biegeprobe soll sich das Nieteisen bis auf $^1/_5$ des Nietdurchmessers parallel zusammenbiegen lassen. Warm muß es sich, wie bei Schweißeisen angegeben, zusammenstauchen und lochen lassen. Nach dem Härten muß sich das Nieteisen um einen Dorn, dessen Durchmesser gleich der doppelten Dicke des Nieteisens ist, bis auf 180° biegen lassen. Der Schaft fertiger Niete muß sich nach dem Härten um $^2/_5$ der Länge zusammenstauchen lassen.

Für Kupfer kann bei Temperaturen bis 120° C die Festigkeit von 22 kg/qmm, für je 20° C höhere Temperatur eine um 1 kg/qmm niedrigere Festigkeit gesetzt werden. Die Scherfestigkeit des Schweißeisens, Flußeisens und Kupfers kann zu 0,8 der Zugfestigkeit angenommen werden.

Die Nietnähte sollen stets so ausgeführt werden, daß der erforderliche Widerstand gegen Gleiten vorhanden und die Widerstandsfähigkeit der Nieten gegen Abscheren nicht geringer ist als die in Rechnung zu ziehende Festigkeit des Bleches in der Nietnaht. Hierbei darf die Belastung einer Niete durch die Scherkraft auf den Quadratmillimeter Nietquerschnitt höchstens 7 kg betragen, sofern keine höhere Zugfestigkeit des Materials als 38 kg/qmm nachgewiesen wird. Trifft diese Voraussetzung zu, so kann der für eine Belastung mit 7 kg/qmm berechnete Nietdurchmesser mit der Wurzel aus dem Quotienten, der sich aus der Zahl 38 und der nachgewiesenen Festigkeit ergibt, multipliziert werden $\left(\text{bei 46 kg/qmm Festigkeit also mit } \sqrt{\frac{38}{46}} = \sqrt{0{,}83} = 0{,}91\right)$.

Bei Laschennietung sollen die Laschen aus Blechen von mindestens gleicher Güte wie die Mantelbleche geschnitten werden.

Bei der Berechnung der Wandstärken setzt man die zulässige Spannung $k_z = \frac{K}{x}$, wobei x der weiter unten gegebenen Tabelle zu entnehmen ist.

Ist δ die Blechstärke in Millimeter,
D der größte innere Durchmesser des Kessels in Millimeter,
p der größte Betriebsüberdruck in Kilogramm pro Quadratzentimeter,
φ das Mindestfestigkeitsverhältnis der Nietnaht zu der Festigkeit des vollen Bleches (da es sich nach dem Nietdurchmesser richtet, ist es zunächst schätzungsweise anzunehmen),
K die in Rechnung zu ziehende Zugfestigkeit in Kilogramm pro Quadratmillimeter nach vorstehenden Angaben
und x der nachstehend gegebene Zahlenwert,

so erhält man die Wandstärke aus der Formel:

$$\delta = D \cdot \frac{p \cdot x}{200\, K \cdot \varphi} + 1 \, .$$

(Diese Formel erhält man, wenn man einen Ring von 1 cm Länge betrachtet; die Kraft, die die Kesselwand zu zerreißen sucht, ist dann $\frac{D}{10} \cdot p$, die Festigkeit der Wand, da sich die Kraft auf zwei Flächen $10 \cdot \delta\varphi$ verteilt, $20\, \delta\varphi \cdot \frac{K}{x}$, folglich ist

$$20\, \delta\varphi \frac{K}{x} = \frac{D}{10} \cdot p$$

oder

$$\delta = D \cdot \frac{p \cdot x}{200\, K \cdot \varphi} \, .$$

Der Zuschlag von 1 mm wird mit Rücksicht auf das Abrosten gegeben.)

Den Sicherheitskoeffizienten x wählt man:

$x = 4{,}75$ bei überlappten oder einseitig gelaschten, handgenieteten Nähten,

$x = 4{,}5$ bei überlappten oder einseitig gelaschten, maschinengenieteten und bei geschweißten Nähten,

$x = 4{,}35$ bei zweireihigen, doppeltgelaschten, handgenieteten Nähten, deren eine Lasche nur einreihig genietet ist,

$x = 4{,}25$ bei doppeltgelaschten, handgenieteten Nähten,

$x = 4{,}1$ bei zweireihigen, doppeltgelaschten, maschinengenieteten Nähten, deren eine Lasche nur einreihig genietet ist,

$x = 4$ bei doppeltgelaschten, maschinengenieteten Nähten;

$x = 4{,}25$ und $x = 4$ können auch dann in die Rechnung eingeführt werden, wenn bei drei- oder mehrreihigen Doppellaschennietungen die eine Lasche eine Nietreihe weniger besitzt als die andere.

Es wird empfohlen, die Nietlöcher zu bohren, in Blechen von mehr als 41 kg/qmm Zugfestigkeit und in solchen von über 27 mm Dicke müssen sie gebohrt werden. Bei gelochten Nietlöchern schwächerer Bleche ist x um 0,25, bei gelochten und mindestens um $^1/_4$ des Lochdurchmessers aufgebohrten Löchern um 0,1 zu erhöhen.

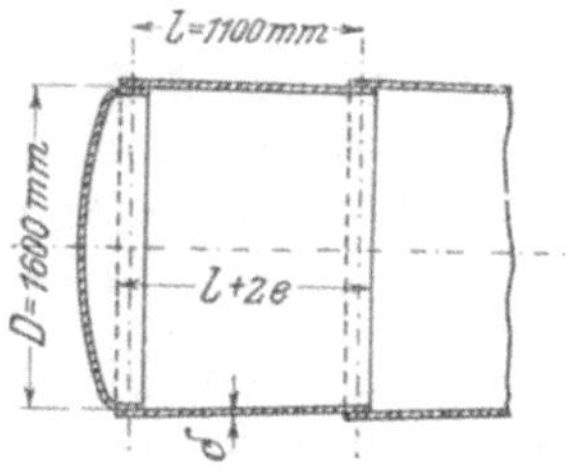

Fig. 15

Aufgabe: Für den in Figur 15 skizzierten Dampfkessel von $D = 1600$ mm innerem Durchmesser sind die Längsnähte und Rundnähte zu berechnen, wenn die ersteren als zweireihig versetzt genietete Doppellaschennietnähte, die letzteren als einreihige Überlappungsnietnähte ausgeführt werden sollen. Die Löcher sollen gebohrt, die Nietung von Hand ausgeführt werden. Der Betriebsüberdruck soll $p = 7$ kg/qcm sein, das verwendete Blech Flußeisenblech Sorte I (in Rechnung zu setzende Festigkeit 36 kg/qmm).

Lösung: Wir finden in den vorstehenden Tabellen $x = 4{,}25$ und $\varphi = 0{,}77$ (schätzungsweise 20 mm Nietdurchmesser angenommen). Dann wird die Blechstärke

$$\delta = D \cdot \frac{p \cdot x}{200 \cdot K \cdot \varphi} + 1 = 1600 \frac{7 \cdot 4{,}25}{200 \cdot 36 \cdot 0{,}77} + 1 = 10\,\text{mm}.$$

Der Nietdurchmesser für die Längsnaht wird

$$d = \sqrt{5\,\delta} - 0{,}6 = \sqrt{5} - 0{,}6 = 1{,}64 \text{ cm}.$$

Man rundet den Nietdurchmesser auf den nächst höheren vorhandenen Wert ab, also

$$d = 19 \text{ mm}.$$

Für die Rundnähte würde sich ergeben:

$$d = \sqrt{5\,\delta} - 0{,}4\ \text{cm} = 1{,}84\ \text{cm} \sim 19\ \text{mm};$$

es können also hier dieselben Nieten verwendet werden, zumal die Rundnähte, wie später gezeigt werden soll, nur halb so stark beansprucht sind als die Längsnähte.

Mit diesem Nietdurchmesser ergibt sich weiter für die Längsnähte

$$t = 3{,}5\,d + 1{,}5 = 3{,}5 \cdot 1{,}9 + 1{,}5 = 8{,}2\ \text{cm}.$$

$$e = 1{,}5\,d = 1{,}5 \cdot 1{,}9 = 2{,}9\ \text{cm}.$$

$$e_1 = 0{,}9\,e = 0{,}9 \cdot 2{,}9 = \sim 2{,}6\ \text{cm}.$$

$$e_2 = 0{,}5\,t = 0{,}5 \cdot 8{,}2 = 4{,}1\ \text{cm}.$$

$$c = \frac{2}{3}\,\delta = \frac{2}{3} \cdot 1 = \sim 0{,}7\ \text{cm}.$$

Das Festigkeitsverhältnis der Längsnaht wird

$$\varphi = \frac{t-d}{t} = \frac{8{,}2-1{,}9}{8{,}2} = 0{,}77\,,$$

entspricht also dem schätzungsweise angenommenen.

Der Gleitwiderstand wird, da ein Streifen von der Breite $t = 8{,}2$ cm einen Dampfdruck von

$$D \cdot t \cdot p = 160 \cdot 8{,}2 \cdot 7 = 9184\ \text{kg}$$

erfährt und auf einen Streifen von dieser Breite auf jeder Seite zwei, also zusammen vier Niete kommen,

$$\frac{9184}{4 \cdot \frac{\pi\,1{,}9^2}{4}} = \frac{9184}{4 \cdot 2{,}84} = \sim 809\ \text{kg pro qcm Nietquerschnitt.}$$

Die Beanspruchung der Niete auf Abscheren ist, da die Niete zweischnittig sind, halb so groß, beide Werte sind also zulässig.

Für die Rundnaht erhalten wir

$$t = 2\,d + 0{,}8 = 2 \cdot 1{,}9 + 0{,}8 = 4{,}6\ \text{cm},$$

$$e = 1{,}5\,d = 1{,}5 \cdot 1{,}9 = 2{,}9\ \text{cm}.$$

Das Festigkeitsverhältnis der Nietnaht wird

$$\varphi = \frac{t-d}{t} = \frac{4{,}6-1{,}9}{4{,}6} = 0{,}59\,.$$

(Dieser Wert ist ausreichend, weil die Rundnähte nur halb so stark beansprucht sind wie die Längsnähte. Der Dampfdruck in Richtung der Längsachse ist nämlich $\frac{D^2\pi}{4} \cdot p$ [D in Zentimeter], ihm widersteht ein Ringquerschnitt $D\pi \cdot \delta \cdot \varphi$. D in dem ersten Wert in Millimetern gesetzt, also $\frac{D^2\pi}{100 \cdot 4} \cdot p$, erhält man

$$D\pi\delta \cdot \varphi \frac{K}{x} = \frac{D^2\pi}{400} \cdot p$$

oder

$$\delta = D \frac{p x}{400 K \varphi},$$

die Hälfte des Wertes, den die Berechnung der Längsnähte ergab.)

Da auf den Umfang

$$\frac{D\pi}{t} = \frac{1600 \cdot \pi}{46} = \frac{5026{,}5}{46} = 109 \text{ Nieten}$$

kommen, so wird der Gleitwiderstand pro Quadratzentimeter Nietquerschnitt

$$\frac{\frac{D^2\pi}{4} \cdot p}{109 \frac{d^2\pi}{4}} = \frac{\frac{160^2\pi}{4} \cdot 7}{109 \cdot \frac{1{,}9^2\pi}{4}} = 455 \text{ kg.}$$

Die Scherbeanspruchung ist in diesem Falle ebenso groß, beide Werte sind also zulässig.

Die berechneten Nietteilungen können natürlich nicht genau eingehalten werden, sie müssen vielmehr so abgeändert werden, daß sie in der ganzen Länge der Naht aufgehen. In der Zeichnung gibt man deshalb die Endmaße der Nietnaht und die Anzahl der Nietzwischenräume an.

Es bleibt noch zu erörtern, wie man die Abwicklung eines konischen Kesselschusses, also die Form der Blechtafel, aus der er hergestellt werden soll, findet.

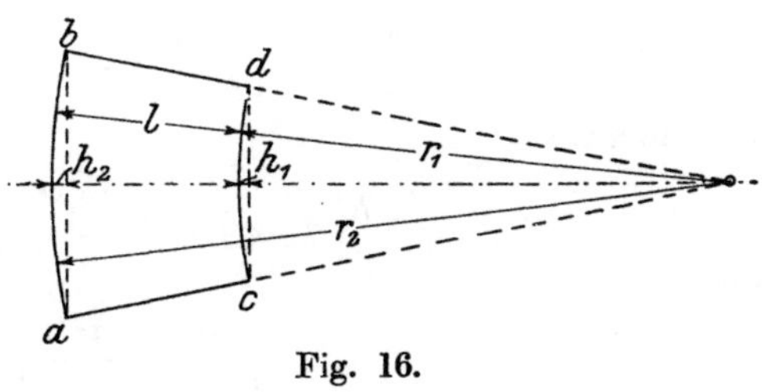

Fig. 16.

Die Abwicklung ist die eines Kegelmantelstumpfes (Fig. 16), die Radien r_1 und r_2 ergeben sich wie folgt:

Ist D der mittlere Durchmesser eines Schusses, so ist der Bogen $a \frown b = (D + \delta)\pi$, der Bogen $c \frown d = (D - \delta)\pi$, die Länge $b\,d$ sei gleich l, also $r_2 = r_1 + l$. Wir erhalten dann

$$\frac{(D+\delta)\pi}{(D-\delta)\pi} = \frac{r_1 + l}{r_1}$$

und hieraus

$$\pi D r_1 + \pi \delta r_1 = \pi D r_1 - \pi \delta r_1 + \pi D l - \pi \delta l$$

$$2 \pi \delta r_1 = \pi D l - \pi \delta l$$

$$r_1 = \frac{D - \delta}{2 \delta} \cdot l\,,$$

folglich

$$r_2 = \frac{D - \delta}{2 \delta} \cdot l + l = \frac{D + \delta}{2 \delta} \cdot l\,.$$

Diese Radien sind jedoch so groß, daß man die Bogen mit Hilfe derselben nicht verzeichnen kann, man zeichnet sie vielmehr mit Hilfe der Sehnen und Pfeilhöhen auf. Die Sehnen kann man bei so flachen Bogen mit hinreichender Genauigkeit den Bogen gleichsetzen, also

Sehne $a \sim b = (D + \delta)\pi$ } bei Überlappungsnietnaht zwischen den Mitten
„ $c \sim d = (D - \delta)\pi$ } der aufeinanderfallenden Nietlöcher gemessen.

Die Pfeilhöhen berechnet man mit Hilfe des Satzes: Die Produkte aus den Abschnitten zweier sich schneidender Sehnen sind einander gleich.

Bezeichnet s_1 die Sehne $c \sim d$, s_2 die Sehne $a \sim b$, so ist:

$$\frac{s_1^2}{4} = (2 r_1 - h_1) \cdot h_1 = \sim 2 r_1 h_1\,,$$

da h_1^2 sehr klein ist und deshalb vernachlässigt werden kann.

Da nun

$$r_1 = \frac{D - \delta}{2 \delta} \cdot l$$

ist, so ergibt sich

$$\frac{s_1^2}{4} = \frac{D - \delta}{\delta} \cdot l \cdot h_1 = \sim \frac{D}{\delta} l \cdot h_1$$

und hieraus

$$h_1 = \frac{s_1^2 \delta}{4 D l} = \frac{\pi^2 (D - \delta)^2 \delta}{4 D l}\,,$$

ebenso

$$h_2 = \frac{s_2^2 \delta}{4 D l} = \frac{\pi^2 (D + \delta)^2 \delta}{4 D l}\,.$$

Der mittlere Umfang unseres Kesselschusses ist $1600\pi = 5026{,}5$ mm; da dieses Maß für eine Platte sehr groß wird, setzen wir den Schuß aus zwei Platten zusammen und erhalten:

$$s_1 = \frac{(D - \delta)\pi}{2} = \frac{159\pi}{2} = 249{,}7 \text{ cm} = 2497 \text{ mm},$$

$$s_2 = \frac{(D + \delta)\pi}{2} = \frac{161\pi}{2} = 252{,}9 \text{ cm} = 2529 \text{ mm},$$

$$h_1 = \frac{s_1{}^2 \delta}{4 D l} = \frac{62400}{4 \cdot 160 \cdot 110} = \infty\, 0{,}9 \text{ cm} = 9 \text{ mm},$$

$$h_2 = \frac{s_2{}^2 \delta}{4 D l} = \frac{64009}{4 \cdot 160 \cdot 110} = \infty\, 0{,}9 \text{ cm} = 9 \text{ mm}.$$

Bei Überlappungsnietnaht ist natürlich an jeder Seite die halbe Breite der Nietnaht zuzugeben, bei Laschennietnaht stoßen die Blech-

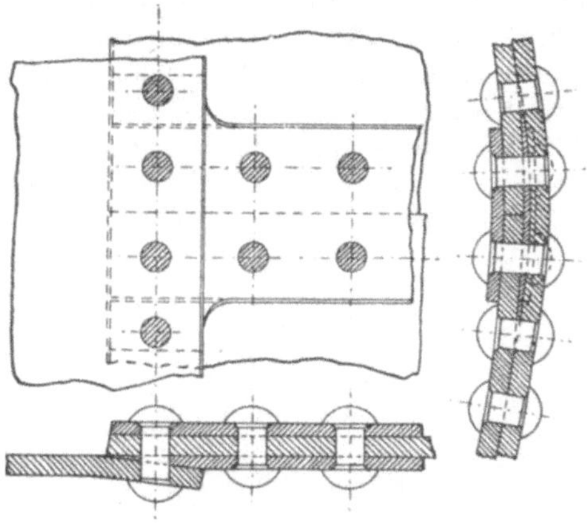

Fig. 17.

kanten stumpf zusammen, die Nietnaht liegt deshalb hier innerhalb der Maße s_1 und s_2.

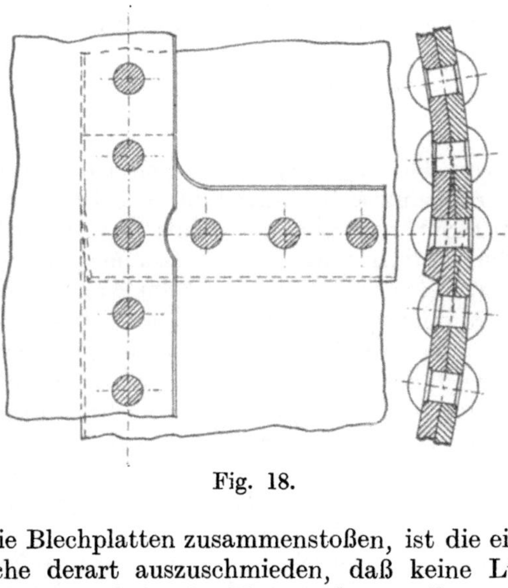

Fig. 18.

Dort, wo die Blechplatten zusammenstoßen, ist die eine Blechplatte bzw. die Lasche derart auszuschmieden, daß keine Lücke entsteht. Ein solcher Plattenstoß ist in Fig. 17 dargestellt, während Fig. 18

einen Plattenstoß zeigt, bei dem sowohl Längsnaht als Rundnaht überlappt vernietet sind.

Berechnung der Flammrohre siehe unter Rohre und Rohrverbindungen.

2. Verbindungen durch Schrumpfen oder Schwinden und andere unlösbare Verbindungen.

Hierher gehören das Warmaufziehen sowie die Verbindung durch Schrumpfringe (Fig. 19 und 21) und Schrumpfanker (Fig. 20).

Die Dimensionen sollen so gewählt werden, daß die Ausdehnung der warm auf- bzw. eingezogenen Ringe oder Anker nach dem Erkalten etwa 0,2%, höchstens aber 1% beträgt.

Das Material der Schrumpfringe oder Schrumpfanker ist in der Regel weiches Schmiedeeisen.

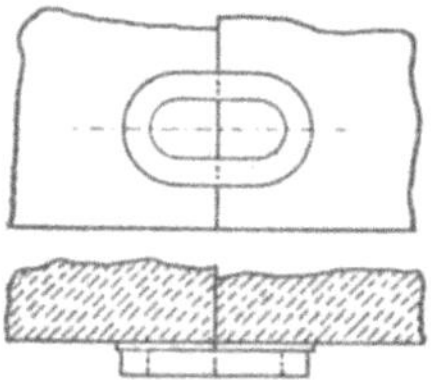

Fig. 19.

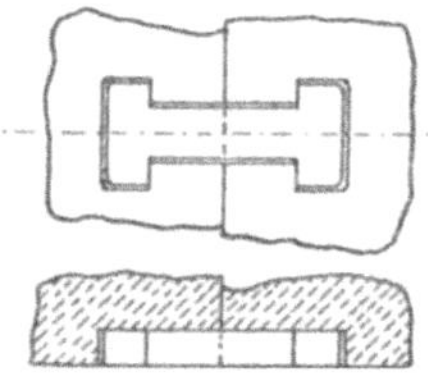

Fig. 20.

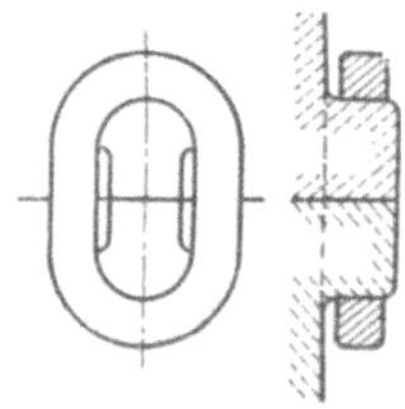

Fig. 21.

Der Querschnitt der Schrumpfringe und -anker ist so zu bemessen, daß dieselben die gleiche Festigkeit wie die zu verbindenden Gußeisenteile haben.

Lindner (Maschinenelemente, Stuttgart, Deutsche Verlagsanstalt) gibt für die Form Fig. 19 die Breite des Hornes, um welches das Band gelegt wird, in der Richtung der Fuge zu

$$b = \sqrt{\frac{P}{100}}$$

an, die Höhe von der Fuge bis zum Scheitel der Rundung (also in Richtung der strichpunktierten Mittellinie Fig. 19 gemessen) gleich der Breite, den Querschnitt des Bandes quadratisch mit der Breite $0{,}3\,b$.

Wird der Schrumpfringsitz nicht maschinell bearbeitet, wie das häufig an schweren Maschinenteilen, z. B. im Walzwerkbau, vorkommt, so darf der Schrumpfring nicht, wie in Fig. 19, fest an der Gußwand anliegend angenommen werden, sondern er muß, wie das Fig. 21 zeigt, einen gewissen Abstand von der Gußwand haben, da die Gießerei den Übergang vom Nocken zur Gußwand nicht scharfkantig gießen kann. Auch ist es richtiger, längliche Schrumpfringe nicht in der Längsrichtung ganz am Nocken anliegen zu lassen wie in Fig. 19, da dies keinen Zweck hat und nur unnötige Handarbeit bedingt, sondern, wie Fig. 21 zeigt, die Nocken an der Seite kräftig auszusparen.

Das Schwindmaß (im Durchmesser) für warm aufgezogene Naben aus Stahl oder Schmiedeeisen gibt Lindner zu $^1/_{200}$, für Gußeisennaben $^1/_{800}$, Zylinder für Laufbüchsen $^1/_{1000}$ bis $^1/_{1500}$, Radreifen für Eisenbahnräder $^1/_{1000}$, Schwindringe auf Naben $^1/_{750}$, bei quadratischem Querschnitt von der Stärke $0{,}2\,d + 1$ cm, wenn d der Wellendurchmesser ist.

Das Kaltaufziehen.

An Stelle des Warmaufziehens ist für Naben von nicht zu großem Durchmesser auch das Kaltaufziehen im Gebrauch. Ring und Kern werden zylindrisch mit sehr geringem Unterschied im Durchmesser ausgedreht, an den Eintrittskanten abgerundet und unter starkem Druck aufeinandergeschoben. Der Druck beträgt für Naben von 130 bis 190 mm Durchmesser 50 000—100 000 kg.

Das Schweißen.

Das Schweißen kommt mehr und mehr in Aufnahme, ist aber mit Vorsicht anzuwenden, da das Material meist erheblich an Zähigkeit verliert, auch durch die örtliche Erhitzung Spannungen auftreten. Die deutschen Bauvorschriften für Dampfkessel bestimmen, daß die Festigkeit gut mittels Überlappung geschweißter Nähte gleich 0,7 der Festigkeit des vollen Bleches gesetzt werden darf. Nähte, welche auf Biegung oder Zug beansprucht werden, sollte man nicht schweißen, auch ist keine Schweißnaht herzustellen, wenn das geschweißte Stück nicht nachträglich ausgeglüht werden kann. In besonderen Fällen kann bei geschweißten Längsnähten in Kesselmänteln verlangt werden, daß Sicherheitslaschen angebracht werden. Jedes geschweißte Stück ist gut auszuglühen.

Die Verbindungen durch Kitten, Leimen und Löten können hier nicht besprochen werden, die meisten Fachkalender bringen Rezepte hierfür. In der Reihe der vom Verlag Julius Springer herausgegebenen Werkstattbücher erscheint demnächst ein Band „Rezepte für die Werkstatt“ vom gleichen Verfasser.

B. Lösbare Verbindungen.

1. Schraubenverbindungen.

Wickelt man einen Winkel $b\,a\,c$ (Fig. 22) so auf einen Zylinder, daß sich der eine Schenkel $a\,b$ mit dem Umfange der Grundfläche deckt, so beschreibt der andere Schenkel $a\,c$ eine Schraubenlinie. Die Konstruktion derselben zeigt Fig. 22.

Steigt die Schraubenlinie von links nach rechts, so heißt sie rechtsgängig, im anderen Falle linksgängig.

Der Abstand zweier Windungen der Schraubenlinie, parallel zur Achse des Zylinders gemessen, heißt die Ganghöhe, der Winkel $b\,a\,c$ der Steigungswinkel.

Wickelt man an Stelle der Linie $a\,c$ einen Körper um den zylindrischen Kern, so erhält man ein Gewinde.

Je nach der Querschnittsform dieses Gewindekörpers unterscheidet man rechteckiges oder flaches (Fig. 23), dreieckiges oder scharfes (Fig. 27, 28 und 29), abgerundetes (Fig. 24), trapezförmiges (Fig. 25) und halbtrapezförmiges Gewinde (Fig. 26). Etwas von letzterem abweichende Formen erhält man durch Verrunden der Kanten oder Ersetzen der schrägen Seite des Trapezes durch eine aus zwei Kreisbogen zusammengesetzte Kurve.

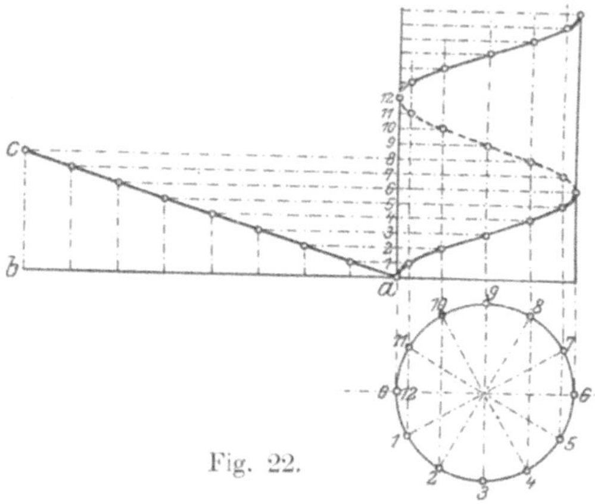

Fig. 22.

Nach der Anzahl der um den Kern gewundenen Körper unterscheidet man eingängiges, zwei- oder doppelgängiges und mehrgängiges Gewinde.

Zu jeder Schraube gehört eine Mutter, ein Körper, welcher dasselbe Gewinde hohl enthält. Die Bewegung der Mutter gegen die Schraube setzt sich zusammen aus einer drehenden und einer fortschreitenden Bewegung.

Fig. 23.

Fig. 24.

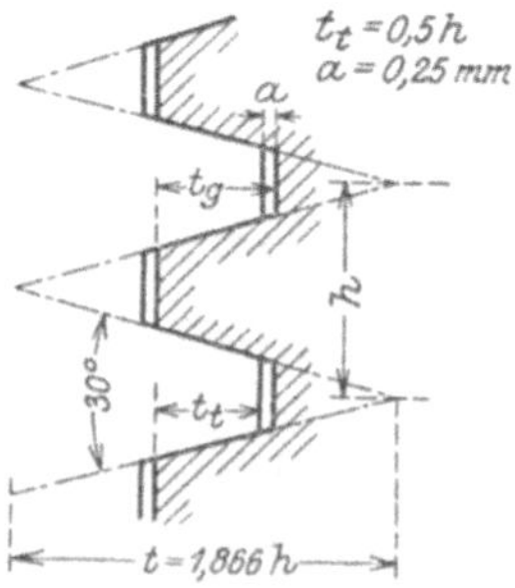

Fig. 25.

Fig. 26.

Man unterscheidet zwei Hauptarten von Schrauben:

1. Befestigungsschrauben, die dazu dienen, zwei oder mehrere Körper miteinander zu verbinden und in der Regel scharfes Gewinde haben, da bei diesem der Reibungswiderstand und somit die Sicherheit gegen selbsttätiges Lösen der Schrauben, infolge von Erschütterungen, größer ist.

2. Bewegungsschrauben, die dazu dienen, eine geradlinige Bewegung in eine drehende (Drillbohrer) oder eine drehende Bewegung in eine geradlinige (Leitspindel, Winden, Pressen) umzuwandeln und in der Regel flaches oder trapezförmiges Gewinde haben (halbtrapezförmiges dann, wenn großer axialer Druck nur von einer Seite wirkt).

An Stelle des Flachgewindes hat der Normenausschuß beschlossen, das Trapezgewinde nach Fig. 25 zu normen, wie es sich bei der Marine bewährt hat. Die Gewindeform stimmt mit dem bisher verwendeten metrischen Trapezgewinde und auch annähernd mit dem Akmegewinde bis auf den Flankenwinkel überein, der von 29° auf den leicht herstell- und nachprüfbaren Wert 30° erhöht worden ist. Für höhere Steigungen werden die Gewindegänge zu grob, es sollen dann zwei- und dreigängige Trapezgewinde unter Benutzung der für das eingängige Gewinde für den gleichen Durchmesser festgelegten Teilung verwendet werden. Die Herstellung dieser Gewinde erfolgt durch Fräsen der Spindel und Schneiden der Mutter mit Gewindebohrern bis zum Durchmesser von 60 mm.

Die Vorteile des Trapezgewindes gegenüber dem Flachgewinde sind folgende:

Das Trapezgewinde ist kräftiger als das Flachgewinde, da der Zahnfuß stärker als der Zahnkopf ist, es hat dementsprechend eine längere Lebensdauer.

Das Trapezgewinde kann gefräst werden, nur hochgradig genaue Trapezgewinde (Leitspindeln, Teilspindeln, Meßspindeln) werden nach dem Vorfräsen mit entsprechenden Seitenstählen nachgeschnitten.

Der Flachgewindestahl nutzt sich leicht ab, weil er beiderseits rückwärtig frei geschliffen werden muß und nur ganz kurze Kanten die Schnittarbeit für das ganze Gewinde übernehmen müssen, wobei die Flanken ungenau werden und der Stahl leicht abbricht. Aus gleichen Gründen ist Flachgewinde auch schwer mit dem Gewindebohrer zu schneiden. Beim Trapezgewindestahl schneidet die volle Seitenkante.

Beim Trapezgewinde trägt die ganze Flanke, weshalb sich Mutter und Spindel leichter bewegen und weniger ausnutzen als solche mit Flachgewinde. D. I.-Norm für Trapezgewinde siehe Anhang.

Ungünstig kann in besonderen Fällen (z. B. wenn das Muttergewinde nicht ringsherum geschlossen ist) die Kraftkomponente senkrecht zur Achse beim Trapezgewinde sein, in solchen Fällen muß man Rechteckgewinde oder Trapezgewinde mit geringen Flankenneigungswinkeln (etwa 10°) nehmen.

Die Ganghöhe der Schrauben ist abhängig von der Leitspindel der Drehbank. Wenn diese in englischem Maß hergestellt ist, muß man auch die Abmessungen der Schrauben in englischen Zollen angeben, deshalb bürgert sich das metrische Gewinde nur langsam ein.

Das verbreitetste Gewindesystem ist das von Whitworth (Fig. 27 und Tabelle 1, siehe Anhang). Der Gewindequerschnitt ist ein gleichschenkliges Dreieck mit 55° Kantenwinkel, bei welchem Spitze und Grund um ein Sechstel der Dreieckshöhe abgerundet sind.

In Amerika wird vorzugsweise das Sellerssche Gewinde (Fig. 28) ausgeführt, bei welchem der Kantenwinkel 60° beträgt und Spitze und Grund um ein Achtel der Dreieckshöhe abgeflacht sind.

Vom Verein deutscher Ingenieure ist 1888 das in der Hauptsache von Delisle herrührende deutsche Gewinde angenommen worden, welches auf Metermaß fußt. Demselben liegt ein in ein Quadrat eingeschriebenes gleichschenkliges Dreieck zugrunde, welches an der Spitze und am Grunde um ein Achtel der Höhe abgeflacht ist. Dieses Gewindesystem ist mit dem 1893 von den Feinmechanikern und Elektrotechnikern aufgestellten Normalgewinde für Bolzen von 1—10 mm Stärke in Einklang gebracht worden. Das deutsche Gewinde führte sich aber sehr schwer ein und ist durch das im Oktober 1898 durch einen internationalen Kongreß aufgestellte S. I.-Gewinde (System International, Fig. 29 und Tabelle 2, siehe Anhang) ersetzt worden. Bei diesem ist der Gewindewinkel 60°, die Spitzen des Gewindes sind mit $\frac{a}{8}$ abgeflacht wie bei Sellers, der Grund dagegen ausgerundet. Der durch die Ausrundung geschaffene Spielraum soll nicht mehr als $\frac{a}{16}$ betragen.

Fig. 27.

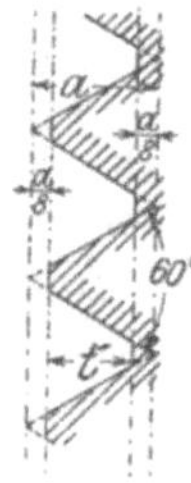
Fig. 28.

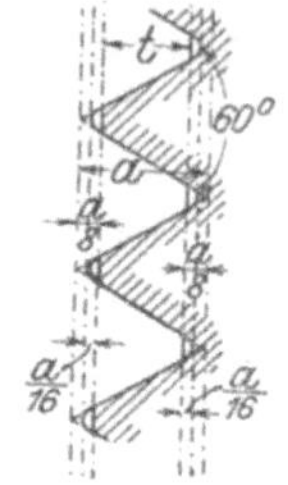
Fig. 29.

Neben diesen sind noch mehrere andere Gewindesysteme in Anwendung, so das Löwenherzgewinde in der Feinmechanik, das Siemens & Halske-Gewinde und eine Anzahl englischer und amerikanischer Systeme. Durch das Zusammenarbeiten des Ausschusses für die Vereinheitlichung der Gewinde, der 1912 zusammengetreten war mit dem N. D. I., ist es zur Aufstellung von vier im Anhang (Tafeln 4—7) wiedergegebenen Normblättern gekommen, der D. I.-Normen 11 und 12 Whitworth-Gewinde und 13 und 14 metrisches Einheitsgewinde.

Danach sollen für Deutschland künftig allein verwendet werden: das S. I.-Gewinde von 1—150 mm ∅ und das Whitworth-Originalgewinde von $^1/_4''$—$6''$; zu einem deutschen Einheitsgewinde zu gelangen war nicht möglich.

Für das Whitworth-Gewinde ist die englische Originaltabelle ohne jede Abänderung zugrunde gelegt, nur wurde mit Rücksicht auf vollkommen gleiche, werkstattsmäßige Ausführung ein Spitzenspiel wie beim S. I.-Gewinde vorgesehen, das nichts weiter als die Festlegung der bisherigen Praxis enthält, da es nicht möglich gewesen ist, das Originalgewinde, das überhaupt kein Spiel im Muttergewinde vorsieht, praktisch herzustellen.

Das S. I.-Gewinde ist mit dem weitverbreiteten Löwenherz-Gewinde in Einklang gebracht und gegenüber den Züricher Beschlüssen von 1898, die es nur für 6—80 mm ∅ festgelegt hatten, für Durchmesser von 1—150 mm erweitert worden. Für das Spitzenspiel des S. I.-

Gewindes wird es künftig an Stelle der bisher gültigen Grenzwerte nur noch eine einzige Größe geben.

Bei Verwendung normaler Befestigungsschrauben ist für beide Gewindesysteme auf Luft- und Dampfdichtigkeit verzichtet worden. Diese muß in allen Fällen durch besondere Hilfsmittel hergestellt werden.

Diejenigen Gewinde, die möglichst nicht benutzt werden sollen, sind durch Klammern kenntlich gemacht. Eine derartige weitere freiwillige Beschränkung ist im Interesse einer wirtschaftlichen Fertigung dringend erwünscht.

Neben diesen zwei Hauptgewinden ist beabsichtigt, noch besondere Feingewinde, und zwar F-Gewinde für den Maschinenbau (Kraftgewinde), FF-Gewinde, hauptsächlich für den Werkzeugmaschinenbau, und FFF-Gewinde für Feinmechanik und Optik festzulegen; für die Uhrenindustrie sollen auch die Gewinde unter 1 mm $\varnothing$ genormt werden.

In Rücksicht auf die gegenwärtige politische Lage ist beschlossen worden, die Einführung des metrischen Gewindes auf zwei Jahre auszusetzen, in der Zwischenzeit sollen jedoch die Vorbereitungen zur Beschaffung von Normalien, Lehren und Werkzeugen, welche zur Einführung der Gewinde nötig sind, getroffen werden. Gleichzeitig wird versucht werden, eine internationale Regelung der Gewindefrage herbeizuführen.

Die Normblätter „Whitworth-Feingewinde" und „Metrisches Feingewinde" waren bei Drucklegung dieses Buches noch nicht genehmigt, es muß deshalb auf die demnächst erscheinenden Normblätter verwiesen werden.

Auch für die verschiedenen Schrauben- und Mutterformen sind Normblätter in Vorbereitung, weiter sei auch auf das zur Zeit noch nicht endgültige Normblatt „Sinnbilder für Nieten und Schrauben bei Eisenkonstruktionen" (D. I. Norm 139) verwiesen.

Beim flachen Gewinde (Fig. 23) nimmt man gewöhnlich die Gangtiefe $t = 0{,}1\,d$ (d = äußerer Gewindedurchmesser), desgleichen beim Halbtrapezgewinde (Fig. 26).

Das Rund-Gewinde (der Normenausschuß hat sich für diese Bezeichnung satt Kordelgewinde entschieden) wird hauptsächlich bei den Kupplungen der Eisenbahnwagen angewandt und zeichnet sich durch Unempfindlichkeit gegenüber Stößen und Schmutz aus. Der Radius der Abrundung und Ausrundung kann $\frac{d}{20}$ genommen werden (Fig. 24), oder man wählt die dem berechneten Kerndurchmesser entsprechende Ganghöhe und Gangtiefe eines scharfgängigen Gewindes und macht den Durchmesser der Halbkreise gleich der halben Ganghöhe.

Die Herstellung des Schraubengewindes.

Das Schraubengewinde kleinerer Schrauben wird mit dem Schneideisen geschnitten, einer gehärteten Stahlplatte, die mit entsprechendem Muttergewinde versehen ist, in welchem durch seitliche Aussparungen Schneidkanten gebildet werden, oder mit der Kluppe, in welcher ebenso gestaltete Schneidbacken durch Stellschrauben gegeneinander verschoben werden können. In besonderen Fällen stellt man Gewinde auch durch Pressen oder Rollen zwischen entsprechend gezahnten Platten her, z. B. bei Fahrradspeichen. Das Muttergewinde wird mit einem Gewindebohrer geschnitten, einem Bolzen mit dem Gewinde, den man nach dem unteren Ende zu konisch und außerdem so anfeilt bzw. Nuten einfräst, daß nur an drei oder vier Stellen des Umfangs kurze Gewindestücke stehenbleiben, die als Schneiden dienen. Meist hat man einen weniger scharf ausgebildeten Bohrer zum Vorschneiden und einen scharf ausgeschnittenen zum Nachschneiden. Mit Schneidbacken und Gewindebohrern arbeiten auch die Schraubenschneidmaschinen.

Das Gewindeschneiden auf der Drehbank kann mit einem, mehrere dem Gewindequerschnitt entsprechend geformte und der Steigung entsprechend schräggestellte Zähne enthaltenden „Strähler“ geschehen, der zuweilen von Hand auf der Vorlage fortbewegt, häufiger aber festgehalten wird, während die Drehbankspindel mit einer „Patrone“, einem Gewindestück von derselben Steigung, versehen ist, welches sich auf dem Stern oder Register führt, so daß die Spindel die fortschreitende Bewegung ausführt. Alle größeren Gewinde schneidet man auf der Leitspindeldrehbank, bei der der Support, der den Schneidstahl trägt, durch eine Schraubenspindel, die Leitspindel, der Ganghöhe des zu schneidenden Gewindes entsprechend fortbewegt wird. Zwischen Drehbankspindel und Leitspindel (Fig. 30) müssen „Wechselräder“ eingeschaltet werden, deren Zähnezahlen so zu wählen sind, daß sich die Umdrehungszahlen von Drehbankspindel und Leitspindel umgekehrt verhalten wie die Ganghöhen, bzw. ebenso wie die Gangzahlen auf 1″ engl. Nach der später unter „Zahnräder“ gegebenen Regel müssen dann die Zähnezahlen im umgekehrten Verhältnis der Umdrehungszahlen stehen, also in demselben Verhältnis wie die Ganghöhen (oder im umgekehrten Verhältnis der Gangzahlen). Da die so gewählten Räder nicht ineinandergreifen, schaltet man ein auf einer mit Schlitzen versehenen Platte der Kulisse oder Schere befestigtes Zwischenrad von beliebiger Zähnezahl ein. Dieses überträgt nur die Umfangsgeschwindigkeit des einen Rades auf das andere, ändert also das Übersetzungsverhältnis nicht.

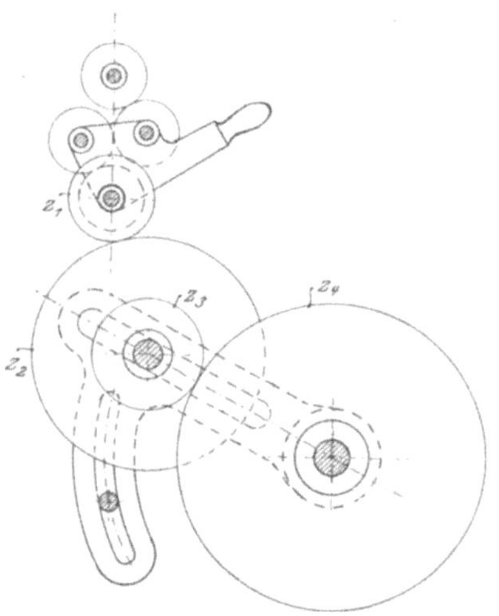

Fig. 30.

Kann man mit einem Radpaar das den Ganghöhen bzw. Gangzahlen entsprechende Übersetzungsverhältnis nicht herstellen, so schaltet man zwei auf der Kulisse befestigte Räder ein, von denen das eine in das Rad auf der Drehbankspindel, das andere in das auf der Leitspindel eingreift und die beide dieselbe Umdrehungszahl haben. Das Gesamtübersetzungsverhältnis ist dann

$$\frac{z_1}{z_2} \cdot \frac{z_3}{z_4}.$$

Die Ganghöhe der Leitspindel ist sehr verschieden, meist $^1/_4$, $^1/_2$, $^2/_3$ oder $^3/_4''$. Die Wechselräder haben bei älteren Bänken 18, 20, 22, 24, 28, 32, 36, 40, 44, 48, 52, 58, 64, 72, 80, 90, 105, 120 und 132 Zähne, bei neueren 20, 25, 30, 35, 40 usw. bis 120 oder 150 Zähne. Sollen nur bestimmte Gewinde geschnitten werden, so können einige dieser Räder wegfallen.

1. Beispiel: Auf einer Drehbank mit $^1/_2''$ Leitspindel soll Gewinde mit a) $^1/_6''$, b) $^1/_{16}''$ Ganghöhe geschnitten werden.

Die Zähnezahlen der Wechselräder müssen sich verhalten wie die Ganghöhen:

$$\text{a)}\quad \frac{z_1}{z_2} = \frac{h}{H} = \frac{\frac{1}{6}}{\frac{1}{2}} = \frac{1}{3}.$$

Man kann also wählen die Räder mit 20 und 60 oder 25 und 75, 30 und 90, 40 und 120 Zähnen usw., die man durch ein beliebiges, auf der Schere befestigtes Zwischenrad zum Eingriff bringt.

$$\text{b)}\quad \frac{h}{H} = \frac{\frac{1}{16}}{\frac{1}{2}} = \frac{1}{8}.$$

Da man mit einem Radpaar dieses Übersetzungsverhältnis nicht herstellen kann, muß man es zerlegen, so daß

$$\frac{z_1}{z_2} \cdot \frac{z_3}{z_4} = \frac{1}{8}$$

ist.

$^1/_8$ zerlegt man in $^1/_2 \cdot {}^1/_4$ und kann dann wählen z. B. $z_1 = 30$, $z_2 = 60$, $z_3 = 20$, $z_4 = 80$ Zähne.

2. Beispiel: Die Ganghöhe der Leitspindel sei $^2/_3''$, die des zu schneidenden Gewindes $^1/_{14}''$.

$$\frac{h}{H} = \frac{\frac{1}{14}}{\frac{2}{3}} = \frac{3}{28}.$$

Es muß also

$$\frac{z_1}{z_2} \cdot \frac{z_3}{z_4} = \frac{3}{28}$$

sein. Man schreibt

$$\frac{3}{\cdot} \cdot \frac{\cdot}{28}$$

und ersetzt die freien Stellen durch zwei einander gleiche beliebige Zahlen (der Wert des Produktes der beiden Brüche bleibt dann derselbe), also z. B.

$$\frac{3}{7} \cdot \frac{7}{28} = \frac{3}{7} \cdot \frac{1}{4}$$

und wählt $z_1 = 30$, $z_2 = 70$, $z_3 = 20$, $z_4 = 80$.

Will man mit Zoll-Leitspindel Millimetergewinde schneiden oder umgekehrt, so muß man ein Rad mit 127 Zähnen haben.

Beispiel: Die Ganghöhe der Leitspindel ist $^1/_2''$ ($^1/_2 \cdot 25{,}4$ mm), die Ganghöhe des zu schneidenden Gewindes 1,75 mm.

$$\frac{h}{H} = \frac{1{,}75}{\frac{1}{2} \cdot 25{,}4} = \frac{3{,}5}{25{,}4},$$

also muß sein

$$\frac{z_1}{z_2} \cdot \frac{z_3}{z_4} = \frac{3{,}5}{25{,}4}.$$

Man setzt wieder

$$\frac{3{,}5}{\cdot} \cdot \frac{\cdot}{25{,}4}$$

und an die freien Stellen eine beliebige Zahl. Da man den letzten Bruch mit 5 erweitern muß, um im Nenner auf 127 Zähne zu kommen, darf diese Zahl nicht kleiner als 4 sein, weil das kleinste Rad 20 Zähne hat, also etwa 8

$$\frac{3{,}5}{8} \cdot \frac{8}{25{,}4} = \frac{35}{80} \cdot \frac{40}{127}.$$

Man erhält also $z_1 = 35$, $z_2 = 80$, $z_3 = 40$, $z_4 = 127$ Zähne.

Ebenso muß man, um Schnecken für Modulteilung (Vielfaches von π) zu schneiden, ein Rad von 97 Zähnen haben, denn $\frac{3{,}14}{25{,}4}$ gibt, mit 3,82 erweitert, fast genau $\frac{12}{97}$.

Die Schwierigkeiten, steile Gewinde billig auf der Drehbank und feine kurze Gewinde von großem Durchmesser auf den Revolverbänken in sauberer Ausführung herzustellen, sowie die Vorteile, die das Fräsen vor dem Drehen an sich hat (eine größere Anzahl Schneiden des Fräsers statt der einen Schneide des Drehstahls, folglich weniger häufiges Nachschleifen), haben dazu geführt, daß auch das Fräsen von Gewinden in Anwendung gekommen ist. Man arbeitet entweder mit einem Scheibenfräser, dessen Form dem Gewindegang entspricht, oder mit mehrreihigem Fräser, der das Gewinde bei einer Umdrehung des Werkstücks herstellt. Flachgewinde mit rechtwinkliger Gewindeform lassen sich nur bei ganz geringer Steigung und großem Durchmesser fräsen, andernfalls muß man dem Gewinde um 10—15° geneigte Flanken geben. Die Frässpindel muß dem Steigungswinkel entsprechend schräggestellt werden und der Fräser genau in der Mittelachse des Werkstücks stehen. Automatische Gewindefräsmaschinen geben namentlich bei kurzen Spitzgewinden an Massenartikeln wesentlich höhere Leistungen als die Drehbänke. Auch gröbere Gewinde (Trapezgewinde) werden vorteilhafter gefräst als geschnitten, da der Fräser ununterbrochenen Schnitt und keine Leergänge hat, also schneller arbeitet, auch ein Arbeiter 4 bis 6 Gewindefräsmaschinen bedienen kann.

Wirkungsweise der Schrauben.

Hinsichtlich der Wirkungsweise der Schrauben sind folgende Fälle zu unterscheiden:

1. Die Mutter steht fest, die Schraube wird gedreht und schreitet gleichzeitig fort.

2. Die Schraube steht fest, die Mutter wird gedreht und schreitet gleichzeitig fort.

3. Die Mutter wird gedreht, am Fortschreiten aber gehindert; die Schraube schreitet fort, sofern sie verhindert wird, sich mit der Mutter zu drehen.

4. Die Schraube wird gedreht, am Fortschreiten aber gehindert; die Mutter schreitet fort, sobald sie verhindert wird, sich mit zu drehen.

In allen vier Fällen haben wir zwei Kräfte, welche an der Schraube wirken, eine umdrehende Kraft und eine Kraft in Richtung der Schraubenachse. Der Weg der umdrehenden Kraft P ist, wenn p der Hebelarm ist, bei einer Umdrehung $2\,p\,\pi$, der Weg der fortschreitenden Kraft Q ist die Ganghöhe h. Die Arbeiten beider Kräfte müssen einander gleich sein; folglich muß, wenn η der Wirkungsgrad ist,

$$\eta\, P\, 2\, p\, \pi = Q\, h$$

oder

$$P = \frac{Q\,h}{\eta\, 2\, p\, \pi} \quad \text{bzw.} \quad Q = \frac{\eta\, P\, 2\, p\, \pi}{h}$$

sein.

Der Wirkungsgrad der Schraube ist nicht nur von der Reibung im Gewinde, sondern auch von der Reibung der Mutter auf der Unterlage, falls die Mutter, oder des Spindelkopfes in der Druckfläche, falls die Spindel gedreht wird, abhängig, und in beiden Fällen wieder vom Hebelarm dieser Reibung, also den Abmessungen der sich reibenden Flächen. Da nun schon der Reibungskoeffizient in hohem Grade mit der Beschaffenheit der Flächen, der Art der Schmierung usw. veränderlich ist (etwa in den Grenzen 0,03—0,3), so genügt eine annähernde Berechnung, für die man den Wirkungsgrad η nachfolgender Tabelle entnehmen kann:

Steigungsverhältnis $\frac{h}{2r\pi} =$	0,04	0,05	0,06	0,07	0,08	0,10	0,125
Spindel wird gedreht $\eta =$	0,22	0,26	0,3	0,33	0,36	0,41	0,46
Mutter wird gedreht $\eta =$	0,15	0,18	0,21	0,24	0,26	0,30	0,35

Aus der Tabelle geht hervor, daß der Wirkungsgrad um so größer wird, je größer die Steigung ist, deshalb verwendet man für Bewegungsschrauben meist mehrgängige Gewinde von großer Steigung.

Das zum Umdrehen einer Schraube erforderliche Moment $M_d = P \cdot p$ (umdrehende Kraft mal Hebelarm) kann man setzen

bei scharfgängigen Schrauben

$$M_d = 0{,}11\, Q\, d_1$$

(d_1 = innerer Gewindedurchmesser),

bei flachgängigen Schrauben

$$M_d = Q\, r \frac{h + 2\pi r \mu}{2\pi r - \mu h},$$

wobei

r = mittlerer Gewinderadius

h = Ganghöhe

μ = Reibungskoeffizient (im Mittel 0,1—0,15).

[Nennt man den Steigungswinkel α, so ist $\frac{h}{2\pi r} = \operatorname{tg} \alpha$; ist ferner ϱ der Reibungswinkel, $\operatorname{tg} \varrho = \mu$, so ist $M_d = Q\, r \operatorname{tg}(\alpha + \varrho)$.]

Berechnung der Schrauben.

Hierbei hat man zu berücksichtigen,

1. daß die durch die äußeren Kräfte hervorgerufenen Zug-, Druck- und Drehbeanspruchungen die zulässige Spannung nicht übersteigen;

2. daß die Flächenpressung zwischen den sich berührenden Gewindeflächen der Schraube und Mutter den zulässigen Wert nicht übersteigt.

Man unterscheidet dabei drei Arten von Schrauben:

1. solche, die nur durch Zug- oder Druckkräfte beansprucht werden. Hierher gehören die Schrauben aller Verbindungen, auf welche die äußeren Kräfte erst einwirken, wenn die Schrauben bereits festgezogen sind;

2. solche, die auf Zug oder Druck und auf Verdrehung beansprucht werden. Hierzu gehören die Schrauben, welche angezogen werden, während sie unter Einwirkung der Zug- oder Druckkräfte stehen;

3. solche, die durch Kräfte beansprucht werden, die auf ihrer Achse senkrecht stehen, die Schrauben also ähnlich beanspruchen wie die Niete einer der früher betrachteten Nietnähte.

1. Schrauben der ersten Art sind nach der Formel

$$Q = \frac{\pi d_1^2}{4} k$$

zu berechnen, wenn d_1 der Kerndurchmesser ist. Will man an Stelle von d_1 den äußeren Gewindedurchmesser d setzen, so erhält man, da $\frac{d_1^2}{d^2}$ im Mittel gleich 0,64 ist,

$$Q = 0{,}64 \frac{\pi}{4} d^2 k = \backsim 0{,}5\, d^2 k\,.$$

Hierbei kann man k (nach Bach, Die Maschinenelemente, Verlag von A. Kröner, Leipzig) wählen für Schrauben aus Schmiedeeisen:

Bei ruhender Belastung: für Schrauben, die mit besonderer Sorgfalt hergestellt wurden, $k = 900$ kg/qcm; für Schrauben von durchschnittlicher Güte $k = 720$ kg/qcm. Bei einer zwischen Null und einem Höchstwert schwankenden Belastung $^2/_3$ dieser Werte.

Stahlschrauben kann man $^1/_3$ höher belasten, also mit $k = 1200$ kg/qcm bzw. $k = 960$ kg/qcm für ruhende Belastung.

Bei besonders ungünstiger Beanspruchung oder geringerer Güte der Schrauben sind diese Werte entsprechend kleiner zu nehmen.

Die Mutterhöhe h_1 ist so zu wählen, daß die Festigkeit der von der Mutter umschlossenen Gewindegänge gegen Abbrechen gleich der Zugfestigkeit des Kernes ist. Dies ergibt für Muttern, die aus demselben Material gefertigt sind wie die Schraube, $h_1 = d$, bei gutem Material eventuell etwas kleiner, für Schmiedeeisenschraube mit Bronzemutter $h_1 = 1{,}5\,d$, für Schmiedeeisenschraube mit Gußeisenmutter $h_1 = 1{,}5\,d$ bis $2\,d$.

Kann man eine Mutter von der angegebenen Höhe nicht verwenden, so muß man eine Schraube von entsprechend größerem Durchmesser nehmen. Die Festigkeit des Schraubenkernes wird hierbei natürlich nicht ausgenutzt.

Für die Schrauben, welche wie die Flanschenschrauben von Dampfzylindern u. dgl. von vornherein fest angezogen und während des Betriebes häufig nachgezogen werden, kann man für k die Hälfte der oben angegebenen Werte nehmen.

Auf Druck beanspruchte Schrauben von größerer Länge sind auf Knickung zu berechnen.

2. Bei Schrauben der zweiten Art berücksichtigt man die auftretenden Drehungsbeanspruchungen, indem man die zulässige Belastung gleich $^3/_4$ der zulässigen Zug- oder Druckbeanspruchung setzt, also

$$Q = 0{,}5\, d^2\, {}^3/_4\, k = \backsim 0{,}38\, d^2 k\,.$$

Ferner ist bei diesen Schrauben zu beachten, daß die Pressung zwischen den aufeinander gleitenden Flächen der Schraube und Mutter den zulässigen Flächendruck p nicht übersteigt. Werden z Gänge der Schraube von der Mutter umschlossen, so muß sein:

$$Q \leqq p \frac{\pi}{4} (d^2 - d_1^2)\, z\,.$$

Man hat zwei Arten von Schrauben, die auf diese Weise beansprucht werden:

a) Befestigungs- und Stellschrauben, die mit der Last angezogen werden. Bei diesen nimmt man:

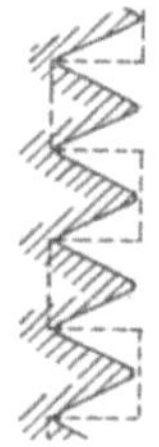

Fig. 31.

wenn Schweiß- oder Flußeisen auf dem gleichen Material oder auf Bronze gleitet,

$$p \text{ höchstens} = 150 \text{ kg/qcm};$$

wenn Flußstahl auf Flußstahl oder auf Bronze gleitet,

$$p \text{ höchstens} = 300 \text{ kg/qcm}.$$

Die Pressung zwischen Mutter und Unterlage soll, wenn beide aus Schweiß- oder Flußeisen bestehen, 200 kg/qcm nicht überschreiten.

b) Bei Bewegungsschrauben (Pressen, Schraubenwinden u. dgl.) darf man für p höchstens die Hälfte der obigen Werte nehmen.

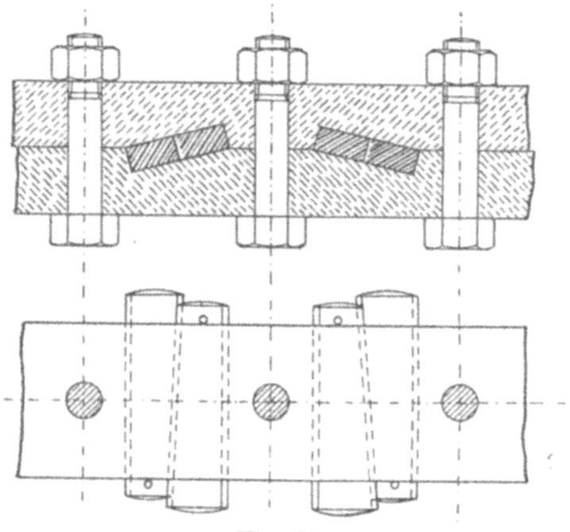

Fig. 32.

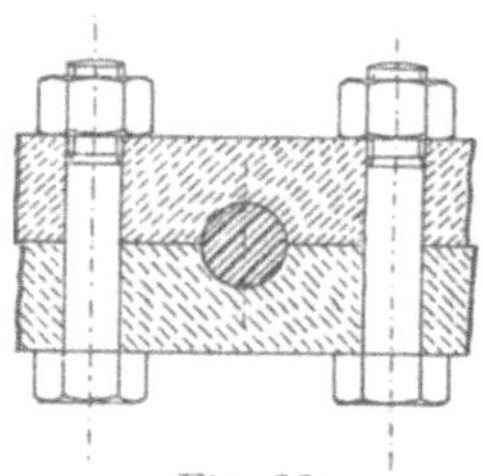

Fig. 33.

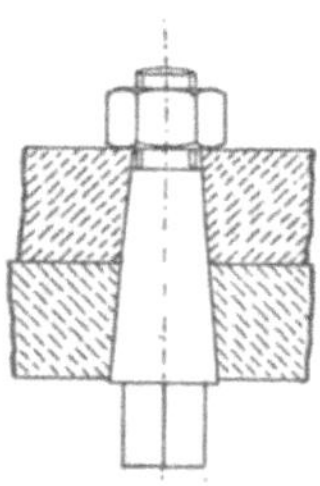

Fig. 34.

Die Mutterhöhe der nach 2. berechneten Schrauben nimmt man bei scharfgängigen Schrauben, wenn Schraube und Mutter aus demselben Material bestehen, $h_1 = d$,

für Schweißeisenschrauben mit Bronzemuttern $h_1 = 1{,}2\,d$,
für gußeiserne Muttern $h_1 = 1{,}5\,d$.

Bei flachgängigen Schrauben muß man die Mutter doppelt so hoch machen, da bei gleicher Mutterhöhe die Gesamtgrundfläche der tragenden Gewindegänge nur halb so groß ist als bei scharfgängigen Schrauben (siehe Fig. 31).

3. Bei Schraubenverbindungen, welche Querkräfte zu übertragen haben, muß man so viel Schrauben anwenden, daß die durch das Aufeinanderpressen der zu verbindenden Teile hervorgerufene Reibung ein Gleiten der sich berührenden Flächen hindert. Besser stellt man solche Verbindungen her, wenn man den Schraubenbolzen genau in das Loch einpaßt, bzw. neben den Schrauben eine Anzahl konischer Bolzen eintreibt, oder noch vorteilhafter, wenn man die Verbindung durch Bolzen oder Keile entlastet (Fig. 32 und 33, nach Bach, Maschinenelemente).

Schrauben dieser dritten Art kann man wie Nietverbindungen berechnen und die Belastung pro Quadratzentimeter Schraubenquerschnitt etwa 0,8 der zulässigen Zugspannung setzen.

Wechseln die Kräfte ihre Richtung oder treten Stöße auf, so verwendet man mit Vorteil Schrauben mit konischen Bolzen, die man in die entsprechend aufgeriebenen Löcher eintreibt oder, noch besser, einschleift (Fig. 34). Im letzteren Falle kann man die Neigung der Seite zur Mittellinie $^1/_{10}$—$^1/_{20}$ nehmen, im ersteren Falle verwendet man nur schwach konische Bolzen.

Verschiedene Schraubenarten.

Fig. 35 gewöhnliche Verbindungsschraube. (Die Abbildung zeigt auch die früher gebräuchliche Darstellung.)

Die neuerdings eingeführte Darstellung bringt D. I.-Norm 27 „Sinnbilder für Schrauben". Fig. 36 zeigt die Halbmesser für die als Kreise gezeichneten Fasenlinien an Mutter und Kopf einer Paßschraube. Der Halbmesser *r* kann an der senkrechten Außenkante der Mutter abgenommen werden, wenn die große Fasenlinie mit dieser Kante zum Schnitt gebracht wird. Das Maß *e* ist dem Normblatt für Muttern zu entnehmen, Muttern und Schraubenköpfe sind auch im übrigen maßstäblich zu zeichnen. Wo irgend angängig, ist jedoch die vereinfachte Darstellung, die Fig. 37 zeigt, zu wählen. Diese Figur läßt auch die Darstellung von Schrauben- und Muttergewinde erkennen, insbesondere die Dar-

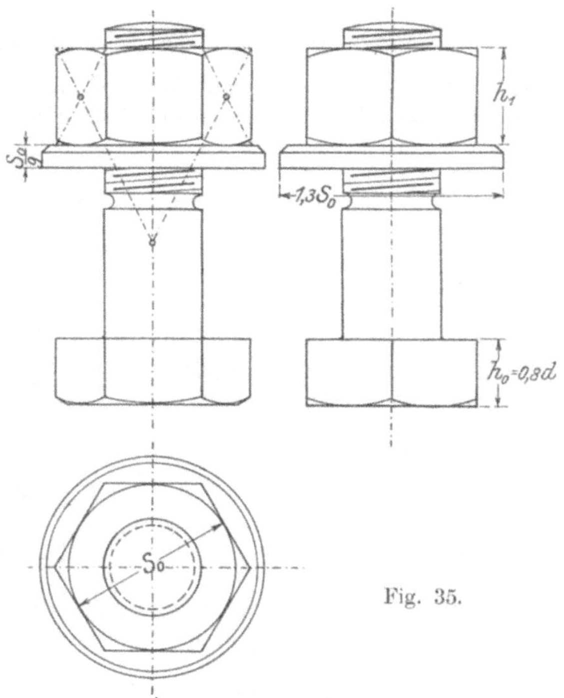

Fig. 35.

stellung des Bolzens im Muttergewinde bei Schnittdarstellungen, der Bohrerkegel ist mit dem 30°-Winkel von den Kernlochlinien ausgehend zu ziehen. Fig. 38 zeigt das im Schnitt dargestellte Rohr (Bolzen) in der geschnittenen Muffe (Mutter). Das Rohr wird gezeichnet, als wenn es allein vorhanden wäre, das Muttergewinde erscheint nur dort, wo es durch den Bolzen nicht verdeckt wird. Muß die Gewindeform besonders dargestellt werden, so kann das nach Fig. 39 oder vergrößert neben dem Bolzen geschehen.

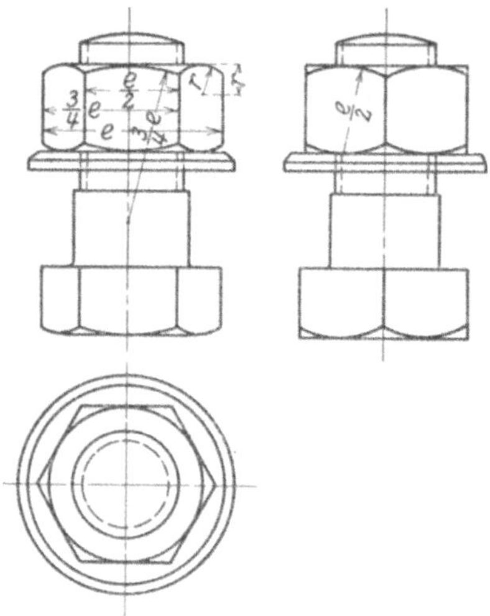

Fig. 36.

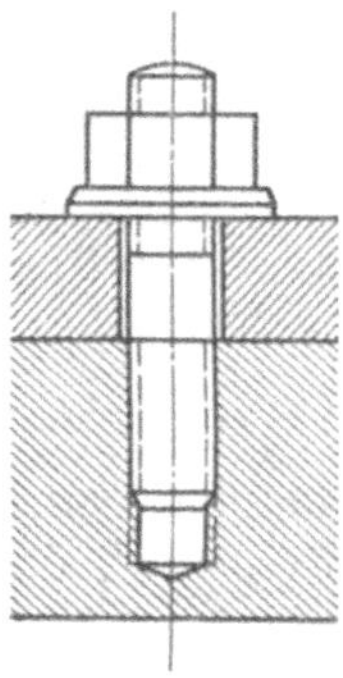

Fig. 37.

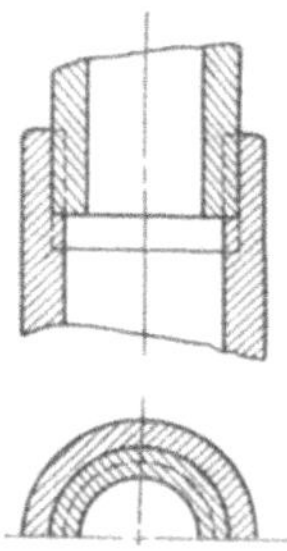

Fig. 38.

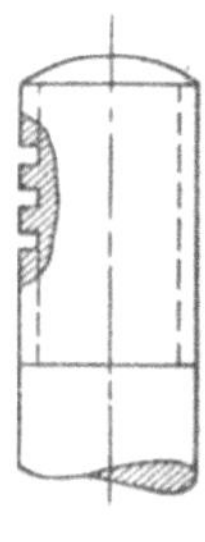

Fig. 39.

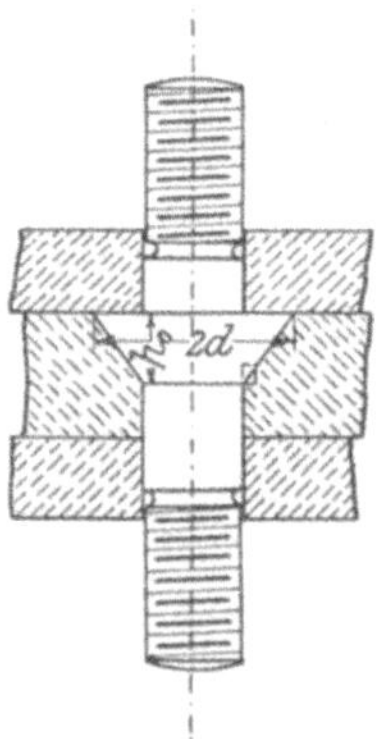

Fig. 40.

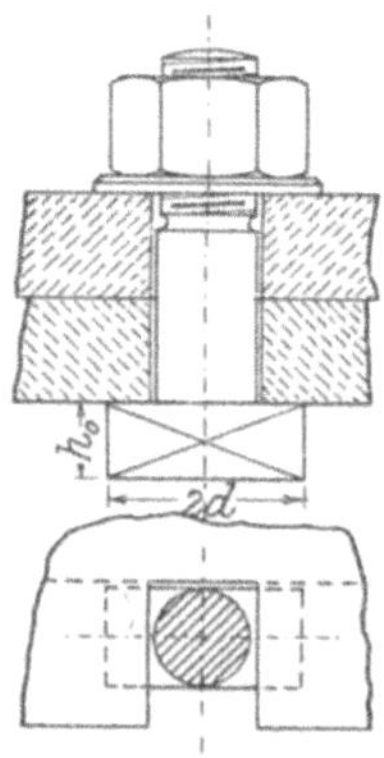

Fig. 41.

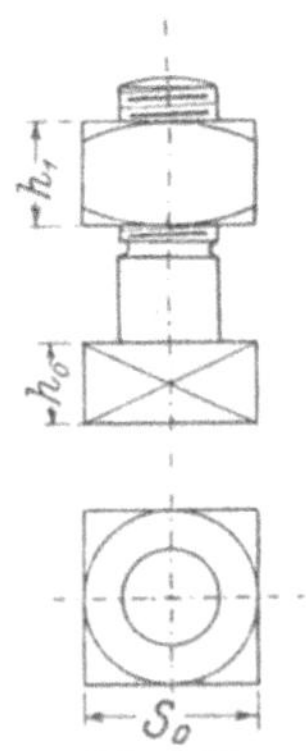

Fig. 42.

Fig. 40 Zwischenkopfschraube zur Verbindung von drei Teilen, von denen einer gelöst werden kann, ohne daß die Verbindung der beiden anderen unterbrochen wird.

Fig. 41 Schraube mit rechteckigem Kopfe wird dort verwandt, wo für den Sechskant- oder Vierkantkopf kein Platz ist.

Fig. 42 Schraube mit Vierkantkopf.

Fig. 43 und 44 Stiftschrauben.

Fig. 45 und 46 Stehbolzen, die dazu dienen, ebene Platten in einem gewissen Abstande voneinanderzuhalten.

Fig. 47 und 48 Steinschrauben; bei der ersten wird der Zwischenraum zwischen dem mit Zacken versehenen vierkantigen Schaft und dem nach unten sich erweiternden Loch im Mauerwerk mit Zement oder Blei ausgegossen, bei der zweiten Art werden eiserne Keile eingetrieben. Einfacher ist die Steinschraube der Berlin-Anhaltischen Maschinenbau-Akt.-Ges. in Dessau, bei der der Schraubenbolzen sich in ein korkzieherartig gewundenes Flacheisen fortsetzt. Man spaltet auch ein nicht gewundenes Flacheisen am unteren Ende auf und biegt die Lappen nach verschiedenen Seiten um.

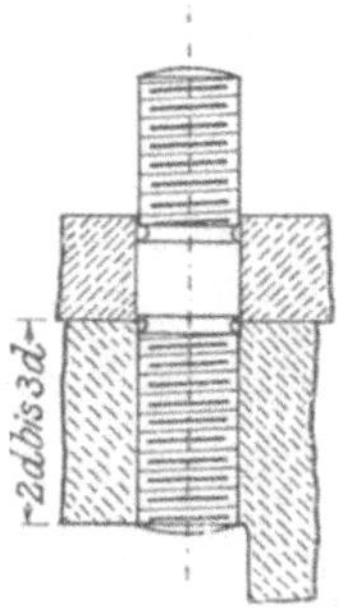

Fig. 43.

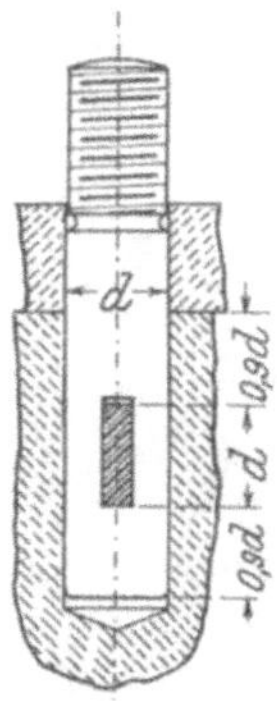

Fig. 44.

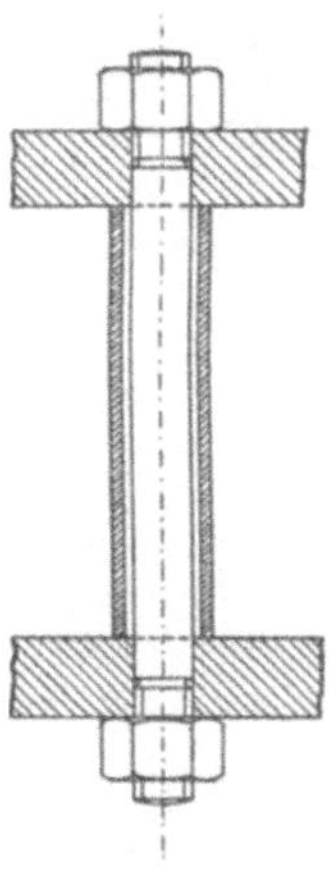
Fig. 45.

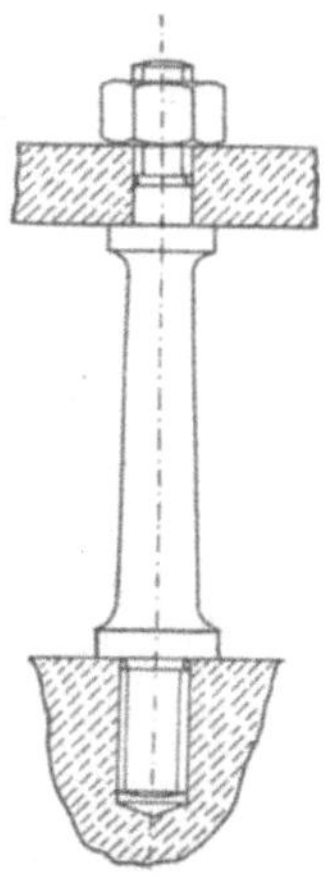
Fig. 46.

Die vorstehenden Figuren zeigen zugleich die zwei üblichen Darstellungen des Gewindes. Am einfachsten ist die Darstellung durch Doppellinie, Fig. 45, 46, 47 und 48. Wo man eine mehr in die Augen fallende auch dem Laien verständliche Darstellung für notwendig hält, stellt man das Gewinde durch abwechselnd dünne und etwas kürzere dicke Linien dar, wie in Fig. 35 bis 44.

Gegenwärtig wird das Schraubengewinde auf den Zeichnungen durchweg durch Doppellinie, die innere Linie meist gestrichelt und schwächer als die äußere, dargestellt.

Fig. 49 und 50 Fundamentanker. Die Eisenplatte wird in das Fundament eingemauert, bei dem ersten Anker, Fig. 49, dann unter derselben ein Vorstecker durch den Anker gesteckt, weshalb hier entsprechende Kanäle im Fundament ausgespart werden müssen. Ist dies nicht möglich, so verwendet man Anker mit flachem Kopfe, Fig. 50, der entweder rhomboidisch ist, wie Fig. 50 zeigt, oder rechteckig mit einer Nase am unteren Teile des Schaftes, so daß er sich beim Drehen in der Fundamentplatte festsetzt.

Fig. 51 Flügelmutter.

Die Vierkante für Spindeln und Schrauben sind durch die D. I.-Normen geometrisch nach den Schlüsselweiten abgestuft worden,

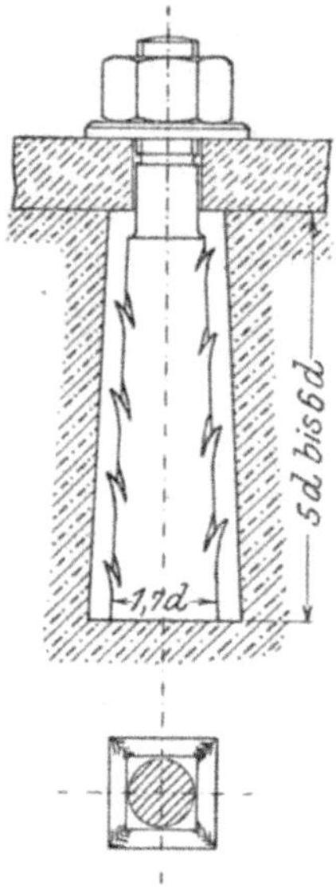

Fig. 47.

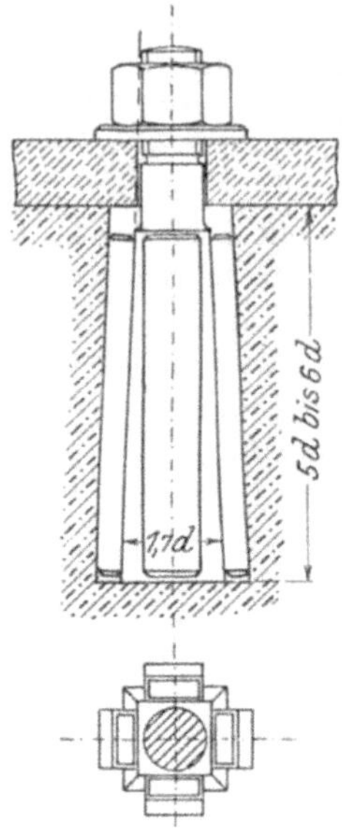

Fig. 48.

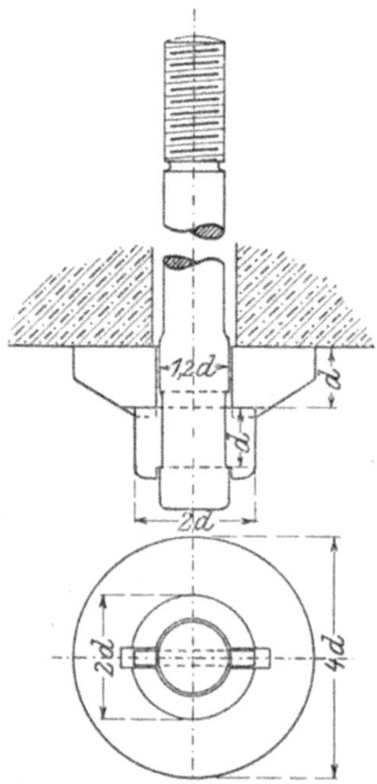

Fig. 49.

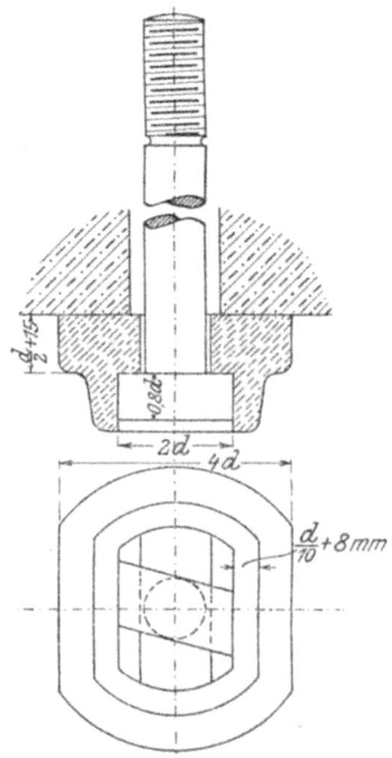

Fig. 50.

sie sollen sowohl für Schrauben, als auch Armaturspindeln, Hahnküken und dgl. benutzt werden, ihr Verwendungsbereich ist auf dem Normenblatt festgelegt.

Als normale Ausführungsform für blanke Lagerschrauben wurde nur die Schraube mit runder Kuppe, Halbmesser gleich Gewindedurchmesser, bezeichnet, da die Formen mit Kernansatz (Kernspitze) nicht als allgemein üblich gelten. Doch wurden auch diese normiert. Auch die Stiftschrauben sollen an beiden Enden mit Kuppe ausgeführt werden. Die Einschraublängen sollen betragen

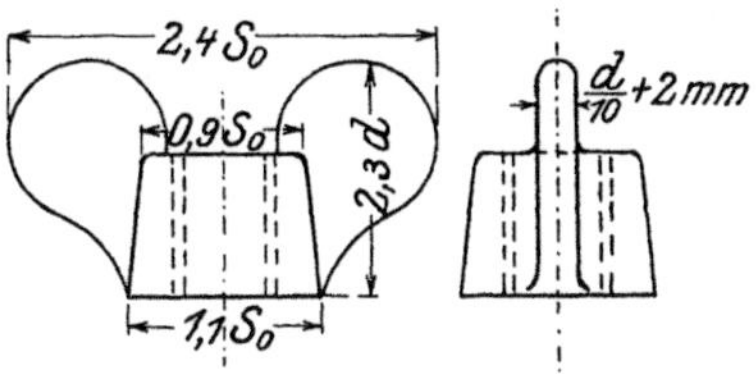

Fig. 51.

für das Einschrauben in	Flußeisen und Stahl	1 d,
,, ,, ,, ,,	Gußeisen	1,3 d,
,, ,, ,, ,,	Weichmetall	1,7 d.

Die Gewindelängen werden so bestimmt, daß als Anzug für die Mutter noch die halbe Mutterhöhe verbleibt, bei den Fassonschrauben wurden die Gewindelängen dem ersten Entwurf gegenüber vergrößert.

Bei Stiftschrauben und dgl. läßt sich die Herstellung wirtschaftlicher gestalten, wenn man die Gewindelängen auch bei verschiedenen Schaftlängen nach dem Durchmesser normalisiert.

Durch Normung der Flanschenstärken lassen sich auch die Schraubenlängen normalisieren.

Für den Durchmesser der Gewindelöcher ergab sich, daß sich allgemein gültige Angaben nicht machen lassen, da dieser Durchmesser sowohl vom Werkstoff als auch von der Bohrmaschine abhängt, je schwächer die Bohrmaschine ist, um so größer wird bei gleichem Bohrer das Loch. Unterlegscheiben, Splintsicherungen usw. wurden gleichfalls normiert, ebenso die Kronenmuttern.

Als Unterscheidungsmerkmal zwischen Whitworth- und metrischen Sechskantmuttern wurde beschlossen bei letzteren einen zylindrischen Ansatz vom Durchmesser gleich der Schlüsselweite und einer Höhe von 0,5 bis 2 mm, je nach Größe der Mutter, anzubringen. Die Normen für Schraubenköpfe und Muttern bringen eine Ersparnis an Werkstoff, Gewicht und Platz.

Die Schlüsselweiten sind auf etwa 1,4 d + 4 mm, die Kopfhöhen auf 0,63 d + 1 mm oder 0,8 Mutterhöhe festgesetzt, aus Festigkeitsgründen ist eine Abrundung zwischen Kopf und Schaft der Schraube vorgesehen. Die Mutterhöhen sind annähernd 0,78 d + 1,5 mm, die Stirnflächen der Muttern sind an den Ecken unter 30° abgefast, die Gewindelöcher beiderseitig bis auf den Gewindedurchmesser unter 120° ausgesenkt.

Der Kopfdurchmesser der Holzschrauben ist gleich dem doppelten Schaftdurchmesser, die Kopfhöhe je nach der Kopfform zwischen 0,5 und 0,8 d, der Flankenwinkel bei den Versenkschrauben 90°, bei den Linsenschrauben 110°, die Gewindesteigung etwa das

0,45fache und der Kerndurchmesser das 0,7fache des Schaftdurchmessers, die Gewindelänge etwa $^5/_8$ der Gesamtlänge.

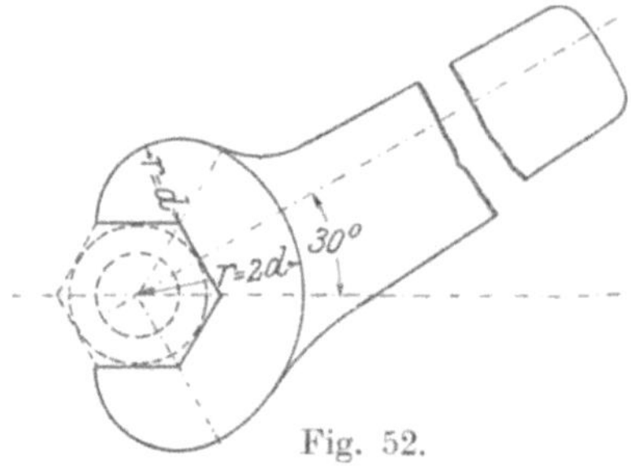

Fig. 52.

Fig. 52 Schraubenschlüssel, meist als Doppelschlüssel für zwei verschiedene Schlüsselweiten ausgeführt. Ist für das Anziehen der Schrauben mit Schlüsseln dieser Art kein Raum vorhanden, so verwendet man Steckschlüssel, die das Sechskant voll umschließen und deshalb nur eine geringe Wandstärke zu haben brauchen, oder man verwendet runde Muttern mit Löchern oder Einschnitten am Umfang. Ersterer werden mit einem Stift, letztere mit einem Haken angezogen.

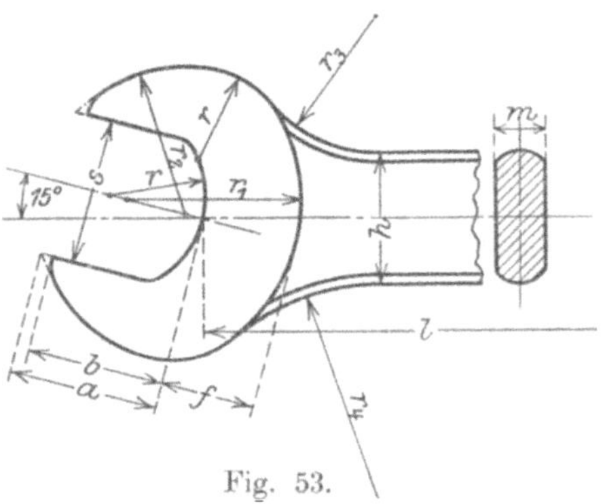

Fig. 53.

Die vom N.-D. I. aufgestellte Form des Schraubenschlüssels, Fig. 53, weicht von der älteren Form, Fig. 52, sowohl in der Form des Schlüsselmaules wie in dem Winkel, den die Mittellinie des Schlüsselmaules mit der Mittellinie des Schaftes bildet, ab. Für diesen Winkel ist 15° als der günstigste für das Anziehen bei beschränkten Raumverhältnissen bezeichnet worden, sowohl bei einfachen Schlüsseln, wie bei Doppelschlüsseln mit verschiedenen Maulweiten. Für ganz enge Raumverhältnisse soll ein Doppelschlüssel mit gleichen Schlüsselweiten ausgeführt werden, auf dessen einer Seite die Mittellinie des Maules mit derjenigen des Schaftes zusammenfällt, während sie auf der anderen Seite um $22^1/_2$° geneigt ist.

Zweckentsprechende Maße sind den Figuren eingeschrieben, die Dimensionen des Gewindes sowie die Schlüsselweite sind den Gewindetabellen zu entnehmen.

Schraubensicherungen.

Diese werden dort verwendet, wo durch Stöße und Erschütterungen ein Lösen der Schraubenmuttern zu befürchten ist. Von den zahlreichen Schraubensicherungen sind die bekanntesten in Fig. 54—59 dargestellt. Viel verwendet wird auch die Kronenmutter mit vorgestecktem Stift. Zum Zwecke der größeren Sicherheit der Verbindung verwendet man auch Gegen- oder Kontermuttern, d. h. man schraubt eine zweite Mutter über die erste, wodurch die Gewindegänge der Schraube auch bei entlasteter Schraube fest gegen die obere Mutter

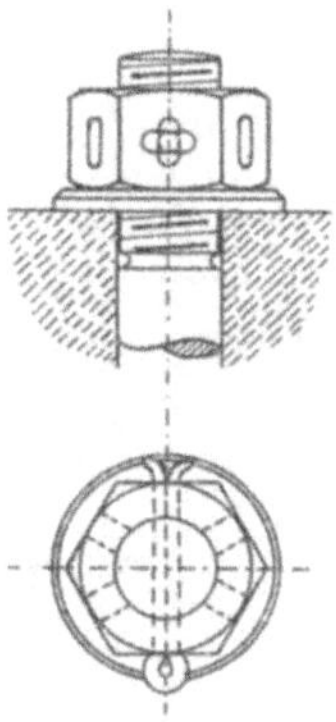

Fig. 54.

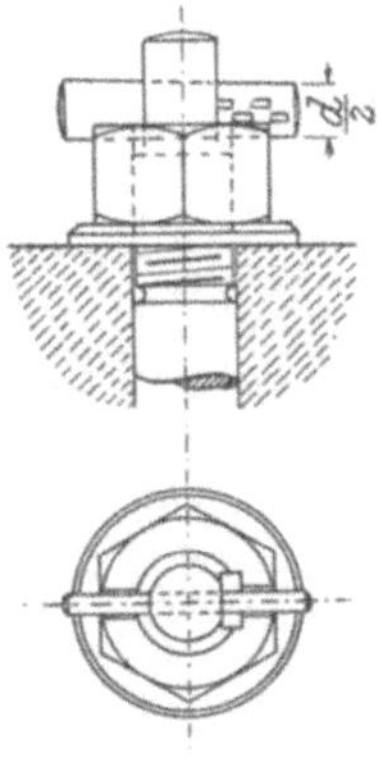

Fig. 55.

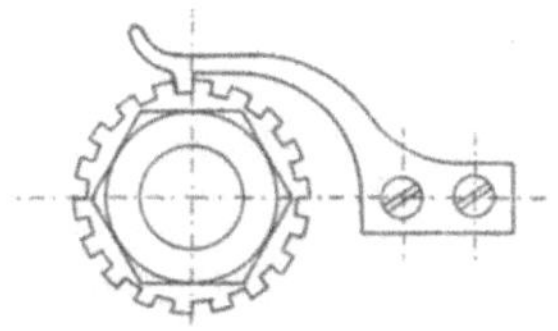

Fig. 56.

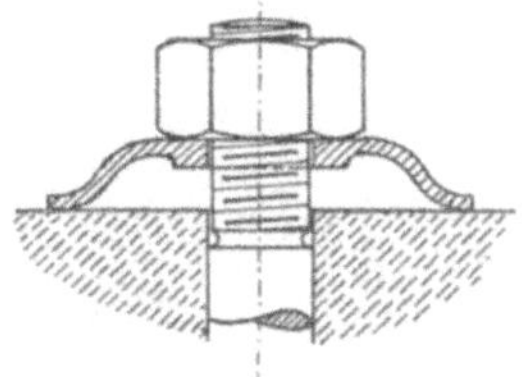

Fig. 57.

angepreßt werden. Früher machte man die Kontermutter gewöhnlich niedriger als die Hauptmutter, gegenwärtig gibt man ihr meist dieselbe Höhe als dieser oder macht die untere Mutter niedriger, da die obere die tragende ist. Vollständige Sicherheit gewähren die Kontermuttern natürlich auch nicht.

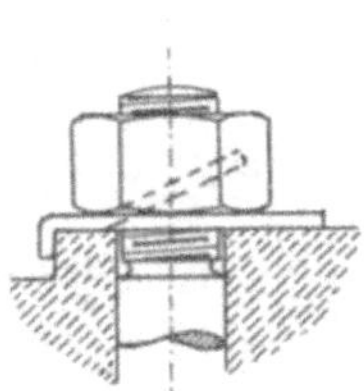

Fig. 58.

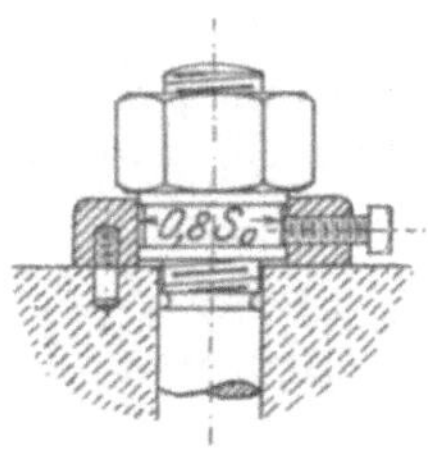

Fig. 59.

Für die häufig angewendeten Federringe wurde eine D. I.-Norm aufgestellt.

2. Keilverbindungen.

Die Wirkungsweise des Keiles ergibt sich aus den in Fig. 60, 61a und 61b gezeichneten Kräftezerlegungen. Es verhält sich

$$\frac{P}{W} = \frac{h}{l}.$$

Das Verhältnis $\frac{h}{l}$ nennt man den Anzug des Keiles. Handelt es sich, wie in den meisten Fällen, um einen Keilstumpf (Fig. 62 und 63), so hat man für $\frac{h}{l}$ zu setzen $\frac{h_1 - h_2}{l}$. Man erhält also die auf den Rücken des Keiles auszuübende (eintreibende) Kraft P, wenn man den Druck, welcher senkrecht zur Keilmittellinie ausgeübt werden soll, mit dem Anzug multipliziert $P = W\frac{h}{l}$ bzw. $P = W\frac{h_1 - h_2}{l}$.

Nennt man den Keilwinkel α, so ist der Anzug

$$\frac{h}{l} \text{ bzw. } \frac{h_1 - h_2}{l} = \operatorname{tg}\alpha\,,$$

folglich $P = W \cdot \operatorname{tg}\alpha$.

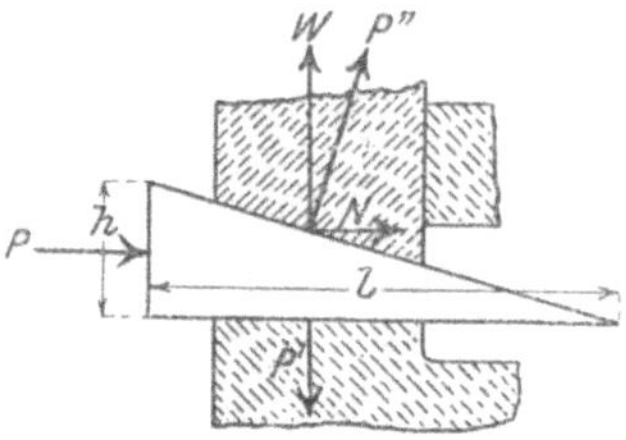

Fig. 60.

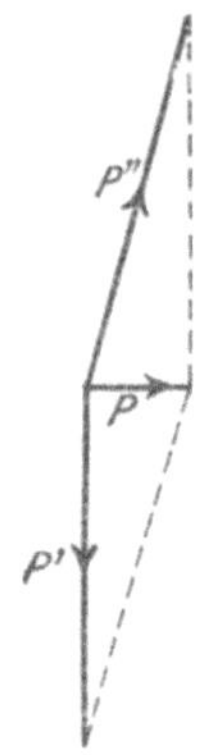

Fig. 61a.

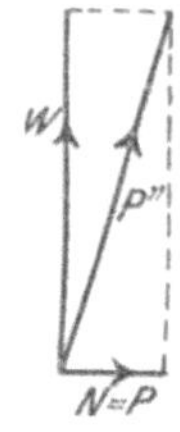

Fig. 61b.

Hierbei ist die beim Keil sehr beträchtliche Reibung nicht berücksichtigt, die, wie Fig. 60 zeigt, in drei Flächen auftritt. Unter der Annahme, daß der Reibungskoeffizient in allen drei Flächen gleich groß ist, wird dann

$$P = W \operatorname{tg}(\alpha + 2\varrho)$$

(ϱ ist der Reibungswinkel, dessen Funktion tg gleich dem Reibungskoeffizienten ist).

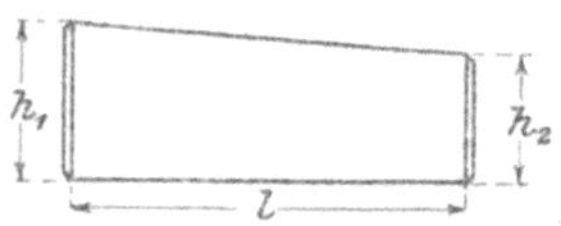

Fig. 62.

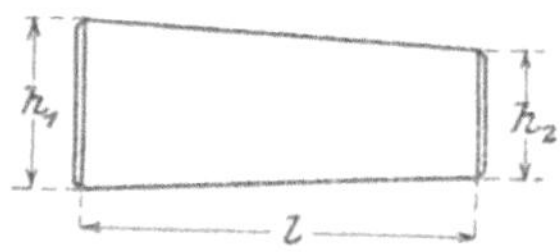

Fig. 63.

Zum Lösen des Keiles unter Belastung ist dann eine Kraft

$$P' = W \operatorname{tg}(2\varrho - \alpha)$$

erforderlich.

Ist wie in Fig. 62 nur eine Keilseite geneigt, so spricht man von einseitigem Anzuge, sind beide Seitenflächen geneigt (Fig. 63), von doppeltem Anzuge. Für die Berechnung ist es gleichgültig, ob der Keil einseitigen oder doppelten Anzug hat. Keile ohne Anzug, also prismatische Stäbe, nennt man Federn oder auch Federkeile.

Man unterscheidet:

a) **Querkeile oder Hochkeile,** die durch senkrecht zu ihrer Längsachse wirkende Kräfte in senkrecht zur Längsachse stehenden Flächen beansprucht werden (Fig. 64, 65 und 66).

b) **Flachkeile oder Längskeile,** die durch senkrecht zur Längsache stehende Kräfte in einer Fläche beansprucht werden, welche parallel zur Längsachse liegt (Fig. 67 bis 74).

c) Höhenkeile, bei denen die Kräfte selbst der Längsachse parallel sind (Fig. 75).

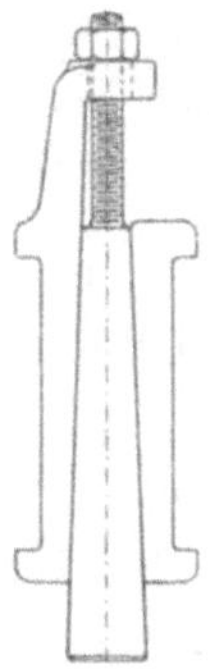

Fig. 66.

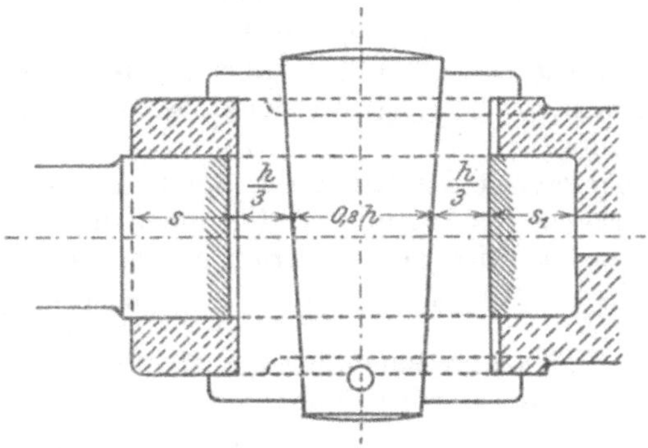

Fig. 64.

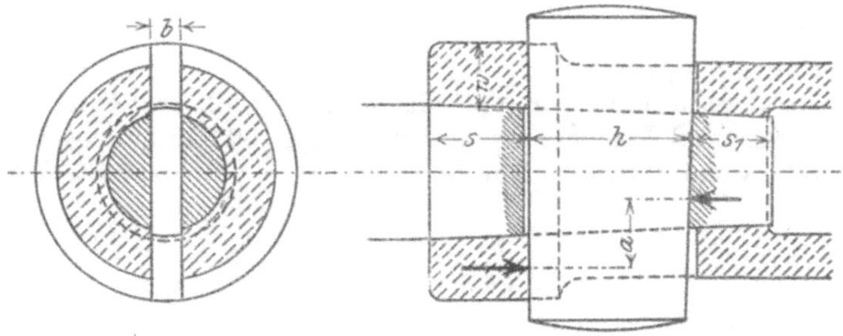

Fig. 65.

a) Querkeile oder Hochkeile.

Sie dienen entweder zur Verbindung von Maschinenteilen, welche in der Richtung ihrer Längsachse wirkenden Kräften ausgesetzt sind, Fig. 64 und 65: Befestigungskeile, oder zum Nachstellen irgendeines Teiles, z. B. einer Lagerschale, einer Zugstange oder dgl., Fig. 66: Stellkeile.

Den Anzug der Befestigungskeile macht man $^1/_{20}$ bis $^1/_{100}$ den der Stellkeile, vorausgesetzt, daß sie gesichert sind gegen selbsttätiges Lösen, $^1/_4$ bis $^1/_{10}$.

Um die Löcher in die zu verbindenden Teile prismatisch machen zu können, verwendet man Beilagen (Fig. 64 und 66).

Da die zu verbindenden Teile durch Löcher mit runden Schmalseiten weniger geschwächt werden als durch eckige Löcher, so rundet man die Schmalseiten der Querkeile bzw. der Beilagen meist ab.

Die prismatischen Keillöcher müssen gefräst oder gebohrt und dann ausgehauen und ausgefeilt werden, man kann, um diese teure Herstellung zu umgehen, wenn die betreffenden Teile dadurch nicht zu sehr geschwächt werden, runde Löcher von einem Durchmesser, der reichlich gleich der Keilhöhe ist, verwenden.

Die Ermittlung der Abmessungen einer Querkeilverbindung soll an einem Beispiel gezeigt werden.

Beispiel: Das konische Ende einer Kolbenstange (Fig. 65), die eine Kraft $P = 10\,000$ kg zu übertragen hat, soll durch einen Querkeil im Kreuzkopf befestigt werden. Der Durchmesser der Kolbenstange sei 75 mm.

Schätzen wir die Länge des Konus gleich dem doppelten Stangendurchmesser $l = 150$ mm und nehmen den Spitzenwinkel des Konus zu 6° an, so wird der vordere Durchmesser des Konus

$$d_1 = d - 2 \cdot l \cdot \operatorname{tg} 3^\circ = 75 - 2 \cdot 150 \cdot 0{,}05 = 60 \text{ mm}.$$

Die Flächenpressung auf die ringförmige Projektion der Mantelfläche des Konus wird dann:

$$p = \frac{P}{\frac{\pi d^2}{4} - \frac{\pi d_1^2}{4}} = \frac{10\,000}{\frac{\pi\, 7{,}5^2}{4} - \frac{\pi\, 6^2}{4}} = \frac{10\,000}{44{,}2 - 28{,}3} = \infty\ 630 \text{ kg/qcm},$$

ein Wert der zulässig ist.

Die Keilbreite kann so gewählt werden, daß der Flächendruck zwischen Keil und Lochleibung in der Stange 1000 kg/qcm nicht übersteigt, also, wenn man den Durchmesser hier $\infty 6{,}5$ cm setzt, nach der Formel

$$\frac{P}{b \cdot 6{,}5} \leqq 1000\,.$$

Man erhält:

$$b = \frac{P}{1000 \cdot 6{,}5} = \frac{10\,000}{6500} = \infty\ 1{,}6 \text{ cm}.$$

Es ist nun zu prüfen, ob in der durch das Keilloch geschwächten Stange die zulässige Beanspruchung nicht überschritten wird. Die Spannung ist hier

$$\frac{P}{\frac{\pi\, 6{,}5^2}{4} - b \cdot 6{,}5} = \frac{10\,000}{33{,}2 - 1{,}6 \cdot 6{,}5} = 440 \text{ kg/qcm}$$

also zulässig.

Die Wandstärke der Hülse w ist so zu wählen, daß die Flächenpressung zwischen Keil und Lochleibung der Hülse höchstens 900 kg (Hülse aus Gußeisen) wird, also muß

$$\frac{P}{2\, b \cdot w} \leqq 900$$

sein, woraus sich ergibt

$$w = \frac{P}{2 \cdot b \cdot 900} = \frac{10\,000}{2 \cdot 1{,}6 \cdot 900} = \infty\ 3{,}5 \text{ cm}.$$

Der Keil ist auf Biegung beansprucht, wobei man die Kraft P auf die freie Länge gleichmäßig verteilt annehmen kann; man kann dann den Abstand a setzen gleich $\frac{w}{2} + \frac{6,5}{4}$ + etwa 0,5 cm $= \frac{3,5}{2} + \frac{6,5}{4} + 0,5$ $= \backsim 4$ cm.

Die Berechnung auf Biegung ergibt dann mit $k_b = 1000$ kg/qcm (man kann bei gutem Gußstahl bis 1500 kg/qcm gehen)

$$\frac{P}{2} \cdot a = \frac{b \cdot h^2}{6} \cdot k_b\,, \qquad h^2 = \frac{6 \cdot P \cdot a}{2 \cdot b \cdot k_b} = \frac{6 \cdot 10\,000 \cdot 4}{2 \cdot 1,6 \cdot 1000} = 75\,,$$

$$h = \sqrt{75} = 8,66 \backsim 9 \text{ cm}.$$

Die Stärken s und s_1 müssen mindestens der Berechnung auf Schub genügen, mit $k_s = 320$ kg/qcm für die Stange, $k_s = 200$ kg/qcm für die Hülse:

$$2 \cdot s_1 \cdot d_1 = \frac{P}{k_s}\,, \qquad s_1 = \frac{P}{2 \cdot d_1\, k_s} = \frac{10\,000}{2 \cdot 6 \cdot 320} = \backsim 3 \text{ cm},$$

$$4\, s\, w = \frac{P}{k_s}\,, \qquad s = \frac{P}{4 \cdot w \cdot k_s} = \frac{10\,000}{4 \cdot 3,5 \cdot 200} = \backsim 3,6 \text{ cm}.$$

Es ist dabei aber die durch das Anziehen des Keiles auftretende Spannung nicht berücksichtigt, die man natürlich nur schätzen kann; man wird also diese Abmessungen reichlich nehmen, etwa

$$s_1 = 0,5\, h = 0,5 \cdot 9 = 4,5 \text{ cm},$$
$$s\ = 0,6\, h = 0,6 \cdot 9 = \backsim 5,5 \text{ cm}.$$

Die Länge des konischen Ansatzes der Stange wird dann

$$s_1 + h + s = 4,5 + 9 + 5,5 = 19 \text{ cm},$$

wobei, wenn die Durchmesser $d = 7,5$ cm und $d_1 = 6$ cm beibehalten werden, der Spitzenwinkel des Konus etwa 5° wird.

Der Konus wird am besten in die Hülse eingeschliffen. Man kann aber auch das Stangenende zylindrisch einpassen und mit dem Stirnende oder einem Bund anliegen lassen. Im ersten Falle kann man das Ende der Stange auch so weit verstärken, daß dadurch die Schwächung durch das Keilloch ausgeglichen wird (Fig. 64).

Ungefähr der obigen Rechnung entsprechende Verhältnisse bekommt man, wenn man den Durchmesser des verstärkten Endes

$$D = 1,33\, d,$$

die Keilbreite $b = 0,25\, d$,

die mittlere Keilhöhe

$$h = 1,33 \text{ bis } 1,75\, d,$$

die Stärke $s_1 = 0,75\, h$ für rechteckige Keile,

$s_1 = 0,5\, h$ für Keile mit runden Schmalseiten,

die Wandstärke der Hülse $0,5\, d$ bis $0,5\, D$,

die Stärke $s = 0,6$ bis $0,7\, h$ bei rechteckigem Keil,

$s = 0,4\, h$ bei Keilen mit runden Schmalseiten

nimmt, wenn die Hülse aus demselben Material ist wie die Stange; ist sie aus Gußeisen, kann man die Stärke s um die Hälfte größer annehmen.

Bei einem Keil mit einer Beilage kann man die Keilhöhe gleich $0{,}9\,h$, bei zwei Beilagen $0{,}8\,h$ nehmen, die Stärke der Beilagen im Mittel $\frac{h}{3}$, wenn h die berechnete Keilhöhe ist.

Wird der Keil unter Belastung angezogen, so muß man besonders darauf achten, daß die Pressung in den Gleitflächen nicht zu groß wird, da sonst ein Anfressen eintritt.

b) Flachkeile oder Längskeile.

Sie dienen hauptsächlich zur Verbindung sich drehender oder schwingender Teile (z. B. Räder, Riemenscheiben, Kurbeln, Hebel) mit der Welle.

Man unterscheidet (Fig. 67):

a) Versenkte Keile oder Nutenkeile, die zur Hälfte in einer Nut der Welle liegen. Sie haben rechteckigen oder quadratischen Querschnitt. Der Quadratkeil schwächt die Welle und die Nabe stärker als der rechteckige Keil, bietet aber größere seitliche Anlageflächen. Wird er so eingetrieben, daß die Diagonale radial zu liegen kommt, verspannt er auch in tangentialer Richtung.

b) Flachkeile (im engeren Sinne) oder Flächenkeile, die nur auf einer abgeflachten Stelle der Welle aufsitzen.

c) Hohlkeile, die in einer der Wellenoberfläche entsprechend ausgehöhlten Fläche anliegen und dementsprechend nur kleine Kräfte übertragen können.

d) Rundkeile, die kreisförmigen Querschnitt haben und zur Hälfte in der Welle, zur Hälfte in der Nabe sitzen.

Besondere Formen sind die von Römmele, Freiburg i. B., mit Rinnen an der Sohle und der Scheitelfläche (*e* Fig. 67), wodurch die Flächenpressung erhöht wird und beim Lösen des Keiles Petroleum eingeflößt werden kann und die Keile mit abgerundeter Scheitelfläche (*f* Fig. 67), welche die Nabe weniger schwächen als Keile mit scharfen Ecken.

Eine neuere Form ist der Alfakeil von von Bechtolsheim, München (Fig. 68), der die Welle weniger schwächt und auch tangential verspannt.

Erfolgt die Drehung der Welle nur in einem Sinne, so kann man einen in einer exzentrischen Nut liegenden prismatischen Stab (D.R.P. 92 322 Friedr. Krupp, Grusonwerk, Fig. 69) verwenden, der bei der Drehung die Verbindung durch Klemmen herstellt.

Die Normung der Keilquerschnitte gestattet die Verwendung gezogenen Keilstahles und die Anwendung von Spezialfräsern zur Herstellung der Nuten.

Für die Normung der Keile sind vorgesehen Querschnittsreihen mit den Seitenverhältnissen 1 : 1 (von 2 mm bis 72 mm Breite bzw. Höhe),

1,5 : 1 (von 5 mm Breite und 3 mm Höhe bis 200 mm Breite und 135 mm Höhe) und 2 : 1 (von 3 mm Breite und 1,5 mm Höhe bis 200 mm Breite und 100 mm Höhe). Die Keilbreiten sind für alle drei Reihen gleich, Breiten und Höhen sind nach den Maßen der Normaldurchmesserreihen gewählt, um die gleichen Meßwerkzeuge benutzen zu können. Die Keilnuten in der Welle und Nabe sollen nicht, wie

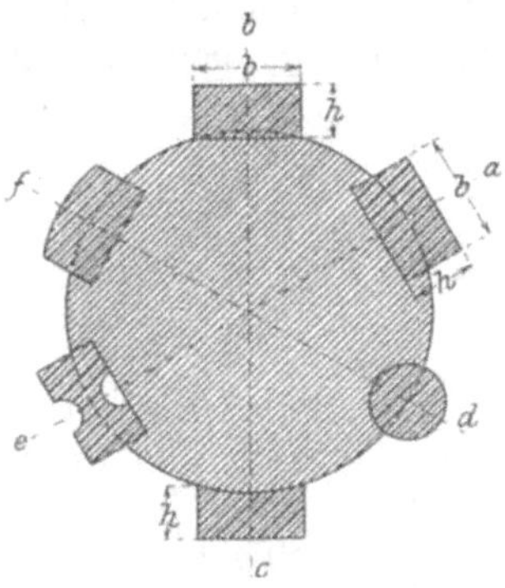

Fig. 67.

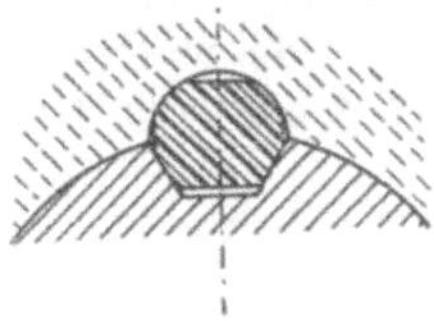

Fig. 68.

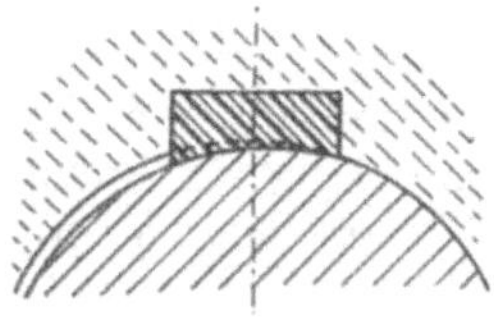

Fig. 69.

bisher allgemein üblich, scharfkantig, sondern abgeschrägt bzw. ausgerundet ausgeführt werden, da scharfkantige Nuten Wellenbrüche ermöglichen, demzufolge müssen auch die Keilprofile gestaltet werden. Man entschied sich für die Abschrägung der Keilecken, weil die beim Abfräsen der Anzugsfläche verlorengehende Abschrägung mit der Feile leichter nachzuarbeiten ist als eine Abrundung. Die Größe der Abschrägung beträgt zwischen $^1/_{10}$ und $^1/_{15}$ der Höhe (Fig. 70). Die Ausführung der Nuten wurde im Entwurf wie folgt festgelegt: Für die Wellennut eine Abschrägung, die sich dadurch ergibt, daß an einem mit der Höhe der Keilabschrägung geschlagenen Kreis unter 45° eine Tangente gelegt wird, wobei Breite und Höhe der Abschrägung rund 0,6 von der Keilabschrägung wird. Diese Abschrägung wurde festgesetzt, weil für sie das Nachschleifen der Nutenfräser einfacher ist als für eine Ausrundung, zulässig soll aber eine Ausrundung mit der Keilabschrägung als Halbmesser und auch scharfkantige Ausführung der Nut sein. Für die Nut in der Nabe wurde als normal eine Ausrundung mit einem Halbmesser gleich der Abschrägung des Keilprofils beschlossen, die sich mit Rücksicht auf die zweckmäßige Form des zur Herstellung der Nut dienenden Stoßmessers empfiehlt, doch ist scharfkantige Ausführung auch hier zugelassen.

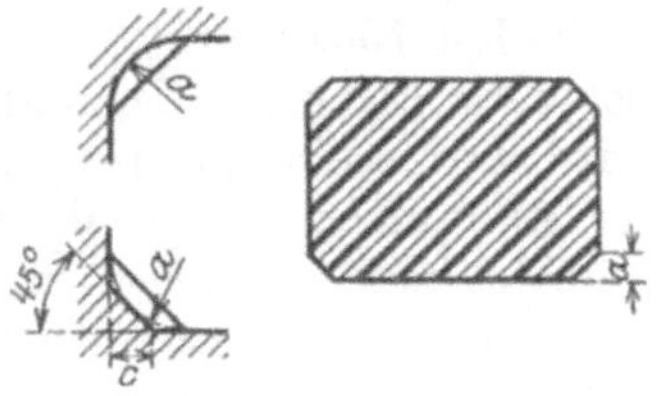

Fig. 70.

Für den Werkstoff gezogener Keilprofile wurde eine Zugfestigkeit von 50 bis 60 kg/qmm bei etwa 18% Bruchdehnung (im gewalzten und geglühten Zustande vor dem Ziehen) angenommen.

Der Anzug wurde wie üblich auf 1 : 100 festgesetzt.

Das Verhältnis der Keilabmessungen zum Wellendurchmesser je nach Werkstoff von Welle und Nabe ist Gegenstand von Untersuchungen.

Bei schweren Teilen, wie z. B. gekröpften Wellen und dgl., soll man die Keilnuten so anordnen, daß das Einziehen der Keile bei der durch die Schwere gegebenen natürlichen Lage möglich ist.

Der Anzug der Längskeile ist stets einseitig, meist 1 : 100.

Fig. 71.

Fig. 72.

Neuerdings hat der Woodruffkeil (Fig. 73) viel Anwendung gefunden. Er greift mit der runden Seite in die Welle und stellt sich mit der flachen Seite nach der Neigung der Nut in der Nabe ein. Nabennut und gerade Keilfläche lassen sich durch Abfeilen leicht zupassen. Der Woodruffkeil ist nur dort anwendbar, wo eine derartige Schwächung der Welle zulässig ist. Um bei geringerer Schwächung der Welle eine größere Keillänge zu erzielen, verwendet man vereinzelt zwei Woodruffkeile hintereinander, doch ist es kaum möglich, sie zur gleichmäßigen Anlage zu bringen.

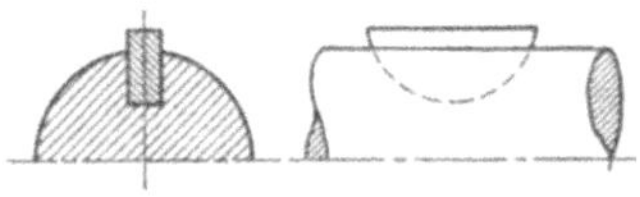

Fig. 73.

Ist die Verschiebung auf der Welle notwendig, so verwendet man Federn (primatische Stäbe, die keinen Anzug haben).

Bei Stufenrädergetrieben verwendet man Ziehkeile, die sich innerhalb einer hohlen Welle so verschieben lassen, daß man ein beliebiges von mehreren Zahnrädern mit der Welle kuppeln kann.

Um die Keile leichter wieder heraustreiben zu können, versieht man sie mit einer Nase. Fig. 71 zeigt einen Nasenkiel, Fig. 72 einen Keil ohne Nase. Statt der Nasenkeile verwendet man auch zwei mit den schrägen Flächen aufeinanderliegende Keile. Schlägt man auf den einen, wird die Verbindung festgezogen, schlägt man auf den anderen, gelöst.

Muß man zwei Keile zur Befestigung einer Nabe verwenden, so versetzt man sie meist um 120°.

Um die Nabe möglichst wenig zu schwächen, setzt man den Keil gewöhnlich unter einen Arm des Rades.

Die Breite b des Keiles nimmt man, wenn d der Wellendurchmesser ist:

$b = 0{,}2\,d + 0{,}5$ cm bis $0{,}25\,d + 0{,}5$ cm oder auch $0{,}8\sqrt{d}$ bis $\sqrt{d}$ cm, die Höhe bei versenkten Keilen $h = 0{,}6\,b$, bei Flächenkeilen und Hohlkeilen $h = 0{,}5\,b$, den Durchmesser von Rundkeilen und die Seite von Quadratkeilen $\delta = 0{,}1\,d + 10$ mm oder $0{,}6\sqrt{d}$ bis $0{,}7\sqrt{d}$ cm.

Eine besondere Art von Keilen sind die Tangentialkeile, welche vorzugsweise zur Befestigung einseitig offener Naben verwendet werden und aus zwei Paaren derartig gegeneinander getriebener Keile bestehen, daß die Anzugskraft tangential zum Wellenumfang wirkt (Fig. 74). Übliche Verhältnisse der Tangentialkeile sind:

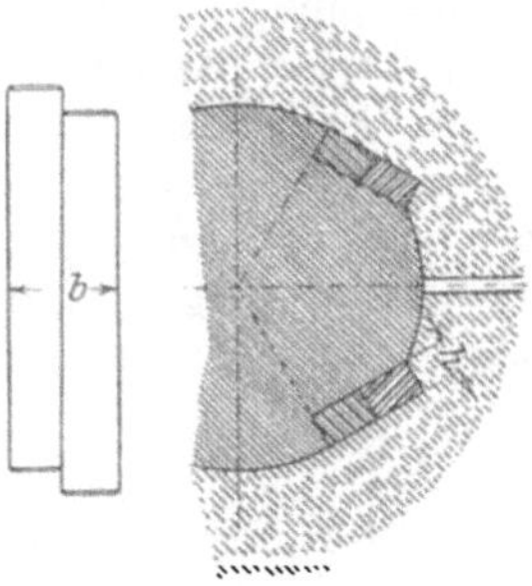

Fig. 74.

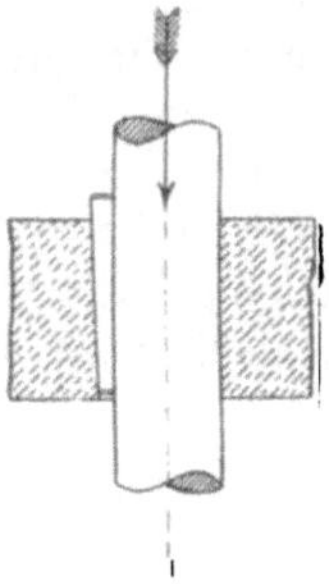

Fig. 75.

$$b = 0{,}25\,d\,,$$

$$h = 0{,}25\,b = \frac{d}{16}\,.$$

(Keiltafel und Abmessungen der Keilschablone siehe im Anhang.)

c) Höhenkeile.

Bei diesen wirkt die Kraft parallel zur Längsachse des Keiles, sie gewähren deshalb nur Kräften gegenüber, die ihrem Anzuge entgegenwirken, größere Sicherheit (Fig. 75).

Keilsicherungen.

Diese werden hauptsächlich bei Stellkeilen, aber auch bei Befestigungskeilen verwendet. Sie bestehen meist in einer Schraube, mit der man den Keil festzieht (Fig. 277), oder in einem vorgesteckten Splint.

Klemmverbindungen.

Dem Warm- und Kaltaufziehen als unlösbare Verbindung entsprechen bei den lösbaren Verbindungen die Klemmverbindungen, die teilweise auf Reibung, teilweise auch auf Deformation beruhen. Sie werden im Maschinenbau hauptsächlich zur Befestigung von Hebeln und Scheiben auf Wellen, der Kolbenstange im Kreuzkopf, im Werkzeugmaschinenbau zum Festklemmen von Spindeln in geschlitzten Hülsen, um achsiale Bewegungen zu verhindern, verwendet.

II.

Maschinenelemente der drehenden Bewegung.

A. Zapfen.

Die Zapfen haben die Aufgabe, Maschinenelemente der drehenden Bewegung zu stützen. Sie sind gepaart mit einem entsprechenden Hohlkörper, dem Lager. Der zu stützende Maschinenteil ist entweder mit dem Zapfen oder mit dem Lager fest verbunden.

Man unterscheidet Spur- oder Stützzapfen, bei denen der Zapfendruck (der Druck zwischen Zapfen und Lager) vorwiegend mit der Drehungsachse zusammenfällt (Fig. 76), und Tragzapfen, bei denen der Zapfendruck vorwiegend auf der Drehungsachse senkrecht steht (Fig. 77). Befindet sich der Tragzapfen am Ende der Welle (Fig. 77), so nennt man ihn Stirnzapfen, liegt er innerhalb der Wellenlänge, Halszapfen (Fig. 78). Bei Transmissionswellen hat man den vom Lager umschlossenen Teil als Zapfen anzusehen.

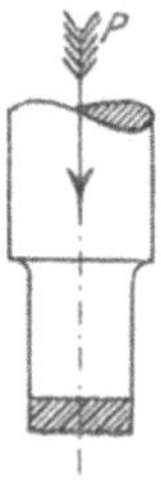

Fig. 76.

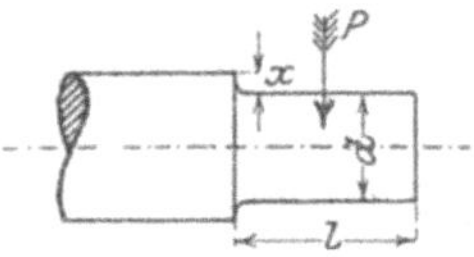

Fig. 77.

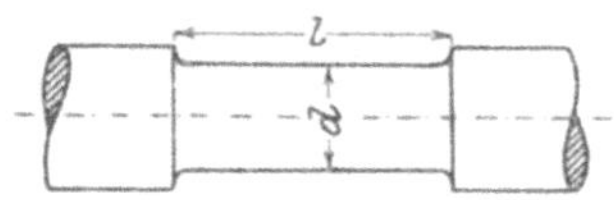

Fig. 78.

Bei Berechnung der Zapfen ist zu berücksichtigen:

1. daß genügende Sicherheit gegen Abbrechen und für gleichmäßiges Aufliegen auf der ganzen Länge der Lagerschale vorhanden ist;

2. daß die Pressung zwischen Zapfen und Lager nicht zu groß wird, da sich sonst das Schmiermaterial nicht zwischen den gleitenden Flächen halten kann und infolgedessen Reibung und Abnutzung sehr groß werden, auch die Gefahr des Auffressens eintritt;

3. daß der sich in Wärme umsetzende Teil der Reibungsarbeit nicht größer wird als die Wärmemenge, die durch Abkühlung dem Zapfen in der gleichen Zeit entzogen wird. (Wenn nötig, ist künstliche Kühlung anzuwenden.)

1. Tragzapfen.

Der erste der drei angegebenen Gesichtspunkte erfordert, wenn P der größte Zapfendruck ist, nach Fig. 77

$$P\frac{l}{2} = \frac{d^3}{10} \cdot k_b, \tag{1}$$

[beim Halszapfen, sofern nicht größere Biegungsmomente maßgebend sind, der Zapfen also an beiden Seiten unmittelbar neben der freien Länge l befestigt ist, wie beim Gabelzapfen (siehe Schubstangen und Kreuzköpfe)

$$P\frac{l}{8} = \frac{d^3}{10} \cdot k_b],$$

der zweite

$$P = p\,l\,d, \tag{2}$$

wobei k_b = zulässige Biegungsspannung,

p = zulässige Flächenpressung zwischen Zapfen und Lagerschale ist.

Aus der ersten Gleichung ergibt sich

$$P = \frac{d^3 k_b}{5 l};$$

setzt man dies dem zweiten Werte von P gleich, so erhält man

$$\frac{d^3 k_b}{5 l} = p\, l\, d$$

und hieraus

$$\frac{l}{d} = \sqrt{\frac{k_b}{5 p}}.$$

Für den hohlen Zapfen gilt nach Forderung (1)

$$P \frac{l}{2} = \frac{D^4 - d^4}{10 D} \cdot k_b.$$

Weil die obige Formel für $\frac{l}{d}$ durch Kombination der beiden Forderungen (1) und (2) entstanden ist, so genügt ein Zapfen, der diesem Verhältnis und einer der Gleichungen (1) oder (2) entspricht, zugleich auch der anderen, man kann aber nur selten dieses Verhältnis einhalten.

Da die Kraftrichtung in der Regel wechselt, kann man nehmen für:

Flußstahl	400	bis	600	kg/qcm
Schweißeisen	340	„	400	„
Flußeisen	300	„	500	„
Gußeisen	130	„	250	„
Stahlguß	250	„	400	„

Für Spezialstahl und bei nicht vollständig wechselnder Belastung sind entsprechend höhere Werte zulässig

Die Flächenpressung ist in der Mitte am größten, und zwar um ungefähr 90% größer, als der gleichmäßigen Verteilung, die man der Rechnung zugrunde legt, entspricht. Der zulässige Wert der Flächenpressung p, den man in obige Formel (2) (also gleichmäßige Verteilung angenommen) einsetzen kann, ist von sehr verschiedenen Einflüssen abhängig; für normale Verhältnisse kann man (nach Bach, Maschinenelemente) setzen:

Tiegelgußstahl, gehärtet, auf Gußstahl, gehärtet, laufend	p	bis	zu	150	kg/qcm
Tiegelgußstahl, gehärtet, auf Bronze oder Weißmetall	p	„	„	90	„
Tiegelgußstahl, ungehärtet, auf Bronze . . .	p	„	„	60	„
Fluß- oder Schweißeisen mit glatter, dichter Oberfläche auf Bronze oder Weißmetall . .	p	„	„	40	„
Schweißeisen mit nicht ganz reiner Oberfläche oder Gußeisen auf Bronze	p	„	„	30	„
Schweißeisen auf Gußeisen	p	„	„	25	„
Fluß- oder Schweißeisen auf Pockholz bei Wasserschmierung	p	„	„	25	„

Je vollkommener die Gleitflächen gearbeitet sind, je größer die Sicherheit für dauernd richtige Lage des Zapfens und der Lagerschale ist, je kürzer die Betriebsdauer, je niedriger der mittlere Zapfendruck gegenüber dem größten, und je vollkommener die Schmierung ist, um so höher wird man p wählen dürfen. Ebenso kann man p höher wählen, wenn die Richtung des Zapfendruckes wechselt, da dann die Ölzufuhr leichter ist und die Abnutzung sich über die ganze Oberfläche verteilt; läuft jedoch der Zapfen in einem Raume mit höherer Temperatur, so ist p niedriger zu nehmen. Je größer man p annimmt, um so größer wird die Abnutzung.

Unter Berücksichtigung dieser Gesichtspunkte ergeben sich folgende Sonderwerte für p:

Für die Zapfen von Seil- und Kettenrollen, welche sich nur unterbrochen drehen und bei denen es auf größere Reibung und Abnutzung nicht ankommt, kann man das Doppelte bis Dreifache obiger Werte nehmen.

Für die Kurbel- und Kreuzkopfzapfen normaler Dampfmaschinen (Gußstahl auf Bronze) kann man bei sorgfältiger Ausführung und Schmierung $p = 60$ bis 70 bzw. 80 bis 90 kg/qcm setzen, für schnelllaufende Maschinen etwa $^2/_3$ dieser Werte, für die Zapfen der Schwungradwelle $p = 15$ bis 16 kg/qcm.

Bei Lokomotiven geht man, größere Abnutzung in Kauf nehmend, bis $p = 100$ bis 250 kg/qcm und höher (Gußstahl in Weißmetallagern), da hier die Zapfen durch den starken Luftzug gekühlt werden.

Bei Verbrennungsmotoren nimmt man für den Kurbel- und Kolbenzapfen $p =$ höchstens 100 bis 125 kg/qcm. Bei Maschinen zum Lochen und Abscheren, bei welchen die Geschwindigkeit gering ist und der größte Zapfendruck nur kurze Zeit wirkt, geht man bis über 200 kg/qcm.

Die Zapfenreibung ist, wenn P der mittlere Zapfendruck und μ der Zapfenreibungskoeffizient ist

$$R = \mu P .$$

Der Reibungskoeffizient ist zunächst vom Material und der Bearbeitung der sich reibenden Flächen, sowie von der Schmierung abhängig, weiter wird er aber noch in hohem Grade beeinflußt von der Größe des Flächendrucks in den sich reibenden Flächen, der Temperatur und der Geschwindigkeit.

Man kann etwa nehmen (nach Lindner, Maschinen-Elemente):

für gewöhnliche Ringschmierlager . . .	$\mu = 0{,}02$ bis 0,04
„ Lager mit Docht- und Tropfölern .	$\mu = 0{,}04$ „ 0,07
„ „ „ Schmierloch	$\mu = 0{,}07$ „ 0,10
„ Eisenbahnachslager mit Weißmetall .	$\mu = 0{,}01$
„ „ „ Bronze . .	$\mu = 0{,}014$

Für im Ölbad laufende Zapfen und Kugellager sinkt der Reibungskoeffizient auf 0,001 bis 0,002, bei den letzten Werten tadellose Beschaffenheit von Zapfen und Lager vorausgesetzt. Beim Anlaufen ist der Reibungskoeffizient größer, bei Steigerung der Geschwindigkeit sinkt er dann auf einen Mindestwert und nimmt bei weiter steigender Geschwindigkeit wieder zu. Mit steigender Temperatur nimmt der Reibungskoeffizient ab, weil das Öl dabei dünnflüssiger wird. Mit steigendem Flächendruck wird der Reibungskoeffizient bei hohen Umfangsgeschwindigkeiten gleichfalls kleiner, bei geringeren Umfangsgeschwindigkeiten steigt er aber mit zunehmendem Flächendruck wieder an, weil hierbei weniger Öl zwischen die sich reibenden Flächen kommt.

Die Reibungsarbeit (die in Wärme umgesetzt wird) ist bei der Umfangsgeschwindigkeit

$$v = \frac{d \cdot \pi \cdot n}{60}$$

(d in m).

$$A = \mu\, P \cdot v \text{ mkg/sec.}$$

Der auf 1 qcm der Projektion der Lagerfläche bezogene Wert dieser Reibungsarbeit

$$a = \frac{\mu \cdot P \cdot v}{l\, d},$$

kann nach Lindner (Maschinenelemente, Deutsche Verlagsanstalt, Stuttgart) für gewöhnliche Lagerzapfen 0,5 bis 1 mkg/sec, für Zapfen mit Druckwechsel und Luftkühlung, wie z. B. Kurbelzapfen 1 bis höchstens 3 mkg/sec gesetzt werden. Nach Versuchen von Großmann kann man für Kurbelzapfen a vom Durchmesser abhängig wählen zu

$$a = \sqrt{\frac{d}{20}}\,.$$

Bach (Die Maschinenelemente) fordert mit Rücksicht darauf, daß die durch die Reibungsarbeit erzeugte Wärme, durch die Abkühlung dem Zapfen entzogen werden kann, ohne daß Heißlaufen eintritt

$$l \geqq \frac{P \cdot n}{w}\,. \tag{3}$$

wobei n die Tourenzahl, P der mittlere Zapfendruck, w ein Erfahrungswert ist, welcher um so kleiner, je größer der Reibungskoeffizient und um so größer, je besser die Wärmeabführung ist, im übrigen um so größer genommen werden kann, je kleiner die Flächenpressung p ist.

Man findet bei bewährten Ausführungen (nach Bach, Maschinenelemente):

bei normalen Betriebsdampfmaschinen:

beim Kurbelzapfen . . . . $w = 40\,000$ bis $90\,000$

bei den Zapfen der Schwungrad- und Kurbelwelle . . . . $w = 25\,000$ „ $40\,000$

bei Eisenbahnwagenachsen:

Personenwagen	w	bis	80 000
Laufachsen dreiachsiger Lokomotiven bei Schnellzugsgeschwindigkeit	w	„	250 000
bei den äußeren Kurbelzapfen der Lokomotiven . .	w	„	150 000

Die angegebenen Höchstwerte sind jedoch nur unter außergewöhnlich günstigen Umständen (geringe Zapfenlänge, wirksame Wärmeableitung, geringe Flächenpressung, besonders sorgfältige Schmierung) zulässig und bringen dabei immer noch die Gefahr mit sich, daß bei geringen Unregelmäßigkeiten im Betriebe Heißlaufen des Zapfens eintritt (siehe die Ausführungen von Prof. Bonte in der Z. d. V. D. Ing. 1919, S. 510).

Bei der Berechnung eines Zapfens hat man zunächst das Verhältnis $\frac{l}{d}$ zu bestimmen, dann aus der Gleichung $P = p\,l\,d$ den Durchmesser d, indem man l nach dem vorher berechneten Verhältnis einsetzt. Hierauf hat man zu prüfen, ob $l \geqq \frac{P \cdot n}{w}$ ist. Ist dies nicht der Fall, so berechnet man l aus der letzten Gleichung und dann d aus der Festigkeitsgleichung.

In den meisten Fällen ist das Verhältnis $\frac{l}{d}$ durch andere Rücksichten bestimmt, man berechnet dann Durchmesser und Länge nach der Formel 1 bzw. 2 und prüft, ob die gefundenen Werte der Formel 3 genügen. Bei geringer Zapfenlänge gibt die Formel 2, bei größerer Länge die Formel 1 größere Werte für den Durchmesser. Ist, wie meist bei Halszapfen, der Durchmesser schon gegeben, so berechnet man die Länge l aus den Gleichungen 2 und 3, der größere Wert ist anzunehmen.

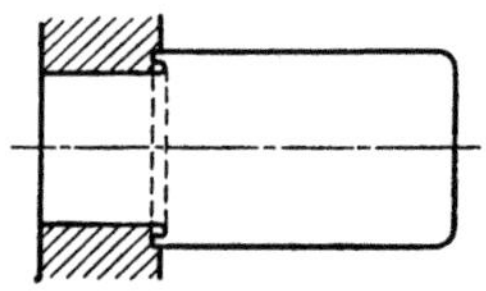

Fig. 79.

Die Schulterhöhe des Zapfens nimmt man

$$x = \frac{d}{16} + 5\text{ mm} \quad \text{bis} \quad \frac{d}{10} + 5\text{ mm},$$

die Bundbreite $b = x$ bis $1{,}5\,x$ (Fig. 77 und 80). Siehe auch Anhang Tabelle 9.

Scharfe Übergänge und große Querschnittsänderungen sind namentlich bei hartem Material zu vermeiden, der Übergang zur Befestigungsstelle ist also gut auszurunden. Beachtenswert ist die der Firma Friedr. Krupp geschützte Ausführung der Befestigung von Zapfen in Achsschenkeln u. dgl. (Fig. 79). Sie läßt gute Übergänge zu und gestattet volle Ausnutzung des Schrumpfsitzes und der Lagerlänge.

Die Berechnung soll an folgenden Beispielen gezeigt werden:

1. Beispiel. Es soll der Kurbelzapfen einer Dampfmaschine, welche 80 Umdrehungen in der Minute macht, berechnet werden. Der größte Zapfendruck sei 9000, der mittlere 7000 kg.

Nach den vorstehenden Angaben kann man $k_b = 500$ kg/qcm, $p = 60$ kg/qcm, $w = 40\,000$ nehmen, dann ergibt sich

$$\frac{l}{d} = \sqrt{\frac{k_b}{5\,p}} = \sqrt{\frac{500}{5 \cdot 60}} \sim 1{,}3\,,$$

$$P = p\,l\,d = p\,1{,}3\,d^2\,,$$

$$9000 = 60 \cdot 1{,}3\,d^2\,,$$

$$d = \sqrt{\frac{9000}{1{,}3 \cdot 60}} = 10{,}7 \text{ cm} \sim 11 \text{ cm},$$

$$l = 1{,}3\,d = 1{,}3 \cdot 11 = \sim 14{,}5 \text{ cm}.$$

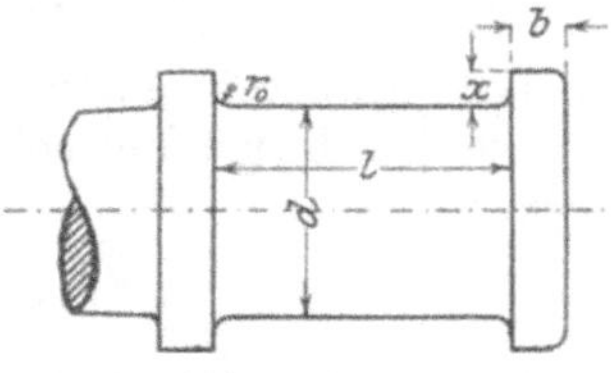

Fig. 80.

Die Gleichung (3) ergibt

$$l \geqq \frac{7000 \cdot 80}{40\,000} = 14\,,$$

ist also mit $l = 14{,}5$ erfüllt.

Berechnen wir statt uns nach der Bachschen Gleichung (3) zu richten, die Reibungsarbeit, so finden wir mit $\mu = 0{,}05$

$$v = \frac{d \cdot \pi \cdot n}{60} = \frac{0{,}11 \cdot \pi \cdot 80}{60} = 0{,}47 \text{ m/sec}$$

und

$$a = \frac{\mu \cdot P \cdot v}{l \cdot d} = \frac{0{,}05 \cdot 7000 \cdot 0{,}47}{14{,}5 \cdot 11} = 1{,}03 \text{ mkg/sec.}$$

2. Beispiel. Ein Zapfen aus Flußeisen hat eine zwischen Null und dem Höchstwert von 3800 kg schwankende Belastung auszuhalten. Der Zapfen soll doppelt so lang als der Durchmesser werden, die Umdrehungszahl ist 150 pro Minute, das Material der Lagerschalen Bronze.

Wir dürfen wählen $k_b = 400$ kg/qcm, $p = 40$ kg/qcm, w (da Luftwechsel wie beim Kurbelzapfen nicht, wohl aber Druckwechsel vorhanden ist) ein Mittel zwischen 15 000 und 40 000, also etwa 25 000.

Die Festigkeitsrechnung ergibt

$$\frac{P \cdot l}{2} = \frac{d^3}{10} \cdot k_b\,,$$

$$\frac{P \cdot 2\,d}{2} = \frac{d^3}{10} \cdot k_b\,,$$

$$d^2 = \frac{10 \cdot P}{k_b} = \frac{10 \cdot 3800}{400} = 95\,,$$

$$d = 9{,}75 \sim 10 \text{ cm},$$

$$1 = 2\,d = 20 \text{ cm};$$

dabei wird die Flächenpressung:

$$p = \frac{P}{l \cdot d} = \frac{3800}{20 \cdot 10} = 19 \text{ kg/qcm},$$

sie liegt also weit unter dem zulässigen Wert.

Die Bachsche Formel

$$l \geqq \frac{P \cdot n}{w}$$

ergibt, da hier der mittlere Zapfendruck $\frac{3800}{2} = 1900$ kg ist,

$$\frac{1900 \cdot 150}{25000} = 11{,}4,$$

also gleichfalls ein Wert, der von der Länge 20 cm sehr reichlich überschritten wird.

Würde man statt dessen die Reibungsarbeit berechnen, so wäre

$$v = \frac{d \cdot \pi \cdot n}{60} = \frac{0{,}1 \cdot 3{,}14 \cdot 150}{60} = \backsim 0{,}8 \text{ m/sec}$$

und

$$a = \frac{\mu \cdot P \cdot v}{l \cdot d} = \frac{0{,}05 \cdot 1900 \cdot 0{,}8}{20 \cdot 10} = 0{,}38 \text{ m/sec},$$

also auch reichlich zulässig.

3. Beispiel. Eine Welle von 60 mm Durchmesser soll mit einem Halszapfen in Gußeisenlagerschalen gelagert werden, der Zapfendruck ist nahezu gleichbleibend 1800 kg, die Umdrehungszahl 200 in der Minute.

In diesem Falle gehen wir von der Bachschen Gleichung

$$l \geqq \frac{P \cdot n}{w}$$

aus, wobei wir w des nahezu gleichbleibenden Druckes wegen nur gleich 15 000 setzen dürfen

$$l \geqq \frac{1800 \cdot 200}{15\,000} = 24 \text{ cm}.$$

Oder wir lösen die Gleichung für die Reibungsarbeit nach l auf und erhalten, wenn wir den Reibungskoeffizienten etwas höher $\mu = 0{,}06$ und die zulässige Reibungsarbeit pro Quadratzentimeter Projektion der Lauffläche $a = 0{,}5$ mkg/sec annehmen, mit

$$v = \frac{d \cdot \pi \cdot n}{60} = \frac{0{,}06 \cdot 3{,}14 \cdot 200}{60} = 0{,}63 \text{ m/sec},$$

$$l = \frac{\mu \cdot P \cdot v}{a \cdot d} = \frac{0{,}06 \cdot 1800 \cdot 0{,}63}{0{,}5 \cdot 6} = 22{,}7 \text{ cm},$$

also annähernd ebenso groß.

Die Flächenpressung wird mit $l = 24$ cm

$$p = \frac{P}{l \cdot d} = \frac{1800}{24 \cdot 6} = 12{,}5 \text{ kg/qcm},$$

liegt also sehr reichlich unter dem noch zulässigen Werte.

Der kugelförmige Tragzapfen (Fig. 81). Wo zu befürchten ist, daß die gegenseitige Lage von Zapfen und Lager nicht genau aufrecht erhalten werden kann, verwendet man kugelförmige Tragzapfen. Diese sind jedoch nur dann vorteilhafter als zylindrische, wenn die Kugelform äußerst genau gearbeitet ist, sie finden deshalb nur selten Anwendung.

Man nimmt (nach Bach, Maschinenelemente) mit Rücksicht auf Forderung (2)

$$d_1 = \sqrt{\frac{P}{40}},$$

mit Rücksicht auf Forderung (3)

$$d_1 \geqq \frac{P\,n}{30\,000}.$$

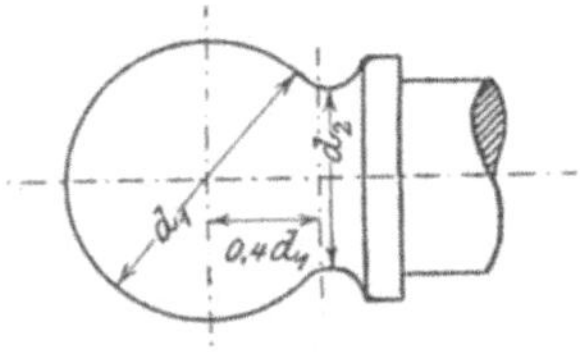

Fig. 81.

Mit k_b kann man (Gußstahl gehärtet), um den Durchmesser d_2 niedrig zu halten, bis 650 kg/qcm gehen und erhält dann

$$P \cdot 0{,}4\, d_1 = \frac{d_2^3}{10} \cdot 650,$$

wobei $0{,}4\, d_1$ der Hebelarm des Zapfendruckes ist.

Kombiniert man diese Gleichung mit der ersten, so erhält man

$$0{,}4\, d_1 \cdot d_1^2\, 40 = \frac{d_2^3}{10}\, 650,$$

$$d_2 = d_1 \sqrt[3]{0{,}25} = \sim \frac{5}{8}\, d_1.$$

Auch bei den Tragzapfen wirkt neben dem Druck senkrecht zur Drehungsachse meist noch ein Druck in der Richtung derselben. Man nimmt ihn, wenn er nicht groß ist, auf durch die Schultern der Zapfen oder besondere Bunde oder Stellringe. Wird er größer, so muß man einen Kammzapfen (siehe Kammlager) oder ein besonderes Spurlager anwenden. Halszapfen durch Eindrehen der Welle herzustellen, soll man möglichst vermeiden.

2. Spurzapfen.

Die Pressung zwischen Zapfen und Lager wird hier um so größer, je kleiner die Geschwindigkeit ist, mit der die sich berührenden Teile aufeinandergleiten, wächst also nach der Mitte zu. Das Schmiermittel würde aus diesem Grunde schwer nach der Mitte zu vordringen, weshalb man diese Zapfen von der Mitte aus schmiert, eventuell das Schmiermittel durch Druck mittels Pumpe zwischen den Berührungsflächen hindurchpreßt. Die Wahl der Werte von p und w ist daher in erster Linie von der Vollkommenheit der Schmierung abhängig.

Der ebene Spurzapfen (Fig. 82). Nach Forderung (2) muß sein:

$$P = p \frac{\pi d^2}{4}.$$

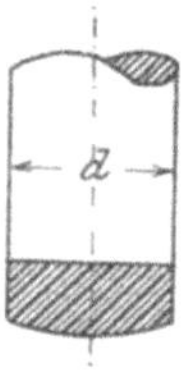

Fig. 82.

Bei genauen Rechnungen ist die Verminderung der Auflagerflächen durch die Schmiernuten (10 bis 20%) zu berücksichtigen.

Forderung (3) wird erfüllt, wenn (nach Bach, Maschinenelemente)

$$d \geqq \frac{P \cdot n}{w}$$

ist, wobei man w bei Spurlagern für Triebwerke = 40 000 nimmt. Bei Turbinen darf man, wenn an der Mantelfläche keine Reibung auftritt, höher gehen, jedoch möglichst nicht über 125 000.

Die Flächenpressung kann man annehmen:

Stahl gehärtet auf Stahl gehärtet laufend	$p =$ 100	bis	150	kg/qcm
Stahl auf Bronze oder dichtem harten Gußeisen	$p =$ 50	„	75	„
Schmiedeeisen auf Rotguß	$p =$ 30	„	40	„
„ „ Gußeisen oder Pockholz	$p =$ 20	„	25	„

Auch Spurzapfen von Eichen- und Pockholz gelangen zur Verwendung. Man läßt entweder das Eichenholz mehrere Monate in Öl liegen oder verwendet grünes Eichenholz und kocht es 20 Stunden lang in Öl. Bei 8 bis 20 kg/qcm Belastung sollen die Zapfen ohne besondere Schmierung im Wasser laufen und bis 15 Jahre Betriebsdauer aufweisen.

Die Reibungsarbeit pro Quadratzentimeter Lauffläche ist

$$a = \frac{\mu \cdot P \cdot v}{\frac{\pi d^2}{4}} = \mu \cdot p \cdot v,$$

wobei man für die Umfangsgeschwindigkeit v einen Wert zu setzen hat, der berücksichtigt, daß die Flächenpressung in der Mitte größer ist als am Umfang. Man kann etwa den halben Durchmesser einsetzen und erhält

$$v = \frac{0{,}5\, d \cdot \pi \cdot n}{60}$$

(d in m).

Gleichmäßiger ist die Verteilung des Zapfendrucks auf die Lauffläche beim ringförmigen Spurzapfen (Fig. 83). Hier muß sein:

$$P = p\left(\frac{\pi d_2^2}{4} - \frac{\pi d_1^2}{4}\right)$$

und

$$d_2 - d_1 \geqq \frac{P \cdot n}{w};$$

die Reibungsarbeit pro Quadratzentimeter Lauffläche ist

$$a = \mu \cdot p \cdot v$$

mit

$$v = \frac{0{,}5\,(d_2 + d_1)\,\pi \cdot n}{60}$$

(d in m).

Man wählt die Abmessungen so, daß a möglichst kleiner als 0,7, auch bei bester Ausführung und Unterhaltung aber keinesfalls kleiner als 2 bleibt. Je größer die Geschwindigkeit ist, um so kleiner soll man a wählen.

Beispiel. Ein ringförmiger Spurzapfen aus Gußstahl soll auf Bronze laufen. Der Zapfendruck ist nahezu gleichbleibend 3000 kg, die Umdrehungszahl 90 in der Minute, der innere Durchmesser soll gleich dem dritten Teil des äußeren angenommen werden.

Nach Bach soll sein

$$d_2 - d_1 \geqq \frac{P \cdot n}{w},$$

$$d_2 - \frac{d_2}{3} \geqq \frac{3000 \cdot 90}{40\,000} = 6{,}75 \backsim 7 \text{ cm},$$

$$d_1 = \frac{d_2}{3} = \frac{7}{3} = 2{,}33 \backsim 2{,}4 \text{ cm},$$

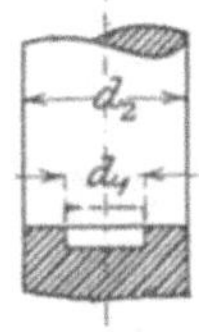

Fig. 83.

$$p = \frac{P}{\frac{\pi d_2^2}{4} - \frac{\pi d_1^2}{4}} = \frac{3000}{38{,}5 - 4{,}5} = 88{,}3 \text{ kg/qcm}.$$

Da die Flächenpressung für Stahl auf Bronze nur 50 bis 75 kg/qcm betragen soll, berechnen wir mit etwa $p = 70$ den Durchmesser aus der Flächendruckformel

$$\frac{\pi d_2^2}{4} - \frac{\pi d_1^2}{4} = \frac{P}{p},$$

$$\frac{\pi d_2^2}{4}\left[1 - \left(\frac{1}{3}\right)^2\right] = \frac{8}{9}\,\pi\,\frac{d_2^2}{4} = \frac{P}{p},$$

$$\frac{\pi d_2^2}{4} = \frac{9}{8} \cdot \frac{P}{p} = \frac{9}{8} \cdot \frac{3000}{70} = \backsim 48,$$

$$d_2 = \backsim 7{,}8 \text{ cm},$$

$$d_1 = \frac{7{,}8}{3} = 2{,}6 \text{ cm}.$$

Die Reibungsarbeit pro Quadratzentimeter Lauffläche wird mit $\mu = 0{,}05$ und

$$v = \frac{0{,}5\,(d_2 + d_1)\pi \cdot n}{60} = \frac{0{,}5\,(0{,}078 + 0{,}026)\,3{,}14 \cdot 90}{60} = \sim 0{,}25 \text{ m/sec},$$

$$a = \mu \cdot p \cdot v = 0{,}05 \cdot 70 \cdot 0{,}25 = 0{,}875 \text{ mkg/sec},$$

ein Wert, der bei guter Ausführung zulässig ist.

Bedingt der Zapfendruck eine sehr große Ringfläche, so verwendet man einen Kammzapfen (Fig. 84), d. h. man läßt den Zapfen in mehreren übereinanderliegenden Ringen laufen. Die Ringbreite der Kammzapfen macht man 0,1 bis 0,15 d_1, die Lücken 1- bis 3 mal so groß als die Ringbreite. Da es schwierig ist, alle Ringe gleichmäßig zur Auflage zu bringen, so darf man p höchstens halb so groß wählen als für gewöhnliche Spurzapfen. Auch die Wärmeableitung ist schwieriger als beim gewöhnlichen Spurzapfen, man nimmt deshalb $w \leq 20\,000$.

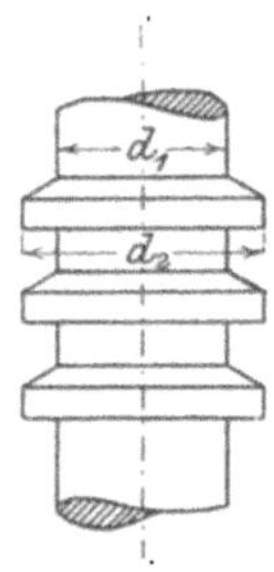

Fig. 84.

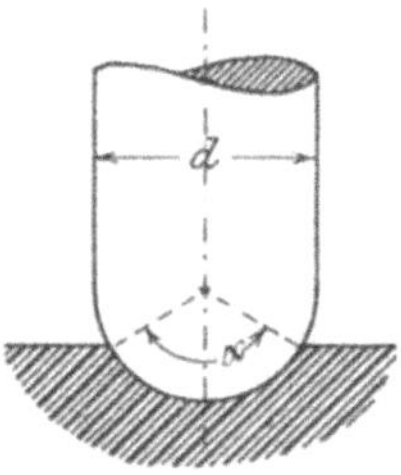

Fig. 85.

Der kugelförmige Spurzapfen (Fig. 85). Man berechnet ihn nach der Formel

$$P = p_1\, d^2,$$

wobei man einsetzt

für $\alpha = 90°$, $p_1 = 0{,}5\,p$,
„ $\alpha = 180°$, $p_1 = 0{,}7\,p$.

Das Schmiermaterial. Es dient zur Verringerung der Reibung, indem es sich zwischen Zapfen und Lagerschale drängt und so, eine direkte Berührung derselben verhindernd, die Reibung fester Körper durch die viel geringere einer Flüssigkeitsschicht auf der anderen ersetzt (Zapfen und Lagerschale bedecken sich mit einer Schmiermittelschicht). Damit das Schmiermaterial diese Aufgabe erfüllen kann, muß es so fest an den gleitenden Flächen haften, daß es weder durch die gegenseitige Pressung noch durch die Bewegung noch durch Verdunsten entfernt wird. Das Schmiermittel muß deshalb an den festen Körpern stärker haften als die Flüssigkeitsteilchen aneinander, es muß schlüpfrig sein. Die Reibung ist um so geringer, je dünnflüssiger das Schmiermittel ist, doch wird es dann auch leichter durch die gegenseitige Pressung der sich reibenden Teile verdrängt werden; übrigens ist auch zu berücksichtigen, daß das Schmiermittel bei steigender Temperatur dünnflüssiger wird. Endlich muß es rein von fremden mechanischen und chemischen Beimengungen, insbesondere Säuren sein und genügende Beständigkeit gegenüber Dickwerden, Verharzen, Eintrocknen, Sauerwerden usw. haben.

Diesen Anforderungen genügen am besten die Mineralöle, von pflanzlichen Ölen finden Olivenöl (Baumöl), Rüböl und vereinzelt Senföl, von tierischen Fetten Talg (Rinderfett) und Knochenöl Verwendung.

Da der größte Teil der Schmiermaterialien aus dem Auslande bezogen wurde, mußte man während des Krieges möglichste Ölersparnis anstreben, und zwar durch Verwendung sparsam arbeitender Schmiervorrichtungen; Wiedergewinnung des benutzten Öles und Ersatz der Mineralöle durch andere Schmierstoffe. Während der Betriebspausen ist die Schmierung abzustellen; nach Möglichkeit ist Umlaufschmierung, bei der das verbrauchte Öl wieder gesammelt und nach erfolgter Reinigung und Kühlung in den Kreislauf zurückgeführt wird, anzuwenden. Neue Schmiermittel wurden in der Hauptsache aus Steinkohlenteer und Braunkohlenteer, Fischtran, bituminösem Schiefer und Klärschlamm gewonnen. Umfangreiche Anwendung hat aber der Zusatz von feinverteiltem Graphit zum Schmieröl gewonnen, durch den sich bis zu 70% Ölersparnis erzielen lassen.

Auch der Ersatz der Ölschmierung durch Starr- oder Fettschmieren ist vielfach zu empfehlen, da diese eine sehr sparsame Schmierung ermöglichen. Viel verwendet werden die konsistenten Fette, Mischungen von Mineralölen mit Seifen.

Von den Schmierölen ist das Spindelöl das dünnflüssigste und leichteste (spez. Gewicht 0,89—0,9), das Maschinenöl das mittlere (0,9—0,92) und das Zylinderöl das dickflüssigste und schwerste (0,92 bis 0,925).

Zur Beurteilung eines Schmieröles dienen der Flüssigkeitsgrad, der angibt, wievielmal so lange Zeit das Schmiermittel zum Ausfließen braucht als Wasser von 20° C (es ist bei Mineralölen bei verschiedener Temperatur veränderlicher als bei Rüböl), der Entflammungspunkt, bei dem das Öl brennbare Gase entwickelt und der Kältepunkt, bei dem das Schmiermittel nur noch eine geringe bestimmte Beweglichkeit hat. Soll ein organisches Öl durch ein Mineralöl ersetzt werden, so muß man ein solches nehmen, das bei der maßgebenden Temperatur (für gewöhnliche Lager 50° C) dickflüssiger ist.

B. Achsen und Wellen.

Achsen und Wellen sind sich drehende Träger anderer Maschinenteile, die mit Zapfen sich in zwei oder mehreren Lagern stützen. Während die Achsen nur die Aufgabe des Tragens oder Stützens haben, somit nur auf Biegung beansprucht sind, haben die Wellen zugleich die Aufgabe, eine Drehbewegung fortzuleiten, sie werden also auf Biegung und Verdrehung in Anspruch genommen.

1. Achsen.

Die Teile, in denen die Achse gelagert ist, nennt man Zapfen, die Belastungsstellen Achsenköpfe, das Stück zwischen Zapfen und Achsenkopf Schenkel, das zwischen zwei Achsenköpfen Schaft.

Zur Herstellung der Achsen verwendet man Schmiedeeisen, Stahl, Gußeisen, Eichen-, Buchen- oder Kiefernholz.

Die Achsen sind auf Biegung beansprucht; ist M_b das Biegungsmoment (das Produkt aus der biegenden Kraft und ihrem Hebelarm bzw. die Summe dieser Produkte), so muß sein:

$$M_b = \frac{d^3}{10} \cdot k_b \text{ für kreisförmigen Querschnitt,}$$

$$M_b = \frac{D^4 - d^4}{10\,D} \cdot k_b \text{ für ringförmigen Querschnitt,}$$

$$M_b = \frac{1}{6\,h}\left[h\,b^3 + b\,(h^3 - b^3)\right] k_b \text{ für kreuzförmigen Querschnitt (Fig. 86).}$$

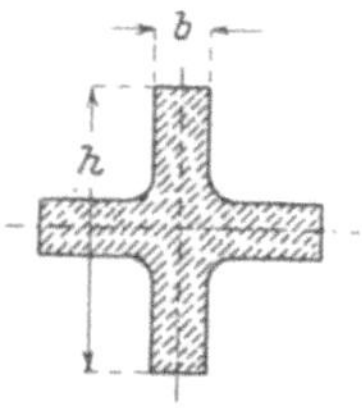

Fig. 86.

Ringförmiger und kreuzförmiger Querschnitt kommen hauptsächlich für gußeiserne Achsen in Verwendung, der letztere nur nochselten. Bei ringförmigem Querschnitt nimmt man gewöhnlich $d = 0{,}6\,D$ und erhält dann

$$\mathrm{M}_b = \frac{D^4 - (0{,}6\,D)^4}{10\,D} \cdot k_b = 0{,}087\,D^3\,k_b\,.$$

Für k_b kann man, da die Kraftrichtung meist vollständig wechselt setzen:

für Flußstahl	$k_b = 400$	bis	600	kg/qcm
„ Schweißeisen	$k_b = 340$	„	400	„
„ Flußeisen	$k_b = 300$	„	500	„
„ Stahlguß	$k_b = 250$	„	400	„
„ Gußeisen	$k_b = 130$	„	250	„
„ Eichenholz.	$k_b =$		60	„

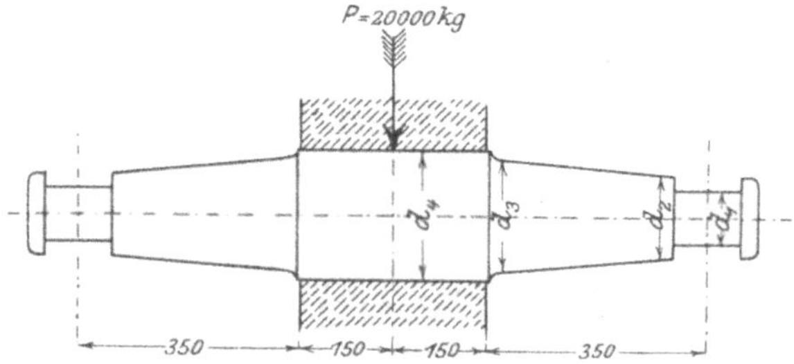

Fig. 87.

Wechselt die Kraftrichtung nicht vollständig, so kann man k höher wählen.

Das Biegungsmoment M_b ist, wie schon oben gesagt, das Produkt aus der biegenden Kraft und ihrem Hebelarm. Sind mehrere biegende Kräfte vorhanden, so hat man dafür die Summe dieser Produkte zu nehmen, wobei die in entgegengesetzter Richtung biegenden Momente mit entgegengesetztem Vorzeichen zu setzen, also abzuziehen sind.

Als Beispiel soll die Berechnung der in Fig. 87 skizzierten gleichschenkligen Achse dienen. Betreffs Bestimmung der Biegungsmomente für andere Belastungsfälle muß auf die Festigkeitslehre verwiesen werden.

Als Material soll Tiegelgußstahl Verwendung finden, die Zapfen sollen ungehärtet sein. Man kann dann nach den unter Zapfen gegebenen Tabellen $p = 60$ kg/qcm, $k_b = 500$ kg/qcm nehmen und erhält dann

$$\frac{l}{d_1} = \sqrt{\frac{k_b}{5\,p}} = \sqrt{\frac{500}{5 \cdot 60}} = 1{,}3\,.$$

Da die Belastung in der Mitte der Achse wirkt, bekommt jeder Zapfen den Zapfendruck $\frac{P}{2}$, folglich ist

$$\frac{P}{2} = p\,l\,d_1 = p\,1{,}3\,d_1^2,$$

$$10\,000 = 60 \cdot 1{,}3\,d_1^2\,;$$

$$d_1 = \sqrt{\frac{10\,000}{1{,}3 \cdot 60}} = 11{,}3 \text{ cm} \sim 11{,}5 \text{ cm},$$

womit sich ergibt

$$l = 1{,}3\,d_1 = 1{,}3 \cdot 11{,}5 = 15 \text{ cm}.$$

Die Schulterhöhe des Zapfens ist

$$x = \frac{d}{16} + 5 \text{ mm} = 12{,}5 \text{ mm},$$

also

$$d_2 = d_1 + 2\,x = 11{,}5 + 2 \cdot 1{,}25 = 14 \text{ cm}.$$

Der Durchmesser d_3 ergibt sich aus

$$10\,000 \cdot 35 = \frac{d_3^3}{10} \cdot 500$$

zu

$$d_3 = \sqrt[3]{7000} = 19{,}2 \text{ cm},$$

und ebenso d_4 aus

$$10\,000 \cdot 50 = \frac{d_4^3}{10} \cdot 500$$

zu

$$d_4 = \sqrt[3]{10\,000} = 21{,}5 \text{ cm}.$$

Diesen Durchmesser muß man der Schwächung durch die Keilnut wegen um 5 bis 10 mm größer nehmen, also etwa

$$d_4 = 22{,}5 \text{ cm}.$$

2. Wellen.

Die Wellen haben die Aufgabe, mechanische Arbeit von einem Orte zum anderen zu übertragen, und werden dabei auf Verdrehung beansprucht. Außerdem wirken aber sowohl das Eigengewicht als auch das Gewicht der Riemenscheiben, Zahnräder, Kupplungen, der Riemenzug usw. biegend an der Welle.

Bei gewöhnlichen Transmissionswellen kann man die biegende Kräfte vernachlässigen oder durch 10 bis 20% Aufschlag berücksichtigen. Solche Wellen, die dann nur auf Verdrehung zu berechnen sind, nennt man reine Wellen.

Für diese gilt:

$$M_d = \frac{d^3}{5} \cdot k_d \text{ bei vollem kreisförmigen Querschnitt,}$$

$$M_d = \frac{D^4 - d^4}{5\,D} \cdot k_d \text{ bei ringförmigem Querschnitt.}$$

Das Drehmoment M_d ist das Produkt aus der verdrehenden Kraft und ihrem Hebelarme (Abstand der Kraft von der Wellenmitte).

Das Material der Wellen ist Schmiedeeisen oder Stahl, nur ausnahmsweise Gußeisen oder Holz.

Für k_d kann man, wenn das Drehmoment zwischen Null und einem Höchstwert schwankt, nehmen:

für	Flußstahl	600	bis	960	kg/qcm	
,,	Flußeisen	400	,,	800	,,	
,,	Schweißeisen	240	,,	320	,,	
,,	Stahlguß	320	,,	640	,,	
,,	Gußeisen	140	,,	200	,,	u. mehr.

Genauer ist nach Bach für bearbeitete Gußeisenstücke die zulässige Drehungsspannung für den kreisförmigen Querschnitt k_d = reichlich k_z für den kreisringförmigen und hohlelliptischen Querschnitt $= 0{,}8\,k_z$ bis k_z, für den elliptischen Querschnitt $k_d = k_z$ bis $1{,}25\,k_z$, für den quadratischen Querschnitt $k_d = 1{,}4\,k_z$, für den rechteckigen Querschnitt $k_d = 1{,}4$ bis $1{,}6\,k_z$, für den hohlrechteckigen Querschnitt $k_d = k_z$ bis $1{,}25\,k_z$, für Profilquerschnitte $k_d = 1{,}4$ bis $1{,}6\,k_z$. Der Einfluß der Gußhaut ist bei der Drehungsspannung geringer als bei der Biegungsspannung.

Bei gleichbleibendem Drehmoment kann man das 1,5fache, bei einem zwischen zwei gleichgroßen, aber entgegengesetzt gerichteten Höchstwerten schwankenden Moment das 0,5fache dieser Werte setzen. Bei auftretenden Stößen ist k_d noch niedriger zu wählen, bei anderen als den angegebenen Schwankungen zwischen den gegebenen Grenzwerten einzuschätzen.

Für Wasserradwellen aus Eichenholz setzt man

$$k_d = 50 \text{ bis } 60 \text{ kg/qcm}.$$

Ist statt des Drehmomentes die Anzahl der zu übertragenden Pferdestärken N und die Tourenzahl n der Welle gegeben, so ergibt sich:

$$75\,N = \frac{P \cdot r \cdot 2\,\pi n}{100 \cdot 60} = \frac{M_d\,2\,\pi n}{6000} = \frac{M_d\,\pi n}{3000},$$

(für r ist $\frac{r}{100}$ zu setzen, da im Drehmoment M_d der Radius r in Zentimeter zu messen ist, 75 N aber die Arbeit in Meterkilogramm bedeutet).

Hieraus ergibt sich

$$M_d = \frac{3000 \cdot 75 \cdot N}{\pi \cdot n} \backsim 72\,000\,\frac{N}{n}.$$

Setzt man diesen Wert in die frühere Gleichung ein, so erhält man

$$72\,000\,\frac{N}{n} = \frac{d^3}{5} \cdot k_d$$

und hieraus

$$d = \sqrt[3]{\frac{360\,000}{k_d} \cdot \frac{N}{n}}.$$

Bei normalen Transmissionswellen von gewöhnlichem Walzeisen berücksichtigt man die auftretenden Biegungsmomente, wenn man $k_d = 120$ kg/qcm setzt; man erhält dann

$$d = \sqrt[3]{3000\,\frac{N}{n}}.$$

Der Durchmesser wird also um so kleiner, je größer die Tourenzahl ist. Man nimmt diese bei langsamgehenden Arbeitsmaschinen für Hauptwellenleitungen 100 bis 150 Touren/Min., für Nebenwellenleitungen 200 bis 300 Touren/Min., bei schnellgehenden Arbeitsmaschinen 250 bis 400 Touren/Min.

Lange Wellen sind so zu berechnen, daß die Verdrehung einen gewissen Wert nicht übersteigt. Gewöhnlich fordert man, daß sie pro laufenden Meter $^1/_4{}^\circ$ nicht überschreiten soll, und macht dann bei schmiedeeisernen Wellen

$$d = 12\sqrt[4]{\frac{N}{n}} \qquad \text{oder} \qquad d = 0{,}73\sqrt[4]{M_d}.$$

Besonders bei langen Wellen hat man hierauf Rücksicht zu nehmen, da sonst starke Federungen auftreten. Bei kleinen Wellendurchmessern gibt diese, bei größeren die Festigkeitsrechnung größere Werte.

Ist die Formänderung für die Ermittlung des Wellendurchmessers maßgebend, so bietet die Verwendung von Stahl keinen nennenswerten Vorteil gegenüber Schmiedeeisen.

In manchen Fällen hat auch die Welle größere lebendige Kräfte in sich aufzunehmen; ihre Fähigkeit hierzu wächst mit dem Volumen und dem Quadrate der zulässigen Spannung und wird durch Eindrehungen bedeutend herabgesetzt; diese sind also möglichst zu vermeiden.

Die Durchbiegung der Welle durch das Eigengewicht, das Gewicht der Kupplungen und Riemenscheiben, den Riemenzug usw. soll möglichst unter 0,3 mm pro Meter Wellenlänge bleiben. Um sie gering zu halten, setzt man schwere Kupplungen, Riemenscheiben u. dgl. möglichst nahe an die Lager, sind die biegenden Kräfte besonders groß, unmittelbar zwischen zwei Lager, und nimmt den Lagerabstand nicht zu groß. Da die Welle bei stärkeren Durchbiegungen in den Lagern klemmend wirkt, müssen die Lagerschalen sich entsprechend einstellen können (siehe Lager).

Der Lagerabstand, der meist durch die Lage von Trägern, Säulen u. dgl. bestimmt ist, soll die nachfolgend gegebenen Werte möglichst nicht übersteigen, andernfalls wäre der Durchmesser zu vergrößern.

Bei einer an den Enden frei gelagerten Welle macht man die Lagerentfernung

$$l = 100\sqrt{d},$$

will man starker Belastung der Welle Rechnung tragen,

$$l = 110\sqrt[3]{d},$$

bei einem sich nach beiden Seiten über die Lager hinaus fortpflanzenden Wellenstrange

$$l = 125\sqrt{d} \quad \text{bei normaler Belastung}$$

$$\text{und} \quad l = 135\sqrt[3]{d} \quad \text{bei starker Belastung.}$$

Bei Anlage eines langen Wellenstranges muß die Ausdehnung bei Temperaturerhöhung berücksichtigt werden, die man für etwa 40° C Temperaturschwankung berechnen muß. Sie beträgt für eine Erwärmung um 1° C

für Schweiß- und Flußeisen . . .	$^1/_{70\,000}$	bis	$^1/_{80\,000}$
„ Stahl	$^1/_{80\,000}$	„	$^1/_{90\,000}$
„ Gußeisen	$^1/_{90\,000}$		

der ursprünglichen Länge.

Bezeichnet man diesen Koeffizienten mit α, so muß eine Längenänderung von

$$40\,\alpha \cdot l$$

ohne Verbiegungen der Welle oder der Lager möglich sein, weshalb man u. U. Ausdehnungskupplungen einschalten muß.

Die Abstufung der Durchmesser für Transmissionswellen war vom N.-D. I. nach den Ausführungen der verschiedenen Transmissionsfirmen in 5-mm-Stufen bis 100 mm Durchmesser, in 10-mm-Stufen bis 160 mm Durchmesser und in 20-mm-Stufen bis 320 mm Durchmesser vorgesehen. Da diese Stufung ein ungleichmäßiges Anwachsen der Drehmomente zeigte, wurde eine Stufung gewählt, die ein gleichmäßiges Anwachsen des Drehmoments zeigt, überflüssige Durchmesser aber ausgeschieden, es ergab sich dann folgende Abstufung: 25 bis 60 mm in 5-mm-Stufen, bis 110 mm in 10-mm-Stufen, 125-, 140- und 20-mm-Stufen bis 500 mm Durchmesser.

Bei der Normung der Wellen war zunächst zu entscheiden, ob es der Industrie möglich ist, lediglich nach einem System — Einheitswelle oder Einheitsbohrung — zu arbeiten.

Bei dem System der Einheitsbohrung ist der Durchmesser der Bohrung unabhängig von der gewünschten Passung, die durch die verschiedenen Passungen bedingten Maßunterschiede sind in die Wellen verlegt. Bei dem System der Einheitswelle bekommt die Welle unabhängig von der Passung stets gleichen Durchmesser und gleiche Toleranz.

Der Hauptvorteil der Einheitsbohrung liegt in ihrer einfacheren Werkzeugausrüstung. Für jeden Durchmesser braucht man nur je 1 Werkzeug. Verwechslungen der Lehrgeräte kommen nicht vor, dagegen muß man alle Wellen, die durch verschiedene Passungen hindurchgehen, absetzen, während man bei der Einheitswelle in vielen Fällen glatte Wellen verwenden kann. Die Untersuchungen des N.D.I. führten zu folgendem Ergebnis:

Es ist festzustellen. daß die Einheitsbohrung in einigen Gebieten des Maschinenbaues (Transmissionsbau, Verwendung gezogener Wellen u. a.) nicht verwendet werden kann, daß dagegen die alleinige Verwendung der Einheitswelle grundsätzlich, d. h. bei Außerachtlassung der Kosten und der Werkstattschwierigkeiten, möglich ist.

Die Einheitsbohrung bietet andererseits in der Fertigung manchen Werken so bedeutende Vorteile, daß man auf sie nicht verzichten möchte. Doch sollte ihre Anwendung auf die Werke beschränkt werden, in denen ihre Vorteile wirklich ausschlaggebend in Erscheinung treten, z. B. die Werke, die Präzisionsmaschinen in bunter Mannigfaltigkeit der Typen und Größen nach Fein- oder Edelpassung ausführen, hierbei aber die Anschaffungskosten ihrer Werkzeugausrüstung niedrig zu halten und gewisse Schwierigkeiten in der Werkzeugbenutzung zu vermeiden wünschen. Alle anderen Werke sollten dagegen im Interesse der Einheitlichkeit die Einheitswelle einführen.

Komprimierte Wellen aus weichem Siemens-Martin-Stahl haben einen gleichförmigeren Durchmesser (auf $^1/_{20}$ mm genau) und höhere Festigkeit als abgedrehte oder rundgewalzte Wellen.

Hohle Wellen aus nahtlos gewalzten Rohren bieten mancherlei Vorteile, sie sind bei gleicher Festigkeit leichter, erfordern also geringere

Leerlaufarbeit, bieten größeren Widerstand gegen Durchbiegung und Federung und ermöglichen eine bessere Befestigung größerer Scheiben, namentlich Holzriemenscheiben. Des erheblich höheren Preises wegen haben sie sich aber wenig eingeführt.

1. Beispiel. Eine Transmissionswelle soll bei 200 Umdrehungen in der Minute 30 PS übertragen.

Die Festigkeitsformel ergibt

$$d = \sqrt[3]{3000\frac{N}{n}} = \sqrt[3]{3000\frac{30}{200}} = 7{,}7 \text{ cm},$$

die Rücksicht auf Formänderung durch Verdrehen erfordert

$$d = 12\sqrt[4]{\frac{N}{n}} = 12\sqrt[4]{\frac{30}{200}} = 7{,}44 \text{ cm}.$$

Man rundet diesen Wert auf 80 mm ab und erhält den möglichst nicht zu überschreitenden Lagerabstand

$$l = 125\sqrt{d} = 125\sqrt{8} = 354 \text{ cm} \backsim 3{,}5 \text{ m}.$$

2. Beispiel: Eine Welle, die nur an beiden Enden gelagert ist, soll bei 250 Umdr./Min. 12 PS übertragen.

$$d = \sqrt[3]{3000\frac{N}{n}} = \sqrt[3]{3000\frac{12}{250}} = 5{,}24 \text{ cm},$$

$$d = 12\sqrt[4]{\frac{N}{n}} = 12\sqrt[4]{\frac{12}{250}} = 5{,}64 \text{ cm}.$$

Hier gibt die zweite Formel den größeren Wert, der natürlich anzunehmen ist, abzurunden auf 60 mm

$$l = 100\sqrt{d} = 100\sqrt{6} = 245 \text{ cm} \backsim 2{,}5 \text{ m}.$$

Wellen, bei denen bedeutende Biegungsmomente auftreten (Kurbelwelle der Dampfmaschine u. dgl.), nennt man gemischte Wellen. Diese berechnet man nach der Formel

$$\frac{d^3}{10}\cdot k_b = 0{,}35\, M_b + 0{,}65\sqrt{M_b^2 + (\alpha_0\, M_d)^2}\,,$$

wobei M_b das Biegungsmoment, M_d das Drehmoment und $\alpha_0 = \frac{k_b}{1{,}3\, k_d}$ ist. Der letztere Wert wird gewöhnlich nahezu gleich 1.

Die die Welle beanspruchenden Kräfte wechseln in der Regel ihre Richtung vollständig, man kann deshalb für k_b die für Zapfen gegebenen Werte nehmen.

Beispiel. Es soll die Kurbelwelle für eine liegende Dampfmaschine berechnet werden. Der Kurbelzapfendruck beträgt 9000 kg, das

Schwungradgewicht 7000 kg, der unter geringer Neigung schräg nach oben gerichtete Seilzug 1500 kg. Der Kurbelhalbmesser ist 450 mm, die Umdrehungszahl 90 in der Minute. Alle anderen Maße ergeben sich aus der Zeichnung Fig. 88.

Für den Kurbelzapfen erhält man wie auf Seite 69

$$\frac{l}{d} = 1{,}3\,,$$

folglich

$$d = \sqrt{\frac{P}{1{,}3\,p}} = \sqrt{\frac{9000}{1{,}3 \cdot 60}} = 10{,}7 \backsim 11 \text{ cm},$$

$$l = 1{,}3\,d = 1{,}3 \cdot 11 = 14{,}3 \backsim 14{,}5 \text{ cm}.$$

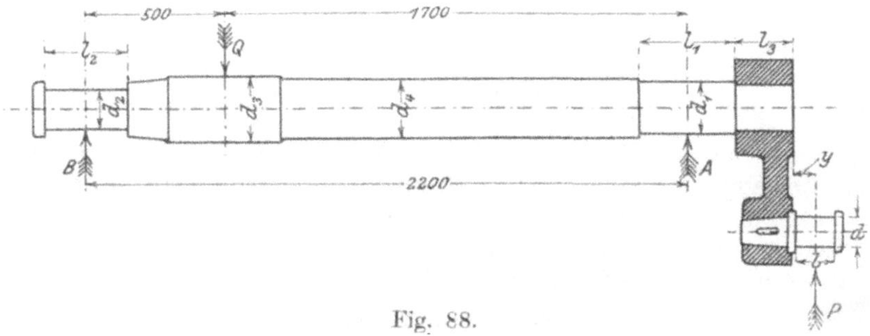

Fig. 88.

Zur Berechnung von d_1 muß man den Hebelarm des biegend wirkenden Kurbelzapfendrucks kennen; dieser setzt sich zusammen aus $y = \frac{l}{2} + 0{,}5$ bis 1 cm, $l_3 = 0{,}8\,d_1$ bis $1{,}25\,d_1$ und $\frac{l_1}{2}$ ($l_1 = 1{,}6\,d_1$ bis $1{,}8\,d_1$). Man kann ihn probeweise gleich dem Kurbelradius setzen und erhält dann das Biegungsmoment

$$M_b = P \cdot r = 9000 \cdot 45 = 405\,000 \text{ cmkg}.$$

Das Drehmoment wird in diesem Falle ebenso groß

$$M_d = P \cdot r = 9000 \cdot 45 = 405\,000 \text{ cmkg}.$$

Da die Belastungen nicht ganz zwischen entgegengesetzt gerichteten Höchstwerten schwanken, kann man für Flußstahl wählen

$$k_b = 600 \text{ kg/qcm} \quad \text{und} \quad k_d = 450 \text{ kg/qcm},$$

womit man erhält

$$\alpha_0 = \frac{600}{1{,}3 \cdot 450} = \backsim 1\,.$$

Die Formel

$$\frac{d_1^3}{10} \cdot k_b = 0{,}35\, M_b + 0{,}65 \sqrt{M_b^2 + (\alpha_0\, M_d)^2}$$

ergibt also

$$\frac{d_1^3}{10} \cdot 600 = 0{,}35 \cdot 405\,000 + 0{,}65 \sqrt{405\,000^2 + (1 \cdot 405\,000)^2}\,,$$

$$d_1 = \sqrt[3]{\frac{514\,200}{60}} = 20{,}5 \text{ cm},$$

$$l_1 = 1{,}6 \cdot 20{,}5 \quad \text{bis} \quad 1{,}8 \cdot 20{,}5 = \infty\, 35 \text{ cm},$$

$$l_3 = 0{,}9 \cdot 20{,}5 = 18{,}5 \text{ cm},$$

$$y = \frac{14{,}5}{2} + 0{,}5 \quad \text{bis} \quad 1 \text{ cm} = \infty\, 8 \text{ cm}.$$

Der wirkliche Hebelarm der Biegung wird dann

$$\frac{l_1}{2} + l_3 + y = 17{,}5 + 18{,}5 + 8 = 44 \text{ cm},$$

also etwas kleiner als angenommen. (Weicht sein Wert beträchtlich von dem angenommenen ab, so ist die Rechnung mit einem neu eingeschätzten Hebelarm zu wiederholen.)

Die Auflagerreaktionen A und B werden:

1. vom Kurbelzapfendruck herrührend:

$$A \cdot 220 = 9000 \cdot (44 + 220),$$

$$A = \frac{9000 \cdot 264}{220} = 10\,800 \text{ kg},$$

$$B \cdot 220 = 9000 \cdot 44,$$

$$B = \frac{9000 \cdot 44}{220} = 1800 \text{ kg}$$

oder einfacher

$$B = A - 9000 = 10\,800 - 9000 = 1800 \text{ kg};$$

2. vom Schwungradgewicht herrührend:

$$A \cdot 220 = 7000 \cdot 50,$$

$$A = \frac{7000 \cdot 50}{220} = \infty\, 1590 \text{ kg},$$

$$B = 7000 - 1590 = 5410 \text{ kg};$$

3. vom Seilzug herrührend:

$$A \cdot 220 = 1500 \cdot 50,$$

$$A = \frac{1500 \cdot 50}{220} = \infty\, 340 \text{ kg},$$

$$B = 1500 - 340 = 1160 \text{ kg}.$$

Da der Seilzug nur wenig nach oben gerichtet sein soll, kann man die von ihm herrührenden Auflagerreaktionen horizontal annehmen und zu den vom Kurbelzapfendruck hervorgerufenen addieren. Man erhält dann in horizontaler Richtung

$$A_h = 10\,800 + 340 = 11\,140 \text{ kg},$$
$$B_h = 1800 + 1160 = 2960 \text{ kg};$$

in vertikaler Richtung, die vom Schwungradgewicht herrührenden

$$A_v = 1590 \text{ kg},$$
$$B_v = 5410 \text{ kg}.$$

Die Resultierenden werden nach dem Satz vom Parallelogramm der Kräfte:

$$A = \sqrt{11140^2 + 1590^2} = \backsim 11\,250 \text{ kg},$$
$$B = \sqrt{2960^2 + 5410^2} = \backsim 6200 \text{ kg}.$$

Aus der Rechnung geht hervor, daß der Zapfendruck im Lager A vom Seilzug nur wenig beeinflußt wird, in B ist der Einfluß des Seilzugs schon größer; ist dieser aber unter einem größeren Winkel schräg nach oben gerichtet, so wird die Resultierende kleiner, nähert sich also dem Wert B_v, so daß in vielen Fällen der Seilzug ganz unberücksichtigt bleiben kann.

Die Flächenpressung im Lager A wird

$$p = \frac{A}{l_1 d_1} = \frac{11\,250}{35 \cdot 20{,}5} = \backsim 15{,}7 \text{ kg/qcm},$$

sie ist nach dem, was unter Zapfen angeführt wurde, zulässig.

Die Prüfung nach der Formel

$$l \geqq \frac{P \cdot n}{w}$$

ergibt, wenn man den mittleren Zapfendruck $= 9000$ kg schätzt und w (nach S. 67 25 000 ÷ 40 000) mit etwa 30 000 annimmt, was zulässig ist, da der Zapfendruck hier vorwiegend vom Kurbelzapfendruck herrührt, also Richtung und Größe wechselt

$$l_1 \geqq \frac{9000 \cdot 90}{30\,000} = 27 \text{ cm}.$$

Diese Forderung ist mit $l_1 = 35$ cm erfüllt.

Der Zapfendruck B rührt vorwiegend vom Schwungradgewicht und Seilzug her, Richtung und Größe sind also fast gleichbleibend, weshalb man hier den mittleren Zapfendruck nahezu gleich dem Höchstwert etwa rund 6000 kg und w nahe der unteren Grenze etwa 20 000 wählen wird. Man erhält dann

$$l_2 \geqq \frac{6000 \cdot 90}{20\,000} = 27 \text{ cm}.$$

Wir runden nach oben auf $l_2 = 30$ cm ab und finden nun, da die Flächenpressung $p = 16$ kg/qcm nicht überschritten werden soll,

$$d_2 = \frac{P}{p \cdot l} = \frac{6200}{16 \cdot 30} = 13 \text{ cm}.$$

Die Festigkeitsgleichung würde ergeben

$$\frac{d_2^3}{10} \cdot 600 = 6200 \cdot \frac{l_2}{2},$$

$$d_2 = \sqrt[3]{\frac{10 \cdot 6200 \cdot 15}{600}} = 11{,}6 \text{ cm}.$$

Der erste Wert ist demnach maßgebend, doch soll auch dieser noch nach oben abgerundet werden, auf

$$d_2 = 15 \text{ cm},$$

wobei die Flächenpressung etwa 24 kg/qcm wird.

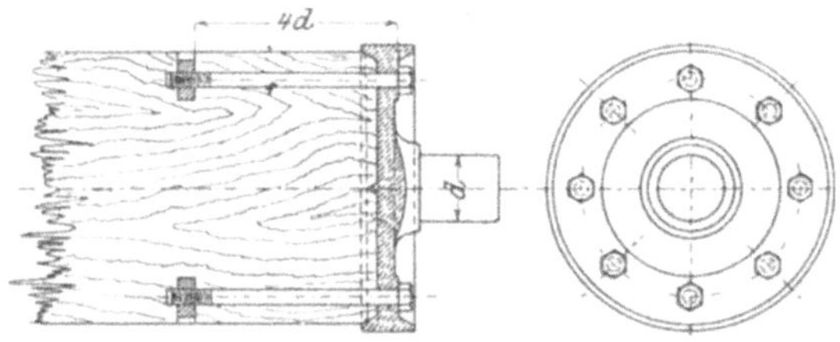

Fig. 89.

In der Mittelebene des Schwungrads hat man ein Biegungsmoment

$$M_b = B \cdot 50 = 6200 \cdot 50 = 310\,000 \text{ cmkg}$$

und ein Drehmoment

$$M_d = P \cdot r = 9000 \cdot 45 = 405\,000 \text{ cmkg}.$$

Die Festigkeitsrechnung würde also für d_3 und ebenso für d_4 Werte ergeben, die kleiner als d_1 sind. Aus Rücksicht darauf, daß die Durchbiegung der Welle möglichst gering wird, daß der Kurbellagerzapfen einen kleinen Anlauf bekommt, und schließlich der Schwächung durch die Keilnuten für die Befestigung des Schwungrades wegen nehmen wir

$$d_4 = 22 \text{ cm}$$

und

$$d_3 = 25 \text{ cm}.$$

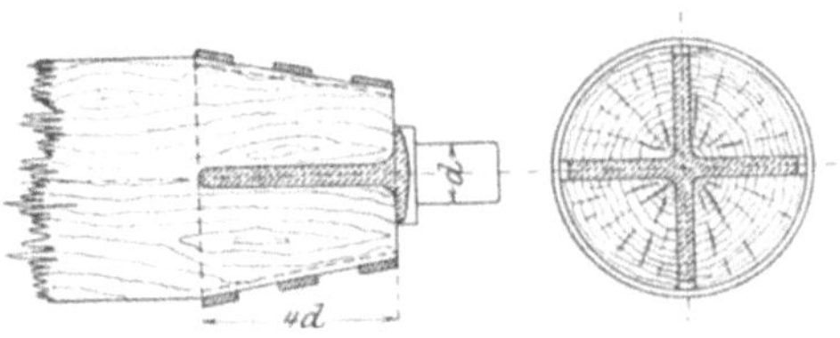

Fig. 90.

(Will man die Untersuchung genauer durchführen, so kann man für die einzelnen Kräfte die Biegungsmomentenfläche aufzeichnen und für die zu berechnenden Querschnitte die Biegungsmomente graphisch summieren.)

Bei der Herstellung schwerer Wellen ist auf die Lunkerbildung im oberen Teile des Stahlblockes Rücksicht zu nehmen, das am stärksten beanspruchte Ende der Welle soll also aus dem unteren Teile des Blocks genommen, der sich häufig durch den ganzen Block hinziehenden Fadenlunker wegen, sollen schwere doppeltgekröpfte Wellen als zusammengebaute Wellen mit durchbohrten Zapfen und Achsschenkeln konstruiert werden.

Die Keilnuten sind so anzuordnen, daß das Einziehen der Keile bei der natürlichen durch die Schwere gegebenen Lage erfolgen kann.

Berechnung gekröpfter Wellen siehe Kurbeln.

Hölzerne Wellen kommen nur noch selten bei Wasserrädern zur Verwendung, die Befestigung der eisernen Zapfen ist in Fig. 89 und 90 (nach Bach, Maschinenelemente) gezeigt.

Biegsame Wellen kommen hauptsächlich für Bohr- und Schleifapparate, besonders zur direkten Kupplung mit der Welle von Elektromotoren in Anwendung. Nachstehende Tabelle (A. Otto & Co., Berlin.N.31) gibt die Durchmesser nach Leistung und Umdrehungszahl.

Biegsame Wellen.

Leistung in PS	Umdrehungen pro Minute 200	300	400	600	800	1000	1200	1400	1600	2000
	Durchmesser der biegsamen Wellen in mm									
$^1/_{20}$	10	8	8	7	7	5	5	5	5	5
$^1/_{10}$	15	15	12,5	10	10	10	10	8	8	8
$^1/_6$	20	20	20	15	12,5	12,5	12,5	10	10	8
$^1/_4$	25	25	25	20	15	15	15	12,5	12,5	10
$^1/_2$	30	30	30	25	20	20	20	15	15	12,5
$^3/_4$	35	35	35	30	25	20	20	15	15	12,5
1	40	40	35	30	30	25	25	20	20	15
1,5	45	45	40	35	30	30	25	25	20	20
2	50	50	45	40	35	30	30	25	25	20
2,5	55	55	50	45	40	35	35	30	30	25
3	60	60	55	45	45	40	35	35	30	30
4		65	60	50	45	45	40	40	35	35
5		70	65	60	50	50	40	40	35	35
6			70	65	55	50	45	45	40	40
8				70	60	55	50	45	45	40
10					65	60	55	50	50	45
12					70	65	60	55	55	50
15						70	65	60	55	50

Die biegsamen Wellen werden bis ca. 100 mm ∅ angefertigt!
Bei Bestellung Angabe der Drehrichtung notwendig.
Der kleinste zulässige Krümmungsradius, in dem die Wellen normal arbeiten, beträgt das 6—7fache des Wellendurchmessers; auf Wunsch kann die Welle jedoch jede beliebige Steifigkeit erhalten.

Die Stellringe.

Um eine Verschiebung der Wellen in axialer Richtung zu vermeiden, setzt man Stellringe zu seiten der Lager, das sind schmiedeeiserne oder gußeiserne Ringe, die durch Schrauben angezogen werden.

Die Schraube darf nicht über den Ring vorstehen, da sonst leicht Unfälle herbeigeführt werden können.

In den Figuren 91, 92 und 93 sind Stellringe in zweckentsprechender Ausführung dargestellt. Fig. 93 zeigt einen Stellring für Ringschmierlager.

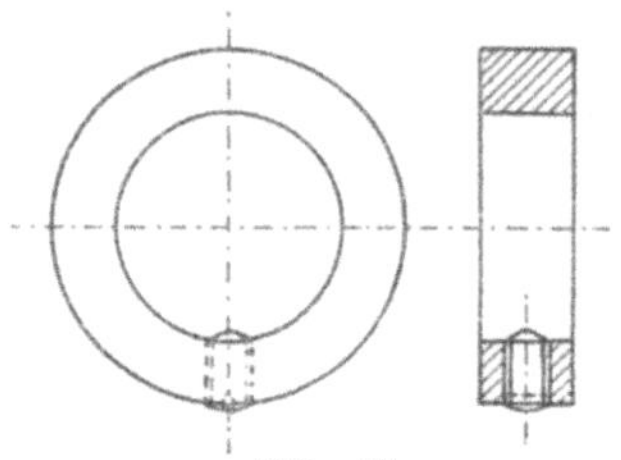

Fig. 91.

Bei kleineren Stellringen verwendet man Schlitzschrauben, bei größeren Schrauben mit Vierkantkopf oder auch Schrauben mit vierkantiger Höhlung, die durch einen eingesteckten vierkantigen Schlüssel angezogen werden. Die Schrauben greifen entweder mit einer Spitze in eine Anbohrung der Welle oder drücken mit einer stumpfen Fläche, seltener einer ringförmigen Schneide gegen diese.

Gebräuchliche Abmessungen von Stellringen gibt die Tabelle 10 im Anhang.

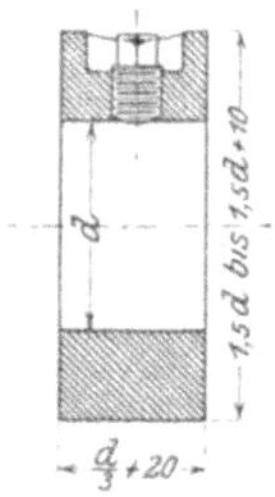

Fig. 92.

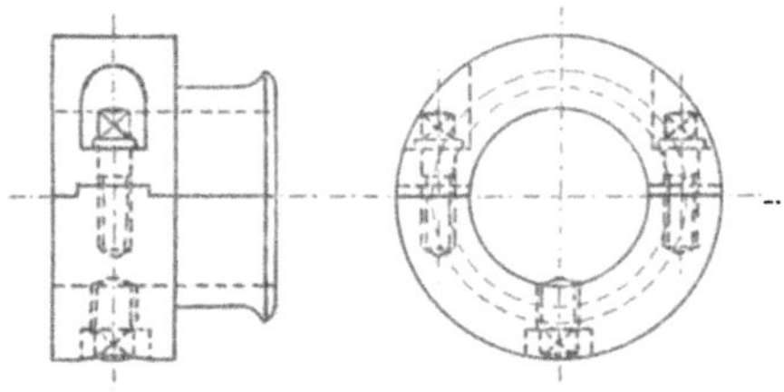

Fig. 93.

Ist ein bedeutender axialer Druck zu übertragen, so muß man aufgeschweißte Bunde, eingedrehte Lagerstellen, Kammzapfen oder, wenn dies möglich, ein Spurlager anbringen.

C. Kupplungen.

Unter Kupplungen versteht man Maschinenteile, welche zwei Wellen zu einem Wellenstrang verbinden.

Ist die Verbindung zwischen den auf den beiden Wellenenden sitzenden Teilen der Kupplung eine feste, starre, so nennt man die Kupplung feste Kupplung, sind diese Teile gegeneinander beweglich: bewegliche Kupplung, kann die Verbindung während des Betriebes gelöst werden: ausrückbare oder kurz Ausrückkupplung.

Die Hauptgesichtspunkte, welche bei der Konstruktion einer Kupplung zu beachten sind, sind folgende:

1. die Mittellinien der zu verbindenden Wellen müssen, falls es sich nicht um eine bewegliche Kupplung handelt, genau in eine Richtung fallen;

2. der Schwerpunkt der Kupplung soll möglichst genau in der Mitte der Welle liegen, d. h. die Massen sollen gleichmäßig zur Drehungsachse verteilt sein;

3. die Kupplung soll möglichst leicht sein, da ihr Gewicht die Welle auf Biegung beansprucht; sie soll deshalb möglichst unmittelbar neben einem Lager, schwerere Kupplungen zwischen zwei Lagern angebracht werden;

4. die Kupplung soll sich leicht anbringen und entfernen lassen;

5. vorspringende Teile sollen vermieden oder wenigstens verdeckt werden, da sie leicht Ursache von Unfällen werden können;

6. bei Ausrückkupplungen ist der verschiebbare Teil auf die zeitweise stillstehende Welle zu setzen, damit unnötiges Schleifen des Ausrückringes und bei Reibungskupplungen selbsttätiges Einrücken durch die Zentrifugalkraft vermieden wird.

Im folgenden sollen die gebräuchlichsten Kupplungen kurz besprochen werden, Formeln zur Berechnung der Hauptdimensienen sind den Figuren beigeschrieben. Diese gelten natürlich nur für normale Verhältnisse, in besonderen Fällen ist die Festigkeitsberechnung durchzuführen.

1. Feste Kupplungen.

Die Muffenkupplung (Fig. 94) ist sehr einfach, hat aber den Nachteil, daß beim Aufkeilen leicht eine Krümmung der Wellen, bei nicht genau gleichem Durchmesser der Wellenenden auch eine Verschiebung der Wellenmitten stattfindet, und daß die Wellen bei einer Lösung der Kupplung um die halbe Länge der Muffe verschoben werden müssen.

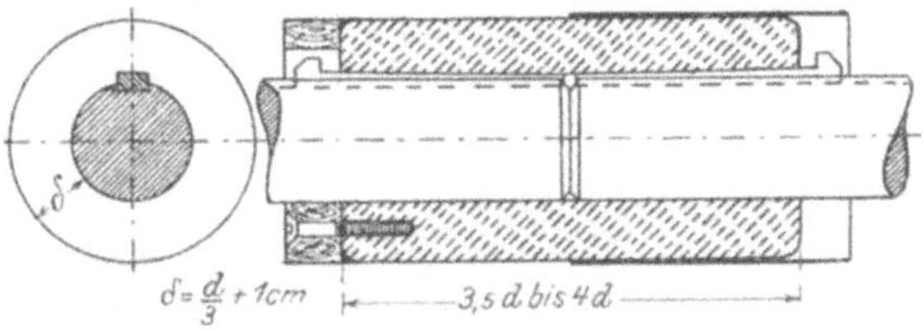

Fig. 94.

Die vorstehenden Keilnasen sind möglichst zu verdecken, damit niemand daran hängen bleibt. Die linke Seite unserer Figur zeigt eine Holzhülse, die rechte eine Blechhülse zur Verdeckung der Keilnasen.

Die Scheibenkupplung (Fig. 95) ist sehr gebräuchlich, hauptsächlich bei verschiedenem Durchmesser der zu verbindenden Wellen. Damit die Wellenachsen zusammenfallen, greift die eine Scheibe mit einem Ansatz in die andere ein. Die Stirnebenen der Scheiben sollen nur rauh abgedreht werden, um die Reibung zwischen denselben zu erhöhen, sie sind nach dem Aufkeilen nachzudrehen. Bewegungsübertragend soll die Reibung zwischen den Scheiben wirken; wird diese durch Erschütterungen zeitweise aufgehoben, so werden die Schraubenbolzen auf Biegung beansprucht. Sie sollen deshalb das Schrauben-

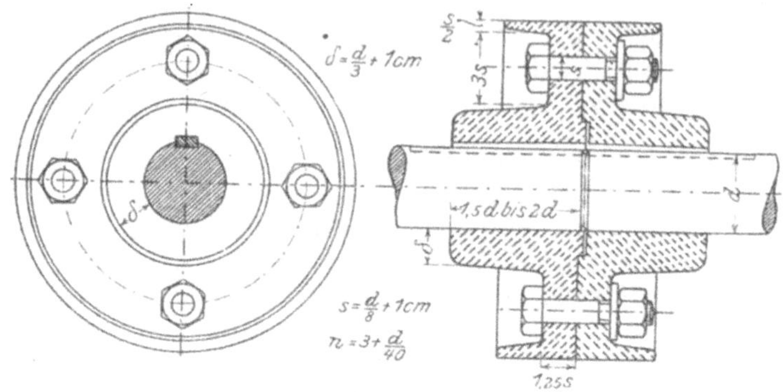

Fig. 95.

loch möglichst genau ausfüllen. Bei Kupplungen, welche starke Stöße auszuhalten haben, empfiehlt es sich, Schrauben mit konischem Bolzen (Fig. 34) zu verwenden. Um die Anpressung zwischen den Scheiben zu erhöhen, läßt man diese auch oft nur in einer Ringfläche anliegen (Fig. 96). Da die Scheiben nach dem Aufkeilen von neuem abgedreht werden müssen, sind bei Anwendung von Scheibenkupplungen geteilte Räder und Riemenscheiben und offene Lager zu verwenden.

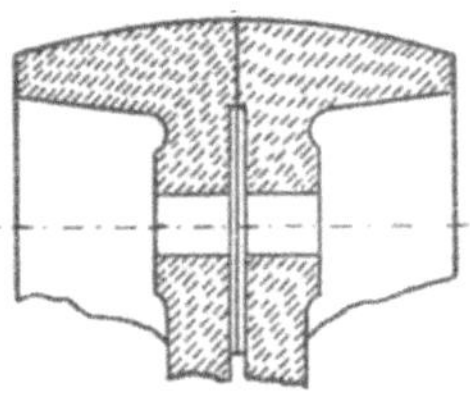

Fig. 96.

Statt die Scheiben aufzukeilen, werden sie auch warm oder kalt aufgezogen, man dreht dann gewöhnlich einen kleinen Ansatz an die Welle. Da sich die Wellen nur nach einer Verschiebung um die Höhe des zentrierenden Ansatzes der einen Scheibe

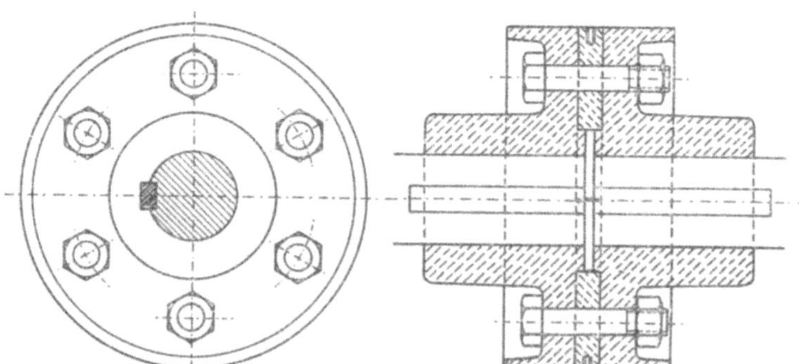

Fig. 97.

herausheben lassen, verwendet man neuerdings vielfach Scheibenkupplungen mit einem zweiteiligen Zwischenring (Fig. 97). Die Anzahl n der Schrauben wird meist auf eine gerade Zahl abgerundet.

Statt der aufgekeilten bzw. aufgezogenen Scheiben werden häufig entsprechende Flanschen an die zu kuppelnden Wellen oder andere Maschinenteile angeschmiedet bzw. angegossen.

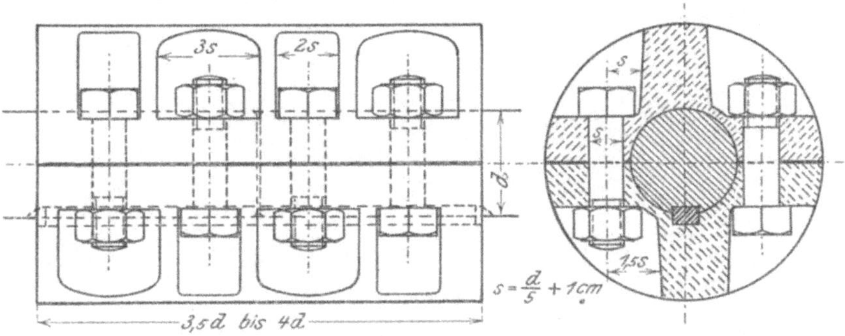

Fig. 98.

Zwischen den Wellenenden ist bei gewöhnlichen Scheibenkupplungen 1 mm, bei Scheibenkupplungen mit Zwischenscheibe 12 mm Luft vorzusehen.

Die Schalenkupplung (Fig. 98) besteht aus zwei Schalen, welche mit einer Zwischenlage von starkem Papier oder dünnem Blech ausgebohrt und durch Schrauben fest auf die Welle gepreßt werden. Von Vorteil ist eine mit zylindrischen Warzen versehene Schlußfeder (Fig. 99). Bis zu 50 mm Wellendurchmesser nimmt man meist 6, über 50 mm Wellendurchmesser 8 Schrauben. Eine Abart ist die Kupplung mit einer einseitig aufgeschlitzten Schale, die durch 3 bis 4 Schrauben federnd zusammengezogen und so auf dem Wellenmantel festgeklemmt wird. Der Unfallgefahr wegen sollte man die Schalenkupplung stets mit einem Blechmantel umhüllen.

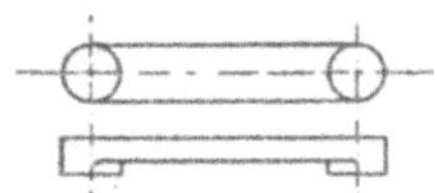

Fig. 99.

Die Hülsenkupplung (Fig. 100) besteht aus einer zweiteiligen, mit einer dünnen Zwischenlage von Papier oder Blech ausgebohrten und außen doppelkegelförmig abgedrehten Hülse, die durch aufgetriebene Ringe festgezogen wird. Die Stirnenden der Wellen werden zuweilen durch eine •—•förmige Klammer zusammengehalten. Auch diese Kupplung wird manchmal nur einseitig aufgeschlitzt ausgeführt. Die Neigung des Konus nimmt man 1 : 20 bis 1 : 25.

Eine Kupplung von J. Schmitt, Baden-Baden, preßt die zweiteilige kegelförmige Hülse mit Hilfe eines hohlkegelförmigen Mantels zusammen, der durch zwei auf die Hülse geschraubte Ringe angezogen und gesichert wird.

Die Schalenkupplungen und Hülsenkupplungen sind leicht anzubringen und zu entfernen, können aber nur für Wellen mit gleichem Durchmesser Verwendung finden.

Die Sellerskupplung (Fig. 101) besteht aus zwei aufgeschlitzten kegelförmigen Körpern (Neigung ungefähr 1 : 8), welche durch zur Wellenachse parallele Schrauben in eine doppelt konisch ausgedrehte Hülse gepreßt werden. Zur Sicherung der Mitnahme legt man noch eine Feder ein.

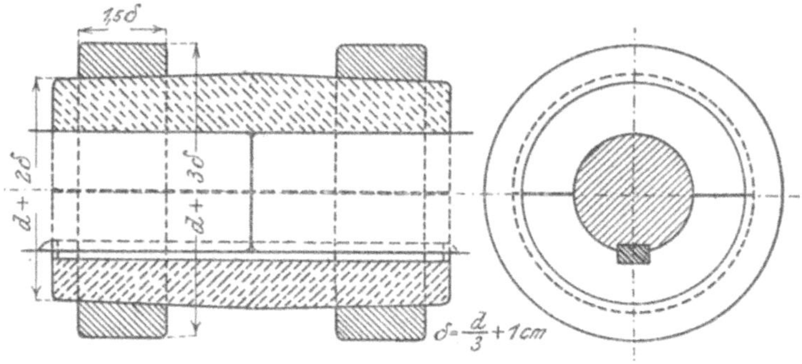

Fig. 100.

Die Sellerskupplung kann leicht aufgebracht und (mit besonderen in die Schraubenlöcher einzuführenden Haken) gelöst, für Wellen mit verschiedenen Durchmessern verwendet und zugleich als Riemenscheibe benutzt werden.

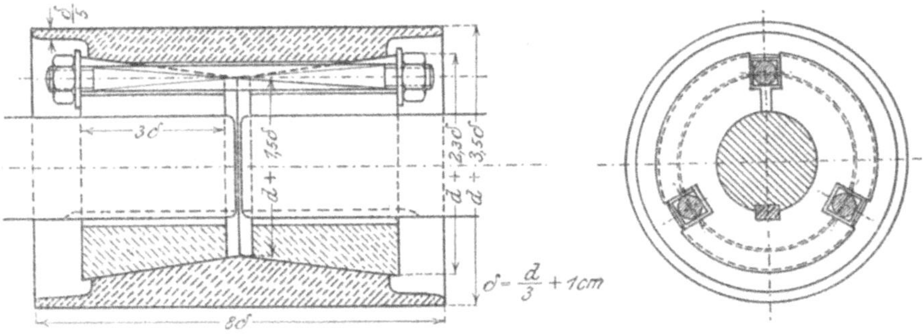

Fig. 101.

Eine der Sellerskupplung verwandte Kupplung ist den Mannesmannröhrenwerken zur Verbindung von Hohlwellen mit zwischengelegten Halszapfen patentiert worden. Auf die Hohlwelle wird ein konischer Ring aufgezogen, der durch Schrauben in einen hohlkegelförmigen Mantel gepreßt wird. Dieser ist durch eine Scheibe mit Nabe auf dem Zapfen befestigt.

An dieser Stelle kann, obwohl mehr Reibungsgetriebe als Kupplung, die Zentratorkupplung von W. H. Hilger & Co., Bonn, erwähnt werden, mit der man Geschwindigkeitsübersetzungen bis 1 : 12 und umgekehrt erzielt.

2. Bewegliche Kupplungen.

Ist auf dauernd richtige Lage der beiden Wellenenden nicht zu rechnen, so muß man diese so verbinden, daß eine gewisse Beweglichkeit der Kupplungsteile möglich ist.

Die Figuren 102 und 103 zeigen längsbewegliche Kupplungen, welche bei langen Wellensträngen angewendet werden müssen, um die Ausdehnung bei Temperaturverschiedenheiten (etwa 5 mm auf je

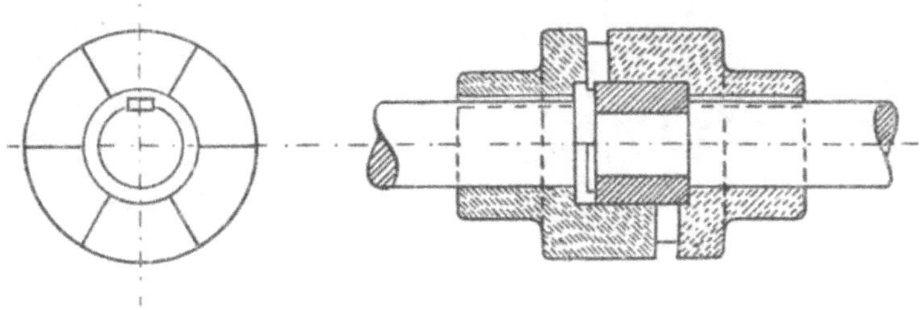

Fig. 102.

10 m Wellenlänge) auszugleichen. Die Bewegungsübertragung erfolgt bei beiden dadurch, daß die Scheiben mit Vorsprüngen ineinandergreifen. Um die Reibung in den radialen Berührungsflächen dieser Vorsprünge zu vermindern, legen die Ver. Maschinenfabriken Augsburg-Nürnberg A.-G. Kugeln ein (D.R.P. 172 944). Zur Zentrierung der Wellen dient bei der Ausführung (Fig. 102) ein schmiedeeiserner Ring, bei der Ausführung Fig. 103 eine Verlängerung der Nabe der einen Scheibe, in der sich die andere Welle führt.

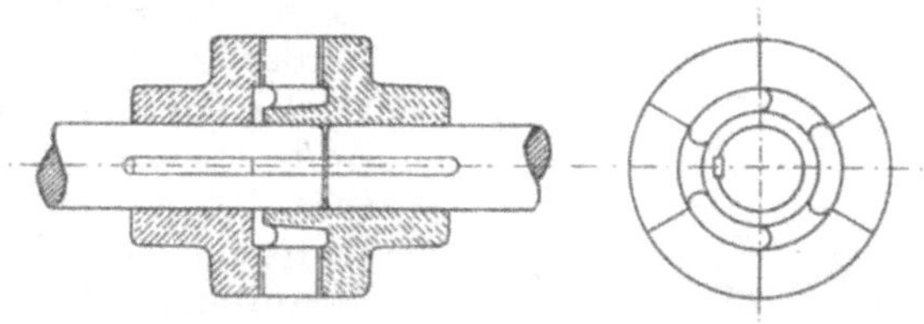

Fig. 103.

Fallen die Wellenenden nicht genau zusammen, so verwendet man vereinzelt noch die Oldhamsche Kupplung (Fig. 104), bei der die Bewegungsübertragung durch eine mit kreuzförmig versetzten Federn versehene Zwischenscheibe erfolgt. Die durch die fortgesetzte Verschiebung der Scheiben hervorgerufenen Reibungsverluste sind jedoch sehr groß. Die Kupplung wird deshalb nur selten und nur bei geringem Abstand der Wellenmitten angewandt.

Schwere Wellen kuppelt man auch durch die Schleppkurbel, zwei gegeneinander versetzte Kurbeln, die durch eine Koppel miteinander verbunden sind. Soll die Verbindung zeitweise gelöst werden, führt man die Kurbeln mit verschiedenem Radius aus, so daß der eine Kurbelzapfen sich am anderen vorbeibewegen kann.

Eine geringe Beweglichkeit in jeder Richtung gestatten die elastischen Kupplungen, die bei Verwendung eines den elektrischen Strom nicht leitenden Materials für die elastischen Zwischenglieder zugleich Isolationskupplungen sind.

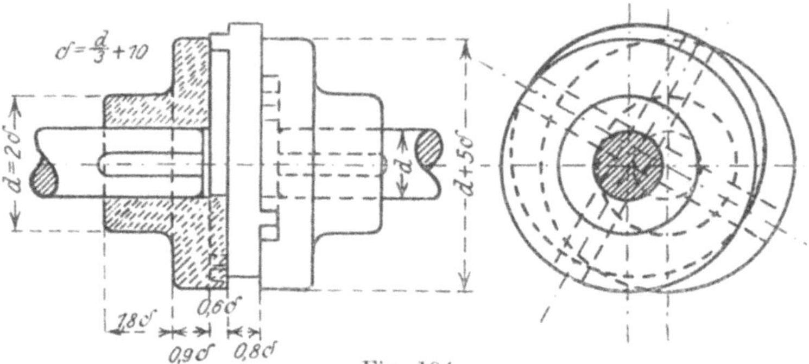

Fig. 104.

Bei der Lederlaschenkupplung werden abwechselnd auf den Stirnflächen beider Kupplungsscheiben angebrachte Bolzen durch Lederlaschen verbunden. Die Duisburger Maschinenfabrik J. Jaeger benutzt statt einzelner Laschen durchgehende Lederringe, die entsprechend durchlocht und auf die Bolzen aufgesteckt sind.

Brown - Boveri & Cie. verbinden die auf den Wellenenden festgekeilten Kupplungsscheiben durch einen Wellblechzylinder, der bei kleinen Kräften auch durch einen Lederzylinder ersetzt werden kann.

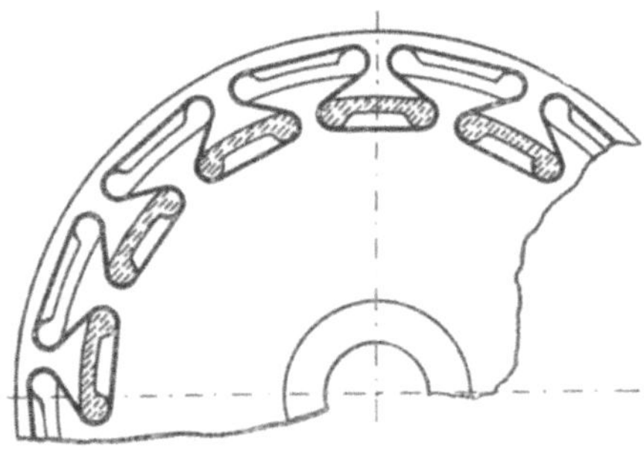

Fig. 105.

Bei der Bandkupplung von Zodel - Voith, D.R.P. 81 852 (Fig. 105), überträgt sich die Bewegung durch einen um Vorsprünge der Kupplungsscheiben geschlungenen endlosen Leder- oder Baumwollriemen. Diese Kupplung ist auch als Ausrückkupplung konstruiert worden. Ähnlich ist die Konstruktion der Cachin-Kupplung vom Eisenwerk Wülfel vor Hannover.

Die elastische Kupplung der Berlin-Anhalt. Maschinenbau-A.-G., (D.R.P.) besteht aus zwei Scheiben, welche so auf die Wellenenden gekeilt sind, daß zwischen den Stirnflächen ein kleiner Zwischenraum bleibt. Die Kraftübertragung geschieht durch elastische und elektrisch isolierende Bolzen (Leder oder Gummi), die durch entsprechende Löcher beider Scheiben gesteckt sind, und die sich zwecks Lösung der Kupplung leicht herausziehen lassen.

Bei der Bürstenkupplung von G. Luther A.-G., Braunschweig, (D.R.P.) trägt die eine Scheibe Segmente mit radialen Zähnen, die andere Segmente mit radialen Stahldrahtbürsten, die in die Zwischenräume der Zähne eingreifen. Die Kupplung wird auch als Ausrückkupplung konstruiert.

Die elastische Kupplung von G. Polysius, Dessau (D.R.P.), besteht aus zwei mit Zähnen (ähnlich den Ausdehnungskupplungen) ineinandergreifenden Scheiben. Zwischen den Zähnen sind größere Zwischenräume, die durch Gummipuffer mit Holzzwischenlagen ausgefüllt sind. Ein seitlich angeschraubter Ring hindert die elastischen Zwischenlagen am Herausfallen. Die Zähne sind bei einer Ausführung an beiden Scheiben angegossen, bei der anderen an der einen Scheibe angeschraubt, so daß man nach Lösen der Schrauben jede Welle ohne

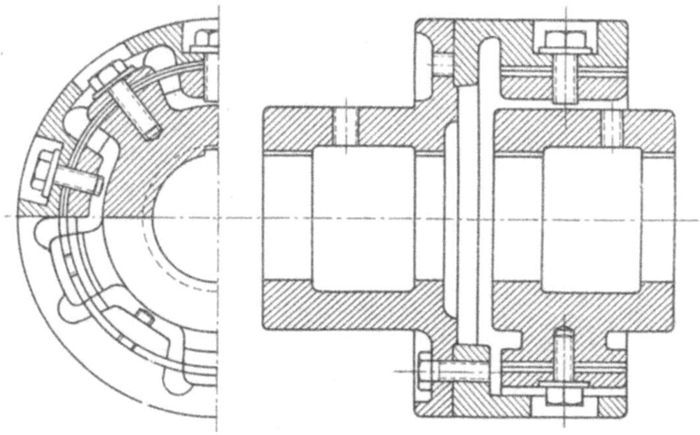

Fig. 106.

axiale Verschiebung aus den Lagern heben kann. Die elastischen Zwischenlagen sind weder auf Zug noch auf Biegung beansprucht, die Kupplung ist deshalb zur Aufnahme von Stößen besonders geeignet.

Bei der El-Is-Kupplung der Peniger Maschinenfabrik und Eisengießerei A.-G. hat die eine Kupplungsscheibe trapezförmige Ausschnitte am äußeren Mantel, die mit ebensolchen am inneren Umfange des Kranzes der anderen Kupplungsscheibe zusammen sechskantige Hohlräume bilden. Dient die Kupplung nur als elastische Kupplung, so wird die Übertragung der Bewegung durch in diese Hohlräume eingelegte Gußstahlfedern, deren Form sich nach den verschiedenen Verwendungszwecken richtet (meist haben sie die Form eines aufgeschlitzten Zylinders), bewirkt. Soll die Kupplung zugleich isolieren, so treten an Stelle der Federn durchwebte Gummi- oder Lederbolzen. Durch Herausnehmen der Federn oder Bolzen kann die Kupplung ausgerückt werden.

Zu den beweglichen Kupplungen gehören auch die Walzwerkskupplungen, bei denen die Kuppelzapfen drei oder vier Hohlkehlen haben, in die die inneren Wulste der darübergesteckten Muffen mit entsprechendem Spielraum eingreifen.

Alle die letztgenannten Kupplungen ermöglichen sowohl eine gewisse Längs- und Querbeweglichkeit als auch die Verbindung von Wellen,

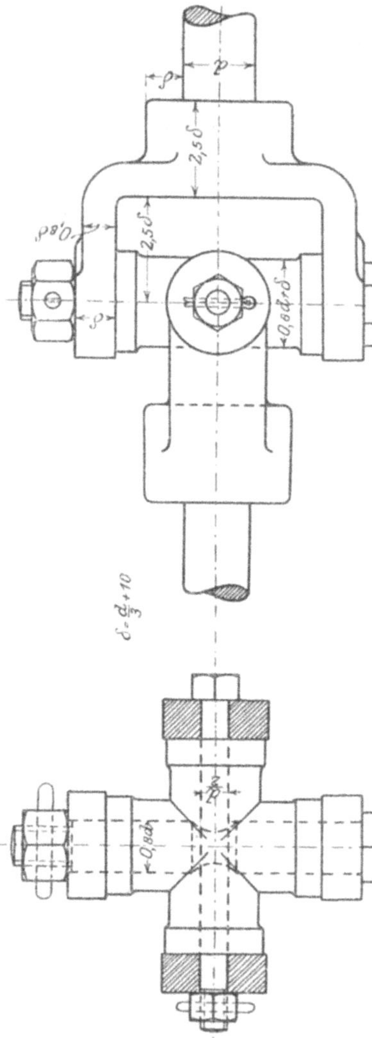

Fig. 107.

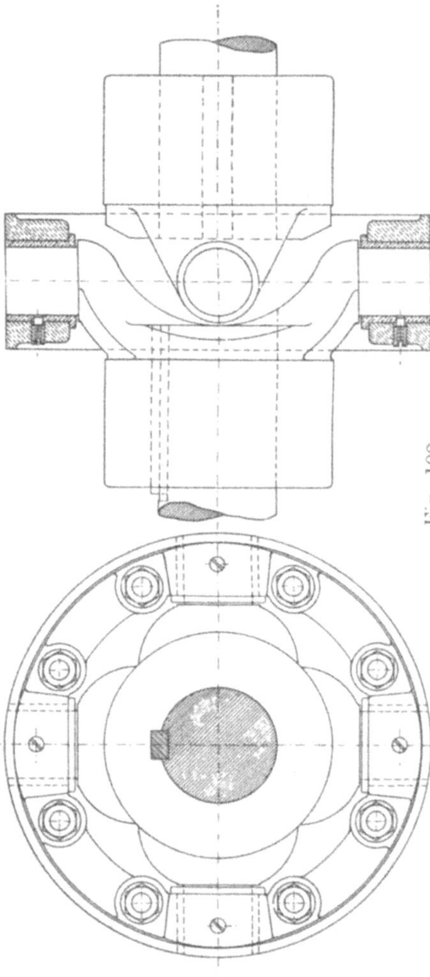

Fig. 108.

die einen allerdings nicht viel von 180° abweichenden Winkel miteinander bilden. Ist diese Abweichung sehr klein, so kann man auch eine den Ausdehnungskupplungen ähnliche Konstruktion verwenden, muß nur dann den zur Zentrierung dienenden Ring bzw. Nabenvorsprung weglassen und den Vorsprüngen genügend Spielraum geben.

Eine sich auch für wechselnde Drehrichtungen eignende nachgiebige Wellenkupplung hat die A. E. G. hergestellt. Die in Fig. 106 dargestellte Kupplung ist dadurch gekennzeichnet, daß die Umfangskraft von dem treibenden äußeren Ring durch zwei Gruppen von biegsamen Streifen auf den getriebenen Teil übertragen wird, die Streifen können von außen her vermittelst schmiedeeiserner Klemmstücke abwechselnd auf Ansätzen des äußeren und inneren Ringes festgeschraubt werden, die Paßflächen werden aufgerauht, unter die Schrauben federnde Ringe gelegt. Der Außenring kann unmittelbar an einer Riemscheibe od. dgl. befestigt werden. Vorteile dieser Kupplung sind hohe Betriebssicherheit, leichte Zugänglichkeit im eingebauten Zustande und billiger Ersatz schadhaft gewordener Streifen, die z. B. aus Riemenleder bestehen können; reißt ein Streifen, so legt er sich als Puffer zwischen die Kupplungshälften.

Ist die Abweichung des Winkels, welchen die Wellen miteinander bilden, von 180° eine bedeutendere, so verwendet man die Kreuzgelenkkupplung oder den Hookschen Schlüssel (Fig. 107). Die

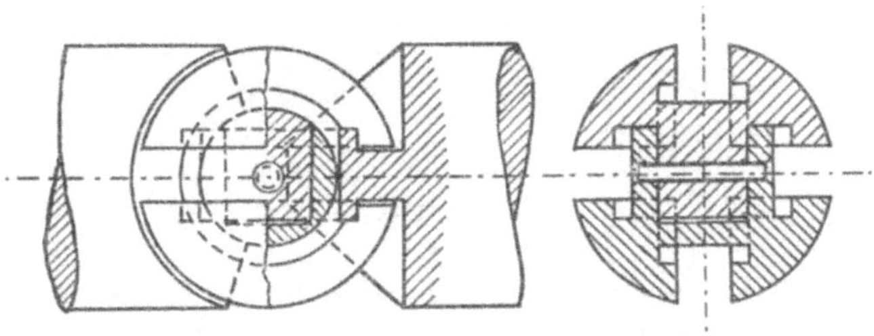

Fig. 109.

Bewegungsübertragung ist hier ungleichförmig, weshalb der Winkel, den die eine Welle mit der Verlängerung der anderen bildet, 10° möglichst nicht überschreiten soll. Um diese Ungleichförmigkeit zu vermeiden, verwendet man vielfach eine kurze Zwischenwelle, welche mit beiden Wellen denselben Winkel einschließt, und deren Klauen in einer Ebene liegen.

Fig. 108 zeigt die Kreuzgelenkkupplung der Berlin-Anhaltischen Maschinenbau-Aktiengesellschaft, welche auch so ausgeführt werden kann, daß man den Zapfen in ihren Lagern eine gewisse Längsverschieblichkeit ermöglicht, wodurch die Kupplung zur Verbindung von Wellen geeignet wird, deren Achsen nicht genau in derselben Ebene liegen.

Piat, Paris, führt zwei Kreuzgelenkkupplungen in der Weise vereinigt aus, daß die die Zapfen tragenden Ringe zu einer in einem Lager gestützten Muffe ausgebildet sind.

Eine gedrungene Form der Kreuzgelenkkupplung ist das in Fig. 109 abgebildete Kugelgelenk. Als Zwischenglied dient eine aus zwei

Teilen zusammengenietete oder geschraubte Kugel mit sich kreuzenden T-förmigen Nuten, in die die entsprechend ausgeführten Wellenanschlußstücke eingreifen.

3. Ausrückkupplungen.

Die einfachste Ausrückkupplung ist die Klauenkupplung (Fig. 110), welche aus zwei mit Zähnen oder Klauen versehenen Muffen besteht, von denen die eine auf dem einen Wellenende festgekeilt ist, während sich die andere auf dem anderen Wellenende um die Zahnhöhe verschieben läßt, bei der Drehung aber die Welle durch eine oder besser zwei Federn mitnimmt.

Zwecks Zentrierung kann man das Ende der einen Welle in die Muffe der anderen eingreifen lassen.

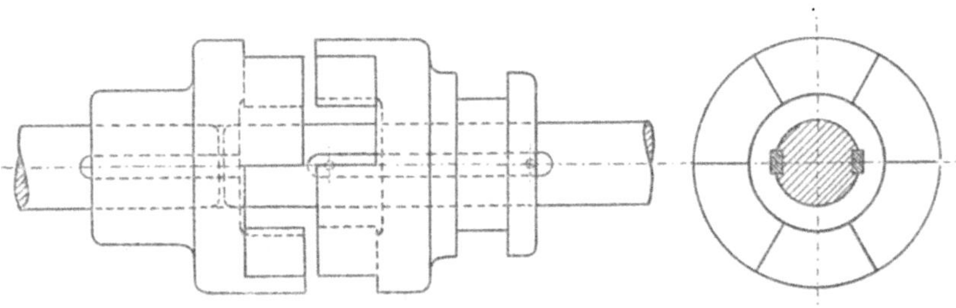

Fig. 110.

Soll die Kupplung während des Betriebs eingerückt werden, was aber nur bei ganz kleinen Kräften bzw. Schwungmassen und geringen Umdrehungszahlen statthaft ist, so sind Klauen mit schraubenförmigen Rückenflächen vorzuziehen (Fig. 111).

Bei beiden Arten erfolgt bei der einen Muffe die Übertragung der Drehbewegung nur durch die Feder, die sich dabei schnell abnutzt und

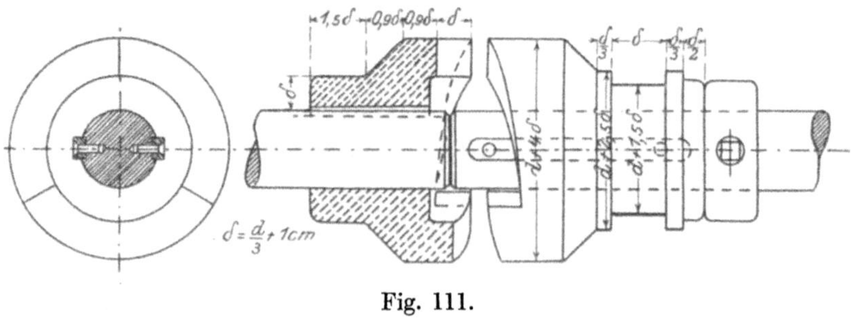

Fig. 111.

lockert. Dies wird vermieden bei der Hildebrandtschen Kupplung, die Fig. 112 nach der Ausführung der Berlin-Anhalt. Maschinenbau-A.-G. zeigt. Beide Kupplungsscheiben sind auf den Wellenenden festgekeilt, auf der Nabe der einen verschiebt sich eine Muffe, die mit Klauen schließend in die Zahnlücken der Kupplungsscheiben eingreift. Denselben Zweck erreicht J. M. Voith, Heidenheim a. Brenz durch an der verschiebbaren Muffe sitzende Bolzen, die in entsprechend übereinstimmende Löcher der beiden Kupplungsscheiben eingreifen.

Erfolgt das Ein- und Ausrücken während des Betriebs, so muß, um die Reibung an den Klauenflächen bzw. den Federn zu überwinden, bei allen diesen Kupplungen eine bedeutende Kraft in Richtung der Wellenachse ausgeübt werden. Vorteilhafter sind in dieser Beziehung die Kupplungen, bei denen die den Eingriff vermittelnden Teile radial ausgerückt werden, z. B. die Klinkenkupplungen. Fig. 113 zeigt

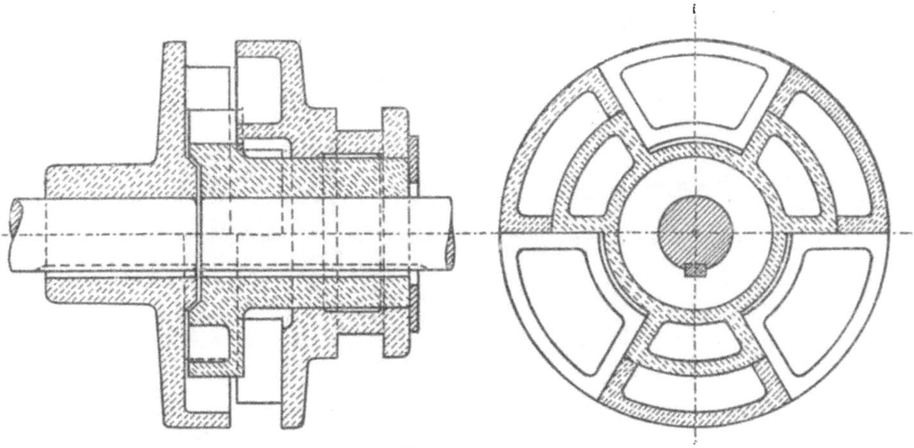

Fig. 112.

die Reibungskupplung der Firma Lohmann & Stolterfoth in Witten a. d. Ruhr. Denkt man sich die Stirnscheibe *d* fort und den losen Kegel *b* mit dem Hohlkegel *a* aus einem Stück bestehend, so hat man eine Klinkenkupplung. Im eingerückten Zustande nehmen die Zähne des Sperrades *c* die Klinken *g* mit, die auf denselben Achsen mit den Ausrückarmen *i* sitzen. Durch Herausschieben der mit Hubdaumen *l* versehenen Ausrückhülse werden die Ausrückarme *i* und damit die Klinken *g* ausgeklinkt.

Alle diese Kupplungen rücken plötzlich ein und können der dabei auftretenden Stöße wegen nur im Ruhezustande oder höchstens bei ganz kleinen Geschwindigkeiten eingerückt werden.

Soll die Kupplung während der Bewegung eingerückt werden, so muß sie so konstruiert sein, daß allmähliche Mitnahme erfolgt. In diesem Falle verwendet man die Reibungskupplungen, von denen zahlreiche teils patentierte Konstruktionen im Gebrauch sind.

Diese Kupplungen sollen nicht mit einem Ruck, sondern mäßig schnell eingerückt werden, wobei die sich reibenden Teile anfangs gegen-

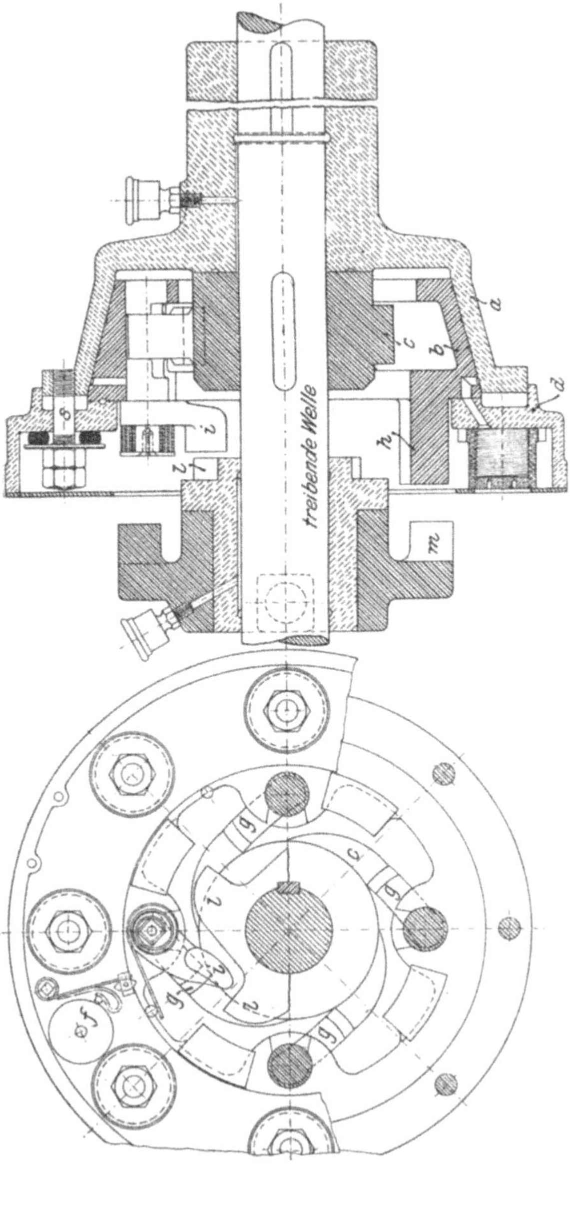

Fig. 113.

einander gleiten. Die Dauer dieses Gleitens vor Erreichung der vollen Umdrehungszahl kann auf 1 bis 2% derselben angenommen werden.

Die bekanntesten hiervon sind:

Die Kegelreibungskupplung (Fig. 114). Die verschiebbare hohlkegelförmige Scheibe auf der getriebenen Welle wird gegen die auf der treibenden Welle festgekeilte kegelförmige Scheibe gepreßt, wobei sie durch die Reibung zwischen den Kegelflächen mitgenommen wird und nun ihrerseits durch die Feder die Welle mitnimmt.

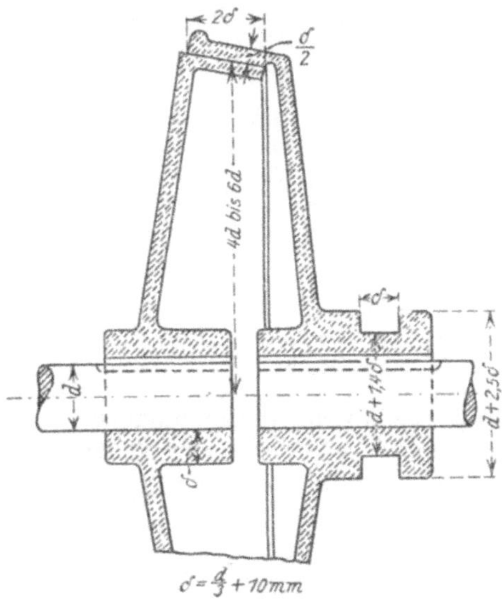

Fig. 114.

Der Neigungswinkel der Kegelflächen schwankt zwischen 10° und 15°, beträgt er weniger als 10°, so lassen sich die Kegelflächen schwer voneinander trennen. Die axiale Verschiebung des losen Kegels soll etwa 5 mm sein. Die Kegelreibungskupplung hat den Nachteil, daß die Anpressung in Richtung der Wellenachse so lange aufrechterhalten werden muß, als die Mitnahme erfolgen soll.

Dies vermeidet die Doppelkegelreibungskupplung der Sächs. Maschinenfabrik vorm. Rich. Hartmann in Chemnitz, bei der zwei Kegelringe in einem axial nachstellbaren doppelhohlkegelförmigen Gehäuse durch federnde Kniehebel auseinandergespannt werden. Die Kniehebel werden von der verschiebbaren Muffe über die Stellung der stärksten Zusammenpressung der Feder hinausbewegt, so daß sie sich nicht von selbst lösen können.

Verbreiteter sind die Reibungskupplungen, bei denen die Reibungsflächen nicht durch axiale, sondern durch radiale Verschiebung gegeneinander gepreßt werden. Hierher gehört die Dohmen-Leblancsche Kupplung, ausgeführt von der Berlin-Anhaltischen Maschinenbau-A.-G. in Dessau (Fig. 115). Durch Verschieben einer Muffe auf der getriebenen Welle werden mit hakenförmigen Federn vier oder sechs Gleitbacken, die in einem auf die getriebene Welle festgekeilten Stern radial verschiebbar sind, nach außen gepreßt, gegen die innere Ringfläche der auf der treibenden Welle sitzenden Scheibe. Die hakenförmigen Federn werden beim Einrücken der Kupplung über die Mittelebene hinausgeschoben, wodurch Selbstausrückung verhindert ist. Bei Kupplungen für größere Kräfte verwendet man Reibungsring und Reibungsbacken, mit keilförmigen Rillen versehen. Wenn die den Stern mit den Gleitbacken tragende Welle auch im ausgerückten Zustande umläuft und bei hohen Umdrehungszahlen ist durch entsprechende Gegengewichte die Zentrifugalkraft der Gleitbacken auszugleichen.

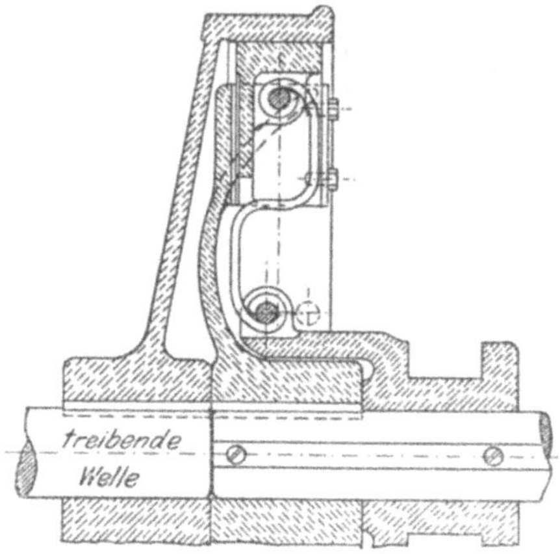

Fig. 115.

Bei der Reibungskupplung von G. Polysius, Dessau, werden mittels Rechts- und Linksgewinde in ihrer Länge der Abnutzung entsprechend verstellbare Kniehebel zum Anpressen der Gleitbacken benutzt. Diese stützen sich auf eine die Ausrückmuffe umgebende Ringfeder aus Flachstahl, die eine gleichmäßige Anpressung aller Gleitbacken gewährleistet und ein Durchschlagen der Kniehebel über die Mittelstellung gestattet, so daß Selbstausrückung verhindert ist.

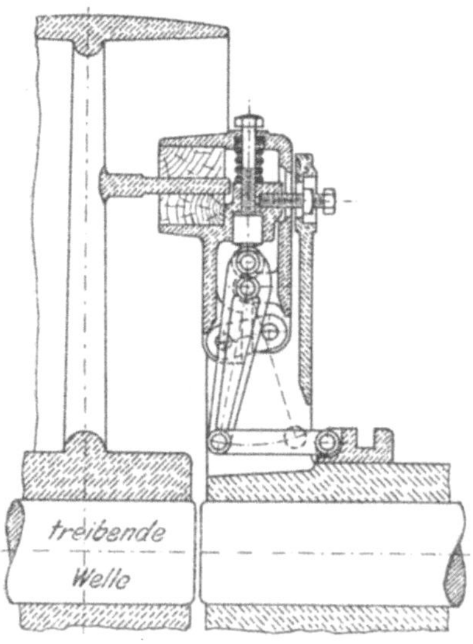

Fig. 116.

Bei der vom Eisenwerk Wülfel vor Hannover ausgeführten Hill-Kupplung (Fig. 116) pressen sich zwei Reibungsbacken, einer von innen, einer von außen, gegen den Reibungsring, wodurch der einseitige radiale Druck, welchen wir bei der Dohmen-Leblanc-Kupplung und der Kupplung von Polysius haben, aufgehoben wird und Biegungsspannungen im Reibungsring vermieden werden.

Auch bei der Gnomkupplung der Peniger Maschinenfabrik und Eisengießerei werden die Backen von beiden Seiten gegen den Reibungsring angepreßt. Die Anpressung geschieht durch Drehung radial gelagerter Spindeln mit Rechts- und Linksgewinde. Durch Verdrehung der Muttern in den Schuhen lassen sich die Backen nachstellen. Die Penig-Kupplung für Vorgelege drückt durch Muffen mit 2 Keilen zwei die Reibungsbacken tragende bogenförmige Hebel, die nahe dem Reibungsring um Zapfen drehbar sind, nach außen, eine am anderen Ende der Hebel wirkende Feder rückt beim Zurückziehen der Muffe aus.

Für Wendegetriebe baut Ludwig Stuckenholz in Wetter (Deutsche Maschinenfabrik A.-G., Duisburg) eine Reibungskupplung, bei der ein federnder, an einer Seite aufgeschlitzter, gußeiserner Ring durch einen in den Schlitz eingeschobenen Keil, der an einer verschiebbaren Muffe befestigt ist, auseinandergespannt und gegen den Reibungsring angedrückt wird.

Eine Kupplung, die statt der zylindrischen, ebene ringförmige Reibungsflächen verwendet, ist die von Vogel & Schlegel, Dresden, ausgeführte Benn-Kupplung (Fig. 117). Sie besteht aus dem auf der einen Welle festgekeilten Gehäuse mit einem durch Gewinde nachstellbaren Deckel, dem auf der anderen Welle festgekeilten Mitnehmer und zwei Reibungsscheiben, die durch Kniehebel beim axialen Verschieben der Muffe axial auseinandergespannt und gegen die Reibungsflächen des Gehäuses und des Deckels angepreßt werden. Ein selbsttätiges Einrücken durch die Zentrifugalkraft kann bei dieser Kupplung nicht stattfinden. Die geschlossene Bauart des Gehäuses ermöglicht es, die inneren Teile ständig in Öl laufen zu lassen. Ähnlich ist die Reibscheibenkupplung, Konstruktion N, der Firma Lohmann & Stolterfoth in Witten, die auf Wunsch mit zwischengelegten Vulkanfibreplatten ausgeführt wird, um den Verschleiß von Gehäuse und Reibscheiben zu vermindern.

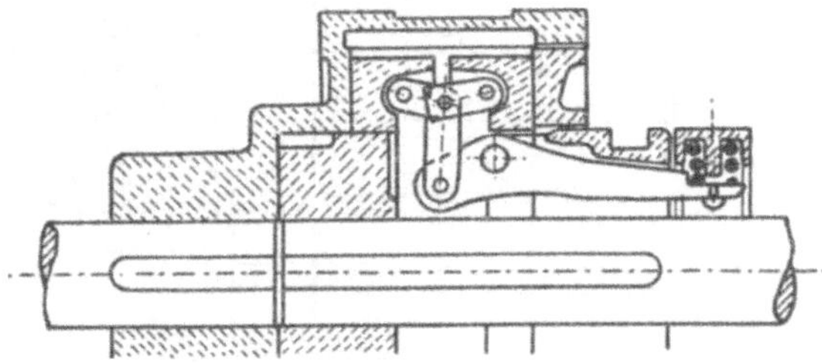

Fig. 117.

Die Reibungskupplung *A* von Lohmann & Stolterfoth (Fig. 113) ist eine Verbindung von Klinkenkupplung und Reibungskupplung. Mit Hilfe der schon beschriebenen Klinkenkupplung wird der Kegel *b* mit dem Sperrad gekuppelt, derselbe wird durch die Stirnscheibe *d* in den Hohlkegel *a* gepreßt und nimmt diesen durch Reibung mit. Da sich die Anpressung des Kegels *b* durch Anziehen der Schrauben *s* beliebig ändern läßt, kann man die Kupplung mit Vorteil dort verwenden, wo nur ein bestimmtes Maß mechanischer Arbeit übertragen werden soll. Man nennt solche Kupplungen, von denen es mehrere Konstruktionen gibt, Überlastungs- oder Sicherheitskupplungen. Sobald keine Mitnahme erfolgt, tönt die Glocke *f*.

Beim Ausrücken werden zunächst, wie bei der Klinkenkupplung, durch die Hubdaumen *l* die Ausrückarme *i* und damit die Klinken *g* ausgehoben und somit der Hohlkegel *b* außer Eingriff mit dem Sperrade gebracht. Beim weiteren Heranschieben der Ausrückhülse greifen dann die Vorsprünge *m* und *h* ineinander, wodurch der Kegel *b* festgehalten wird und nunmehr bremsend auf die getriebene Welle wirkt.

Ein besonderer Vorteil dieser Kupplung ist der, daß die Reibungsflächen auch im ausgerückten Zustande unverändert angepreßt bleiben, so daß zum Einrücken fast gar keine Kraft erforderlich ist und das Ausrücken aus großer Entfernung mittels leichten Drahtzugs oder elektrischen Stromes geschehen kann. Bei der Konstruktion *P* derselben Firma werden zwei halbringförmige Reibungsbacken durch Drehen von zwei Schrauben mit Rechts- und Linksgewinde von außen auf einen Reibungsring festgezogen.

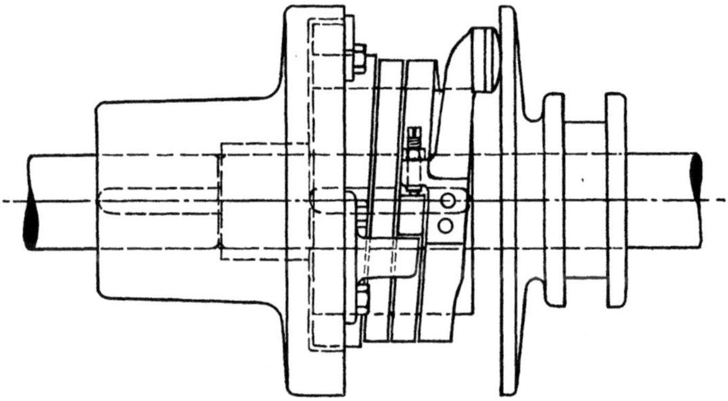

Fig. 118.

Die Schraubenfederreibungskupplung Triumph, D.R.P. der Firma Louis Schwarz & Co., A.-G. in Dortmund (Fig. 118), bewirkt die Mitnahme durch eine Schraubenfeder, die wie bei einem Schiffsspill sich um die auf dem anderen Wellenende befestigte Hartgußmuffe wickelt. Die Einrückscheibe drückt bei axialer Verschiebung auf einen Hebel, der das freie Ende der Feder mit der vorhergehenden Windung verbindet. Durch diesen Hebel wird die erste Windung der Schraubenfeder fest um die Muffe gespannt, die hierdurch hervorgerufene Reibung zieht die anderen Windungen der Schraube allmählich an. Beim Ausrücken federt die Schraubenfeder zurück, so daß das Ausrücken augenblicklich erfolgt. Der Hebel ist durch einen Regulierstift einstellbar, um Ungenauigkeiten in der Montage auszugleichen. Durch Verbindungen zweier solcher Kupplungen mit rechts- bzw. linksgängiger Schraubenfeder ist Umkehr der Bewegungsrichtung leicht zu erreichen. Die Kupplung ist u. a. für Walzwerke bis 5000 PS ausgeführt worden.

Bei den Flüssigkeitskupplungen wird eine allmähliche Mitnahme ähnlich der der Reibungskupplungen durch Vermittlung einer Flüssigkeit erzielt, die je nach der Öffnung eines von außen zu betätigenden Abschlußorgans dem umlaufenden Teil der Kupplung ganz oder teilweise ausweichen kann, beim Schluß des ersteren aber die Mitnahme bewirkt. Sie sind bisher zu keiner praktischen Bedeutung gelangt.

Mehr in Anwendung kommen die elektrischen Kupplungen, Reibungskupplungen, bei denen die Reibungsflächen durch elektromagnetische Anziehung angepreßt und bei Ausschaltung des Stromes meist durch Federdruck gelöst werden. Die Vulkankupplung, Fig. 119, hat eine umlaufende Magnetscheibe als treibenden und eine axial verschiebbare Ankerscheibe als getriebenen Teil. Im ersteren ist eine patentierte, vollkommen abgeschlossene, gegen Feuchtigkeits- und Temperatureinflüsse unempfindliche Wicklung eingebaut, deren Enden zu zwei auf der Nabe isoliert aufgesetzten Schleifringen führen, auf welchen je eine mit der elektrischen Leitung in Verbindung stehende Kontaktbürste ruht. Auf einem oder auf jedem der beiden Kupplungsteile ist ein besonderer Reibring angeordnet.

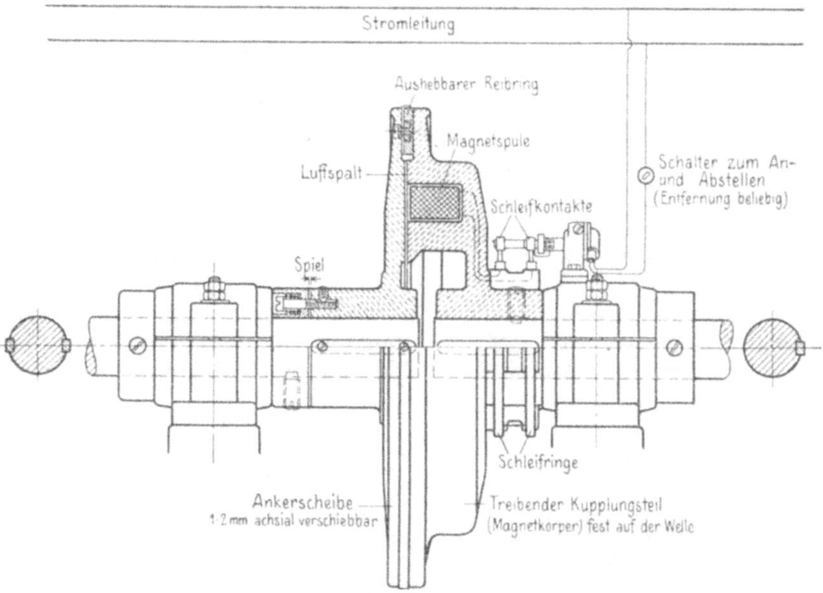

Fig. 119.

Das Reversiervorgelege mit Vulkankupplungen besteht aus einer Gußstahlwelle mit fest verbundener dünner Ankerscheibe und Einrichtung für Zentralschmierung, sowie zwei mit den jeweiligen Antriebsorganen verbundenen, auf der Welle lose laufenden Magnetkörpern. Je nachdem der Stromkreis für die eine oder andere Magnetspule geschlossen wird, erfolgt die Mitnahme der Ankerscheibe in der entsprechenden Richtung.

Kammerer befestigt den Ankerring auf einer federnden Stahlplatte, deren Nabe nicht axial verschiebbar ist. Fig. 120 zeigt die Watzke-Kupplung D.R.P. der Peniger Maschinenfabrik und Eisengießerei, bei der der Magnetkörper stillsteht, wodurch Schleifring und

Bürsten vermieden werden. Beim Einschalten des Stromes wird die auf der getriebenen Welle axial verschiebbare Ankerscheibe gegen die auf der treibenden Welle gezogen, wobei die konischen Reibflächen beider Scheiben zum Eingriff kommen. Gelöst wird die Kupplung durch Federdruck. Die elektromagnetischen Kupplungen haben den Vorteil, daß sie von jeder Stelle der Fabrik ein- und ausgerückt werden können, aber den Nachteil, daß sie Strom verbrauchen, solange sie eingerückt bleiben.

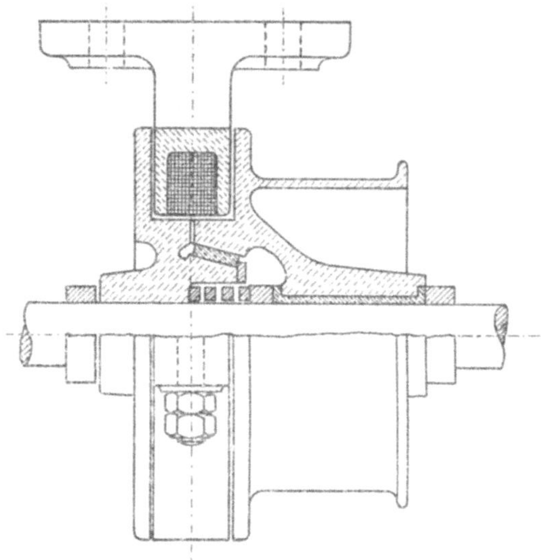

Fig. 120.

Eine besondere Art von Kupplungen sind noch die Motorenkupplungen, welche da angewendet werden, wo eine Transmission von zwei Kraftmaschinen angetrieben wird. Sie müssen so konstruiert sein, daß sie sich selbsttätig ausrücken, sobald der Motor hinter der Tourenzahl der Transmission zurückbleibt. Die bekannteste Motorenkupplung ist die von Uhlhorn (Fig. 121), bei welcher die Bewegung durch Klinken von einer Scheibe auf die andere übertragen wird. Eilt die äußere Scheibe der inneren voran, so werden die Klinken durch

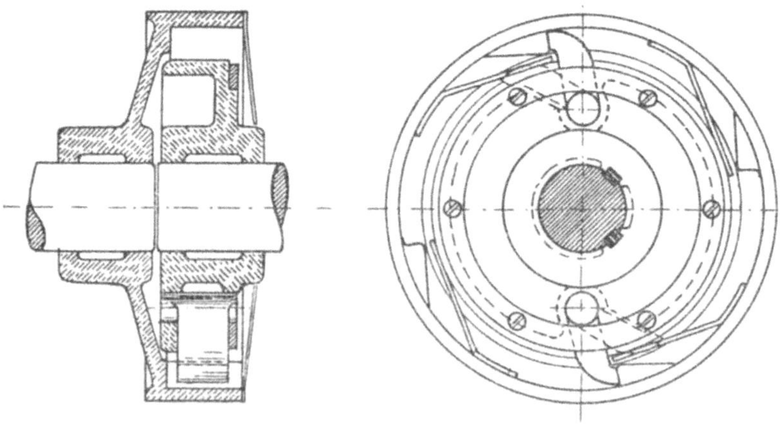

Fig. 121.

Federn niedergelegt, stoßen jedoch auf diese Federn und werden nach außen gedrückt, sobald die normale Tourenzahl wieder erreicht ist.

Ein Hauptnachteil dieser Kupplung ist, daß die Klinken im ausgerückten Zustande unangenehm klappern, man hat deshalb verschiedene Einrichtungen getroffen, dies zu verhindern.

Die Kraftausgleichkupplung „Ohnesorge“ der B. A. M. A. G. Fig. 122 bildet kinematisch ein Bremsbandgesperre, d. h. eine Bandbremse mit Selbstanspannung. Die besondere Eigenart besteht darin, daß zwei einander steuernde Bremsbandhälften benutzt werden, womit einmal der tote Gang bei der Schließbewegung auf ein praktisch verschwindendes Maß herabgesetzt und ferner eine völlige Achsenent-

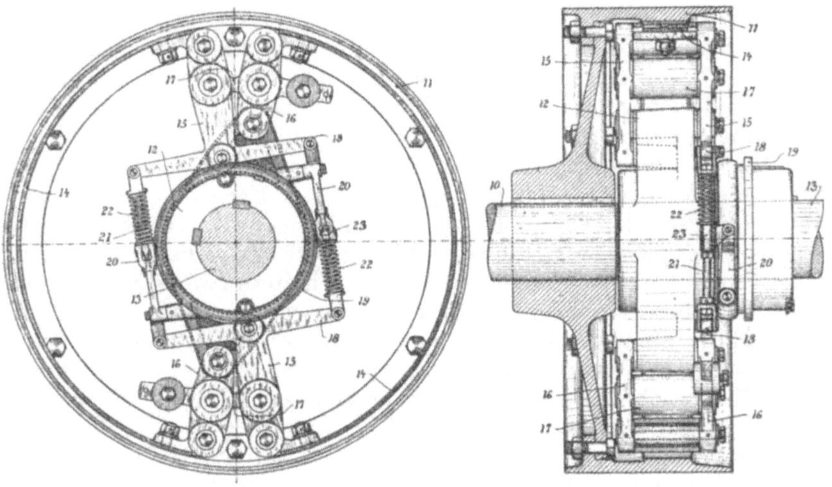

Fig. 122.

lastung erzielt wird, da damit die Kräfteabstützung innerhalb des Gesperres statisch bestimmt gemacht wird, d. h. eine echte Symmetrie erzielt wird. Eine besondere Eigentümlichkeit liegt bei der dargestellten Ausführungsform noch darin, daß hier die Bremsbänder auf Druck beansprucht werden (vgl. diesbezüglich Zeitschrift des Vereins Deutscher Ingenieure 1913, S. 1023 und 1919, S. 549).

Auf der einen Welle *10* ist das trommelförmige Gehäuse *11* aufgekeilt, während die andere Welle *13* den Körper *12* trägt. Die radial stehenden, ungleich langen Hebel *15* und *16* sind durch eine Koppel *17* miteinander zu einem Gelenkviereck verbunden, an das die Enden der Bremszaumhälften *14* mittels Kloben angeschlossen sind. Die Hebel *15* und *16* sind zum Ausgleich einseitiger Gewichtswirkungen durch ein Gelenkparallelogramm *18* aneinandergeschlossen. Die auf der Nabe des Körpers *13* längsverschiebliche, aber undrehbare Muffe *19* greift mit Armen *20* an auf den Stangen *21* verschieblich gelagerten, unter dem Druck der Federn *22* stehenden Körper *23* derart an, daß beim

Verschieben der Muffe in ihre innere Endlage der Kupplungszaum zur Anlage gebracht wird. Diese Einschaltung stellt kein Einrücken im Sinne einer alten Reibungskupplung dar, bedeutet vielmehr bei der völlig selbsttätigen Wirkung der Kupplung lediglich ein Schalten auf Eingriff.

Dreht sich die Trommel *11* im Uhrzeigersinne, so nimmt auf Grund der durch die Vorspannung erzielten Reibung jeweilig das eine Bremsbandende das andere mit, wobei infolge der Kräftesteigerung nach der Funktion $e^{\mu \alpha}$, d. h. des Überwiegens der Kraft in dem drückenden Ende über die in dem gedrückten Bandende, ein völliger Schluß der Kupplung eintritt. Bewegt sich das Gehäuse *11* im entgegengesetzten Sinne, so findet unter leichtem Schleifen eine sofortige Öffnung des Bremszaumes statt.

Die Kupplung stellt zunächst den Ersatz der alten Kraftmaschinenkupplungen dar, die das Zusammenarbeiten zweier verschiedener Kraftmaschinen ermöglichen sollen: Während beim Arbeiten einer Kraftmaschine der Zaum mit Hilfe der Ausrückvorrichtung abgespreizt wird, um ein völlig reibungsfreies Laufen zu ermöglichen, wird mit Zuschaltung der zweiten Maschine, jedenfalls vor Erreichung der gleichen Winkelgeschwindigkeit, der Bremszaum angelegt. Genau mit Erreichung der gleichen Geschwindigkeit erfolgt der selbsttätige Eingriff des Gesperres in dem Sinne, daß die zugeschaltete zweite Maschine mit dem Bestreben vorzueilen, sofort an der Arbeitsleistung mit teilnimmt.

Darüber hinaus schafft die Kupplung aber auch überall da einen Ausgleich in Triebwerksanlagen, wo durch irgendwelche Erscheinungen, z. B. Massenschwingungen, die Gefahr von weit über das Normalmaß anwachsenden Drehbeanspruchungen besteht oder wo eine Maschine, wie eine Gasmaschine, bei Aussetzern sonst mit durchgeschleppt werden muß (vgl. den Aufsatz „Über das Verhalten von Kraftmaschinen im mechanischen oder elektrischen Parallelbetrieb", Zeitschrift des Vereins Deutscher Ingenieure, Jahrgang 1910, S. 1276ff., und die sich daran anschließenden Erörterungen). Auch beim Parallelbetrieb von Wechselstromerzeugern kann die Kupplung das Außertrittfallen der einzelnen Maschinen verhüten, weil sie die zur Überbeanspruchung der synchronisierenden Kraft führenden Pendelschwingungen nicht auf ein gefährliches Maß anwachsen läßt. Dadurch nämlich, daß immer die in das Gebiet des Arbeitsbezugs aus dem Netz fallenden Schwingungen, die zur Verstärkung auf das Größtmaß unbedingt erforderlich sind, fortgeschnitten werden, ist ein Anwachsen über eine bestimmte, ungefährliche Grenze ausgeschlossen. Die diesbezüglichen Verhältnisse sind in der Zeitschrift des Vereins Deutscher Ingenieure, Jahrgang 1916, S.477ff., sorgfältig auseinandergesetzt.

Mit Bremszaum arbeitet auch der Friktionskraftregler der Peniger Maschinenfabrik und Eisengießerei. Bei der in Fig. 123 abgebildeten Dreika-Kupplung dieser Firma sitzt auf der Welle des Hauptmotors die Kupplungshülse, an deren Kranz eine Reibscheibe in Form eines ebenen Ringes befestigt ist. Auf der Welle des Nebenmotors sitzt eine

Muffe mit Rechts- und Linksgewinde, auf der sich zwei Reibscheiben gegen den Reibungsring anschrauben, sobald der Nebenmotor treibt, dagegen auseinanderschrauben, wenn er zurückbleibt. Mit Hilfe einer Schraubennut, in die federnde Stifte greifen, wird auch die Arndtsche Motorenkupplung der Firma G. Luther, A.-G., Braunschweig, eingerückt, es ist dies jedoch keine Reibungskupplung, sondern eine Zahnkupplung nach Art der Fig. 111.

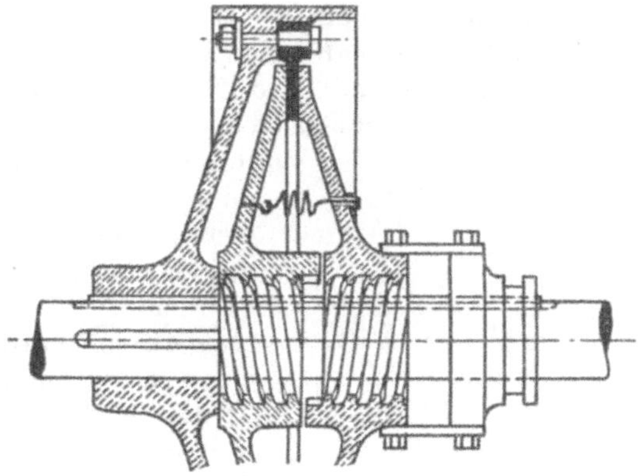

Fig. 123.

Zum Kuppeln von Motoren, die unbelastet anlaufen müssen, wie Elektromotoren, verwendet man Fliehkraftkupplungen, bei denen die Anpressung der Reibungsbacken bei Erreichung einer gewissen Tourenzahl durch die Zentrifugalkraft erfolgt.

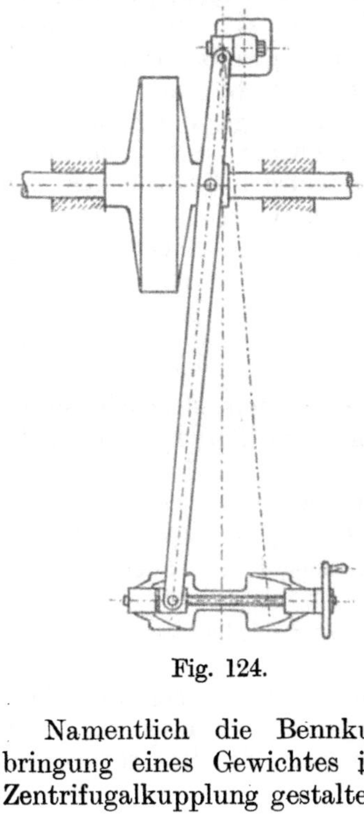

Fig. 124.

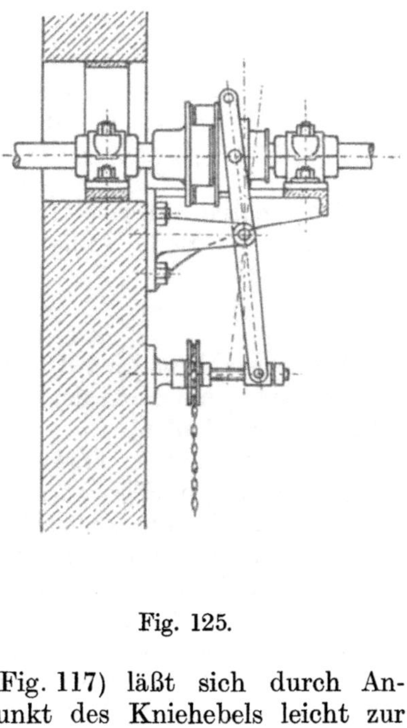

Fig. 125.

Namentlich die Bennkupplung (Fig. 117) läßt sich durch Anbringung eines Gewichtes im Drehpunkt des Kniehebels leicht zur Zentrifugalkupplung gestalten.

Ausrücker für Kupplungen.

Die die Ausrückmuffe umschließenden Hebel bestehen aus Flacheisen. Sie greifen in die Nut der Muffe mit einem zweiteiligen zusammengeschraubten Ring oder einem hufeisenförmigen Gleitstück, bei kleinen Kräften auch nur mit zwei Zapfen oder kurzen Gleitstücken ein. Bei kleinen Kräften genügt Bewegung von Hand, bei größeren werden sie durch Schraubenspindeln, die durch Kurbel oder Kettenrad mit Zugkette gedreht werden, bewegt. Um eine Kupplung aus größerer Entfernung ausrücken zu können, verwendet man Drahtzüge oder elektromagnetische Vorrichtungen, bei denen durch einen Elektromagnet eine Feder ausgelöst wird, die den Ausrückhebel mittels Zahnradtrieb bewegt. Das Einrücken geschieht dann durch eine Kurbel, die die Feder gleichzeitig wieder spannt.

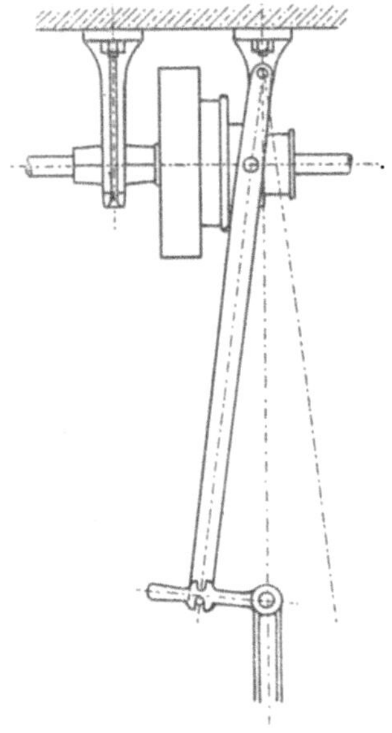

Fig 126.

Der Ausrückhebel ist möglichst so anzuordnen, daß die Ausschlagwinkel für die eingerückte und für die ausgerückte Stellung gleichgroß sind. Vor Ingangsetzung der Kupplung hat man sich zu überzeugen, daß die Mitnehmerzapfen des Hebels in den Langlöchern weder unten noch oben anstoßen, und daß das Lager des Zapfens, um den der Hebel schwingt, unverrückbar befestigt ist. Handhebel müssen in den Endstellungen gesichert werden.

Die Figuren 124 bis 126 zeigen verschiedene Ausrücker nach Ausführungen der Berlin-Anhalt. Maschinenbau-A.-G. in Dessau.

D. Lager.

Die Lager dienen zur Unterstützung der Zapfen. Je nach der Art dieser Zapfen unterscheidet man Traglager und Spur- oder Stützlager (siehe Zapfen).

Nach der äußeren Form unterscheidet man

1. Stehlager (Fig. 127, 128, 129, 143, 145, 146, 147, 149).

2. Hängelager (Fig. 131, besonders ausgebildet auch zur Befestigung an Trägern, Fig. 132, 133).

3. Wandlager (Fig. 134, besonders ausgebildet auch zur Befestigung an Säulen).

4. Die mit anderen Maschinenteilen bzw. dem Maschinengestell direkt verbundenen Lager spezieller Bauart, z. B. das Kurbellager der Dampfmaschine (Fig. 142), das Spindellager der Drehbank (Fig. 144) usw.

Ist der Lagerkörper so konstruiert, daß man die Welle mit der Lagerschale herausheben kann, so nennt man das Lager ein **offenes** Lager (Fig. 132, 133), ist dies nicht der Fall, ein **geschlossenes** Lager (Fig. 131).

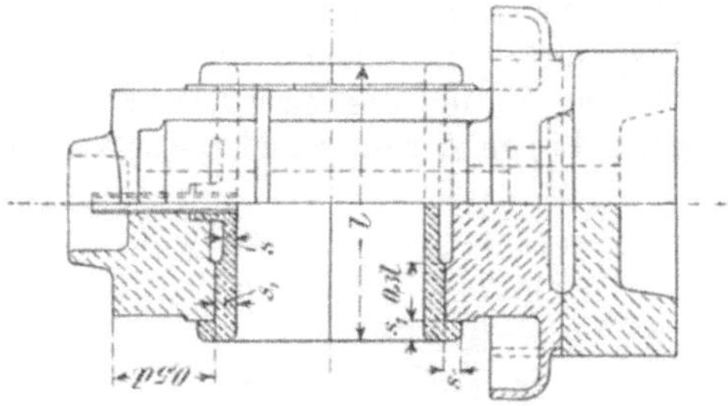

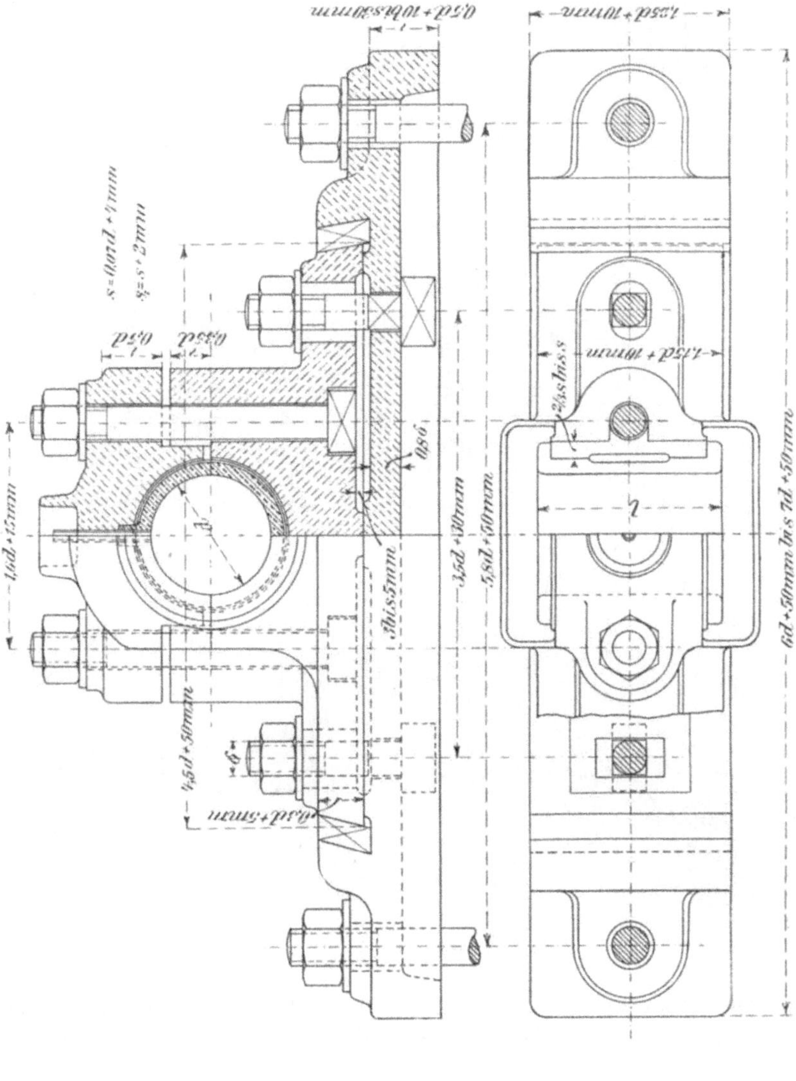

Fig. 127.

Für die Konstruktion eines Lagers sind nach Bach folgende Gesichtspunkte maßgebend:

1. Die Berührung zwischen Welle und Lagerschale muß auf der ganzen Länge der Lagerschale stattfinden.

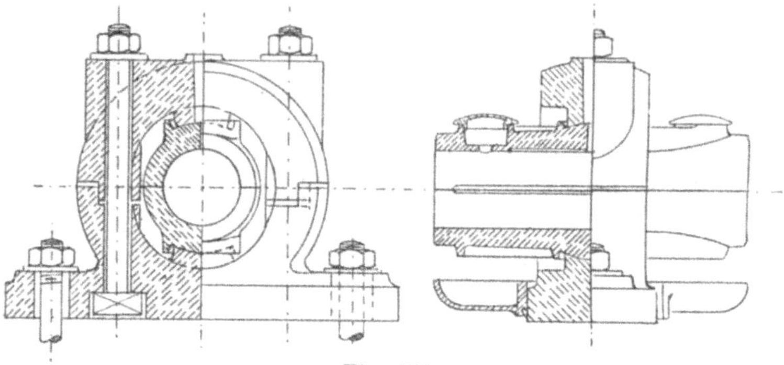

Fig. 128.

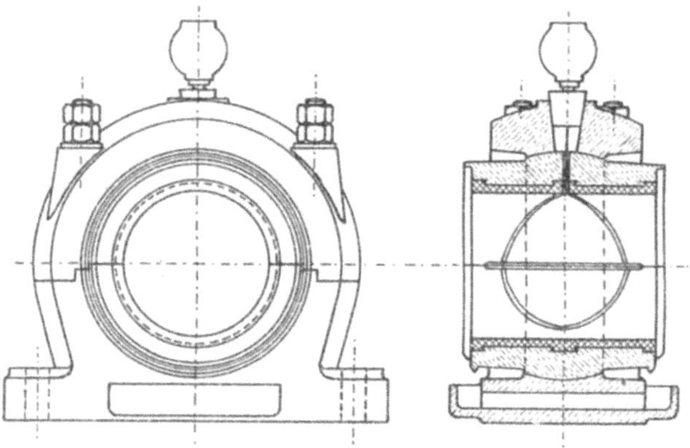

Fig. 129.

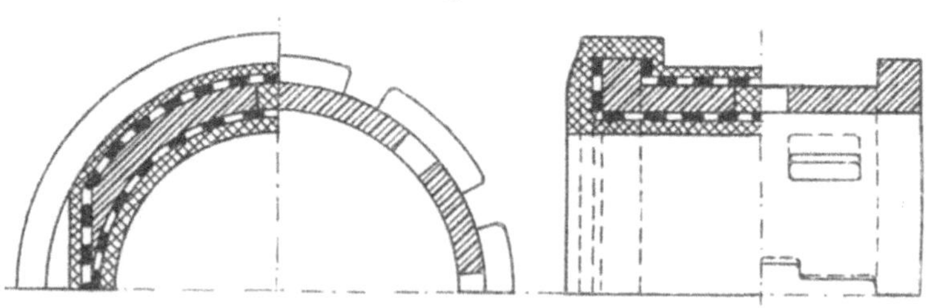

Fig. 130.

2. Die Abnutzung der Lagerschale muß, wenn möglich, durch Nachstellen so ausgleichbar sein, daß die Wellenmitte ihre Lage beibehält.

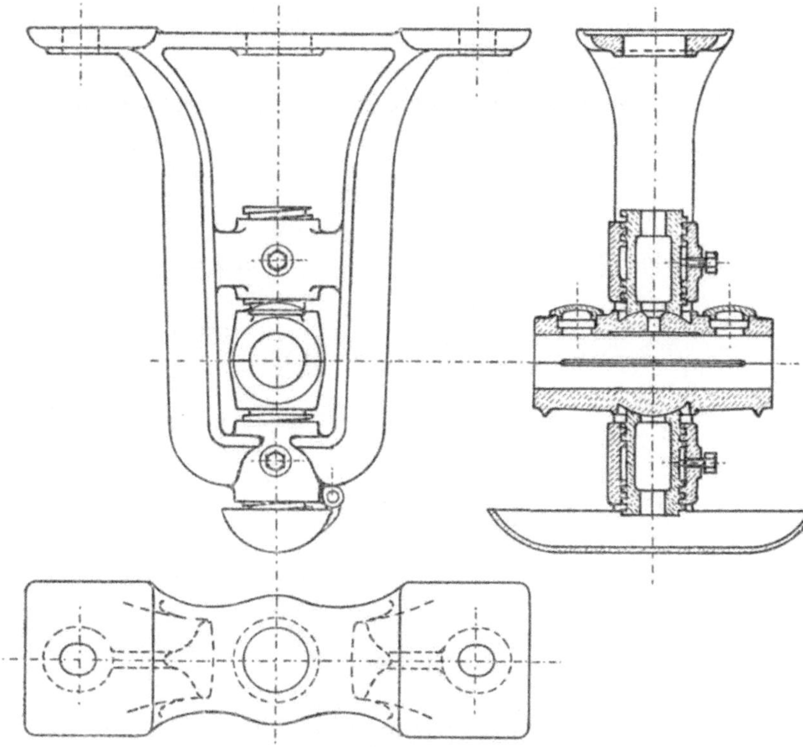

Fig. 131.

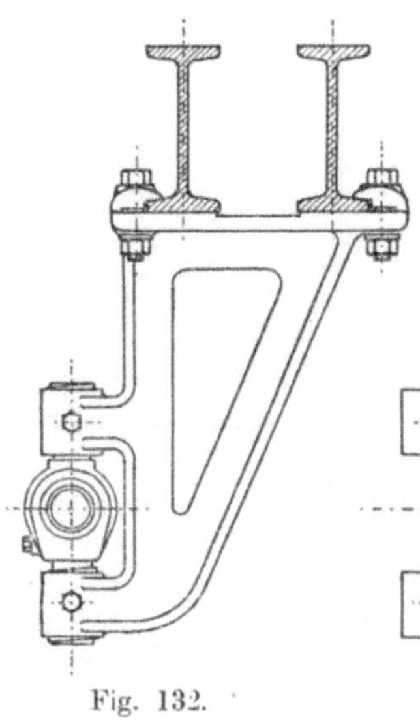

Fig. 132.

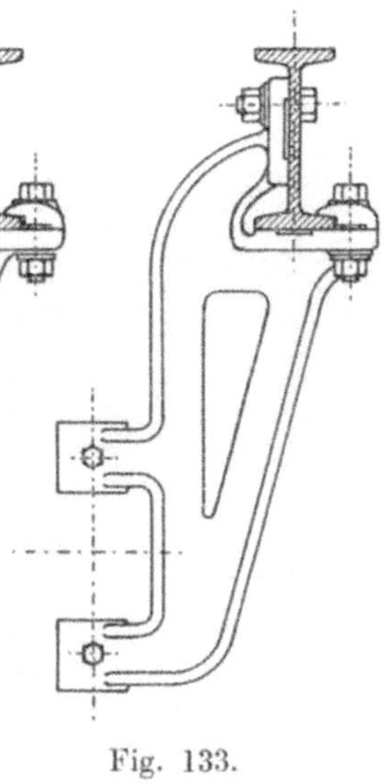

Fig. 133.

3. Der Lagerdruck darf nicht gegen den Spalt zwischen Ober- und Unterschale gerichtet sein.

4. Die abgenutzten Schalen müssen sich leicht durch neue ersetzen lassen. Diese müssen natürlich sofort genau passen, was am besten bei

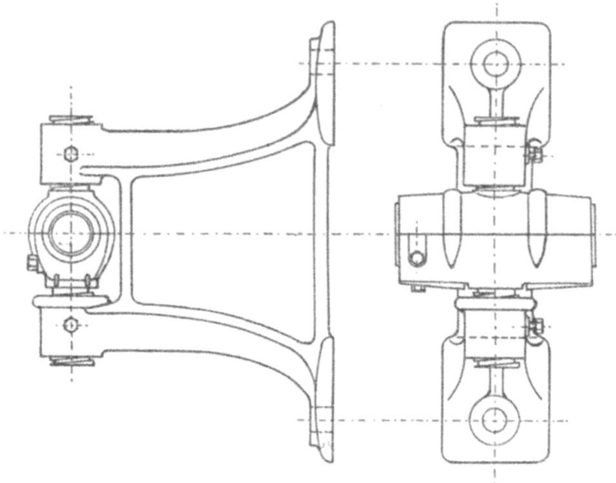

Fig. 134.

solchen Lagerschalen erwartet werden kann, die ganz durch Drehen hergestellt worden sind. Es ist jedoch dafür Sorge zu tragen, daß sich die Lagerschalen weder mitdrehen, noch in Richtung der Welle verschieben können.

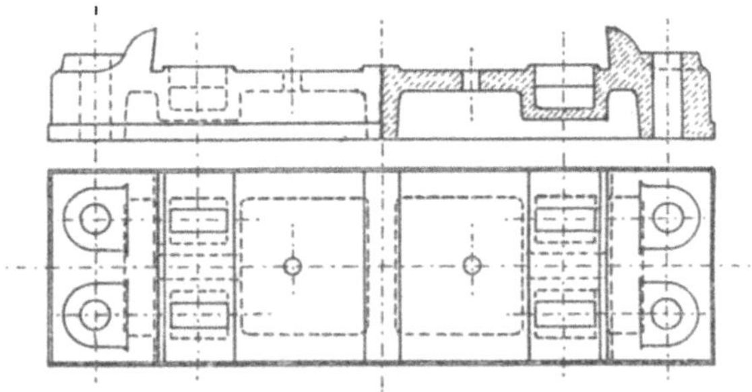

Fig. 135.

5. Das Material der Lagerschalen soll möglichst weicher sein als das der Zapfen, damit diese weniger abgenutzt werden.

6. Wirken Kräfte in Richtung der Wellenachse, so muß der Deckel so in den Lagerkörper eingepaßt sein, daß eine Verschiebung in der Richtung dieser Kräfte ausgeschlossen ist.

7. Das Schmiermittel muß in genügender Menge zugeführt und möglichst gleichmäßig über den Zapfen verteilt werden, ohne daß es verschwendet wird. Für das ablaufende Öl sind Behälter anzuordnen, besonders der Eintritt des Öles in das Fundament zu verhüten, da sonst der Zement zerstört wird. Eine Ausbreitung des Öles entlang der Welle verhindert man durch Abspritzringe, scharfkantige, auf die Welle aufgezogene oder angedrehte Ringe.

8. Die Ableitung der durch die Zapfenreibung erzeugten Wärme soll gesichert sein.

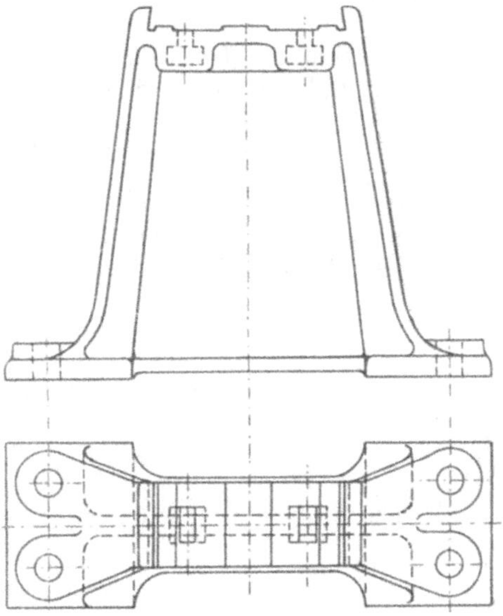

Fig. 136.

Die einfachsten Lager sind die Lageraugen, die an Maschinenteile bzw. Gestelle angegossen oder angeschraubt sind. Wenn erforderlich, werden sie ausgebuchst. Bei Verwendung von zwei etwas exzentrisch ausgebohrten, ineinandersteckenden Buchsen läßt sich die Zapfenmittellage entsprechend verstellen. Mit Rücksicht auf eine zweckmäßige und wirtschaftliche Herstellung ist es meist, namentlich bei größeren Teilen, zu empfehlen, die Lager abzutrennen und für sich zu konstruieren.

Jedes als selbständiger Maschinenteil konstruierte Lager besteht aus dem Lagerkörper, der entweder in sich geschlossen oder mit einem

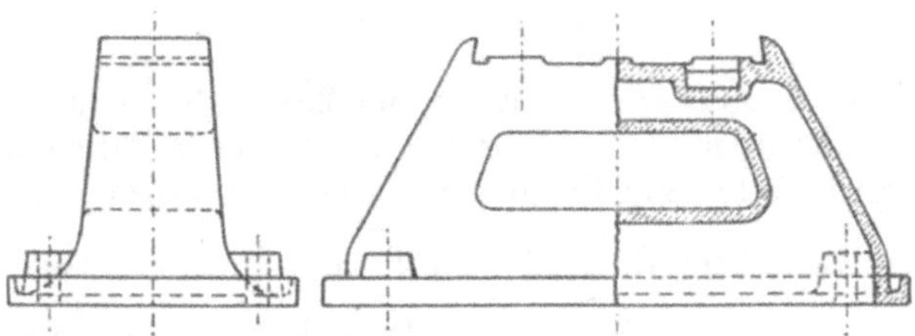

Fig. 137.

abnehmbaren Lagerdeckel versehen ist, und den Lagerschalen. Der Lagerdeckel ist durch zwei oder mehrere Deckelschrauben auf dem Lagerkörper, das ganze Lager durch zwei oder mehrere Fußschrauben auf einer Sohlplatte (Fig. 127 und 135), einem Lagerbock (Fig. 136 und 137), in einem Wandkasten (Fig. 139) oder auf einer Wandkonsole (Fig. 140) befestigt. Für Lagerböcke u. dgl. wird neuerdings an Stelle des Rippengusses mehr der Hohlguß (Fig. 137) verwendet.

Zur Befestigung auf Lagerböcken gestaltet man die Lager als sogenannte Rumpflager so, daß die mit einem Zwischenkopf versehenen Deckelschrauben zugleich zur Befestigung dienen, der Lagerfuß also wegfällt.

Der Berechnung der Hauptabmessungen eines Lagers ist der Zapfendruck zugrunde zu legen, den man aus der Gleichung

$$P = p \cdot l \cdot d$$

berechnet, wobei man bei gewöhnlichen Transmissionslagern die Flächenpressung $p = 20$ bis 26 kg/qcm setzen kann (bei schweren Lagern ist sie erheblich größer).

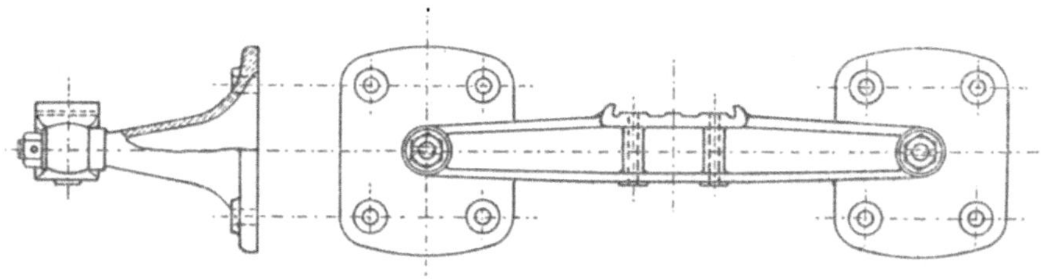

Fig. 138.

Bei der Berechnung nimmt man den Zapfendruck nach oben gerichtet an, dann sind zunächst die Deckel- wie die Fußschrauben durch den Zapfendruck P auf Zug beansprucht, bei zwei Schrauben ist also

$$2 \frac{\pi d_1^2}{4} = \frac{P}{k_z}$$

mit $k_z = 360$ bis 480 kg/qcm. Wenn der Zapfendruck nur nach unten gerichtet ist, kann man die Schrauben schwächer nehmen.

Der Lagerdeckel ist auf Biegung zu berechnen, wobei man den halben Zapfendruck im Abstand $\frac{d}{4}$ (d = Wellendurchmesser) von der Lagermitte wirkend denkt, während die Deckelschrauben, deren Abstand von der Mitte e sei, das Widerlager bilden, es ist dann

$$\frac{P}{2}\left(e - \frac{d}{4}\right) = \frac{b h_1^2}{6} \cdot k$$

zu setzen (h_1 = Höhe der Querschnittsfläche des Lagerdeckels über der Zapfenmitte).

Die Höhe h_2 des kleinsten Querschnitts des Lagerkörpers unter der Zapfenmitte erhält man, wenn man als Hebelarm der biegenden Kraft den Abstand zwischen Fuß- und Deckelschrauben a setzt

$$\frac{P}{2} a = \frac{b\,h_2^2}{6} \cdot k_b\,,$$

in beiden Fällen kann die zulässige Biegungsbeanspruchung etwa

$$k_b = 200 \text{ kg/qcm},$$

wenn der Zapfendruck, Richtung und Stärke nicht wechselt,

$$k_b \text{ bis } 360 \text{ kg/qcm}$$

genommen werden.

Der Lagerkörper ist möglichst so zu konstruieren, daß das Öl nicht durch die Schraubenlöcher zum Fundament gelangen kann und daß die durch Zapfenreibung erzeugte Wärme durch eine möglichst große Oberfläche ausgestrahlt wird.

Die Auflagefläche ist danach zu berechnen, daß die Pressung zwischen Sohlplatte und Zementunterguß 6 bis höchstens 11 kg/qcm nicht überschreitet.

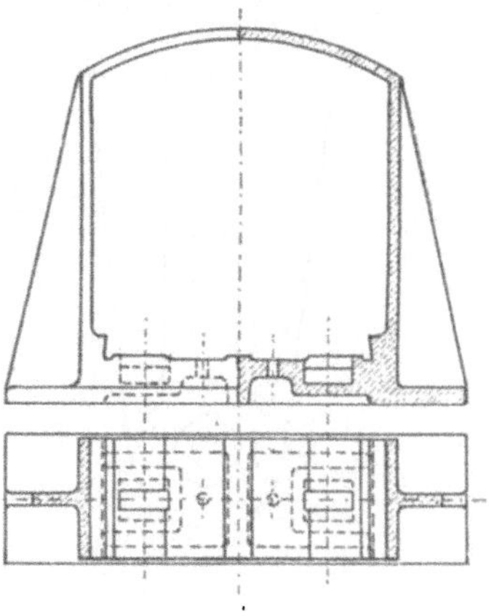

Fig. 139.

Als Material der Lagerschalen verwendet man Kupferlegierungen (Rotguß, Bronze, Deltametall usw.), Zinnlegierungen (Weißmetall), Gußeisen oder Holz. Für die Lagermetallegierungen gibt die „Hütte“ folgende Zusammensetzungen an:

Rotguß (Bronze): 83 Teile Kupfer und 17 Teile Zinn, oder 82 Teile Kupfer, 16 Teile Zinn und 2 Teile Zink, vielfach auch Zusätze von Blei.

Phosphorbronze: 90 Teile Kupfer, 10 Teile Zinn bis 1 Teil Phosphor.

Aluminiumbronze: 90 Teile Kupfer, 10 Teile Aluminium.

Deltametall (A. Dick & Co., Düsseldorf): Kupfer, Zink und Eisen.

Über die Normblattentwürfe für Messing und Bronze siehe S. 4.

Weißmetall (Komposition): 85 Teile Zinn, 10 Teile Antimon und 5 Teile Kupfer oder 90 Teile Zinn, 7 Teile Antimon und 3 Teile Kupfer; für Lokomotiv- und Tenderachslager 78,4 Teile Zinn, 12,6 Teile Antimon und 9 Teile Kupfer; für Exzenter 83 Teile Zinn, 11 Teile Antimon und 6 Teile Kupfer.

Antimonblei (Bleikomposition): 75 bis 85 Teile Blei und 25 bis 15 Teile Antimon.

Bleilegierungen sind auch das Magnolia-, das Glyco-, das Myrtlemetall.

Während des Krieges sind eine Reihe von antimonfreien Bleilegierungen mit Natrium, Natrium und Magnesium, Quecksilber, namentlich aber mit Kalzium, in Anwendung gekommen. Das Kalziumlagermetall der Firma Schaefer & Schael, Breslau, besitzt u. a. den Vorteil, daß es erst bei 370° C schmilzt (Zinnweißmetall schon bei 180 bis 200° C), wodurch ein Ausschmelzen durch Heißlaufen nicht zu befürchten ist. Es eignet sich besonders auch zum Ersatz der Bronzelager von Walzen und wird auch für andere Zwecke, weil billiger als Zinnkomposition, dauernd in Anwendung bleiben.

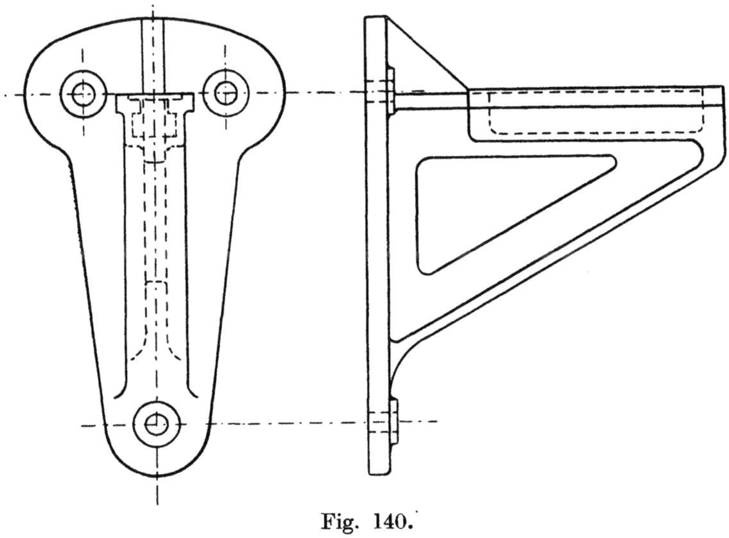

Fig. 140.

Zinklegierungen sind schon vor dem Kriege als Lagermetalle verwendet worden, da sie billiger als die Zinnkompositionen, haltbarer als Hartblei sind und geringe Zapfenreibung verursachen. Diese älteren Zinklegierungen enthielten meist bis zu 6% Kupfer, bis zu 25% und mehr Zinn, häufig auch Antimon und Blei, obwohl sich letzteres beim Erkalten ausscheidet. Solche Kristallausscheidungen wirken bei Lagermetallen günstig, da eine weiche Grundmasse das Einlaufen erleichtert, während die härteren Teile die eigentliche Tragfläche bilden. Eine bleihaltige Zinklegierung ist die Eisenbahnzinklegierung (EZL) von Höveler & Dieckhans in Papenberg, meist sind aber als Kriegsbronzen Legierungen mit 82 bis 89% Zink, 3 bis 5% Aluminium, 4 bis 8% Kupfer und Zusätzen von etwas Mangan, auch Antimon, in Anwendung gekommen, solche Lagermetalle haben Pressungen bis 50 kg/qcm und Gleitgeschwindigkeiten bis 2 m/sec sowohl bei Dauerlauf wie bei häufigem Anlauf unter Last ausgehalten. Die Kriegsbronze von J. Erhard in Heidenheim-Brenz besteht aus 87%

Zink, etwa 9% Kupfer, 3% Aluminium und veredelnden Zusätzen; Schmelzpunkt 450° C, Zugfestigkeit 2500 kg/qcm, Druckfestigkeit 9800 kg/qcm, Härte nach Brinell 95. Eine zinnhaltige Zinklegierung für Lagerschalen besteht aus 85% Zink, 6% Kupfer, 5 bis 6% Zinn, 3 bis 4% Blei.

Rotguß verwendet man für Lager aller Art bis 150 kg/qcm Flächendruck bei aussetzendem Betrieb, bei Dauerbetrieb etwa bis 60 kg/qcm, Phosphor- und Aluminiumbronze namentlich für schnellaufende Stahlzapfen, Weißmetall läuft weniger leicht warm als Rotguß und greift beim Warmlaufen den Zapfen nicht an, es verträgt Flächendrucke bis 100 kg/qcm bei aussetzendem und bis 40 kg/qcm bei Dauerbetrieb. Weiches Gußeisen wird der Billigkeit wegen für gewöhnliche Triebwerkslager angewendet, gehärteter Stahl für Spurpfannen, hochbelastete Buchsen für Gelenkbolzen usw., Pockholz für Turbinenwellen, Schiffsschraubenwellen, Walzwerke usw. Wenn Nachstellen möglich ist, kann auch Weißbuche verwendet werden.

Reines weiches Gußeisen kann auch im Werkzeugmaschinenbau, sehr gute Schmierung vorausgesetzt, für die Buchsen in den Maschinenständern der Werkzeugmaschinen, für Lager bis 100 mm Durchmesser und 300 bis 400 Umdr/Min, bei 50 mm Durchmesser bis 800 Umdr/Min verwendet werden, nur für die vorderen Spindellager ist Phosphorbronze nicht zu ersetzen. Im allgemeinen ist Gußeisen für Lager bis 20 kg/qcm Flächendruck und bis 2 m/sec Umfangsgeschwindigkeit, sorgfältige Bearbeitung (Ausreiben mit der Reibahle) vorausgesetzt, zulässig. Bei großem Zapfendruck muß der Zapfendurchmesser so weit vergrößert werden, daß die zulässige Flächenpressung nicht überschritten wird.

Für Lager, welche einen hohen Druck auszuhalten haben, sind die weicheren Legierungen nicht mehr anwendbar, weshalb die Glyco-Metallgesellschaft in Wiesbaden sogenannte Skelettlager konstruiert hat. Dieselben bestehen aus einem Stahlgußkörper, der mit einem Bronzeaufguß versehen oder mit gut verzinntem, perforiertem Eisenblech oder Bronzeblech umkleidet ist (Fig. 130). Das so hergestellte Skelett ist mit Glycometall (einer Bleilegierung) umgossen. Diese Lager vereinigen die Vorzüge der weichen Lagermetalle, geringe Reibung und Abnutzung, Unempfindlichkeit gegenüber Erhitzen und leichte Bearbeitung mit der Festigkeit des Stahlgußkörpers.

Man macht die Lagerschalen häufig der eintretenden Abnützung wegen in der Richtung des Zapfendruckes stärker. Damit sie sich nicht mit dem Zapfen drehen, versieht man eine derselben mit einem stiftartigen Ansatz, der in eine Bohrung des Lagerdeckels eingreift. Soll die Lage der Wellenmitte auch bei eintretender Abnützung der Schalen dieselbe bleiben, so muß man die Schalen in der dem Zapfendruck entgegengesetzten Richtung nachstellbar machen, was bei wechselndem Zapfendruck, z. B. bei den Kurbellagern der Dampfmaschinen, eine Drei- oder Vierteilung der Lagerschale bedingt.

Soweit nicht Durchmesser und Länge der Lagerschalen schon nach den unter „Zapfen“ gegebenen Formeln bestimmt wurden, kann man Länge und Stärke der Lagerschalen wie folgt wählen:

Material	Länge	Stärke
Rotguß, Bronze, Deltametall usw.	1,5 d bis 2 d	0,07 d + 4 mm
Weißmetall	2 d + 50 mm	Stärke des Weißmetallfutters $\frac{d}{20}$ bis $\frac{d}{20} + 3$ mm
Gußeisen.	4 d	$\frac{d}{8} + 2{,}5$ mm
Holz	—	$\frac{d}{10} + 6$ mm

Ist die Schale in der Mitte stärker als an den Enden, so gilt obiges Maß für die kleinste Stärke. Damit die Schalen besser anliegen, werden sie mit Arbeitsleisten versehen, deren Breite man gleich $^3/_{10}$ der Lagerschalenlänge macht. An den zu bearbeitenden Stellen sind zu den oben gegebenen Stärken 2 mm zuzugeben.

Bei Bemessung der Länge der Lagerschalen hat man auch die Tourenzahl zu berücksichtigen, da mit dieser die Abnutzung wächst. Damit diese nicht zu groß wird, muß die Lagerschale um so länger gemacht werden, je höher die Tourenzahl ist. Dagegen kann bei besonders guter Schmierung, z. B. bei Ringschmierlagern, die Schalenlänge entsprechend kleiner als bei gewöhnlichen Lagern genommen werden.

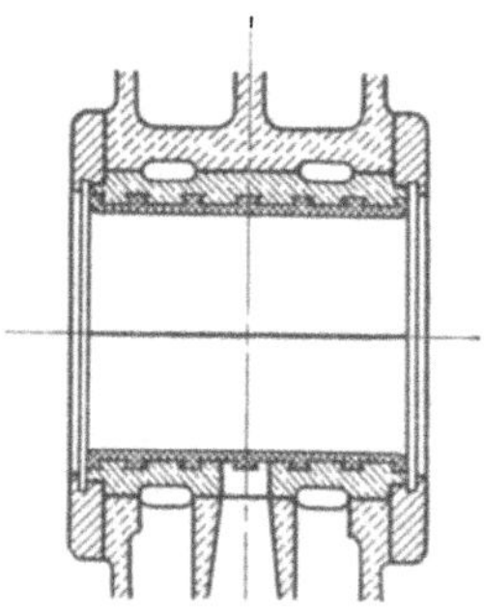
Fig. 141.

Besondere Aufmerksamkeit ist schon bei der Konstruktion dem Einpassen der Lagerschalen zuzuwenden. Auch wenn der Bund des Lagers mit Rücksicht auf einen dagegenlaufenden Wellenbund verhältnismäßig groß sein muß, ist die Tragfläche zwischen Lagerschale und Lagerkörper auf das erforderliche, oft viel kleinere Maß zu beschränken.

An den Hauptlagern großer Maschinen werden die das Einpassen der Lagerschalen sehr erschwerenden seitlichen Bunde zweckmäßig durch Bordscheiben (Fig. 141) ersetzt.

Es wird zu wenig beachtet, daß die Lager im unbelasteten Zustand eingepaßt werden und daß die Auflageflächen sich ändern sobald der Zapfen durch die Belastung elastische Formänderungen erfährt. Sofern die Lagerschale nicht in Kugelflächen gelagert ist, kann sie sich diesen Formänderungen nur durch die Dehnung des Lagermetalls anpassen. Bei spröderen, also weniger dehnbaren Lagermetallen sollte man deshalb nicht die übliche Auflage der Lagerschalen mit zwei außen angeordneten Arbeitsleisten wählen, sondern die Lagerschalen mit einer breiten Arbeitsleiste, möglichst mit einer kugelförmigen Arbeitsleiste in der Mitte aufliegen lassen.

Die Schmiernuten sollen maschinell hergestellt werden, es kommen dann nur in Frage Nuten parallel zur Lagerachse, Kreisnuten (senkrecht zur Lagerachse) und Spiralnuten.

Unter Berücksichtigung vorstehender Gesichtspunkte ergeben sich für normale Stehlager ungefähr folgende Hauptabmessungen:

Länge des Lagerfußes	$\sim 4{,}5\ d + 50$ mm
Breite „ „	$1{,}15\ d + 10$ „
Stärke „ „	$0{,}3\ d + 5$ „
Länge der Sohlplatte	~ 6 bis $7\ d + 50$ mm
Breite „ „	$1{,}25\ d + 10$ mm
Stärke „ „	$0{,}5\ d + 10$ bis 30 mm
Entfernung der Fußschrauben	$3{,}5\ d + 30$ mm
„ „ Deckelschrauben	$1{,}6\ d + 15$ „
„ „ Schrauben der Sohlplatte .	$5{,}8\ d + 50$ „

Fußschrauben.

Lagerbohrung mm		30—35	40—45	60—65	70—85	90—95	100—125	130—145	150 u. mehr
Stärke . .	Zoll	$^1/_2$	$^5/_8$	$^3/_4$	$^7/_8$	1	$^7/_8$	1	$1^1/_8$
	mm	13	16	20	23	26	23	26	29
Anzahl		2	2	2	2	2	4	4	4

Die Anzahl der Deckelschrauben ist die gleiche wie die Anzahl der Fußschrauben, die Stärke der Deckelschrauben ebenfalls die gleiche oder um $^1/_8{}''$ kleiner als die Stärke der Fußschrauben.

Die Figuren 127 und folgende zeigen die gebräuchlicheren Konstruktionen der Lager, und zwar Fig. 127 ein gewöhnliches Stehlager älterer Konstruktion mit Rotgußschalen, Fig. 128 das Sellerssche Lager, dessen Lagerschalen oben und unten in Kugelflächen beweglich sind, von der Berlin-Anhalt. Maschinenbau-A.-G. dahin abgeändert, daß die Lagerschalen auch seitlich in Kugelflächen geführt sind, wodurch das Lager auch zur Aufnahme von Querkräften geeignet wird. (Bei den letztgenannten Lagern ist zu berücksichtigen, daß alle Führungsflächen Teile einer Kugeloberfläche bzw. konzentrischer Kugeloberflächen sein müssen.) Fig. 129 zeigt ein Stehlager mit herausnehmbaren Weißmetallschalen mit Kugelbewegung der Berlin-Anhalt. Maschinenbau-A.-G., in den Figuren 131 bis 140 sind mehrere Hängelager, Wandlager, Wandkonsolen, Lagerböcke usw. dargestellt, in Fig. 142 das Kurbellager einer Dampfmaschine, in Fig. 143 ein Lager mit Preßölschmierung und Wasserkühlung der Firma Fried. Krupp, Grusonwerk in Magdeburg-Buckau und in Fig. 144 das Hauptlager

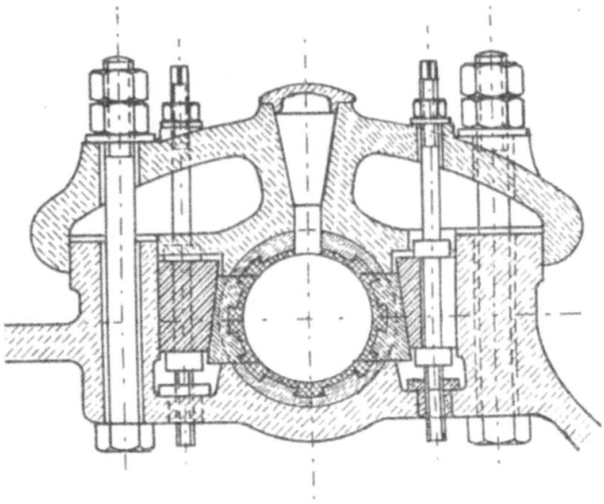

Fig. 142.

einer Drehbank, dessen außen kegelförmige Lagerschale geschlitzt und mit Hilfe zweier Muttern im Spindelstock derart verstellbar ist,

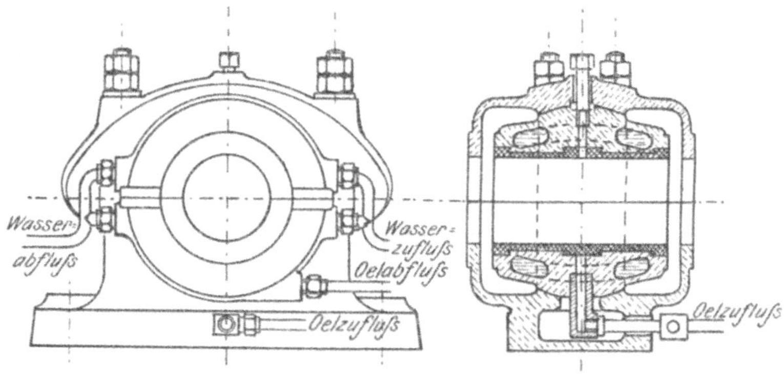

Fig. 143.

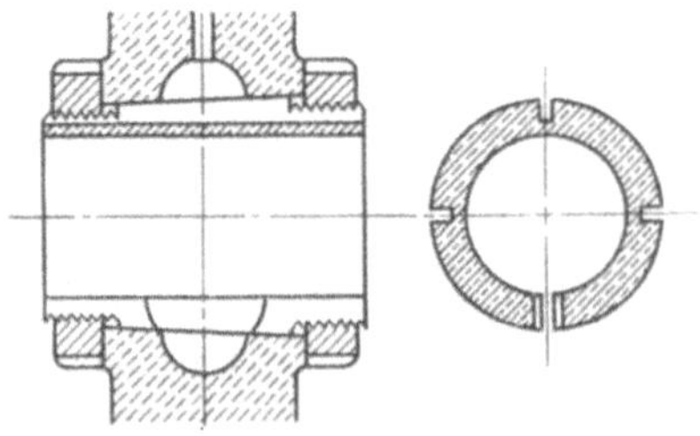

Fig. 144.

daß beim Anziehen der inneren Mutter die geschlitzte Schale der Abnutzung entsprechend zusammengezogen wird. Der Schlitz wird durch Ledereinlagen gedichtet, in die mittlere Erweiterung kommt eine Filzeinlage zur Schmierung des Zapfens.

Schmiervorrichtungen.

Die Schmiervorrichtungen sind einzuteilen in solche für Starrschmiere und solche für flüssige Schmiermittel. Starrschmiere ist zähflüssig und fließt deshalb nicht selbst zwischen die Gleitflächen, man muß sie unter Druck zuführen, was bei den Staufferbüchsen durch Niederschrauben der mit der Starrschmiere gefüllten Kapsel erfolgt, während bei den Federdruckbüchsen ein Kolben durch eine Feder niedergedrückt wird und das Schmiermittel zwischen die Gleitflächen treibt. Eine von den Staufferbüchsen abweichende in der Wirkung aber gleiche Schmierbüchse ist die, bei der ein Kolben durch eine Schraubenspindel niedergedrückt wird. Bei rasch umlaufenden Teilen kann man auch die Zentrifugalkraft benutzen, um das Schmiermittel zwischen die Gleitflächen zu pressen. Der Kolben der Schmierbüchse, der durch ein Gewicht beschwert ist, wird durch die Zentrifugalkraft nach außen getrieben und drückt dabei auf die Starrschmiere, die durch die hohle Kolbenstange zwischen die zu schmierenden Flächen gedrückt wird. Diese selbsttätige Vorrichtung arbeitet aber unregelmäßig, da die Schmierung von der Zähflüssigkeit des Schmiermittels, also auch der Temperatur abhängt.

Für flüssige Schmiermittel, also Öle, wurden früher die Dochtöler viel gebraucht, bei denen ein Docht im Schmierloch steckt, der in den Ölbehälter überhängt und das Öl ansaugt. Diese Dochte verharzen aber leicht und werden dann unwirksam, auch werden sie oft zwischen die Gleitflächen gezogen. Die Dochtöler schmieren auch während des Stillstandes der Maschine.

Den letztgenannten Nachteil haben die Nadelschmierbüchsen nicht. Bei diesen verschließt eine Nadel die untere Öffnung eines Ölers nahezu vollständig, so daß nur bei der während des Betriebes hervorgerufenen Erzitterungen Öl austritt. Die Ölzufuhr ist dabei natürlich nicht gleichmäßig und durch das Aufschleifen der Nadel wird die Welle leicht verletzt, sonst sind aber die Nadelschmierbüchsen den Dochtölern vorzuziehen und deshalb sehr viel im Gebrauch.

Bei den Tropfölern wird durch Drehen eines Knopfes eine Öffnung mehr oder weniger freigegeben, durch die das Öl herabtropft, was in einem Glasröhrchen sichtbar ist, so daß man die zugeführte Ölmenge nach der Tropfenzahl regeln kann. Ein Überlaufröhrchen im Ölbehälter gestattet zeitweise stärker zu schmieren. Mehrere dieser Apparate können zur Zentralschmierung ausgebildet werden, ein größerer Ölbehälter hat dann mehrere Tropfdüsen, von denen das Öl in dünnen Röhrchen den Schmierstellen zugeführt wird.

Ähnlich wie bei der nachstehend beschriebenen Ringschmierung kann man an den rotierenden Teilen Schöpfer anbringen, die das Öl mitnehmen und auf die obere Fläche des Zapfens befördern.

Will man das Öl unter Druck zuführen, so muß man Schmierpumpen oder Schmierpressen verwenden, sie sind auch da notwendig, wo die zu schmierende Stelle hoch liegt. Es gibt viele Konstruktionen solcher Ölpumpen. In der Hauptsache besteht eine solche Pumpe aus dem mit Öl gefüllten Zylinder- und einem Plungerkolben, der durch Drehung einer Schnecke herabgedrückt wird. Die Schnecke wird durch Ratsche o. dgl. gedreht. Beim Boschöler saugt der Pumpen-

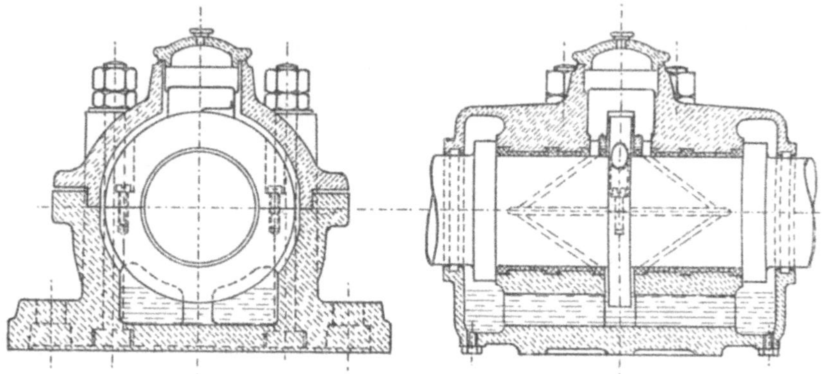

Fig. 145.

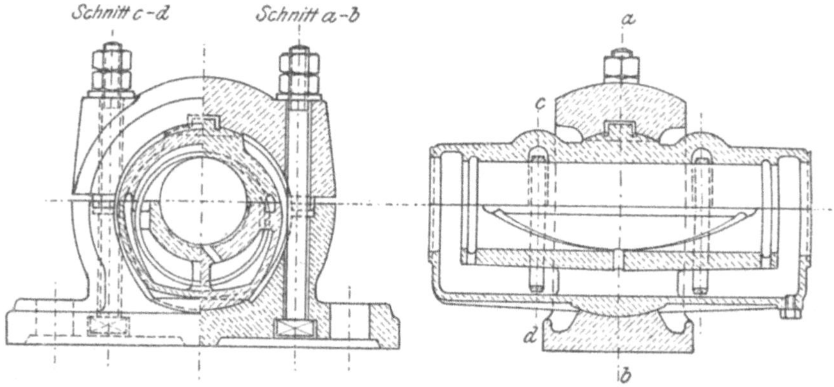

Fig. 146.

kolben bei entsprechender Stellung des Steuerkolbens Öl an und drückt, wenn der Steuerkolben die Verbindung mit der Druckleitung herstellt, das Öl zur Schmierstelle. Beide Kolben werden von einer Schnecke durch umlaufende Scheiben bewegt. Meist werden mehrere Pumpen gleichzeitig angetrieben. Der Hub des Pumpenkolbens ist einstellbar. Das Öl wird bei jedem zweiten Pumpenhub bei der höchsten Stellung des Steuerkolbens in eine zweite Leitung gedrückt und fällt durch ein Schauglas wieder in den Ölbehälter, so daß man das Arbeiten der Pumpe beobachten kann. Die Ölzufuhr läßt sich für jede einzelne Verbrauchsstelle regeln. Derartige Ölpumpen bieten natürlich die größte Sicherheit einer regelmäßigen und zuverlässigen Schmierung.

Die guten Erfahrungen, die man mit der Ringschmierung zunächst bei Speziallagern gemacht hat, haben dazu geführt, auch die gewöhnlichen Transmissionslager mit dieser Schmierung auszurüsten. Bei den Lagern mit festem Schmierring (Fig. 145, Ausführung des Eisenwerkes Wülfel vor Hannover) taucht ein auf dem Zapfen sitzender Ring in den unterhalb der Lagerschale befindlichen Ölbehälter; durch diesen Ring wird das Öl gehoben, oben wird es durch einen Abstreifer den Schmiernuten zugeführt. Bei größeren Lagern verwendet man mehrere Ringe. Bei den Ringschmierlagern mit losen Schmierringen wie beim Bamag-Sparlager (Fig. 146) tauchen ein oder mehrere in Ausschnitten der Lagerschale lose auf der Welle liegende Ringe in die Ölkammer, heben bei der durch die Reibung erfolgenden Mitnahme das Öl auf die Oberseite des Zapfens, von wo es durch Schmiernuten verteilt wird. Bei den Ringschmierlagern sind die Lagerschalen so zu konstruieren, daß durch den Spalt kein Öl ausdringen kann; auch bei Anordnung der Deckelschrauben ist darauf Rücksicht zu nehmen, daß kein Öl durch die Schraubenlöcher zum Fundament

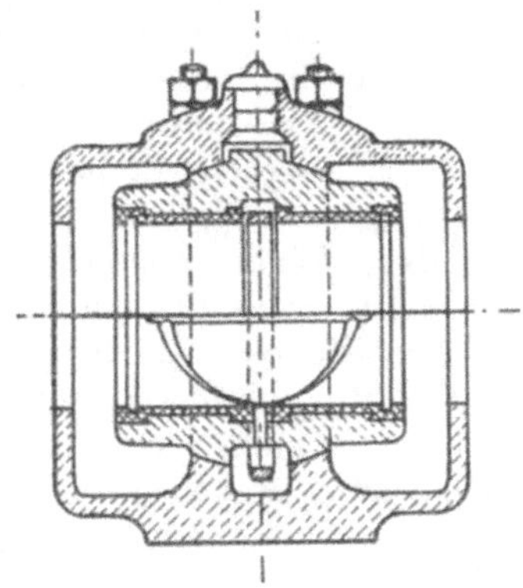

Fig. 147.

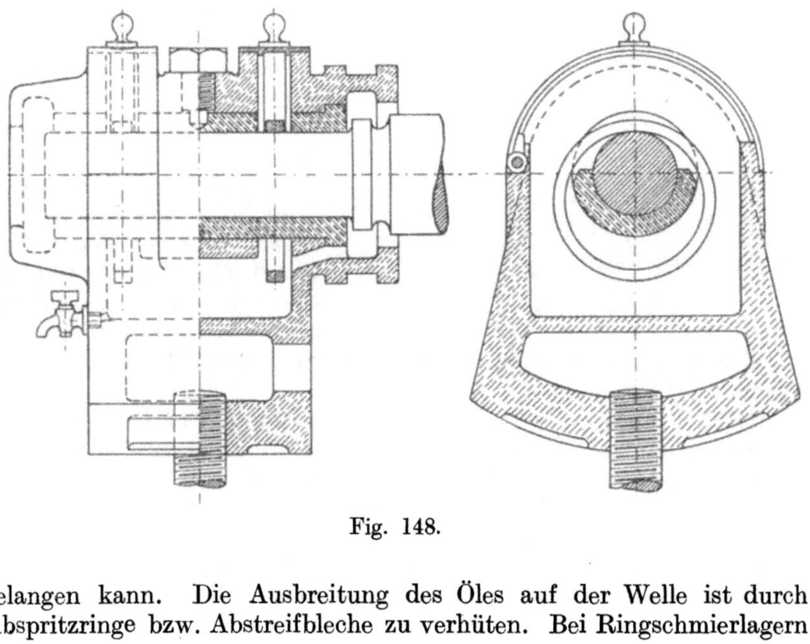

Fig. 148.

gelangen kann. Die Ausbreitung des Öles auf der Welle ist durch Abspritzringe bzw. Abstreifbleche zu verhüten. Bei Ringschmierlagern mit Kugelbewegung ist es vorteilhaft, die Kugelflächen in die Ölkammer zu verlegen (Fig. 147). Ein Nachfüllen von Öl ist bei den Ringschmierlagern unter normalen Verhältnissen erst nach mehreren Monaten notwendig. Es soll bei ruhender Welle vorgenommen werden; denn während des Betriebes ist ein großer Teil des Öles über den Zapfen verteilt, so daß man leicht so viel Öl eingießt, daß dieses im Ruhezustand überläuft. Die Länge der Lagerschalen kann bei Ringschmierlagern geringer sein als bei Lagern ohne Ringschmierung. Für sehr langsam laufende Zapfen ist die Ringschmierung nicht anwendbar.

Gebr. Wetzel, Leipzig-Plagwitz, versehen den Schmierring mit zahnartigen Vorsprüngen am inneren Umfang und setzen einen Ring mit ebensolchen äußeren Vorsprüngen auf die Welle. Hierdurch wird der Schmierring zwangläufig mitgenommen.

Fig. 148 zeigt das Ringschmierlager einer Dynamomaschine.

Ein Ringschmierlager mit zwei getrennten Ölkammern, die durch seitliche Kanäle miteinander in Verbindung stehen, wird von Zacharias & Steinert in Magdeburg gebaut. Die Bauart gibt geringere Abmessungen der Kugelbewegung. Die bis auf eine gewisse Höhe mit Wasser angefüllten Ölkammern bilden in ihrem unteren Teile Schlammsäcke, deren Inhalt nach Lösen einer Schraube abgelassen werden kann.

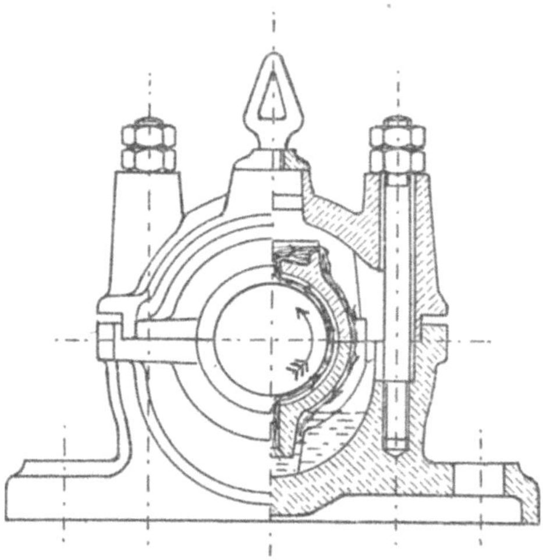

Fig. 149.

An Stelle der Schmierringe der Ringschmierlager verwendet man auch Schmierketten. Man kann hierbei die Lagerbreite kleiner halten; doch wird auch der als Ölfang dienende Teil der Unterschalen schmaler und dadurch die gleichmäßige Ausbreitung des Öles über den Zapfen schwieriger; außerdem kann es vorkommen, daß die Kette durch verharzendes Öl ihre Beweglichkeit verliert.

Bei dem Autopneumatlager der Peniger Maschinenfabrik und Eisengießerei (Fig. 149) haben die Lagerschalen Hohlräume, die sich beim Anlaufen selbsttätig mit Öl füllen und das Öl nach oben führen. In ähnlicher Weise wirkt die Holtorp-Kreislaufschmierung, die in der Handelsmarine Verbreitung gefunden hat.

Ein neues Lager für Fettschmierung ist das Kalypsollager (Fig. 150). Es wird gefüllt mit einem vollständig säurefreien Pflanzenfett von hohem Schmelzpunkt und niedrigem Gefrierpunkt „Kalypsol-Grieß“ und mit diesem Pflanzenfett imprägnierten Wollfäden „Kalypsol-Garn", durch welches die Lagerstellen rein gehalten und sparsamer Verbrauch des Schmiermittels erreicht werden. Der Schmiermittelbehälter wird zunächst mit Kalypsol-Garn, welches man vorher tüchtig durchknetet, in der Stärke von 1,5 bis 5 cm, je nach Größe des Lagers, fest ausgekleidet, und zwar an den Stirnwänden und der Seitenwand, an der sich die Welle nach unten dreht (bei wechselnder Drehrichtung sind beide Seitenwände zu bekleiden). Der übrige Raum wird mit Kalypsol-Grieß gefüllt.

G. Luther A.-G., Braunschweig, bauen Lager mit Ölfilzschmierung. In entsprechenden Aussparungen der Schalenwandungen liegen Filzstreifen, die sich aus dem unter der Lagerschale liegenden Ölbehälter vollsaugen.

Ein Lager mit Kapillarölung baut die Dodge Mfg. Co. in Mishawaka, Ind. Im unteren Teile der Lagerschale sitzt ein Holzklotz mit

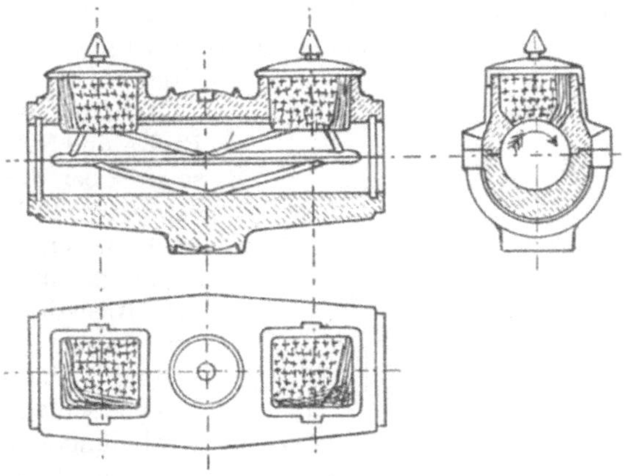

Fig. 150.

Schlitzen, die abwechselnd an einer Seite ganz schmal sind, an der anderen Seite breit zulaufen, sie saugen das Öl hoch, wobei nur reines Öl an den Zapfen kommt, da das Öl im Ölbehälter nicht aufgerührt wird.

Die D. I.-Normen für Stehlager wollen jeden Eingriff in die Konstruktion vermeiden und haben deshalb nur Anschlußmaße, Lagerhöhe, Fußschraubenentfernungen, Fußplattenmaße, Fußschraubenstärke und Zahl festgelegt und die Modellzusammenfassung vereinheitlicht. Auch für Kugellager, lange und kurze Gleitlager und Hohlwellenlager wurden dieselben Anschlußmaße gewählt. Für die Schalenlängen wurden Höchstwerte vorgeschlagen, auch für lange Gleitlager bis 300 mm Durchmesser, da diese in Amerika schon lange in Anwendung sind. Die Fußschraubenentfernungen wurden so klein als möglich gewählt, die Fußschraubendurchmesser bis 190 mm Lagerdurchmesser wie folgt berechnet: Das größte Drehmoment wurde unter Annahme einer Torsionsspannung von 300 kg/qcm ermittelt, durch den kleinsten Halbmesser, den die Riemenbreite zuläßt, geteilt, die Summe der beiden Riemenzüge gleich dem Dreifachen der so ermittelten Umfangskraft gesetzt und dieser Wert unter der Annahme, daß die Hauptantriebsscheibe unmittelbar neben dem Lager sitzt, als Lagerdruck angenommen. Die Fußschrauben sind dann so gewählt, daß sie diesen Lagerdruck auch aushalten, wenn er senkrecht nach oben gerichtet ist. Als erstes Lager mit 4 Fußschrauben ist das mit 160/180 mm Durchmesser vorgesehen. Für die Lager von 25 bis 90 mm Durchmesser sind Sohlplatten ohne Nasen, von 100 bis 500 mm Durchmesser mit Nasen auszuführen.

Die Verhandlungen über Normung der Lagerbüchsen zeigten, daß sich das Verhältnis $l : d$ nicht festlegen läßt, doch sollen für jeden Durchmesser mehrere Längen in den Grenzen $2\,d$ und $3\,d$ aufgestellt werden. Genormt wurden die Wandstärken und die Schmierringdurchmesser. Für Schmierringe bis 50 mm Wellendurchmesser sollen trapezförmige oder an beiden Seiten abgerundete Querschnitte Anwendung finden. Über die zweckmäßigste Querschnittsform, sowie Breite und Stärke der Ringe, sowie über die Verwendung gezogener Rohre für Lagerbüchsen sind weitere Feststellungen im Gange.

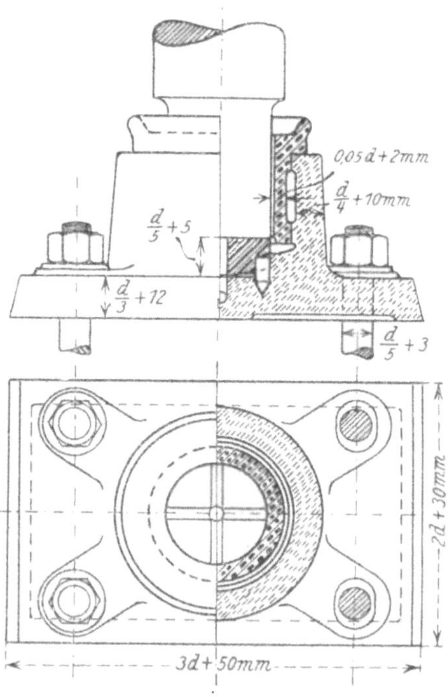

Fig. 151.

Die Ausladungen der Wandarme sollen nur von 100 zu 100 mm abgestuft werden. Der Vorschlag, einen Teil der Ausladungen 400 ÷ 500 bis 600 ÷ 700 als Zwischenstufen zu bezeichnen, die möglichst nicht ausgeführt werden sollen, wurde abgelehnt. Bei der Normung der Winkelarme ist man bestrebt möglichst gedrungene Modelle zu erzielen.

Bei den Hängelagern sind die Ausladungen auf 300, 400, 500, 600 und 700 mm beschränkt worden, für 25 und 30 mm Durchmesser wurde noch eine Ausladung von 200 mm vorgesehen. Die Fußschraubenentfernung wurde unabhängig von der Lagerbohrung, nur von der Ausladung A abhängig gleich $0{,}8\,A + 80$ mm gewählt, was den Vorteil hat, daß bei der Befestigung mehrerer Hängelager von verschiedenen Bohrungen aber gleichen Ausladungen an Betondecken, die zur Befestigung der Lager in den Beton eingebetteten Profileisen in einer Flucht durchlaufen können und nicht abgesetzt zu werden brauchen. Damit ist die Verschiebbarkeit der Lager auf jede beliebige Entfernung gesichert. Schraubenstärken und Warzenhöhen sind, um leichte Modelle zu erhalten, so gering als möglich angenommen. Die Warzenhöhen sollen betragen 25 mm für 25 bis 40 mm Bohrung, 30 mm für 45 und 50 mm, 35 mm für 55 bis 70 mm, 40 mm für 80 mm, 45 mm für 90 bis 110 mm Bohrung. Die Fußschraubenquerentfernung ist für 90, 100 und 110 mm Durchmesser gleich 125 mm zu wählen, für beide Modelle sind 4 Stück $^7/_8''$ Schrauben vorzusehen.

Bei der Befestigung von Hängelagern an Betondecken ist darauf zu achten, daß das Anbringen der Lager ohne Nacharbeiten im Beton erfolgen kann, Lager mit normalen Fußplatten verwendet werden können und die Lager quer zur Welle beliebig verschiebbar sind.

Man legt entweder erstens Gasrohre ein, die einige Millimeter kürzer als die Breite des Unterzugs sind und befestigt die Lager mit ungleichschenklichen Winkeleisen, welche durch eine durch das Gasrohr gezogene Schraube so fest angepreßt werden, daß die Reibung zum Festhalten genügt bzw. man legt auf diese Winkeleisen Querträger für die Lager oder zweitens man bettet in den Beton Formeisen ein, an denen die Lager bzw. die Träger befestigt werden.

Spurlager (Fig. 151). Die Spurplatte, die sich möglichst nach der Stirnfläche des Zapfens muß einstellen können, ist entweder aus Stahl oder aus Bronze, auch gußeiserne Spurplatten sollen sich bewährt haben. Um eine Reserve an Laufflächen zu haben, falls in einer derselben der Reibungswiderstand steigt, kann man noch eine oder mehrere Spurplatten zwischenschalten.

Falls bei größeren Geschwindigkeiten erhebliche Seitenkräfte auftreten, empfiehlt es sich, diese durch ein besonderes Halslager (Fig. 152) aufzunehmen, schon um bei Warmlaufen sofort erkennen zu können, wo die Ursache zu suchen ist. Besondere Sorgfalt ist bei allen Spurlagern der Schmierung zuzuwenden, die am besten von innen erfolgt.

Kammlager (Fig. 153). Dieses muß, damit alle Kämme gleichmäßig anliegen, mit besonderer Sorgfalt ausgeführt werden. Wechselt die Richtung des Druckes, so verwendet man mit Vorteil zwei Kammlager, deren Abstand der Abnutzung durch Auslaufen entsprechend verstellbar ist.

Die Kammlager sind vielfach durch Kugellager verdrängt worden.

Das Rollenlager (Fig. 154) wird dort verwendet, wo zwei stark aufeinandergepreßten Körpern eine gewisse Verschiebung gegeneinander ermöglicht werden soll (z. B. bei den Auflagern von Brückenträgern)

Bezeichnet:

P die zu tragende Kraft in Kilogramm,
i die Anzahl der Rollen,
d den Durchmesser und
l die Länge derselben ($l \gtreqless 5\,d$),

so kann man sowohl für zylindrische als auch für kegelförmige Rollen nach **Bach** setzen:

$$P = p\,d\,i\,l\,,$$

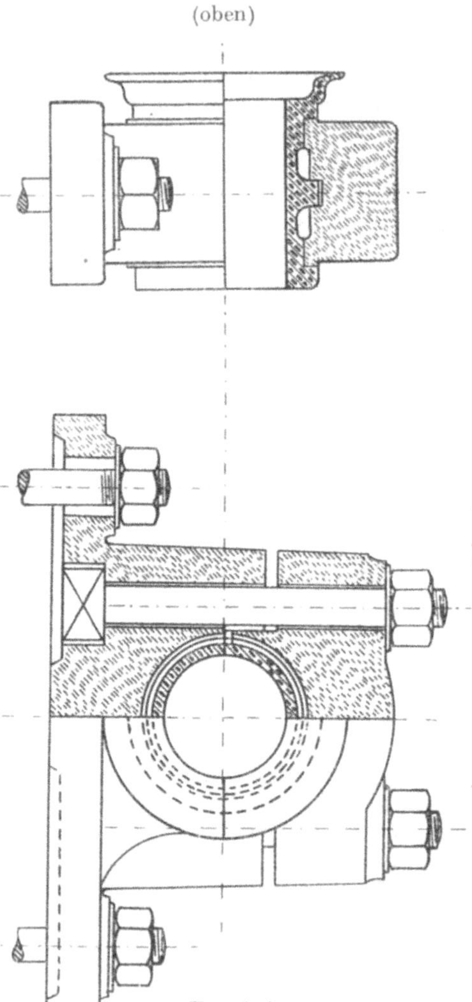

Fig. 152.

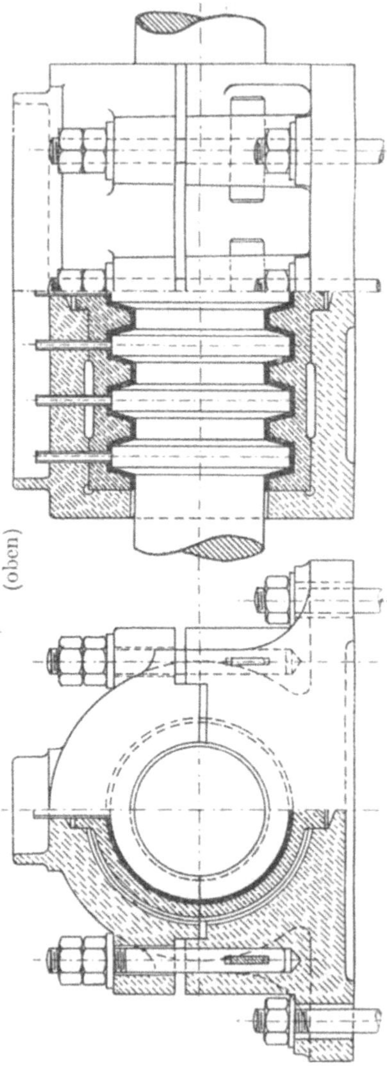

Fig. 153.

wobei $p = 25$ für Rollen aus Gußeisen auf Gußeisenplatten, hartes Material und sorgfältige Ausführung, besonders gleichmäßige Auflage vorausgesetzt; $p = 60$ für Rollen aus Stahl gehärtet auf Stahlguß; p bis 150 für Rollen aus gehärtetem Stahl auf Stahl gesetzt werden kann. Bei großer Rollenlänge empfiehlt es sich, p kleiner zu wählen.

Rollen zur Lagerung von Zapfen zu verwenden, hat sich anfangs wenig bewährt, da sich die Rollen, auch wenn sie in einen sogenannten Käfig eingebaut sind, zu leicht schräg stellen und klemmen. Solche Rollenlager haben jedoch eine größere Tragfähigkeit als Kugellager. Man hat deshalb die Konstruktion des Lagers und des Käfigs verbessert und dem sachgemäßen Einbau der Rollen besondere Aufmerksamkeit geschenkt. Bei solchen neueren Rollenlagern tritt Schiefstellen der Rollen kaum noch ein. Der Firma G. &. J. Jaeger G. m. b. H., Elberfeld, ist ein Rollenlager patentiert worden, dessen zylindrische Rollen mit einem mittleren zylinderischen Bund zur Aufnahme des Längsdruckes versehen sind.

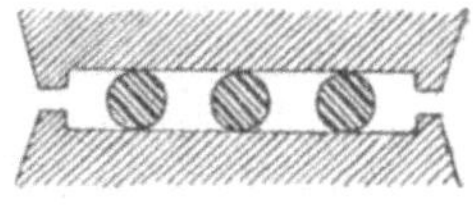

Fig. 154.

Kugellager. Auch bei Verwendung von Kugeln zur Lagerung von Zapfen ist an Stelle der gleitenden Reibung nur die viel geringere rollende Reibung zu überwinden. Der Reibungskoeffizient der rollenden Reibung ist im Mittel nur 1,5‰ gegenüber 10‰ bei der gleitenden Reibung.

Sollen die Kugeln rollen, ohne zu schleifen, so müssen ihre Berührungsstellen mit den Laufflächen in Kegelflächen liegen, die eine gemeinsame Spitze in der Drehungsachse haben. Durch Käfige ist die gegenseitige Reibung und Klemmung der Kugeln zu verhindern, zugleich werden die Kugeln durch diese Käfige zusammengehalten und ihr Aneinanderschlagen bei schnellem Lauf vermieden.

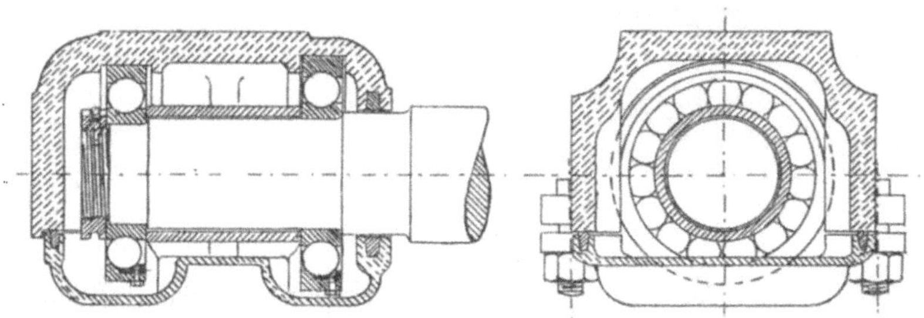

Fig. 155.

Da die Herstellung von Kugellagern besondere Erfahrungen und Einrichtungen erfordert, bringen Spezialfabriken Kugellagerringe in den Handel, von denen die Innenringe gut auf die Welle gepaßt werden, so daß sie sich ohne Zwang drehen, aber nicht mit der Hand verschieben lassen (man erwärmt sie am besten in säurefreiem Öl auf etwa 50° C und zieht sie dann auf die sorgfältig vorgearbeitete Welle auf), während man die Außenringe ohne Luft aber doch leicht verschiebbar in das Gehäuse einpaßt. Dies gilt für normale Lager, in besonderen Fällen ist darauf zu achten, wie die Druckübertragung erfolgt, der Ring der Druckwechsel unterworfen ist, ist mit Preßsitz zu passen, der andere nur mit Schiebesitz, in manchen Fällen sind beide Ringe Druckwechsel unterworfen, sie müssen dann beide Preßsitz haben. Bei zu starken Wellen, Lagern, die zu stramm in den Gehäusen sitzen, und unrunden Gehäusen entstehen unangenehme Geräusche, auch können Brüche eintreten,

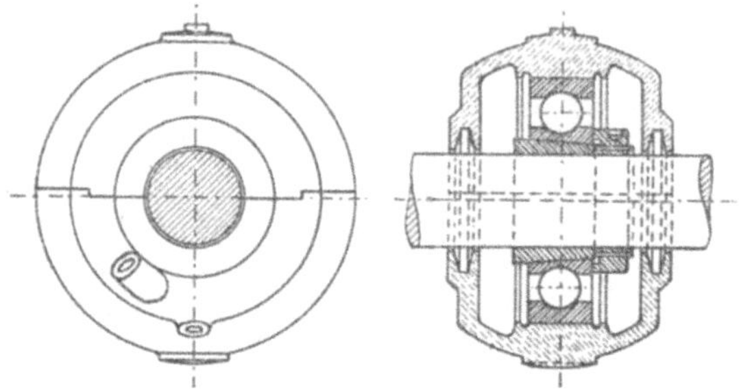

Fig. 156.

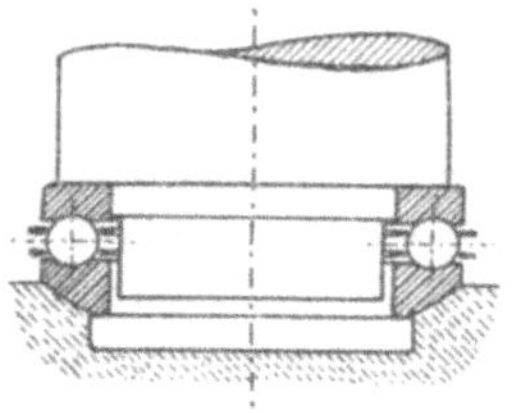

Fig. 157.

sind die Wellen zu schwach, so verschieben oder drehen sich die Lager auf der Welle und nutzen die Welle ab.

Die Gehäuse sind vor dem Einsetzen der Kugellager auf das Sorgfältigste zu reinigen, die Kugellager werden nach dem Montieren mit

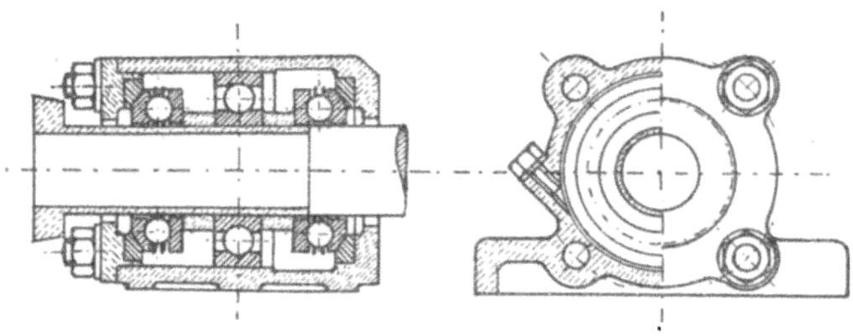

Fig. 158.

Petroleum oder Benzin so lange ausgewaschen, bis das Reinigungsmittel aus den Ablaßlöchern rein abläuft, hierauf werden sie leicht geölt bzw. die Gehäuse mit Schmiermaterial gefüllt. Ablaßlöcher und Schmierlöcher müssen fest verschließbar sein.

Die Laufrillen höhlt man mit einem Radius von 1,5 r oder $r + 1$ mm, nach anderen $^4/_3\,r$ (r = Kugelradius), aus, zylindrische Laufrillen sind weniger vorteilhaft. So ausgehöhlte Laufringe können auch einen Axialschub bis etwa zum fünften Teil der radialen Belastung aushalten, doch ist es besser, axiale Kräfte durch ein besonderes Drucklager, bei Wechsel der axialen Kraftrichtung durch zwei solche aufzunehmen (Fig. 158), da durch Axialbelastung von Radiallagern die Lebensdauer ungünstig beeinflußt wird.

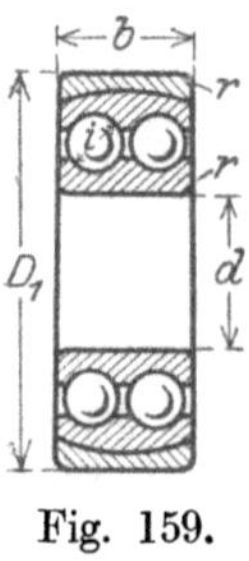

Fig. 159.

Bei einem Kugelring gestattet das Kugellager eine gewisse Beweglichkeit der Welle; soll bei Traglagern die Wellenmitte festgelegt werden, so sind zwei Kugelringe anzuwenden (Fig. 155), oder Doppellager, die auch bei höheren Belastungen an und für sich am Platze sind (Fig. 159).

Beim Einbau der Drucklager wird die eine Druckscheibe an der Welle bzw. dem sich drehenden Maschinenteil zentrisch befestigt,

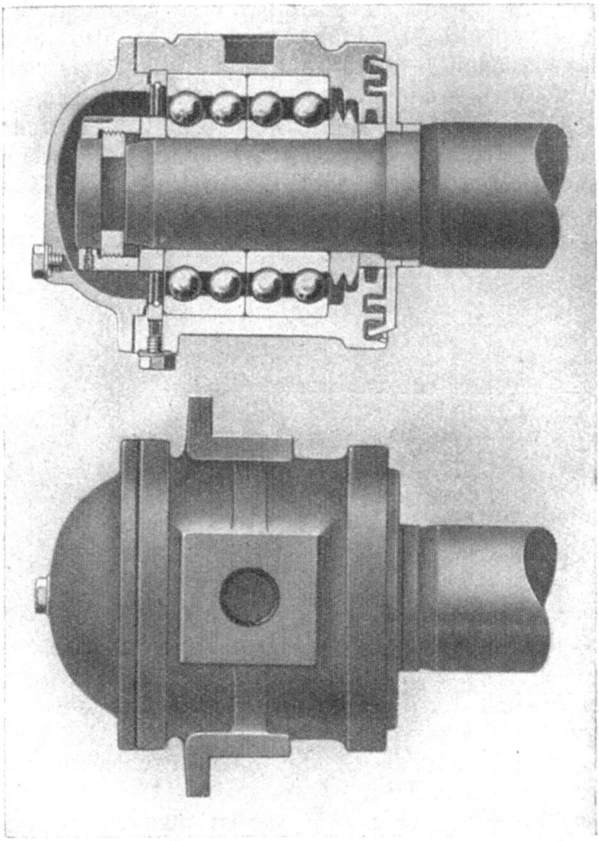

Fig. 160.

die stillstehende Druckscheibe im Gehäuseteil gut eingepaßt, was zweckmäßig in einer Kugelfläche geschieht, um gleichmäßige Anlage aller Kugeln in den Laufringen zu gewährleisten.

Die Ausführungen der einzelnen Firmen solcher Kugellagerringe unterscheiden sich in der Konstruktion des Käfigs und der Art der Einbringung der Kugeln, die besondere Schwierigkeit bereitet, wenn die Laufflächen nicht beschädigt werden sollen.

Früher wurden die Einfüllöffnungen gewöhnlich durch ein an die Ringe angeschraubtes Stück, welches der Füllöffnung genau angepaßt war, wieder geschlossen, oder ein durch den Außenring gebohrtes Loch wurde durch eine Schraube geschlossen, die genau eingepaßt werden mußte, weil sie einen Teil der Lauffläche bildete. Da bei diesen Ausführungen die Kugeln über Teilfugen ihrer Laufbahn rollen müssen, ist ein geräuschloser Lauf unmöglich, und wenn die Einfüllstellen unter Belastung kommen, die Haltbarkeit gering. Die der Firma Fichtel & Sachs patentierte Einfüllöffnung ist nicht bis auf den Grund der Kugellaufbahn geführt, unterbricht also die Kugellauffläche nicht, vermindert die Tragfähigkeit des Lagers nicht und verhütet jede Verletzung der Kugeln oder Laufflächen beim Einbringen.

Die Gehäuse sind entweder parallel zur Welle geteilt oder ungeteilt durch Seitendeckel verschlossen, erstere sind bequem einzubauen und ölsicherer, doch besteht die Gefahr, daß die Kugellager bei

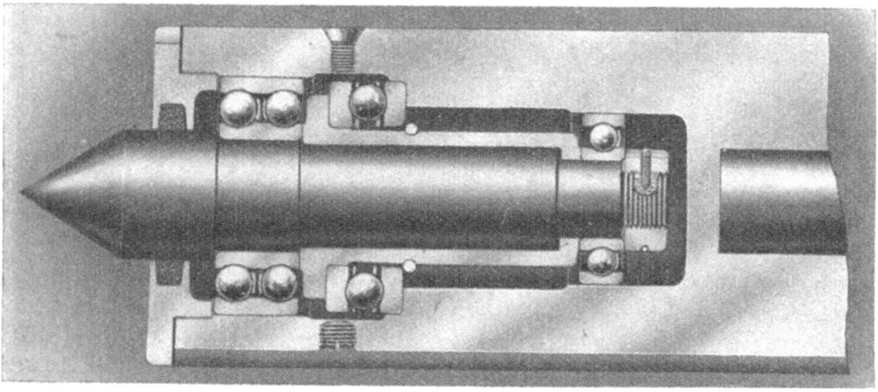

Fig. 161.

nicht ganz genauer Ausführung lose sitzen oder durch den Lagerdeckel unrund gedrückt werden; letztere sind bei der Montage etwas unbequem, auch besteht die Gefahr, daß bei schlechter Dichtung des Seitendeckels das Öl ausläuft.

Die Einstellringlager (Fig. 159) werden angewendet, wenn es nicht sicher ist, daß die Achse der Gehäuse mit der Achse der Welle immer zusammenfällt. Die Spannhülsenlager (Fig. 156), die konische Bohrung besitzen und durch Anziehen der Mutter einer geschlitzten Hülse auf der Welle festgespannt werden, eignen sich namentlich für Transmissionswellen und andere lange Wellen. Sie können bequem über die Welle geschoben und an einer beliebigen Stelle befestigt werden.

Bei hoher Belastung und Dauerbetrieb kann es empfehlenswert sein, das Öl mit Hilfe einer Pumpe durch eine Kühlschlange zu drücken. Eine für eine schwere Schiffswelle ausgeführte Anlage dieser Art brauchte jedoch nur zeitweilig in Betrieb gesetzt zu werden.

Fig. 155 zeigt ein gewöhnliches Traglager, Fig. 156 einen Gehäuseeinsatz mit Spannhülsenkugellager für Transmissionshängelager der Schweinfurter Präzisions-Kugellager-Werke Fichtel & Sachs, Fig. 157

ein Spurlager der Deutschen Waffen und Munitionsfabriken in Berlin NW und Fig. 158 ein Lager, welches radiale und axiale Kräfte aufnehmen kann, von der erstgenannten Firma.

Fig. 160 zeigt ein schweres Lager für Eisenbahnwagenachsen und Fig. 161 die Lagerung einer Reitstockspitze für Drehbänke, ein Axiallager für wechselnde Druckrichtung zeigt Fig. 162.

Bei den Verhandlungen über Normung der Kugellager wurden die bisher üblichen Bezeichnungen: Ring-, Trag- oder Radiallager bzw. Stütz-, Scheiben-, Druck- oder Axiallager verworfen und durch die die Richtung der hauptsächlich auftretenden Belastung kennzeichnenden Benennungen

Fig. 162.

Quer- und Längslager ersetzt. Es wurden vier Reihen aufgestellt, für ganz leichte, leichte, mittelschwere und schwere Lager. Die ganz leichten Lager für Flugzeuge, und solche Lager, die im Verhältnis zum Durchmesser nur geringe Kräfte zu übertragen haben, wie bei Hohlwellen usw., sind verhältnismäßig schmal gehalten. Bei den anderen Lagern wurden bis 110 mm Bohrung die bisherige Breite beibehalten, in der Hauptsache auch die Abrundungshalbmesser. Zu geringe Breiten wirken besonders bei schnellaufenden Maschinen nachteilig.

Die zulässige Belastung der Kugellagerringe, die um so größer genommen werden kann, je niedriger die Umdrehungszahl ist, wird von den liefernden Firmen angegeben. Nach Stribeck erhält bei einem Traglager die in der Druckrichtung liegende, am stärksten belastete Kugel einen Druck

$$D = \frac{5\,P}{i},$$

Fig. 163.

wenn P die gesamte Belastung des Lagers, i die Anzahl der Kugeln ist, d. h. also der fünfte Teil der Kugeln trägt. Hieraus ergibt sich, wenn man

$$D = p \cdot d^2$$

(d = Kugeldurchmesser in Zentimeter) setzt

$$P = \tfrac{1}{5}\, i \cdot p \cdot d^2,$$

wobei man die zulässige Belastung der am stärksten gedrückten Kugel auf d^2 qcm bei zeitweise aussetzendem Betrieb bei niedrigen Umdrehungszahlen bzw. unterbrochenem Betrieb, bei Verwendung ausgehöhlter Laufringe ($r = \frac{2}{3}\, d$) $p = 200$,
bei zylindrischen Laufringen nur $p = 100$
bei raschlaufendem Dauerbetrieb 100 bis (150) bzw. (30) bis 50, bei stoßweisem Betrieb 50 bis (80) nehmen darf.

Diese Werte müssen der Abnutzung wegen bei Dauerbetrieb und höherer Umdrehungszahl ganz bedeutend vermindert werden; so setzt man bei 500 Umdrehungen, ebenso bei Dauerbetrieb, nur etwa die Hälfte, bei 1000 Umdrehungen den dritten, bei 2000 Umdrehungen etwa den achten Teil dieser Werte.

Bei Drucklagern kann man gleichmäßige Verteilung der Belastung auf alle Kugeln annehmen, also setzen

$$P = i \cdot p \cdot d^2,$$

wobei man für p die Werte für zylindrische Laufflächen, also $p = 100$, der Umdrehungszahl entsprechend vermindert, wählen kann.

Wichtig ist für die immer weitere Kreise ziehende Anwendung des Kugellagers nicht nur sorgfältigste Ausführung des Lagers, sondern auch Anpassung an die Eigenart der Maschine.

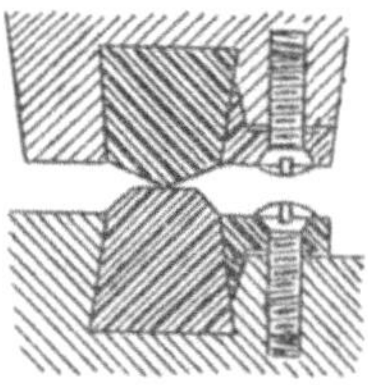

Fig. 164.

Im Betriebe sind die Kugellager namentlich gegen das Eindringen von Staub zu sichern; dies geschieht meist durch geölte Filzscheiben.

Der Schmiermittelverbrauch ist bei den Kugellagern sehr gering, eine Erneuerung des Schmiermittels nur etwa alle Vierteljahre notwendig. Die Kraftersparnis gegenüber Gleitlagern beträgt 25% und mehr. Ein weiterer Vorteil der Kugellager ist die geringe Baulänge.

Das Schneidenlager (Fig. 163 und 164) kommt hauptsächlich bei Wagen vor. Der Schneidenwinkel schwankt zwischen 45° und 120° und ist um so größer zu nehmen, je größer der Druck ist Die Lagerfläche ist entweder eben, oder bildet einen um etwa 60° größeren Winkel. Bei großen Kräften sind die Winkelkanten abzurunden.

Das Material ist in der Regel glasharter oder strohgelb angelassener Stahl. Die Belastung soll pro Zentimeter Schneidenlänge bei großem Ausschlage 50 bis 200 kg, bei kleinem Ausschlage 500 bis 1000 kg möglichst nicht überschreiten, man findet aber zuweilen Belastungen bis 2000 kg und bei Festigkeitsprüfmaschinen bei einer Abrundung der Schneide mit etwa 0,75 mm Durchmesser bis 3000 kg, dagegen bei feineren Wagen häufig unter 2 kg.

Je größer die Belastung ist, um so mehr muß die Schneide verrundet werden, wobei natürlich die Reibung wächst.

III.

Maschinenelemente zur Fortpflanzung der drehenden Bewegung von einer Welle auf die andere.

Zur Fortpflanzung der drehenden Bewegung von einer Welle auf die andere dienen die Riementriebe, Stahlbandtriebe, Hanf- und Drahtseiltriebe und Kettentriebe, die Reibungsräder und die Zahnräder; die ersteren, wenn die Wellen einen größeren, die letzteren, wenn die Wellen einen geringeren Abstand voneinander haben.

A. Der Riementrieb.

Die Bewegungsübertragung erfolgt hier durch Vermittlung eines bandförmigen, elastischen Zwischengliedes, des Riemens. Dieser wird mit einer gewissen Dehnung auf die Scheiben aufgebracht, so daß die durch seine elastische Wiederzusammenziehung hervorgerufene Anpressung gegen den Scheibenumfang genügt, die zur Mitnahme der Scheiben erforderliche Reibung zu erzeugen (Betrieb mit Dehnungsspannung).

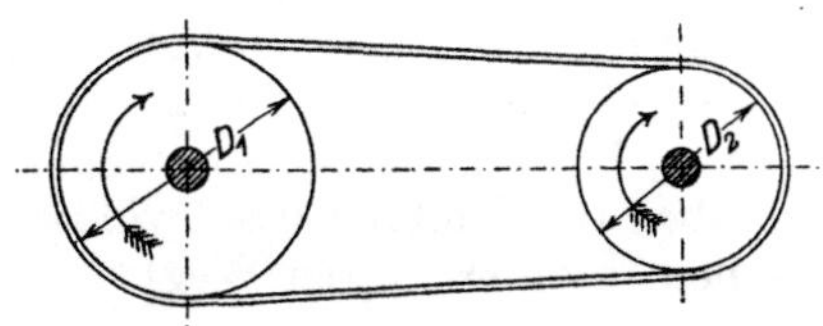

Fig. 165.

Unter normalen Verhältnissen muß die Spannung, mit welcher der Riemen aufgebracht wird, im betriebslosen Zustande das 1,5fache der zu übertragenden Umfangskraft sein. Zieht die treibende Scheibe an, so steigt die Spannung des ziehenden, auf die treibende Scheibe auflaufenden Riemenstücks um 0,5 P, die des ablaufenden schlaffen sinkt um ebensoviel, so daß während des Betriebes die erstere gleich der doppelten, die letztere gleich der einfachen Umfangskraft wird. Der Unterschied der beiden Riemenspannungen gleich der Umfangskraft

$$S_1 - S_2 = P$$

wird auf die getriebene Scheibe abgegeben.

(Die gewöhnliche Grashoff - Eytelweinsche Reibungstheorie zugrunde gelegt, ist die Spannung im ziehenden Riemen S_1

$$S_1 = S_2 \, e^{\mu \alpha}$$

wenn S_2 die Spannung im gezogenen schlaffen Riemen,

e = die Grundzahl der natürlichen Logarithmen 2,71828 . . .

α = der kleinere vom Riemen umspannte Bogen reduziert auf den Halbmesser 1 (also der umspannte Winkel in Bogenmaß)

und μ der Reibungskoeffizient

ist, doch ist, wie später erörtert werden soll, der in diese Rechnung einzuführende Wert des Reibungskoeffizienten sehr wechselnd mit den Betriebsverhältnissen.)

Da die treibende Scheibe den Riemen, der Riemen aber die getriebene Scheibe mitnimmt, so müssen die beiden Scheibenumfänge sich um gleich große Strecken bewegen, mit anderen Worten: die Umfangsgeschwindigkeiten v beider Scheiben müssen einander gleich sein:

$$v = \frac{D_1 \pi n_1}{60} = \frac{D_2 \pi n_2}{60},$$

wobei n_1 die Tourenzahl, D_1 den Durchmesser der ersten Scheibe, n_2 und D_2 Tourenzahl und Durchmesser der zweiten Scheibe bezeichnen.

Hieraus ergibt sich:

$$D_1 n_1 = D_2 n_2 \quad \text{oder} \quad \frac{D_1}{D_2} = \frac{n_2}{n_1}.$$

Die Produkte aus Durchmesser und Tourenzahl sind für beide Scheiben einander gleich; oder: die Durchmesser verhalten sich umgekehrt wie die Tourenzahlen. (Genauere Resultate erhält man, wenn man die Scheibendurchmesser um die Riemenstärke vergrößert in Rechnung zieht, also bis Mitte des Riemens mißt.)

Ist N die Anzahl der zu übertragenden Pferdestärken, so ist, da 1 PS = 75 mkg/sec, die Arbeit pro Sekunde 75 N, der Weg pro Sekunde ist aber die Umfangsgeschwindigkeit v, folglich ist die Umfangskraft (Arbeit dividiert durch Weg)

$$P = \frac{75\,N}{v}.$$

Da nun nach dem oben Gesagten die größte Riemenspannung 2 P ist, so ergibt sich, wenn k die zulässige Zugspannung des Riemenmaterials bedeutet, der Riemenquerschnitt f aus der Formel

$$f = \frac{2\,P}{k_z}.$$

Ist weiter b die gewählte Riemenbreite, so erhält man die Riemenstärke δ:

$$\delta = \frac{f}{b}.$$

Riemenbreite und Riemendicke nimmt man:

für einfache Lederriemen:

$\delta = 5$ bis 8 mm, b bis 500 mm;

für doppelte Lederriemen:

$\delta =$ über 8 mm, b bis 1200 mm und mehr;

für Baumwollriemen:

$\delta = 6$ bis 18 mm, $b = 25$ bis 1200 mm;

für Gummiriemen:

$b = 25$ bis 1000 mm.

Bei der Wahl der zulässigen Zugspannung k_z hat man zu berücksichtigen, daß der Riemen nicht nur auf Zug, sondern auch bei der Krümmung über den Scheibenumfang auf Biegung beansprucht wird, und zwar um so stärker, je kleiner der Scheibendurchmesser ist.

Man kann für langsamlaufende Riemen und nicht zu kleine Scheibendurchmesser

$$k_z = 25 \text{ kg/qcm}$$

nehmen, für schnellaufende Riemen entsprechend höher.

Früher nahm man an, daß ein schnellaufender Riemen wegen der zusätzlichen Beanspruchung durch die Zentrifugalkraft weniger Kraft übertragen könne, als ein langsamlaufender von gleichem Querschnitt. Der Hamburger Riemenfabrikant C. O. Gehrckens hat zuerst mit dieser Anschauung gebrochen und für die Riemenberechnung Werte der zulässigen Belastung aufgestellt, die mit der Riemengeschwindigkeit zunehmen.

Da die Festigkeit des Riemens nicht proportional der Dicke wächst, eine große Dicke aber die Biegung erschwert, rechnet er nicht den Querschnitt nach der größten Spannung $2\,P$ aus, sondern die Riemenbreite nach der Umfangskraft und gibt für den Wert $\frac{P}{b}$, also die Umfangskraft pro Zentimeter Riemenbreite, folgende Tabelle.

$v =$	3	5	10	15	20	25 m/sec
			Einfache Riemen.			
$D =$ 100 mm	2	2,5	3	3	3,5	3,5
$D =$ 200 „	3	4	5	5,5	6	6,5
$D =$ 500 „	5	7	8	9	10	11
$D =$ 1000 „	6	8,5	10	11	12	13
$D =$ 2000 „	7	10	12	13	14	15
			Doppelte Riemen.			
$D =$ 500 mm	8	9	10	11	12	13
$D =$ 1000 „	10	12	14	16	17	18
$D =$ 2000 „	12	15	20	22	24	25

Professor Kammerer, Charlottenburg, kommt durch umfangreiche Versuche zu der Gehrckensschen Berechnungsart in der Hauptsache entsprechenden Ergebnissen. Die Hauptergebnisse dieser Versuche sind nach Zeitschr. d. V. D. I. 1907, S. 1085 (bzw. Heft 56 und 57 der Mitteilungen über Forschungsarbeiten) folgende:

Die Vorspannung, mit der der Riemen aufgelegt wird, kann wesentlich kleiner sein, als die übliche Rechnung annimmt, weil der Reibungswert sich bis auf das Doppelte der üblichen Zahl steigend erwiesen hat (der Gleitschlupf beginnt erst bei $\mu = 0{,}6$ bis 0,8). Bei kleinerer Vorspannung wird auch die Gesamtspannung kleiner, bzw. bei gleicher Gesamtspannung die Nutzspannung größer. Um diesen Vorteil voll auszunutzen, sind Vorrichtungen nötig, die es ermöglichen, die Riemenspannung genau zu regulieren (Spannschlitten, Spannrollen, Fig. 166, Lenixgetriebe). Wenn solche nicht vorhanden sind, muß man den Riemen, um ihn nicht sobald kürzen zu müssen, mit einer Vorspannung aufbringen, die viel höher ist als zum Betriebe erforderlich.

Richtig dimensionierte Spannrollen verringern, entgegen dem herrschenden Vorurteil, den Wirkungsgrad bei Geschwindigkeiten bis 30 m/sec nur wenig, gestatten aber die Regulierung der Riemenspannung auf den erforderlichen Mindestwert und erhöhen namentlich bei kleinem Scheibendurchmesser die übertragbare Nutzleistung durch Vergrößerung des umspannten Bogens. Die Spannrolle soll am losen Trum, möglichst nahe der kleinen Scheibe angebracht werden und einen Durchmesser gleich dem 1,5- bis 2fachen desjenigen der kleinen Scheibe haben.

Die Dehnung des Riemens im straffen Trum und die Wiederzusammenziehung im losen Trum sind bei hoher Geschwindigkeit geringer, als es den Riemenspannungen entsprechen würde. Die Ursache dieser Erscheinung ist darin zu suchen, daß bei großer Geschwindigkeit der Dehnungswechsel dem raschen Spannungswechsel nicht zu folgen vermag, daß die Zeit zu kurz ist, um die volle der Spannungsschwankung entsprechende Ausdehnung bzw. Wiederzusammenziehung zur Ausbildung kommen zu lassen.

Auch die Grenzwerte der Reibungsziffer sind bei höherer Geschwindigkeit größer, was Kammerer dadurch erklärt, daß der Riemen infolge des Längens auf der getriebenen und des Einkriechens auf der treibenden Scheibe um so mehr an die Scheibe angesogen wird, je größer die Geschwindigkeit ist. Beide Umstände wirken also in dem Sinne, daß bei höherer Geschwindigkeit die zulässige Nutzspannung bei gleichbleibender Gesamtspannung größer wird.

Die Reibungsziffer wird auch um so größer, je größer der Scheibendurchmesser ist, große Scheibendurchmesser sind also im doppelten Sinne vorteilhaft, einmal der größeren Reibungsziffer, dann der größeren Geschwindigkeit wegen.

Holzscheiben haben eine größere Reibungsziffer als Eisenscheiben, sind also namentlich bei kleinem Scheibendurchmesser zu empfehlen (allerdings ist die Abnutzung des Riemens bei Holzscheiben größer).

Maßgebend für die Brauchbarkeit des Riemens ist nicht die Festigkeit, sondern die Elastizität, die Fähigkeit, raschen Spannungswechsel zu ertragen, die Schmiegsamkeit, Ansaugefähigkeit usw.

Der Wirkungsgrad des Riementriebes (Lagerreibung und Luftwiderstand nicht eingerechnet) steigt mit zunehmender Nutzspannung sehr rasch an, bleibt dann bis zu einer gewissen Nutzspannung nahezu unveränderlich und fällt mit noch weiter zunehmender Nutzspannung ganz langsam ab. Der Höchstwert des Wirkungsgrades bewegt sich bei Nutzspannungen von 2 bis 6 kg pro Zentimeter Riemenbreite zwischen den Grenzen 0,95 bis 0,98.

Die Zentrifugalkraft addiert sich nicht zur Vorspannung, sondern ersetzt einen Teil der Vorspannung und vermindert hierdurch den Achsdruck.

Weitere Versuchsergebnisse hat Kammerer, Zeitschr. d. V. D. I. 1912, S. 212, veröffentlicht, aus denen hervorgeht, daß die Reibungstheorie jedenfalls zur Erklärung der beim Riementrieb auftretenden Erscheinungen nicht ausreicht.

Von den zahlreichen anderen Forschungsarbeiten über den Riementrieb sind insbesondere die von Skutsch zu erwähnen; die Belastung pulsiert periodisch zwischen den Spannungen des straffen und losen Trums, dabei sind die Dehnungen im Beharrungszustand wesentlich nur elastische, während die kleinen Reste bleibender Dehnung, die sich bei der Schnelligkeit des Spannungswechsels im straffen Trum ausbilden können, durch Einkriechen im losen Trum ausgeglichen werden. Hiernach ist die Belastungsfähigkeit nicht von der Höchstspannung im straffen Trum, sondern von der mittleren Spannung

$$\frac{k_1 + k_2}{2}$$

abhängig. Es ergibt sich daraus eine höhere Belastbarkeit des Riemenmaterials steigend mit der Geschwindigkeit bis zu einem Maximum, das bei etwa 20 bis 25 m/sec erreicht wird, dann aber im Gegensatz zu den Gehrckensschen Anschauungen wieder fallend.

Friederich (Zeitschr. d. V. D. I. 1915, S. 537) zeigte, daß das Gesetz der Reibung fester Körper beim Riementrieb nur als Grenzfall für den neuen, fettarmen Riemen gilt, daß aber in jedem anderen Fall nicht die Beschaffenheit des Riemenmaterials, sondern die Beschaffenheit des Fettungsmittels und das Verfahren der Fettbehandlung des Riemens es sind, die für die Größe der unter bestimmten Verhältnissen zwischen Riemen und Scheibe wirksamen Kraft entscheidend sind. Auf der Scheibengleitfläche haftet allmählich an verschiedenen Stellen ein dünner Überzug des vom Riemen unter der wirksamen Pressung abgegebenen Fettes an, wodurch an Stelle der Reibung fester Körper mehr oder weniger die innere Reibung flüssiger Körper tritt, wobei letztere allerdings nur als Grenzfall anzusehen ist, da das anhaftende Mittel zumal bei gewöhnlicher Temperatur keine Flüssigkeit im engeren Sinne, sondern ein Gemenge eines zähen, halbflüssigen

Fettes mit Teilchen fester Körper, herrührend von Riemen und Scheibe ist. Hieraus ergibt sich die Abhängigkeit von Gleitgeschwindigkeit, Temperatur, wirksamer Fläche, Menge und Zähigkeit des Fettungsmittels usw.

Der Reibungskoeffizient μ (siehe S. 138) schwankte bei den Versuchen bei einem neuen, schwach gefetteten Riemen mit der Gleitgeschwindigkeit zwischen 0,19 und 0,43, mit der Temperatur zwischen 0,43 und 0,23, mit dem Spannkraftunterschied zwischen ziehendem und schlaffen Riemen von 0,44 bis 0,39, bei einem gebrauchten, stark gefetteten und eingelaufenen Riemen entsprechend von 0,79 bis 1,64, 1,31 bis 1,09 und 1,18 bis 0,94.

Die Reibungskoeffizienten sind nach den Versuchsergebnissen wie folgt zu setzen:

a) für einen neuen, schwach gefetteten Riemen von 100 mm Breite auf blanker ebener Gußscheibe von 510 mm Durchmesser:

1. nach der Gleitgeschwindigkeit von $\mu = 0{,}19$ bei $v = 1{,}56$ cm/sec bis $\mu = 0{,}43$ bei $v = 13$ cm/sec ($t = 21°$, $S_1 - S_2 = 25$ kg);

2. nach der Temperatur von $\mu = 0{,}43$ bei 21° bis $\mu = 0{,}23$ bei 50° C ($v = 13$ cm/sec, $S_1 - S_2 = 25$ kg);

3. nach dem Spannkraftunterschied $(S_1 - S_2)$ von $\mu = 0{,}44$ bei $(S_1 - S_2) = 10$ kg bis $\mu = 0{,}39$ bei $(S_1 - S_2) = 80$ kg ($t = 20°$, $v = 13$ cm/sec);

b) für einen gebrauchten, stark gefetteten und eingelaufenen Riemen wie oben:

1. nach der Gleitgeschwindigkeit von $\mu = 0{,}79$ bei $v = 1{,}55$ cm/sec bis $\mu = 1{,}64$ bei $v = 45$ cm/sec ($t = 30°$, $S_1 - S_2 = 100$ kg);

2. nach der Temperatur von $\mu = 1{,}31$ bei 20° bis $\mu = 1{,}09$ bei 50° C ($v = 13$ cm/sec, $S_1 - S_2 = 100$ kg);

3. mit dem Spannkraftunterschied $(S_1 - S_2)$ von $\mu = 1{,}18$ bei $S_1 - S_2 = 100$ kg bis $\mu = 0{,}94$ bei $S_1 - S_2 = 300$ kg ($t = 30°$, $v = 13$ cm/sec).

Ein gleichmäßig dünner und glatter Fettüberzug auf der Riemengleitfläche ermöglicht also das Entstehen großer Kräfte zwischen Riemen und Scheibe vor allem mit wachsender Gleitgeschwindigkeit und dient auch zur Schonung der Riemenoberfläche.

Bei vorhandener Flüssigkeitshaut wächst die Größe der wirksamen Kraft vor allem mit der Gleitgeschwindigkeit, diese wächst aber annähernd proportional der Riemengeschwindigkeit.

Weiter ist die Größe der wirksamen Kraft abhängig von der Größe der gleitenden Flächen, wodurch sich die erfahrungsmäßige Überlegenheit großer Scheibendurchmesser und breiter Riemen erklärt.

Dagegen ist bei rauher Scheibenoberfläche die wirksame Kraft nur für verschwindend kleine Gleitgeschwindigkeiten größer als bei glatter, sonst durchweg bedeutend kleiner, um so mehr, je vollkommener die Riemengleitfläche mit einer dünnen Flüssigkeitshaut überzogen ist. Die Anwendung rauher Scheiben kann also abgesehen von der starken Riemenabnutzung, die sie verursachen, auch zum Zwecke der Vergrößerung des Reibungswiderstandes nicht empfohlen werden.

(Ausführliche Behandlung aller bisher veröffentlichten Theorien und Versuchsergebnisse über den Riementrieb siehe Stiel, Dr.-Ing. W., Theorie des Riementriebes.)

Alle bisherigen Forschungsergebnisse liefern noch keine feste Grundlage für die Berechnung der Riementriebe, geben aber wertvolle Winke sowohl für die Berechnung wie für den Betrieb. Normale Riementriebe mit Geschwindigkeiten bis zu etwa 25 m/sec wird man bis weitere Forschungen eine bessere Unterlage geben nach Gehrckens berechnen können. Bei Trieben von besonderer Bedeutung ist dagegen eine eingehende Prüfung erforderlich, ob der Riemen die nötige Festigkeit gegenüber allen auftretenden Kräften hat, ob die Mitnahmekraft zwischen Riemen und Scheibe genügend ist, ohne daß unzulässige Erwärmung, Abnutzung und andere Gefährdung auftritt, und ob der Trieb mit Rücksicht auf Anlagekosten wie Energieverluste wirtschaftlich arbeitet. Hierbei kann in Betracht zu ziehen sein: Vergrößerung des umspannten Bogens, um den Riemenschlupf zu vermindern und eine unnütz hohe Spannung des losen Trums herabzudrücken; Verbreiterung des Riemens auf Kosten der Dicke zwecks Verminderung des Schlupfes und des Biegungsverlustes; Verringerung der Riemengeschwindigkeit zwecks Verminderung des Luftbewegungsverlustes oder zwecks Ermöglichung einer höheren Nutzspannung; aber auch Vergrößerung der Riemengeschwindigkeit zur Verminderung des bei geringer Geschwindigkeit hohen Schlupfverlustes oder zwecks Herabsetzung der Anlagekosten usw.

Für die Berechnung eines Riementriebes können nun zwei verschiedene Fälle vorliegen:

1. Es ist gegeben: der Durchmesser einer Scheibe und die Tourenzahlen beider Wellen, dann gestaltet sich die Berechnung nach folgendem

Beispiel: Von dem zugleich als Riemenscheibe dienenden Schwungrade einer Dampfmaschine, welches 4 m Durchmesser hat, sollen 70 PS auf ein Vorgelege übertragen werden, welches 150 Touren pro Minute macht. Die Tourenzahl der Maschine ist 80 pro Minute.

Gegeben: $D_1 = 4$ m; $n_1 = 80$; $n_2 = 150$; $N = 70$.

Man berechnet zuerst den Durchmesser der Vorgelegescheibe:

$$D_1 n_1 = D_2 n_2 ,$$

$$D_2 = \frac{D_1 n_1}{n_2} = \frac{4 \cdot 80}{150} = 2{,}13 \text{ m},$$

dann die Umfangsgeschwindigkeit:

$$v = \frac{D \pi n}{60} = \frac{4 \pi 80}{60} = 16{,}75 \text{ m/sec},$$

hierauf die Umfangskraft:

$$P = \frac{75 N}{v} = \frac{75 \cdot 70}{16{,}75} = \sim 315 \text{ kg}.$$

Nach Gehrckens erhält man für $v = 15$ m/sec und D (Durchmesser der kleinsten Scheibe) $= 2000$ mm, $\frac{P}{b} = 13$ kg pro Zentimeter Riemenbreite, also

$$b = \frac{315}{13} \sim 25 \text{ cm}.$$

Eine Riemendicke von 7 mm angenommen, würde der Riemenquerschnitt

$$f = 25 \cdot 0{,}7 = 17{,}5 \text{ qcm}$$

und die Zugspannung

$$k_z = \frac{2P}{f} = \frac{630}{1{,}75} = 36 \text{ kg/qcm}$$

werden, was bei der Riemengeschwindigkeit von 16,75 m/sec zulässig erscheint.

2. Der zweite Fall liegt vor, wenn die Tourenzahlen beider Wellen gegeben sind, beide Durchmesser aber noch unbekannt sind.

Man wählt dann zuerst die Riemengeschwindigkeit (Umfangsgeschwindigkeit der Scheiben), und zwar

v bis 15 m/sec für Nebentriebe,
v „ 25, höchstens 30 m/sec für Haupttriebe.

Die Geschwindigkeit 30 m/sec darf man bei Verwendung gewöhnlicher Riemenscheiben nicht überschreiten, mit schmiedeeisernen Riemenscheiben hat man jedoch schon weit höhere Werte (bei den angeführten Versuchen von Kammerer 60 m/sec, bei Brown, Boveri & Co. 375 m/sec) erreicht.

Die Antriebe von kleinen Werkzeugmaschinen haben oft nur 2 bis 3 m/sec Riemengeschwindigkeit.

Beispiel: Eine Werkzeugmaschine braucht 8 PS und soll 90 Touren pro Minute machen, die Transmission hat 120 Touren pro Minute.

Gegeben: $N = 8$ PS; $n_2 = 90$; $n_1 = 120$.

Man wählt die Riemengeschwindigkeit, etwa $v = 5$ m/sec, und erhält aus

$$v = \frac{D \pi n}{60}:$$

$$D_1 \pi = \frac{60\, v}{n_1} = \frac{60 \cdot 5}{120} = 2{,}5 \text{ m}; \qquad D_1 = 0{,}8 \text{ m},$$

$$D_2 \pi = \frac{60\, v}{n_2} = \frac{60 \cdot 5}{90} = 3{,}33 \text{ m}; \qquad D_2 = 1{,}06 \text{ m}.$$

Die Umfangskraft P ergibt sich zu

$$P = \frac{75\, N}{v} = \frac{75 \cdot 8}{5} = 120 \text{ kg}.$$

Nach der Tabelle von Gehrckens wählt man für $v = 5$ m/sec, $D = 800$ (zwischen 500 und 1000) schätzungsweise $\frac{P}{b} = 8$ kg pro Zentimeter Riemenbreite und erhält dann

$$b = \frac{120}{8} = 15 \text{ cm}.$$

Die Riemendicke zu 6 mm angenommen, entspricht dies einer Zugspannung von

$$k_z = \frac{2\,P}{f} = \frac{240}{15 \cdot 0{,}6} = 26{,}66 \text{ kg/qcm}.$$

Bei Drehbänken und anderen Werkzeugmaschinen findet man häufig ganz erheblich höhere Riemenbelastungen als bei Transmissionsriemen. Da die Drehbankriemen nicht dauernd vollbelastet sind, kann man wohl das Doppelte der von Gehrckens gegebenen Werte zulassen, geht man noch höher, so wird der Riemen gleiten und häufig nachgespannt werden müssen. Gewöhnlich rechnen die Werkzeugmaschinenfabriken mit

$p = 6$ bis 8 kg bei kleinen Drehbänken
$p = 11$ „ 12 „ „ mittleren „
$p = 16$ „ 18 „ „ großen „

Die Riemengeschwindigkeit nimmt man bei Stufenscheibenbänken 8 bis 10 vereinzelt bis 15 m/sec und mehr, bei Einscheibenantrieben bis 18, zuweilen bis 30 m/sec.

Allgemeine Konstruktionsgrundsätze.

Das Riemenmaterial soll möglichst elastisch sein und die Behandlung des Riemens eine derartige, daß die Elastizität erhalten bleibt.

Das Riemenmaterial ist in der Regel Leder von Stier- und Ochsenhäuten, Kuhleder ist zu ungleichförmig. Die durchschnittliche Stärke ist 5 mm, sie steigt ausnahmsweise bis 8 mm und sinkt bis 3,5 mm. Genügt die einfache Stärke nicht, so wird der Riemen doppelt oder dreifach verwendet. Die größte Breite eines einfachen Riemens ist ca. 1200 mm, da jedoch der Rückenteil weniger nachgiebig ist, möglichst nur 500 bis 600 mm. Breitere Riemen werden durch Nebeneinandersetzen einzelner Riemen hergestellt. Bei breiten Riemen näht man, um das Schwanken und Schlagen zu vermindern, seitliche Beläge von 60 bis 120 mm Breite auf. Riemen von beträchtlicher Breite, von denen Geradlaufen verlangt wird, sind dem Rückenteil der Haut zu entnehmen, aus den Flanken geschnittene Riemen krümmen sich beim Strecken. Die Länge der einzelnen Stücke eines breiten Riemens beträgt bis etwa 1500 mm, die Länge der Verbindungsstellen 200 bis 400 mm.

Die Verbindung erfolgt entweder durch fettgare Nähriemen (Entfernung der Nähte voneinander 50 mm, von den Kanten 20 mm; die Riemen werden von der Auflageseite aus durchstochen, die Naht mittels

Walzen versenkt), durch besondere Klammern oder durch Leimen der abgeschrägten Enden (Leim mit Zusatz von venetianischem Terpentin und wenig Essig, Zusammenpressen während des Leimens, pro Quadratzentimeter Riemenquerschnitt 15 bis 25 qcm Leimfläche).

Die Festigkeit der Verbindungsstelle beträgt bei vorzüglicher Arbeit 20 bis 30% weniger als die des unverletzten Riemens.

Der fertige Riemen soll mindestens einen, besser zwei bis drei Tage durch angehängte Gewichte oder auf der Streckmaschine gedehnt werden, mit einer Belastung, die das Zwei- bis Dreifache der zu erwartenden Betriebsspannung beträgt. Hierbei erfährt der Riemen eine bleibende Ausdehnung von 4 bis 5%.

In der Regel läßt man die Fleischseite die Scheibe berühren.

Da der Lederriemen in hohem Grade von dem Feuchtigkeitsgehalt der Atmosphäre beeinflußt wird, so hat man Riemen aus Gummi, Baumwolle, Hanf, Haaren (Filz), Draht, Papier usw. hergestellt. Riemen, die aus einzelnen durch schmiedeeiserne Stifte verbundenen Lederlaschen bestehen, werden unter dem Namen Gliederriemen in den Handel gebracht. Die Anwendung der Gliederriemen beschränkt sich auf fast horizontale Triebe bei kurzem Achsenabstand, großer Übersetzung und feuchten Räumen. Während des Krieges sind auch Pappgliederriemen in den Handel gebracht worden.

Der Ersatz der Lederriemen wurde während des Krieges zu einer brennenden Frage, und werden die Ersatzmaterialien ohne Zweifel auch in Zukunft mehr Verwendung finden als vor dem Kriege.

Die Gummiriemen bestehen aus mehreren Lagen Baumwollgewebe zwischen Gummimasse, welche die Verschiebung der Schichten zu verhindern hat. Sie sind teurer als Lederriemen, jedoch in feuchten Räumen, besonders dort, wo Flüssigkeiten verspritzen und dampfen, vorzuziehen.

Gummiersatzriemen sind bei leichten bis mittleren Antrieben für Stufenscheiben und Gabellauf bei nicht zu häufigem Aus- und Einrücken geeignet. Sie sind ölbeständig und lassen bis 3 kg Belastung für 1 cm Riemenbreite zu; der Scheibendurchmesser ist beliebig. Für sehr feuchte Räume sind sie nicht verwendbar.

Bei feuchten Räumen, deren Temperatur 30° nicht übersteigt, verwendet man die Balatariemen, aus mehreren Lagen Hanf- oder Baumwollgewebe, in Balatamasse eingebettet, hergestellt.

Baumwollriemen bestehen aus 4 bis 10 untereinander verbundenen Lagen von Baumwollgeweben und sind zum Schutze gegen Feuchtigkeit imprägniert. Sie sind unempfindlicher gegen Dämpfe und billiger als Lederriemen, lassen sich in beliebiger Breite herstellen, strecken sich aber im Betriebe sehr stark und reiben sich in Riemenausrückern und dgl. an den Seiten auf.

Hanftreibriemen sind weniger elastisch, nur für größere Scheibenabstände anwendbar und wenig im Gebrauch.

Haartreibriemen sind auf besonderen Stühlen hergestellte, feste, dichte Gewebe aus dem Haar der Angoraziege oder dem im Frühjahr ausfallenden Haar der Kamele, mit Baumwolleintrag. Sie zeigen größere

Festigkeit und Gleichmäßigkeit, geraden Lauf, können in beliebiger Breite hergestellt werden, sind jedoch teurer als Lederriemen, weniger dehnbar und reiben sich zwischen Riemengabeln auf.

Die zulässige Belastung dieser Textilriemen kann etwa 80% derjenigen der Lederriemen gesetzt werden.

Für mittlere und schwere Antriebe auch bei stoßender Belastung, für Stufenscheiben und Gabellauf, sowie bei Spannrollenbetrieb kommen Textilose-Epata-Riemen in Frage. Als Belastung für 1 qcm Riemenquerschnitt sind

8 kg	bei	5	m/sec	Riemengeschwindigkeit
10 kg	„	7,5	„	„
12 „	„	10	„	„

zulässig; doch darf der Riemen bei stoßfreiem Betrieb und Spannrollenverwendung höher, etwa wie bei normal belasteten Lederriemen, belastet werden. Die Riemen müssen vorsichtig aufgelegt werden; scharfkantiges Auflegen ist zu vermeiden. Die Riemen werden auch endlos hergestellt.

Zellstoffriemen sind für leichte und mittlere Antriebe, auch für Gabellauf bei leichten Belastungen, bei geeigneter Verbindung auch gekreuzt zu verwenden. Die zulässige Belastung beträgt für 1 cm Riemenbreite bei 5 mm Stärke 3 bis 4 kg, bei großer Dicke höchstens 6 kg. Der Scheibendurchmesser soll bei normaler Belastung nicht unter 250 bis 300 mm herabgehen, bei geringerer Belastung ist auch ein kleinerer Durchmesser zulässig. Die Riemendicke soll nicht größer als $^1/_{100}$ des Scheibendurchmessers sein. Die Riemen dürfen nicht übermäßig angespannt oder überlastet werden, da sonst ihre Lebensdauer gering ist. Sie müssen vorsichtig aufgelegt werden; scharfkantiges Auflegen muß vermieden werden. Zur Schonung der Laufseite und zur Erzielung besserer Übertragungsfähigkeit sind die Riemen alle 8 bis 14 Tage dünn mit Adhäsionsfett zu bestreichen.

Drahtgliederriemen bestehen aus einzelnen ineinandergesteckten flachen Drahtspiralen. Sie sind ungeeignet für senkrechten Trieb und erfordern reichlich großen Achsenabstand, auch sind sie bei Gabellauf nicht zu empfehlen. Die Riemengeschwindigkeit soll nicht zu hoch sein, die Belastung darf bis 4 kg, allerhöchstens bis 6 kg, für 1 cm Riemenbreite betragen, die Riemengeschwindigkeit höchstens 10 bis 15 m/sec.

Gelochte oder perforierte Riemen sollen den Eintritt und Austritt der Luft zwischen Scheibe und Riemen erleichtern sowie eine Abkühlung des Riemens befördern, sind aber der bedeutenden Schwächung des Riemens wegen nicht zu empfehlen.

Kordelschnüre, Riemenschnüre von höchstens 18 mm Durchmesser, dienen zum Antrieb kleiner Maschinen. Die Seiten der Laufrillen für Riemenschnüre sollen einen Winkel von 45 bis 50° bilden. Den Schnurdurchmesser kann man aus der Formel $d = 4\sqrt{P}$ berechnen, wenn P die zu übertragende Kraft ist.

Keilriemen sind Doppelriemen von 10 mm Stärke und 15 bis 40 mm Breite, die mit ihren schräggeschnittenen Seiten in passend gedrehten Rillen, also nicht auf dem Umfang der Scheibe laufen.

Wird die Entfernung der Scheiben sehr klein, so reicht die Elastizität des Riemenmaterials nicht mehr aus, die erforderliche Anspannung hervorzubringen. Man muß dann Spannrollen anwenden. Diese Spannrollengetriebe sind namentlich auch bei kleinen Scheibendurchmessern zu empfehlen, der umspannte Bogen wird vergrößert, jede Längenänderung des Riemens ohne Verminderung der Spannung sofort ausgeglichen. Das Spannungsverhältnis zwischen straffem und losem Trum, das man gewöhnlich gleich 1 : 2 setzt, kann bis auf 1 : 10 und mehr vermindert werden, so daß also die Gesamtspannung des Riemens statt 2 P nur noch 1,1 P ist (P = Umfangskraft). Die Spannrollen werden, wie das Fig. 166 abgebildete Lenixgetriebe der Bamag zeigt, in einer Schwinge gelagert und durch ihr Eigengewicht oder ein verstellbares Laufgewicht, eventuell auch Feder gegen den losen Trum angepreßt. Ist die Schwinge um die Achse der Riemenscheibe drehbar, so kann die Lage des Riemens beliebig geändert werden.

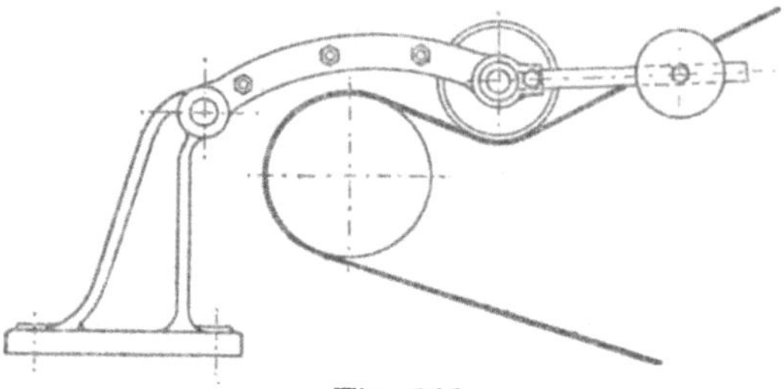

Fig. 166.

Bei zu großer Entfernung tritt, besonders bei zu starkem Wechsel in der zu übertragenden Kraft, Schlagen des Riemens und Unsicherheit des Betriebes ein. Man verwendet deshalb bei Entfernungen von mehr als 10 bis 15 m und ebenso dort, wo die Größe der zu übertragenden Kraft zu breite Riemen erfordern würde, oder wo die Kraft auf mehrere Wellen verteilt werden soll, den Seiltrieb. Das größte Übersetzungsverhältnis, für welches der Riementrieb noch anwendbar ist, ist 1 : 8, höchstens 1 : 10, nur bei Verwendung von Spannrollen noch größer (möglichst aber nicht über 1 : 5). Soll das Übersetzungsverhältnis genau eingehalten werden, oder sind große Kräfte bei geringer Tourenzahl zu übertragen, oder ist der Abstand der Scheiben gering, so ist Zahnradübersetzung anzuwenden.

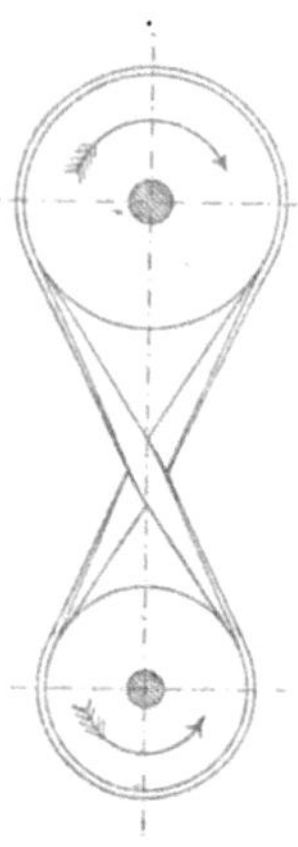

Fig. 167.

Einen Riementrieb gewöhnlicher Art (Fig. 165), bei welchem die Scheiben in einer Ebene liegen und die gleiche Umdrehungsrichtung haben, nennt man offenen Riementrieb, ist die Umdrehungsrichtung der Scheiben die entgegengesetzte, geschränkten (Fig. 167), bilden die Wellen einen Winkel, halbgeschränkten Riementrieb (Fig. 168). Geschränkte Riementriebe sind nur bis etwa 10 m Riemengeschwindigkeit und etwa 150 mm Riemenbreite zulässig. Damit sich der Riemen auf der Scheibe erhält, ist erforderlich, daß er gerade aufläuft. Der durch die Drehung des Riemens verursachten ungleichmäßigen Spannungen wegen müssen die Scheiben beim halbgeschränkten Riementrieb etwas nach außen verschoben werden (Fig. 169), und zwar nach Bach die getriebene Scheibe um

$$e_2 = 0{,}5 \text{ bis } 0{,}6\, b$$

$$(b = \text{Riemenbreite}),$$

die treibende Scheibe um

$$e_1 = 0{,}1 \text{ bis } 0{,}2\, b;$$

dabei ist die getriebene Scheibe um etwa $^1/_3$, die treibende um etwa $^1/_4$ breiter zu nehmen als für geradlaufende Riemen. Da die Werte dieser Verschiebung der Veränderlichkeit der Spannung wegen sich nicht genau berechnen lassen, empfiehlt es sich, die Keilnut reichlich lang zu machen, so daß man die Scheiben noch nachträglich verschieben kann.

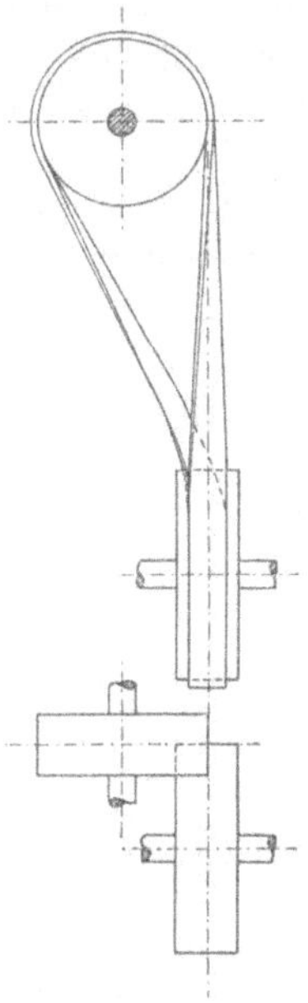

Fig. 168.

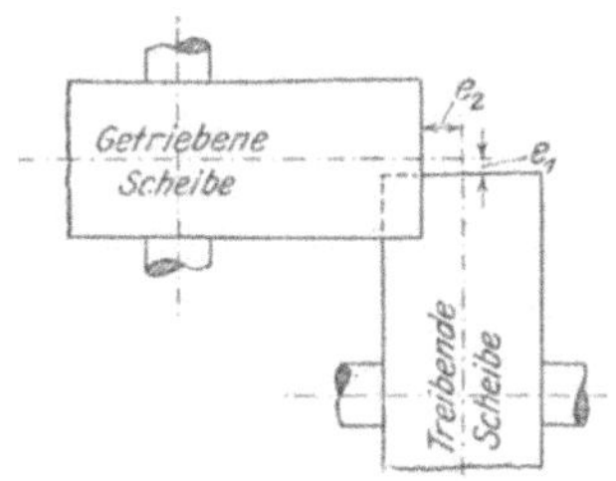

Fig. 169.

Fig. 170.

Gehrckens liefert für halbgeschränkte Riemen treppenförmig zusammengesetzte (Fig. 170), im abgerollten Zustande sichelförmige Riemen, um die größte Spannung von der äußeren Kante nach der Mitte zu zu verlegen.

Durch das durch Wechsel der Spannung bedingte Gleiten sowohl als durch Ungenauigkeiten in der Anordnung des Betriebes kann ein Abschlagen des Riemens herbeigeführt werden, welches durch Wölbung der Scheiben vermieden wird. Empfehlenswert ist, nur die getriebene Scheibe zu wölben. Scheiben für halbgeschränkte Riemen erhalten keine Wölbung.

Soll ein Riementrieb zwischen beliebig verschränkten Wellen angeordnet werden, so muß durch Leitrollen der Riemen so geführt werden, daß er auf die Scheiben gerade aufläuft.

Konische Riemenscheiben (Fig. 171) werden dort verwendet, wo das Übersetzungsverhältnis geändert werden soll. Der Riemen muß dann seitlich geführt und durch die Führung verschiebbar sein.

Soll das Übersetzungsverhältnis sprungweise geändert werden, so verwendet man die Stufenscheiben (Fig. 172). In beiden Fällen müssen die Scheiben so konstruiert sein, daß bei der Verschiebung die Riemenlänge dieselbe bleibt, was der Fall ist, wenn die Summe der zusammengehörigen Radien gleichbleibt. Diese Regel gilt allerdings bei kleinerem Scheibenabstand nur für geschränkten Riementrieb, bei offenem Riementrieb ist sie nur bei größerem Scheibenabstand gültig.

Bei der Berechnung der Stufenscheiben geht man davon aus, daß sich die günstigsten Schnittgeschwindigkeiten mit einer Annäherung von $\pm$ 10 bis 15% einhalten lassen, jede folgende Umdrehungszahl darf also die vorhergehende nur um 20 bis 30 höchstens $33^1/_3$% übersteigen. Die Abstufung nach einer geometrischen Reihe (bei der das Verhältnis φ je zweier aufeinanderfolgenden Glieder dasselbe ist),

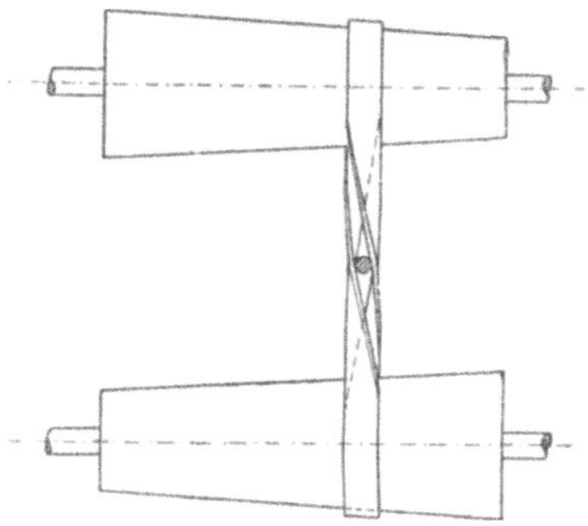

Fig. 171.

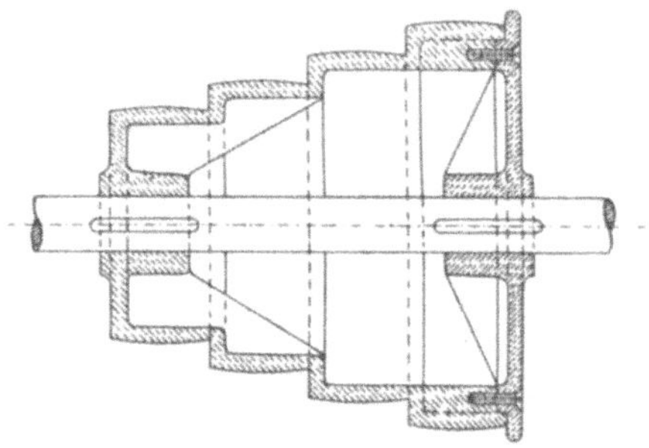

Fig. 172.

bietet gegenüber der bei den Stufenscheiben meist üblichen Abstufung nach einer arithmetischen Reihe (bei der der Unterschied je zweier aufeinanderfolgenden Glieder gleich ist) den Vorteil, daß der prozentuale Abfall der Schnittgeschwindigkeit für alle Umdrehungszahlen der gleiche ist, während er bei Abstufung nach einer arithmetischen Reihe um so größer wird, je kleiner die Umdrehungszahl ist. Man nimmt das Abstufungsverhältnis $\varphi = 1{,}2$ bis 1,3 höchstens 1,5: Handelt es sich um m verschiedene Umdrehungszahlen und ist die größte n_m, die kleinste n_1, so ist

$$\varphi = \sqrt[n-1]{\frac{n_m}{n_1}},$$

und es ist $n_2 = \varphi\, n_1$; $n_3 = \varphi\, n_2$ usw.

Wird die Stufenzahl zu groß, schaltet man ein Rädervorgelege ein und macht die Stufenzahl gleich $\frac{m}{2}$.

Bei Abstufung nach der geometrischen Reihe müssen sich bei gerader Stufenzahl die mittleren Durchmesser wie $\frac{1}{\sqrt{\varphi}}$ und $\frac{\sqrt{\varphi}}{1}$, die sich anschließenden wie $\frac{1}{\sqrt{\varphi^3}}$ und $\frac{\sqrt{\varphi^3}}{1}$, bei ungerader Stufenzahl die mittelsten wie $\frac{1}{1}$, die anschließenden wie $\frac{1}{\varphi}$ und $\frac{\varphi}{1}$; $\frac{1}{\varphi^2}$ und $\frac{\varphi^2}{1}$

usw. verhalten. Das Grenzübersetzungsverhältnis ist, damit der umspannte Bogen nicht zu klein wird, 1 : 2.

Der Wirkungsgrad eines guten Riementriebes ist 95 bis 97 %, die Betriebsdauer eines gut behandelten Riemens unter Umständen über 20 Jahre.

Um das Gleiten des Riemens zu verringern und andererseits seine Haltbarkeit zu erhöhen, schmiert man den Riemen auf der Innenseite mit Rindertalg oder auch mit einem Gemisch von Stearin, Bienenwachs und Degras. Alle harzigen Riemenschmiermittel, wie das viel gebräuchliche Kolophonium, machen den Riemen spröde und brüchig und sind deshalb nicht anzuwenden. Man kann die Haltbarkeit des Riemens sehr erhöhen, wenn man ihn ein- bis zweimal jährlich mit warmem Wasser abwäscht und nach dem Trocknen aufs neue eintalgt.

Die Riemenscheiben.

(Fig. 173 bis 176.)

Man stellt die Riemenscheiben meist aus Gußeisen her, neuerdings auch häufig aus Holz, da hölzerne Riemenscheiben leichter und billiger sind als gußeiserne, dagegen kommen die gleichfalls leichteren, aber bei kleinen Durchmessern teureren schmiedeeisernen Riemenscheiben meist nur bei hohen Umdrehungszahlen zur Verwendung.

Die Breite B des Scheibenkranzes kann für gerade und ruhig laufende Riemen

$$B = 1{,}1\,b + 1\ \text{cm}$$

gewählt werden. Geschränkte Riemen und solche, welche unruhig laufen, müssen etwas breitere Scheiben erhalten.

Der N. D. I. schlug für Riemen- und Riemenscheibenbreiten folgende Werte vor:

Riemenbreite . . .	60	80	100	120	150	170	200	230	260	300
Riemenscheibenbreite	70	100	120	140	170	200	230	260	300	350

und weiter um je 50 mm steigend bis 600.

Die Randstärke nimmt man

$$s_1 = \frac{R}{100} + 0{,}3\ \text{cm}\quad (R = \text{Radius in cm}),$$

die Wölbung zweckmäßigerweise

$$w = \tfrac{1}{12}\sqrt{B}\,,\ \text{höchstens} = \tfrac{1}{4}\sqrt{B}\ \text{bis}\ \tfrac{1}{3}\sqrt{B}\ (w \text{ und } B \text{ in mm}).$$

Die treibenden Scheiben, die Scheiben für geschränkte Riemen, die Scheiben, auf denen der Riemen verschoben werden muß, und die auf denen mehrere Riemen laufen, sind nicht mit Wölbung zu versehen.

Die Nabenbreite wird gleich der Kranzbreite, bei breiten Scheiben auch oft kleiner, mindestens aber 1,2 d bis 1,5 d (d = Wellendurchmesser) gemacht, die Nabenstärke nimmt man

$$\delta = \frac{d}{3} + 5\ \text{mm bis}\ \delta = 0{,}4\,d + 10\ \text{bis}\ 15\ \text{mm}.$$

Lange Naben macht man hohl und nimmt dabei die Auflagebreite an jeder Seite (Fig. 174)

$$l_1 = 0{,}4\, d \text{ bis } 0{,}5\, d\,.$$

Die Arme erhielten früher in der Regel eine geschwungene Form um die Gußspannungen nach Möglichkeit unschädlich zu machen. In neuerer Zeit werden sie gerade hergestellt.

Die Anzahl der Arme nimmt man

$$i = \tfrac{1}{6}\sqrt{D} \text{ bis } \tfrac{1}{7}\sqrt{D} \;(D \text{ in mm}) \text{ oder } \tfrac{1}{2}\sqrt{D} \;(D \text{ in cm})\,.$$

Die Arme sind auf Biegung beansprucht, und zwar nimmt man der Gußspannungen wegen gewöhnlich an, daß nur der dritte Teil der Arme an der Kraftübertragung teilnimmt.

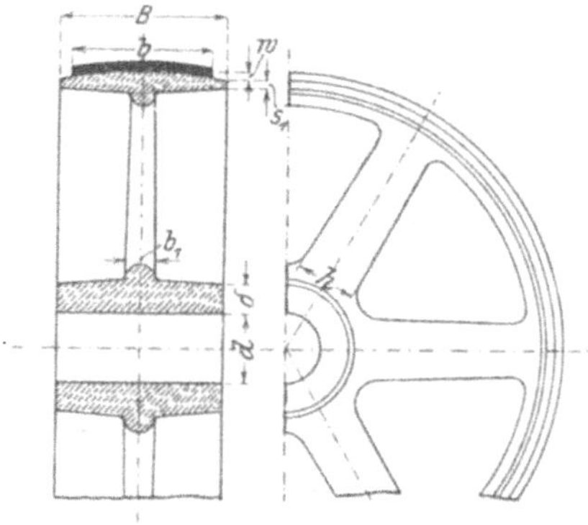

Fig. 173.

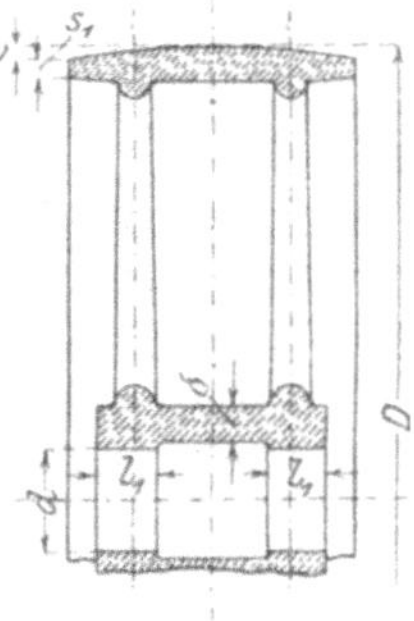

Fig. 174.

Man erhält dann

$$PR = \frac{i}{3}\, W \cdot k_b\,.$$

Für den üblichen elliptischen Querschnitt mit einer Breite b_1 gleich 0,4 (bis 0,5) der Höhe h_1 ist das Widerstandsmoment

$$W = \frac{1}{10}\, b_1\, h_1^2 = \frac{1}{10} \cdot 0{,}4\, h_1^3$$

und somit, wenn $k_b = 300$ kg/qcm,

$$P \cdot R = \frac{i}{3}\, \frac{1}{10} \cdot 0{,}4 \cdot h_1^3 \cdot 300 = 4\, i\, h_1^3$$

oder

$$h_1 = \sqrt[3]{\frac{PR}{4\, i}}$$

Die Arme verjüngen sich nach dem Kranze im Verhältnis 5 : 4.

Bei breiten Scheiben, etwa über $\frac{D}{10} + 200$ mm ordnet man vielfach zwei Armkreuze an (Fig. 174).

Um die Scheiben leicht anbringen und abnehmen zu können sowie bei großen Scheiben mit Rücksicht auf die Herstellung und den Transport verwendet man geteilte Scheiben. Man gießt diese entweder geteilt oder legt beim Gießen geschwärzte Bleche ein, die nur etwa 5 bis 12 mm Gußrand stehen lassen, und sprengt sie dann. Den Durchmesser der Verbindungsschrauben nimmt man $d = 0{,}2\sqrt{l\,\delta} + 7$ mm (l = Nabenlänge, δ = Nabenstärke), die Stärke der Lappen $= 0{,}8\,\delta$ (siehe Fig. 175). Die Teilfuge ist möglichst in die Arme zu legen, oder es sind wenigstens die Sprengflächen, wie Fig. 175 zeigt, zu beiden Seiten der Schrauben anzuordnen, um Schiefziehen zu verhüten.

Will man die Festigkeit der Verbindungsschrauben nachrechnen, so muß man von der Forderung ausgehen, daß die Reibung, die durch die Anpressung der Nabe gegen die Welle hervorgerufen wird, ohne Mitwirkung des Keiles zur Mitnahme genügt. Ist P die Umfangskraft, R_1 der Scheibenradius, r der Wellenradius, so ist die Umfangskraft an der Welle

$$\frac{P \cdot R}{r}.$$

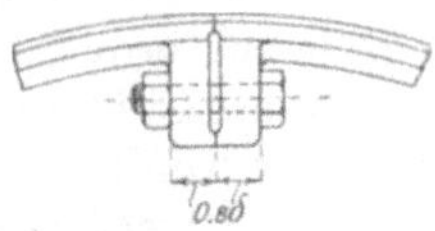

Fig. 175.

Die Anpressung jeder Nabenhälfte gegen die Welle ist, wenn d_1 der Kerndurchmesser der Verbindungsschrauben, z ihre Anzahl und k_z die zulässige Zugspannung des Schraubenmaterials (höchstens etwa 1000 kg/qcm)

$$z \cdot \frac{\pi\, d_1^2}{4} \cdot k_z\,.$$

Es muß also, wenn der Reibungskoeffizient 0,2 gesetzt wird,

$$2 \cdot z \frac{\pi\, d_1^2}{4} \cdot k_z \cdot 0{,}2 = \frac{PR}{z}$$

sein.

Die Schrauben am Kranz müssen die Zentrifugalkraft der halben Scheibe und die Umfangskraft P aushalten. Die Zentrifugalkraft einer Kranzhälfte ist, wenn

$$G = b \cdot s \cdot R \cdot \pi\, \gamma\,,$$

(Maße in Dezimeter) ihr Gewicht und

$$v = 0{,}64\,\frac{2\,R\,\pi\,n}{60}$$

(R in Millimeter) die Umfangsgeschwindigkeit ihres Schwerpunktes ist:

$$C = \frac{G}{9{,}81} \cdot \frac{v^2}{0{,}64\,R}$$

(R in Meter, $0{,}64\,R$ ist der Schwerpunktsradius).

Ist z die Anzahl der Schrauben einer Verbindungsstelle, so muß

$$z\,\frac{\pi\, d_1^2}{4} \cdot k_z = C + P$$

sein.

Schmiedeeiserne Riemenscheiben werden da angewendet, wo es auf geringes Gewicht und größere Festigkeit ankommt, besonders bei großer Geschwindigkeit. Die Arme sind Rundeisen- oder Flacheisenstäbe oder Rohre. Am Kranze werden sie versenkt eingenietet oder in am Arme aufgenietete Muffen eingeschraubt, an der Nabe, die meist aus Gußeisen oder Stahlguß hergestellt wird, werden sie eingegossen, eingeschraubt oder auch in die erwärmte Nabe gut passend eingesetzt. Aus Blech gepreßte Riemenscheiben haben sich bei uns wenig eingeführt, scheinen aber in Amerika mehr Verbreitung zu finden. Die American Pulley Co., Philadelphia, liefert solche stählerne Riemenscheiben von 75 bis 1800 mm Durchmesser. Die Nabenhälften bestehen bei kleineren Scheiben mit den Armen aus einem Stück, größere Arme sind mit den Hälften des ringförmigen Nabensterns fest vernietet. In beiden Fällen ist der äußere Nabenring mit dem inneren eigentlichen Nabenkörper wiederum vernietet. Die kleineren Scheiben haben 6, die über 1000 mm Durchmesser 8 Arme. Letztere sind dort, wo sie mit dem Nabenring vernietet werden, gegabelt; die gegabelten Enden überlappen sich gegenseitig und werden so miteinander vernietet, wodurch sich eine äußerst kräftige, besonders für schwere Belastung geeignete Riemenscheibe ergibt. Die Kränze sind in der Mitte durch Flanschen verbunden, an die die Arme genietet sind. Die Kränze sind ringsherum umgebogen, um einen widerstandsfähigen Querschnitt und eine gut abgerundete Kante zu erhalten. Das Gewicht derartiger Stahlscheiben beträgt ungefähr 45% vom Gewicht gußeiserner Scheiben, ihre Festigkeit genügt, wo nicht außergewöhnlich starke Scheiben benötigt werden. Durch die Abrundung beim Übergang vom Kranz zum inneren Mittelflansch entsteht eine Ringnut in der Mitte des Umfangs, die wesentlich dazu beiträgt, den Wirkungsgrad der Kraftübertragung zu erhöhen, dadurch, daß die Luft, die sich bei schnellaufenden Trieben zwischen Riemen und Scheibenumfang befindet, durch diese Nut entweichen kann, wodurch eine bessere Berührung zwischen Riemen und Scheibenumfang bewirkt wird.

Von etwa 1 m Durchmesser und 200 mm Breite ab sind schmiedeeiserne Riemenscheiben billiger als gußeiserne.

Holzriemenscheiben zeichnen sich durch Leichtigkeit aus. Der Kranz besteht entweder aus gebogenem Holz oder vielen versetzt verleimten Felgenstücken. Bis ungefähr 30 cm Durchmesser macht man die Scheiben voll, bis 90 cm zweiarmig, größere vierarmig, sehr große Scheiben versieht man mit von den Armen ausgehenden Spreizen.

Auch aus Hartpapier sind Riemenscheiben hergestellt worden.

Um die Bewegungsübertragung zeitweilig unterbrechen zu können, ordnet man eine Los- oder Leerscheibe an (Fig. 176). Die Länge der Nabe derselben soll mindestens gleich dem doppelten Wellendurchmesser sein. Die Scheibe muß gegen seitliche Verschiebung geschützt sein, die Lauffläche muß gut geschmiert werden. Vielfach wird die Nabe mit Rotguß ausgebuchst, besser ist jedoch die Anordnung einer die Welle lose umschließenden Buchse, auf der die Scheibe läuft, auch geteilte Leerlaufbuchsen, ähnlich wie Stellringe durch Schrauben zusammengehalten, werden verwendet. Häufig wird auch die Leerlaufbuchse als Vorratsbehälter für Fett ausgebildet, das bei der Drehung durch die Zentrifugalkraft auf die Schmierfläche gepreßt wird. Neuerdings führt man auch die Losscheiben mit Kugellagern aus.

Der Riemen wird durch einen ihn gabelförmig umfassenden Riemenausrücker je nach Bedarf auf die Festscheibe oder die Losscheibe verschoben. Der gabelförmige Führer wird durch einen Hebel, der bei leichten Trieben direkt von Hand bewegt wird, bei schweren durch eine Schraubenspindel bewegt. Bei den ersteren sichert man den Riemen in den Endstellungen durch ein am Führerhebel angebrachtes Gewicht, welches nach der einen oder der anderen Seite umkippt und ein selbsttätiges Verschieben des Riemens hindert. Ist die Anordnung derartig, daß der Riemen während des Ausgerücktseins ruht, so muß die Losscheibe durch Anpressen an die Festscheibe in Bewegung gesetzt werden, ehe der Riemen auflaufen kann. Zu verschieben ist immer das auflaufende Riemenstück.

Bleibt der Riemen lange ausgerückt, so empfiehlt es sich, die Leerscheibe im Durchmesser etwas kleiner zu machen (Fig. 176), um Riemen und Lager zu entlasten; die Festscheibe erhält dann einen kegelförmigen Anlauf.

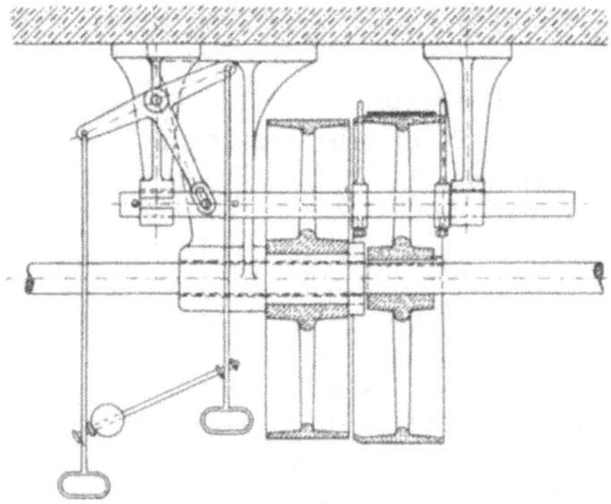
Fig. 176.

Bei großen Riemenscheiben (ebenso bei Seilscheiben) ist die Widerstandsfähigkeit des Kranzes gegenüber der durch die Zentrifugalkraft hervorgerufenen Biegungsbeanspruchung nachzurechnen.

Ist l die Länge des zwischen zwei Armen liegenden Teiles vom Kranze, b die Breite und s die mittlere Dicke des Kranzes (den man als Rechteck ansehen kann), alle Maße in Dezimeter, g das spezifische Gewicht (7,3 für Gußeisen, 7,8 für Schmiedeeisen), v die Umfangsgeschwindigkeit in Meter pro Sekunde und R der Radius in Metern, so ist die Zentrifugalkraft dieses Kranzteils

$$C = \frac{G}{g} \cdot \frac{v^2}{R} = \frac{b \cdot s \cdot l \cdot \gamma}{9{,}81} \cdot \frac{v^2}{R}.$$

Diese Zentrifugalkraft ist eine über die Länge l gleichmäßig verteilte Belastung, das Kranzteil kann als ein an beiden Enden eingespannter Balken angesehen werden; dann ist das Biegungsmoment

$$M_b = \frac{C \cdot l}{12},$$

und es muß

$$\frac{C \cdot l}{12} = \frac{b \cdot s^2}{6} \cdot k_b$$

sein.

Die Biegungsspannung

$$k_b = \frac{6\,C \cdot l}{12\,b \cdot s^2} = \frac{C\,l}{2\,b\,s^2}$$

soll bei gutem Gußeisen etwa 200 kg/qcm, bei Schmiedeeisen etwa 750 kg/qcm nicht übersteigen.

Stahlbandtriebe. Die Eloesser-Kraftband-Gesellschaft in Charlottenburg verwendet ein Stahlband zur Kraftübertragung, dessen Dicke nur $^1/_{10}$ und dessen Breite $^1/_4$ bis $^1/_6$ der Breite eines Lederriemens für gleiche Belastung ist. Die Bandenden sind mit Laschen verschraubt, die Scheiben, die genau laufen und zwecks Anspannung des Bandes verschiebbar sein müssen, sind mit Kork belegt.

Stahlbänder sind besonders zum Übertragen größerer Kräfte (über 30 PS) in trockenen Räumen bei genau und standfest eingebauten Wellen geeignet. Der Scheibendurchmesser darf nicht unter 300 bis 400 mm liegen und der Achsabstand nicht kleiner als $^1/_2$ bis $^1/_3$ der Strecke sein, die das Band in 1 Sek. zurücklegt. Die Geschwindigkeit kann beliebig sein. Stahlbänder sind ungeeignet bei fliegender Scheibenanordnung, für Stufenscheiben und Gabellauf.

Man kann den kleinsten Scheibendurchmesser nach dem Quotienten aus Anzahl der Pferdestärken und Umdrehungszahl folgender Tabelle entnehmen:

$\frac{N}{n}$ =	0,01	0,015	0,035	0,065	0,15	0,28	0,63	0,72	1,1	1,35	1,65
d =	300	325	425	500	675	825	1000	1150	1300	1500	1700

Die Scheiben haben $^1/_2$ bis $^2/_3$ der für Riemen üblichen Breite, bei größeren Übertragungen belegt man zur Erhöhung der Reibung den Umfang mit Korkleinwand, Korkpapier oder Hartpapier.

Die Enden des Stahlbandes werden entweder mit einem verschraubten und mittels Weichlot gelöteten Metallschloß verbunden oder auf Gehrung geschnitten und mit einem Lederschloß vereinigt.

B. Der Seilbetrieb.

Das Material der Seile ist entweder Hanf oder Baumwolle oder aber Eisen- oder Gußstahldraht.

Der Drahtseiltrieb wird zur Fortleitung größerer Kräfte auf größere Entfernungen, besonders auch für außerhalb der Gebäude liegende, den Witterungseinflüssen ausgesetzte Triebe verwendet und erfordert der geringen Biegsamkeit des Drahtseiles wegen große Scheiben. Der Hanfseil- und Baumwollseiltrieb eignet sich zur Übertragung größerer oder kleinerer Kräfte auf mittlere Entfernungen, erfordert einen größeren Achsenabstand und größere Scheiben als der Riementrieb, gestattet aber die Übertragung größerer Kräfte als die durch die größten Riemenabmessungen gegebenen und ermöglicht vor allen Dingen eine bequeme Verteilung der Kraft von derselben Antriebsscheibe auf verschiedene Wellen.

Die erforderliche Anpressung des Seiles gegen den Umfang der Rillen kann durch das Eigengewicht des Seiles (Drahtseiltrieb), durch Dehnung des Seiles (Betrieb mit Dehnungsspannung) oder auch durch besondere Spannrollen geschehen (Betrieb mit Belastungsspannung). Die beiden letzten Arten finden sich sowohl beim Hanfseil- als beim Baumwollseiltrieb.

1. Der Hanfseiltrieb.

(Siehe Tabelle 11 im Anhang.)

Der Hanfseiltrieb wird für Scheibenentfernungen von 5 bis 25 m angewandt, ist jedoch der geringen Schmiegsamkeit des Seiles wegen nur für Scheiben von mehr als 1,5 m Durchmesser zweckmäßig.

Das Material der Hanfseile ist italienischer Hanf, badischer Schleißhanf, Manilahanf oder auch Jute. Für Transmissionshanfseile wählt man am besten badischen Schleißhanf für Innenräume, Manilahanf für Triebe im Freien. Die Seile bestehen aus 3 Litzen, welche wieder aus einer größeren Anzahl Hanffäden zusammengewunden sind.

Für Transmissionsseile sind festgeschlagene Seile zu empfehlen; lose geschlagene sind zwar biegsamer und deshalb für kleinere Scheibendurchmesser anwendbar, außerdem leichter und billiger, verändern aber im Betriebe ihren Durchmesser zu stark.

Außer den gewöhnlichen runden Seilen hat man auch quadratische, dreikantige und flache Hanfseile. Das Quadratseil wird durch Zusammenflechten mehrerer Litzen hergestellt, soll sich weniger und gleichmäßiger strecken, biegsamer, fester und um 12 bis 15% leichter sein als ein Rundseil von gleichem Querschnitt. Sie lassen sich besser verspleißen und können nach längerer Betriebsdauer um 90° gedreht in die Rillen eingelegt werden, wodurch der Verschleiß gleichmäßiger und deshalb die Haltbarkeit größer wird.

Zur Verbindung der Seilenden sind etwa 3 m erforderlich.

Die Dauer eines Hanfseiles beträgt bei sorgfältiger Behandlung bis zu 6 Jahren und darüber.

Das Hanfseil muß vor der Benutzung sorgfältig getrocknet und gestreckt und nach dem Auflegen gründlich mit warmem Talg oder Mineralöl getränkt werden. Diese Einfettung ist während des Betriebes alle 2 bis 3 Monate zu wiederholen, bei Seilen, die im Freien laufen, noch öfter. Seile, die im Freien laufen, werden zweckmäßig mit Teer getränkt, wodurch sie unempfindlicher gegen Witterungseinflüsse und auch etwas fester werden, dafür aber schwerer und weniger biegsam.

Die Anschaffungskosten für Hanfseiltriebe sind für größere Entfernungen gewöhnlich niedriger als für Riementriebe doch haben Hanfseiltriebe einen ziemlich bedeutenden Kraftverlust durch Gleiten der Seile, besonders bei großer Seilzahl wegen der Verschiedenartigkeit der einzelnen Seile. Schon unter normalen Verhältnissen kann dieser Verlust bis 10% betragen.

Zur Schmierung der Seile werden von den Seilfabriken besondere Schmieren in den Handel gebracht.

2. Der Baumwollseiltrieb.

Baumwollseile sind teurer aber geschmeidiger wie Hanfseile und können deshalb für kleinere Scheibendurchmesser (bis herab auf die zwanzigfache Seilstärke) und kleineren Wellenabstand (bis herab auf 3 m) verwendet werden, auch werden sie bei stoßendem Gang bevorzugt.

Für den Antrieb von Laufkranen werden Baumwollseile von 16 bis 22 mm verwendet, die bei der größten Last bis zu 20 kg/qcm Spannung erhalten.

Berechnung der Hanfseiltriebe und Baumwollseiltriebe.

Diese geschieht zunächst wie die Berechnung der Riementriebe. Man berechnet aus der Umfangsgeschwindigkeit die man 15 bis 20 m/sec (ausnahmsweise bis 30 m/sec) bei Baumwollseilen bis 25 m/sec annimmt den Durchmesser der Scheibe

$$D\pi = \frac{60\,v}{n}$$

und hierauf die Umfangskraft

$$P = \frac{75\,N}{v}.$$

Der gesamte Seilquerschnitt ergibt sich dann unter der Annahme, daß die größte Seilspannung doppelt so groß als die Umfangskraft ist, aus der Formel

$$F = \frac{2\,P}{k_z},$$

wobei man k_z um so kleiner nimmt, je kleiner der Scheibenabstand und der Scheibendurchmesser und je größer die Seilgeschwindigkeit ist. Man kann k_z der folgenden Tabelle entnehmen, wobei man der Berechnung den vollen Seilquerschnitt $\frac{\pi\,\Delta^2}{4}$ zugrunde zu legen hat.

Seilgeschwindigkeit	$v =$	5	10	15	20 m/sec
Hanfseile	$k_z =$	12—14	11—13	10—12	8—10 kg/qcm
Baumwollseile	$k_z =$	15—20	14—19	13—18	10—16 ,,

Man wählt nun den Seildurchmesser den man bei Haupttrieben 40 bis 50 mm nur ausnahmsweise 60 mm annimmt und bestimmt die Anzahl z der Seile aus der Formel

$$z = \frac{F}{\frac{\pi\,\Delta^2}{4}}.$$

Da die Inanspruchnahme des Seiles in erster Linie auch vom Scheibendurchmesser D abhängig ist, so kann man den Seildurchmesser einfacher nach folgenden Formeln berechnen, die für Geschwindigkeiten bis zu 20 m/sec gelten:

für Hanfseile

$$P = 3\Delta^2 \text{ bis } 4\Delta^2, \quad \text{wenn} \quad D \geqq 30\Delta;$$

$$P = 5\Delta^2 \;\;,,\;\; 6\Delta^2, \quad ,, \quad D \geqq 50\Delta;$$

zuweilen geht man bis $8\Delta^2$, sogar bis $12\Delta^2$;

Quadratseile $P = 6s^2$ bis $8s^2$, $D \geqq 20s$;

für Baumwollseile

$$P \text{ bis zu } 9\Delta^2, \quad \text{wenn} \quad D \geqq 30\Delta;$$

ausnahmsweise $D \geqq 20\Delta$.

Bei Betrieb mit Belastungsspannung kann man P bis zu 25% höher nehmen.

Das Seil muß mit 3 bis 5% Dehnung auf die Scheiben aufgebracht werden.

Längere Seile stützt man in Abständen von 20 bis 25 m durch Tragrollen.

Um die Kraft auf mehrere Wellen zu verteilen, kann man ein endloses Seil der Reihe nach ein oder mehrere Male um die einzelnen Seilscheiben schlingen. Der von Reuleaux angegebene Kreisseiltrieb (Fig. 177) ist dabei nicht zu empfehlen, weil das Seil hier immer wieder in der entgegengesetzten Richtung gebogen wird, wobei es sehr ungünstig beansprucht ist. Bei derartigen Seiltrieben ist es vielmehr zu empfehlen, den Trieb, wenn irgend möglich, so anzuordnen, daß das Seil nur nach einer Richtung gebogen wird und nach jeder Umschlingung einer getriebenen Scheibe wieder auf die treibende Scheibe zurückkehrt (Fig. 178). Die erforderliche Anpressung erreicht man dadurch, daß man das Seil über eine Spannrolle führt, welche in einem in Schienen gleitenden Spannwagen gelagert ist und durch ein Gewicht belastet wird. Es empfiehlt sich, die Spannrolle in eine lose Schlingung des Seiles zu legen, besonders wenn die zu übertragende Kraft stark wechselt. Das Belastungsgewicht muß in diesem Falle gleich der doppelten Seilspannung, also ungefähr 2 P sein, liegt die Spannrolle in einer ziehenden Schlingung, dagegen etwa 4 P. Das Belastungsgewicht besteht aus einzelnen Scheiben, so daß es je nach der zu übertragenden Kraft verändert werden kann. Die Weglänge des Spannwagens ist bei Antrieben in Gebäuden etwa 2,5%, bei Antrieben im Freien 3 bis 3,5% der gesamten Seillänge zu nehmen. Ist eine derartige Gleislänge

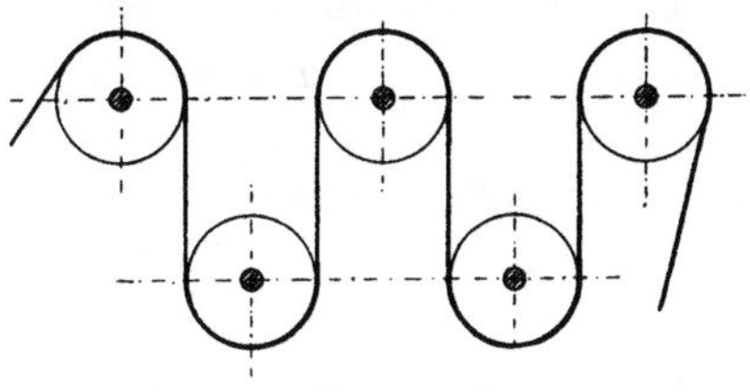

Fig. 177.

bei den vorliegenden örtlichen Verhältnissen nicht möglich, so muß das Seil später gekürzt werden.

Das Eisenwerk Wülfel vor Hannover rechnet bei seinen Hanfseiltrieben mit Belastungsspannung

$$P = 5\,\Delta^2,$$

wobei der Durchmesser der Treibrollen mindestens 30 bis $40\,\Delta$, der Durchmesser der Leit- und Spannrollen $30\,\Delta$ genommen wird. Die Leit- und Spannrollen erhalten kreisförmige Rillen, in denen das Seil am Grunde aufliegt, also nicht klemmt.

Die Berechnung der Hanfseiltriebe soll an nachstehenden Beispielen gezeigt werden.

1. Beispiel: Vom Schwungrad einer Dampfmaschine, welches 4,5 m Durchmesser hat und 80 Umdrehungen in der Minute macht, sollen 200 PS auf die Vorgelegewelle übertragen werden, deren Umdrehungszahl 150 pro Minute ist.

Der Durchmesser der Seilscheibe ergibt sich aus

$$\frac{D_2}{D_1} = \frac{n_1}{n_2}$$

zu

$$D_2 = D_1 \frac{n_1}{n_2} = 4{,}5 \frac{80}{150} = 2{,}4 \text{ m}.$$

Die Seilgeschwindigkeit ist

$$v = \frac{D\,\pi\,n}{60} = \frac{4{,}5\,\pi\,80}{60} = 18{,}84 \text{ m/sec}$$

und die Umfangskraft

$$P = \frac{75\,N}{v} = \frac{75 \cdot 200}{18{,}84} = 796 \text{ kg}.$$

Der gesamte Seilquerschnitt ergibt sich dann aus der Formel

$$F = \frac{2\,P}{k_z} = \frac{2 \cdot 796}{10} = 159{,}2 \text{ qcm}.$$

Nimmt man einen Seildurchmesser von 45 mm an, so hat ein Seil einen Querschnitt von 15,9 qcm, wir erhalten also

$$z = \frac{F}{\frac{\pi\,\Delta^2}{4}} = \frac{159{,}2}{15{,}9} = 10 \text{ Seile}.$$

Da der kleinste Scheibendurchmesser $D = 240$ cm größer als $50\,\Delta = 50 \cdot 4{,}5 = 225$ cm ist, so würde die Formel

$$P = 5\,\Delta^2 \text{ bis } 6\,\Delta^2 = 5 \cdot 20{,}25 \text{ bis } 6 \cdot 20{,}25 = 100 \text{ bis } 120 \text{ kg}$$

als diejenige Kraft ergeben, mit welcher ein Seil beansprucht werden darf. Hiernach würden wir nur 7 bis 8 Seile nötig haben; unser erstes Resultat gibt also größere Sicherheit. (Es ist immer zu empfehlen, ein Seil mehr zu nehmen, als die Rechnung ergibt.)

2. Beispiel: Von der Scheibe I sollen auf Scheibe II (Fig. 178) 90 PS, auf Scheibe III 150 PS und auf Scheibe IV 250 PS übertragen werden. Die Tourenzahlen sind $n_1 = 80$, $n_2 = 150$, $n_3 = 150$, $n_4 = 100$ pro Minute. Es soll ein Hanfseiltrieb mit Belastungsspannung angewendet werden, die Seilgeschwindigkeit sei 15 m/sec.

Die Scheibendurchmesser werden

$$D_1 \pi = \frac{60\,v}{n_1} = \frac{60 \cdot 15}{80} = 11{,}25\,; \qquad D_1 = 3{,}58 \text{ m};$$

$$D_2 \pi = \frac{60\,v}{n_2} = \frac{60 \cdot 15}{150} = 6\,; \qquad D_2 = 1{,}91 \text{ m};$$

$$D_3 = D_2 = 1{,}91 \text{ m};$$

$$D_4 \pi = \frac{60\,v}{n_4} = \frac{60 \cdot 15}{100} = 9\,; \qquad D_4 = 2{,}87 \text{ m}.$$

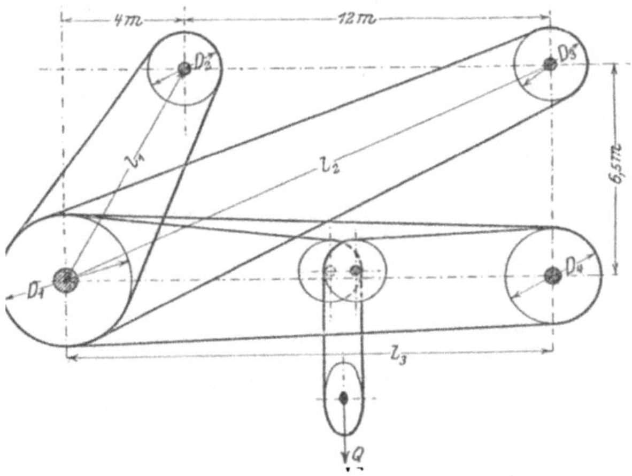

Fig. 178.

Alle diese Scheibendurchmesser entsprechen, wenn wir ein Seil von 50 mm Durchmesser wählen, der Forderung

$$D \geqq 30 \text{ bis } 40\,\Delta\,.$$

Den Durchmesser der Leitrollen und der Spannrolle nehmen wir

$$D = 30\,\Delta = 30 \cdot 5 = 150 \text{ cm}.$$

Die Umfangskräfte an den einzelnen Scheiben ergeben sich zu

$$P_2 = \frac{75 \cdot N_2}{v} = \frac{75 \cdot 90}{15} = 450 \text{ kg},$$

$$P_3 = \frac{75 \cdot N_3}{v} = \frac{75 \cdot 150}{15} = 750 \text{ kg},$$

$$P_4 = \frac{75 \cdot N_4}{v} = \frac{75 \cdot 250}{15} = 1250 \text{ kg}.$$

Setzt man die von einem Seile zu übertragende Kraft

$$P = 5\,\Delta^2 = 5 \cdot 5^2 = 125 \text{ kg},$$

so braucht man für

$$\text{Scheibe II:} \quad z_2 = \frac{450}{125} = 4 \text{ Umschlingungen,}$$

$$\text{,, III:} \quad z_3 = \frac{750}{125} = 6 \quad \text{,,}$$

$$\text{,, IV:} \quad z_4 = \frac{1250}{125} = 10 \quad \text{,,}$$

für die treibende Scheibe I also 20 Umschlingungen.

Wenn man die Durchhängung der Seile und die verschiedenen Durchmesser der Scheiben zunächst nicht berücksichtigt, so erhält man die Seillänge, indem man die Summe der halben Umfänge bildet und die Mittelpunktsentfernungen der Scheiben für jede Umschlingung zweimal zuzählt.

Man erhält dann

$$l_1 = \sqrt{4^2 + 6{,}5^2} = \sqrt{78{,}25} = \sim 7{,}9 \text{ m},$$

$$l_2 = \sqrt{16^2 + 6{,}5^2} = \sqrt{298{,}25} = \sim 17{,}3 \text{ m},$$

$$l_3 = 16 \text{m};$$

$$L = 20 \frac{D_1 \pi}{2} + 4 \frac{D_2 \pi}{2} + 6 \frac{D_3 \pi}{2} + 10 \frac{D_4 \pi}{2} + 8\,l_1 + 12\,l_2 + 20\,l_3$$

$$= 20 \cdot 5{,}6 + 4 \cdot 3 + 6 \cdot 3 + 10 \cdot 4{,}5 + 8 \cdot 7{,}9 + 12 \cdot 17{,}3 + 20 \cdot 16$$

$$= 777{,}8 \text{ m}.$$

Hierzu kommt noch die Schleife für die Spannrolle, welche wir vorläufig dadurch berücksichtigen wollen, daß wir

$$L = 785 \text{ m}$$

setzen.

Die Weglänge des Spannwagens müßte dann, vorausgesetzt, daß der Trieb in einem geschlossenen Raume liegt, 2,5% dieser Länge, also $\sim$20 m sein. Da diese Länge zu groß ist, muß man die Weglänge des Spannwagens so groß nehmen, als es die räumlichen Verhältnisse zulassen, wird aber dann das Seil nach einiger Zeit kürzen müssen.

Hängen wir, wie die Figur zeigt, den Spannwagen in eine lose Schlingung, so ist die Seilspannung P. Die Belastung des Spannwagens muß also $2\,P = 250$ kg sein.

Verwenden wir ein zylindrisches Gußeisengewicht und setzen $h = 2\,d$; spez. Gewicht $\gamma = 7{,}3$, so muß sein

$$\frac{\pi\,d^2}{4} \cdot h\,\gamma = 250$$

und mit $h = 2\,d$

$$\frac{2\,\pi\,d^3}{4}\,\gamma = 250\,;$$

$$d^3 = \frac{250 \cdot 2}{\pi \cdot 7{,}3} = \frac{500}{22{,}9} = 22; \qquad d = 2{,}8\,dm = 28\text{ cm};$$

$$h = 2\,d = 56\text{ cm}.$$

Zum größeren Teil, also etwa mit einer Höhe von 40 cm, gießt man dieses Gewicht aus einem Stück und ersetzt die fehlende Höhe durch geschlitzte Scheiben, etwa 8 Stück von 2 cm Stärke, die sich nach Bedarf wegnehmen lassen, wodurch man die Seilspannung ändern kann. (Über die Kurve, in der sich das Seil durchhängt, siehe unter Drahtseiltrieb.)

Die von Prof. Kammerer, Charlottenburg, angestellten (unter Riementrieb erwähnten) Versuche haben ergeben, daß auch bei Seiltrieben die Vorspannung wesentlich kleiner genommen werden kann als P, und daß auch hier bei Seilgeschwindigkeiten über 20 m/sec die Dehnung hinter dem aus der Spannung berechneten Werte wesentlich zurückbleibt, die Gesamtspannung also größer genommen werden kann als bei kleinen Seilgeschwindigkeiten. Der Wirkungsgrad, der mit zunehmender Nutzspannung rasch ansteigt und bei einem Seil den Höchstwert 0,96, bei 4 Seilen 0,94, beim Kreisseiltrieb nur 0,9 erreicht, sinkt jedoch mit zunehmender Geschwindigkeit merklich, so daß für große Geschwindigkeiten der Riementrieb wirtschaftlicher ist als der Seiltrieb. Die Abnahme des Wirkungsgrades mit dem Durchmesser ist natürlich bei Seiltrieben auch größer als bei Riementrieben. Der Reibungswert ist bis 0,6 beobachtet worden, ohne daß Gleitschlupf eintrat. Der Dehnungswechsel zwischen straffem und losem Trum scheint sich nicht auf dem Scheibenumfang, sondern erst beim Ablauf von der Scheibe zu vollziehen. Der Wirkungsgrad der Trapezseile ist etwas geringer als der der Rundseile, weil sie eine höhere Vorspannung erhalten müssen, um schwankungsfrei zu laufen. Die Größe der Übersetzung und die Lage des ziehenden Trums haben beim Seiltrieb keinen Einfluß auf den Wirkungsgrad.

Besondere Beachtung verdienen die Seil- und Kettenförderungen mit Spannungsausgleich „Ohnesorge“ (Z. d. V. D. I. 1919, Nr. 24). Das Grundübel aller Seil- und Kettenförderungen mit mehrfacher Umschlingung der Treibscheiben (Drahtseilbahnen, Streckenförderungen) besteht in dem Auftreten starker zusätzlicher Überspannungen, entsprechend der Wirkung einer Winde mit Stufentrommel („chinesische Winde“) oder eines Flaschenzuges mit Stufenscheiben.

Damit ist nicht nur ein beträchtlicher Mehrverbrauch an Kraft bedingt, sondern auch eine übermäßige Beanspruchung der Maschine und des Seiles, die sich sinnfällig in dem starken Geräusch der Zahnräder und dem zeitweiligen Rutschen des Seiles ausspricht. Diese Überspannungen führen häufig zu Brüchen des Seiles oder sonstiger Teile der Maschine, vor allem der Vorgelegescheiben; so sind selbst die starken Wellen der Scheiben gebrochen, wobei man die Feststellung machte, daß das Gefüge sich in ein grobkristallinisches verwandelt hatte. Die durch diese sinnfälligen Störungserscheinungen gestellte Aufgabe hat seit mehr als einem Menschenalter lebhaft die Erfindertätigkeit angeregt, und so haben sich denn auch die ersten einschlägigen Firmen mit Abhilfevorschlägen beschäftigt, ohne daß ein wirklicher Erfolg erzielt worden wäre.

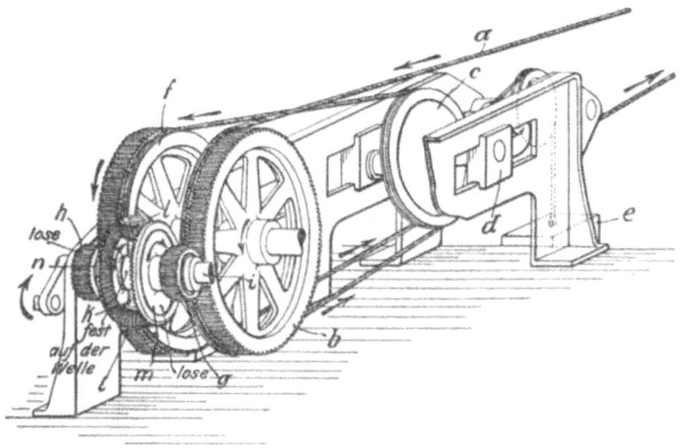

Fig. 179.

Durch den Spannungsausgleich „Ohnesorge“ ist für alle solche Mehrscheibenantriebe diese Frage grundsätzlich gelöst worden, indem durch Zwischenschaltung eines Ausgleichsgetriebes — wie es auch im Kraftwagenbau vorkommt — zwischen die einzelnen Treibscheiben die vorher statisch unbestimmte Anordnung zu einer statisch bestimmten gemacht wird: Nach dem zugehörigen schematischen Schaubild Fig. 179, eines durch Einbau eines Seilspannungsausgleichers statisch bestimmt gemachten Zweischeibenantriebes, läuft das aus der Strecke kommende Seil *a* über die mit dem Zahnrade *b* zusammengegossene Treibscheibe auf und um die Umlenkrolle *c*, die sich in einem Schlitten *d* in dem Maschinengestell führt und unter Belastung des Gewichtes *e* steht. Danach umschlingt das Seil *a* die ebenfalls zum Zahnrad ausgebildete Treibscheibe *f*, um in die Strecke zurückzukehren. Die beiden Räder *b* und *f* sind entweder beide auf ihrer Welle lose, oder es ist die eine festgekeilt und die andere lose. Mit den Zahnkränzen von *b* und *f* kämmen die Ritzel *g* und *h*, die beide auf der Antriebswelle *i* lose laufen und mit den Kegelrädern *m* und *n* vergossen oder verschraubt sind.

Um die von der Welle *i* mitgenommenen radialen Zapfen *k* drehen sich die Planetenräder *l*, die einerseits mit dem Kegelrade *m*, andererseits mit dem Kegelrade *n* in Eingriff stehen, und die die Rolle eines Wagebalkens übernehmen, der die durch *k* eingeleitete Gesamtumfangskraft nach dauernd erhaltener Gesetzmäßigkeit auf die beiden Räder *m*, *n*, dann *g*, *h* und schließlich *b*, *f* verteilt.

Unabhängig von den ursprünglich vorhandenen Abweichungen in den Durchmessern der Treibscheiben und der örtlich verschiedenen Dicke des Seiles, unabhängig von der während des Betriebes wechselnden Belastung und der im Betriebe eintretenden ungleichmäßigen Abnutzung wird die durch das Ausgleichsgetriebe geschaffene gesetzmäßige Belastungsverteilung ständig beibehalten, so daß jetzt tatsächlich die verschiedenen Treibscheiben in ganz bestimmter Weise an dem zu leistenden Gesamtdrehmoment dauernd teilnehmen. Dabei ist es bemerkenswert, daß die Umlenkscheibe *c* hier gleich zur Spannscheibe ausgebildet werden kann, während sie bei den bisherigen starren Antrieben an dieser Stelle keine Wirkung hätte, im Gegenteil der erwähten Wind- oder Flaschenzugwirkung unterliegen und damit einfach in ihr Hubende gezogen werden würde; man hat deshalb immer für die Spannrolle eine besondere Seilumschlingung vorsehen müssen.

Nach von Dipl.-Ing. Goetze an einer von der Maschinenfabrik Hasenclever A.-G. in Düsseldorf für die Zeche „Teutoburgia" gebauten Streckenförderung angestellten Versuchen hat die gleiche Anlage, einmal mit, einmal ohne Spannungsausgleich betrieben, unter den gleichen äußeren Bedingungen im letzteren Falle einen Kraftmehrverbrauch bis zu 80%, im Mittel 40%, aufgewiesen. Bei dieser Größenordnung ist die Kraftersparnis des neuen Antriebes nicht nur an sich von Bedeutung, sondern erscheint in einem ganz besonderen Lichte, wenn man sich vergegenwärtigt, daß der Kraftmehrverbrauch bei den bisherigen Anlagen sich ausschließlich in Abnutzungsarbeit, namentlich am Seil und an den Scheiben, umsetzt, begleitet von dem bezeichnenden starken Geräusch der Maschine. Diese Untersuchungen haben auch durch die praktische Bewährung der Anlage im Dauerbetriebe ihre Bestätigung gefunden, wobei vor allem der stetige ruhige Lauf und die schon nach kurzer Zeit im Vergleich mit älteren, unter den gleichen Verhältnissen arbeitenden Anlagen feststellbare Seilschonung hervorgehoben wird. Bestehende Anlagen lassen sich auf Spannungsausgleich umbauen.

3. Der Drahtseiltrieb.

(Siehe Tabelle 12 im Anhang.)

Das Material der Drähte ist schwedisches Holzkohleneisen oder Tiegelgußstahl. Die Drähte sind schraubenförmig um Kerndrähte gewunden und mehrere (6 bis 20) solcher Litzen wieder um eine gemeinschaftliche Hanfseele (siehe Fig. 224). Drahtseile, bei welchen die Hanfseele durch eine Einlage aus weichem ausgeglühten Draht ersetzt ist, sind unelastischer und selten im Gebrauch. Die Gußstahldrahtseile sind ca. 50% teurer als die Eisendrahtseile und weniger biegsam, weshalb sie größere Scheibendurchmesser bedingen.

Zum Schutze gegen das Rosten werden die Drähte vielfach verzinkt.

Beim Verspleißen der Seilenden werden diese aufgeflochten und die Hanfseelen abgeschnitten. Die Litzen werden dann ineinandergesteckt und verflochten. Hierzu sind etwa 3 m Seil erforderlich.

Im Betriebe ist das Seil alle 3 bis 6 Wochen derart zu schmieren, daß das Schmieröl auch in das Innere eindringt. Gekochtes Leinöl oder gekochter Talg mit Graphit sind als Seilschmiere zu empfehlen. Bei guten Betriebsverhältnissen halten die Seile einen zwei- bis dreijährigen Betrieb aus.

Die geringste Achsenentfernung der Drahtseilscheiben ist bei kleinen Kräften 15 bis 25 m, bei großen Kräften 30 bis 50 m. Als größte Entfernung ist etwa 150 m anzusehen.

Bei größeren Scheibenabständen ordnet man mehrere Drahtseiltriebe mit etwa je 100 m Achsenabstand an und verwendet für die Zwischenscheiben Seilscheiben mit zwei Rillen. Der Wirkungsgrad der Drahtseiltriebe ist bei 100 m Achsenabstand ungefähr 96%, bei 1000 m Achsenentfernung noch 90%. Um die Durchhängung möglichst gering zu halten, legt man das straffe Seil unten, das lose oben hin, wird sie trotzdem zu groß, so ordnet man Tragrollen an.

Der Drahtseiltrieb wird mehr und mehr durch die elektrische Kraftübertragung verdrängt.

Berechnung der Drahtseiltriebe.

Aus der Umfangsgeschwindigkeit ermittelt man, wie bei den Hanfseilscheiben, den Durchmesser nach der Formel

$$D\pi = \frac{60\,v}{n}$$

und hierauf die Umfangskraft

$$P = \frac{75\,N}{v}.$$

Die Umfangsgeschwindigkeit (Seilgeschwindigkeit) nimmt man dabei

für kleinere Kräfte $v = 10$ m/sec

„ mittlere „ $v = 15$ bis 20 m/sec

„ große „ $v = 20$ „ 30 „

Man wählt nun den Drahtdurchmesser d und berechnet die Anzahl i der Drähte nach der Formel

$$i\,\frac{\pi\,\delta^2}{4} = \frac{2\,P}{k_z},$$

also

$$i = \frac{2\,P}{\frac{\pi\,\delta^2}{4}\cdot k_z},$$

wobei k_z so zu wählen ist, daß die Biegungsanstrengung und die Anspannung infolge der Zentrifugalkraft eingeschlossen sind.

Man kann unter der Voraussetzung, daß der Scheibendurchmesser mindestens gleich dem 150fachen Seildurchmesser, gleichzeitig aber gleich dem 1500fachen Drahtdurchmesser ist, wählen:

	$v =$	10	15	20	25	30 m/sec
für Seile aus Eisendraht oder Bessemerstahl	$k_z =$	620	610	590	570	550 kg/qcm
für Seile aus Tiegelgußstahl .	$k_z =$	800	790	770	750	730 ,,

Ist der Scheibendurchmesser mindestens das 2000fache vom Drahtdurchmesser, so kann man diese Werte um 25%, wenn der Scheibendurchmesser mindestens gleich dem 2500fachen Drahtdurchmesser ist, um 35% erhöhen.

Nachdem man die Drahtzahl i ermittelt hat, hat man aus der Preisliste eines Seilwerkes ein passendes Drahtseil auszuwählen (siehe Tabelle 12 im Anhang), ist ein solches nicht vorhanden unter Annahme eines anderen Drahtdurchmessers die Rechnung zu wiederholen.

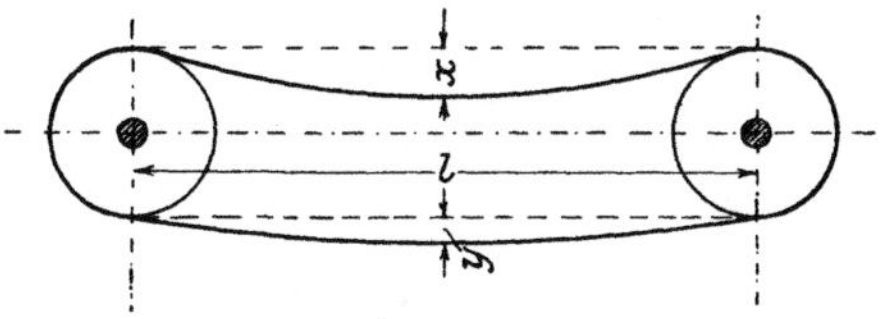

Fig. 180.

Da die Festigkeit der Drahtseile sich nach der Qualität des verwendeten Drahtmateriales richtet, ist zu erwägen, ob an Stelle obiger Durchschnittswerte von k_z die von dem betreffenden Seilwerk garantierte zulässige Belastung einzusetzen ist.

Nachdem man das erforderliche Seil ermittelt hat, berechnet man seine Durchhängung nach den Formeln

$$x = \frac{l^2 G}{8 P} \text{ für das lose Seilstück,}$$

$$y = \frac{l^2 G}{8 \cdot 2 P} \text{ für das straffe Seilstück,}$$

wobei l der Scheibenabstand in Meter und G das Gewicht von 1 m Seil ist, welches der Seiltafel entnommen werden muß (Fig. 180).

Die Durchhängung im betriebslosen Zustande ist

$$z = \frac{x + y}{2}.$$

Beim schiefen Seiltrieb, bei welchem die Scheiben in verschiedener Höhe liegen, kann man näherungsweise die Einsenkung $h = x$ bzw. $h = y$ eines horizontalen Seiltriebs von gleichem Achsenabstand l

berechnen und hierauf die Einsenkung des Scheitels h' der Seilkurve unter den tiefer gelegenen Auflaufpunkt (Fig. 181) nach der Formel

$$h' = h\left[1 + \frac{1}{16}\left(\frac{H}{h}\right)^2\right] - \frac{H}{2}$$

und die Entfernung l' des Scheitels vom tieferen Auflaufspunkt nach der Formel

$$l' = \frac{l}{2}\left(1 - \frac{1}{4}\frac{H}{h}\right)$$

ermitteln, wobei H der Höhenunterschied der Scheibenmitten ist.

Wird l', nach obiger Formel berechnet, negativ, so bedeutet das, daß der Scheitel nicht zwischen den Scheiben, sondern außerhalb der tieferliegenden Scheibe gelegen ist.

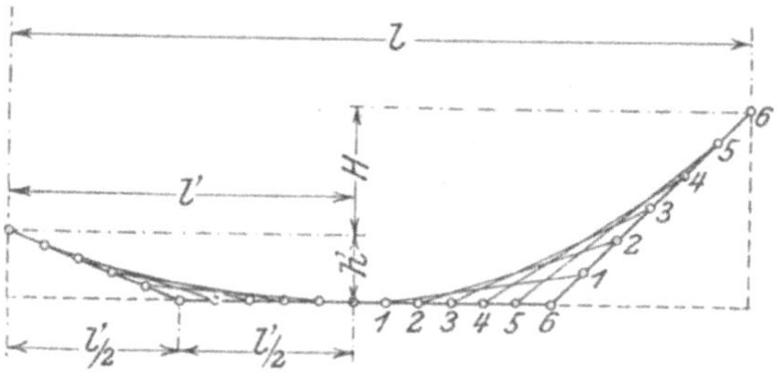

Fig. 181.

Die Seilkurve kann man näherungsweise wie aus der Fig. 181 ersichtlich verzeichnen; bei horizontalem Seiltrieb liegt der Scheitel natürlich in der Mitte.

Die Länge des Drahtseiles kann nach der Formel

$$L = \pi R_1 + \pi R_2 + 2\,l\left(1 + 2\frac{z^2}{l^2}\right)$$

berechnet werden.

Beispiel: Durch einen Drahtseiltrieb sollen 175 PS auf 80 m Entfernung übertragen werden.

Wählen wir die Tourenzahl zu 100 pro Minute und die Seilgeschwindigkeit zu 25 m/sec, so erhalten wir

$$D\pi = \frac{60 \cdot v}{n} = \frac{60 \cdot 25}{100} = 15 \text{ m}; \qquad D = 4{,}8 \text{ m}$$

$$P = \frac{75\,N}{v} = \frac{75 \cdot 175}{25} = 525 \text{ kg}$$

und mit $k_z = 570$; $\delta = 2$ mm $= 0{,}2$ cm

$$i = \frac{2\,P}{\frac{\pi\,\delta^2}{4} \cdot k_z} = \frac{1050}{0{,}0341 \cdot 570} = 58.$$

In der Tabelle 12 im Anhang finden wir ein Drahtseil von 60 Drähten zu 2 mm Durchmesser. Der Durchmesser dieses Seiles ist $d = 26$ mm, also

$$150\,d = 150 \cdot 26 = 3900 \text{ mm}$$
$$1500\,\delta = 1500 \cdot 2 = 3000 \quad ,,$$

Unsere Scheiben von 4,8 m Durchmesser entsprechen also den bei Wahl von k_z gemachten Voraussetzungen.

Der laufende Meter unseres Seiles wiegt nach Tabelle 12 1,8 kg ($G = 1{,}8$ kg), folglich wird

$$x = \frac{l^2 G}{8\,P} = \frac{80^2 \cdot 1{,}8}{8 \cdot 600} = 2{,}4 \text{ m}\,,$$

$$y = \frac{l^2 G}{8 \cdot 2\,P} = \frac{80^2 \cdot 1{,}8}{8 \cdot 1200} = 1{,}2 \text{ m}\,,$$

$$z = \frac{x + y}{2} = \frac{2{,}4 + 1{,}2}{2} = 1{,}8 \text{ m}\,,$$

$$L = \pi R_1 + \pi R_2 + 2\,l\left(1 + 2\,\frac{z^2}{l^2}\right)$$

$$\pi R_1 + \pi R_2 = \pi D \quad (\text{da } R_1 = R_2)\,,$$

also

$$L = 15 + 160\left(1 + 2\,\frac{3{,}24}{6400}\right) = 175{,}2 \text{ m}.$$

Konstruktion der Hanf- und Drahtseilscheiben.

Für Hanfseilscheiben verwendet man keilförmige Rillen, welche das Seil etwas einklemmen. Die Schräge der Seitenflächen nahm man 4 : 10, nach dem Vorschlag des N. D. I. bilden die Seitenflächen einen Winkel von 45° miteinander, der Grund der Rillen ist flach, nicht ausgerundet, die anderen Verhältnisse sind in Fig. 182 eingeschrieben. Kreisrunde Rillen, welche das Seil nicht klemmen, haben sich nicht bewährt, da zur Erzeugung der am Umfange nötigen Reibung eine viel größere Seilspannung erforderlich ist als bei keilförmigen Rillen. Die Rillen sind genau auszudrehen, in manchen Werkstätten werden sie gefräst. Für Baumwollseile wird im allgemeinen die Neigung der Rillenwände etwas größer genommen als für Hanfseile, bei Laufkranen etwa 15°. Leitrollen und Spannrollen erhalten halbkreisförmige Rillen, der Radius ihrer Rundung ist wenig größer als der Seilradius.

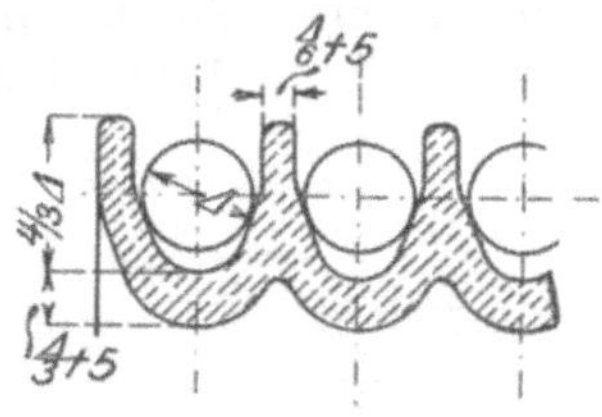

Fig. 182.

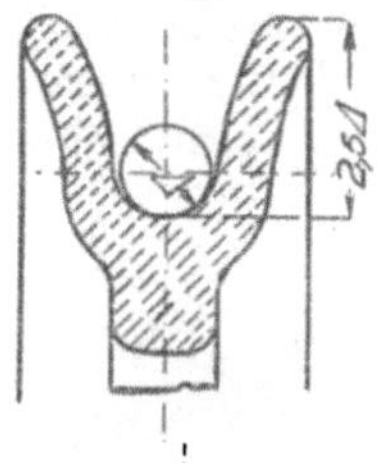

Fig. 183.

Nabe und Arme sowie die Verbindungsschrauben bei mehrteiligen Scheiben sind nach den unter „Berechnung der Riemenscheiben“ gegebenen Formeln zu dimensionieren. Besondere Sorgfalt ist den Kranzverbindungen zuzuwenden, namentlich bei geringer Armzahl, der durch die Zentrifugalkraft hervorgerufenen Biegungsanstrengung des Kranzes wegen. Kreuzförmige Arme sind nach den unter „Berechnung der Zahnräder" gegebenen Formeln zu berechnen.

Die Drahtseilscheiben erhalten entweder Rillen nach Fig. 183, bei welchen das Seil direkt in der gußeisernen Rille aufliegt, oder Rillen nach Fig. 184, welche mit Leder, Guttapercha oder Holz ausgefüttert sind. Bei nicht ausgefütterten Scheiben muß die Vorspannung etwa 30% größer sein. Bei Holzausfütterung soll die Faser radial stehen. Das Einbringen der Holz- oder Ledersegmente geschieht gewöhnlich durch ein an der Seite der Rille ausgespartes Loch, welches durch eine Verschraubung geschlossen wird. Lederscheiben können auch schräg durch die Rille eingebracht und dann gerade geklopft werden. Als Schlußstück verwendet man dann einen mit Leim bestrichenen Holzkeil. Eine von Heckel in St. Johann-Saarbrücken ausgeführte Ausfütterung zeigt Fig. 185. Die Lederscheiben werden hier durch eine Drahtlitze zusammengehalten. Die Rillen sind stets auszudrehen.

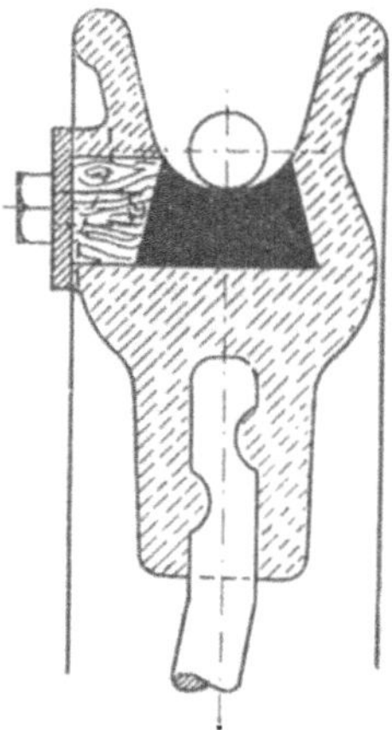

Fig. 184.

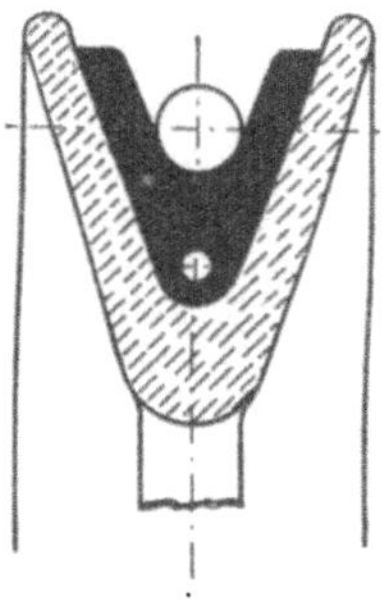

Fig. 185.

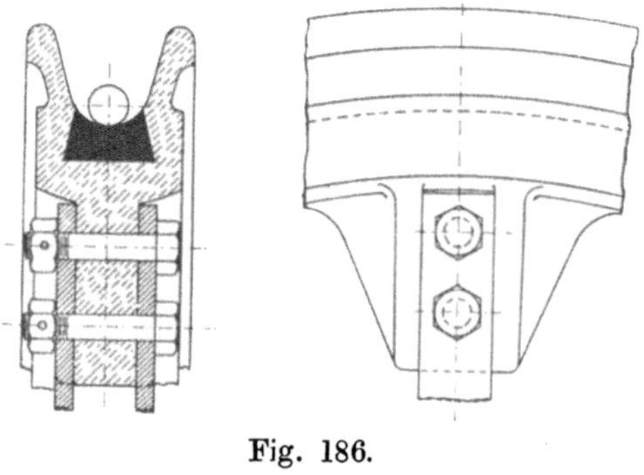

Fig. 186.

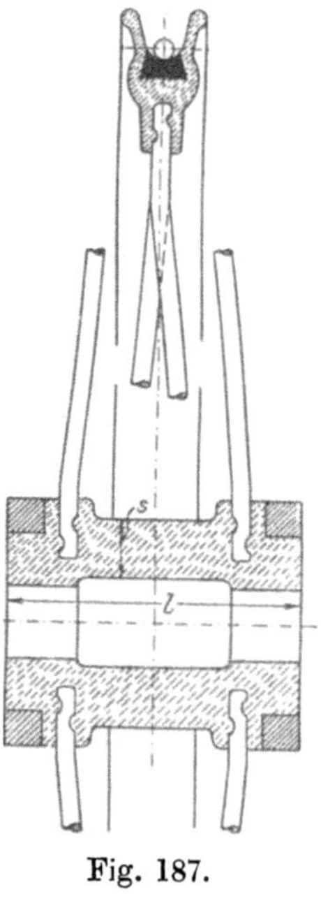

Fig. 187.

Sofern Drahtseilscheiben gußeiserne Arme erhalten, sind diese wie die Arme der Riemenscheiben oder Zahnräder zu berechnen. Bei großen Drahtseilscheiben verwendet man rechteckige oder runde schmiedeeiserne Arme, die am Kranze und an der Nabe verschraubt oder auch eingegossen werden, wie Fig. 186 bzw. Fig. 187 zeigt. Die Arme sind abwechselnd nach rechts und links gebogen, die Nabe ist reichlich lang zu machen, um die Stabilität der Scheibe zu erhöhen.

Ist D der Scheibendurchmesser, Δ der Seildurchmesser und d der Durchmesser der Bohrung, so kann man nehmen:

die Nabenlänge $l = 0{,}08\,D + 5\,\Delta$,

die Nabenstärke $s = 0{,}85\,d + 2$ cm.

Die Anzahl der schmiedeeisernen Arme nimmt man, um den Kranz an recht vielen Punkten zu stützen, möglichst groß, so viel auf dem Umfang der Nabe bei der gewählten Befestigungsart Platz haben. Ihre Entfernung soll am Umfang der Scheibe möglichst nicht größer sein als die dreißigfache Seilstärke. Die Dimensionen der Arme berechnet man aus der Biegungsfestigkeitsformel:

$$P\frac{D}{2} = z\,W\,k_b\,,$$

wobei z = Anzahl der Arme,

$$W = \frac{d^3}{10} \text{ bei kreisörmigem Querschnitt,}$$

$$W = \frac{b\,h^2}{6} \text{ bei rechteckigem Querschnitt}$$

ist, und k_b etwa 750 kg/qcm genommen werden kann.

Die Breite der rechteckigen Arme nimmt man gewöhnlich $b = \frac{h}{6}$.

Da gewöhnliche Keile große Scheiben oft merklich schief ziehen, sind Tangentialkeile zu empfehlen.

C. Reibungsräder.

Während bei den Riemen- und Seilscheiben ein Zwischenglied (der Riemen oder das Seil), das durch die Reibung am Umfange der Scheiben mitgenommen wird, die Bewegung überträgt, wird bei den Reibungs- oder Friktionsrädern die Mitnahme durch die Reibung zwischen den direkt aufeinander gepreßten Umfängen der Scheiben bewirkt.

Die Umdrehungsrichtung der Scheiben ist dabei, von dem selten vorkommenden Falle des inneren Eingriffs (den Zahnrädern mit Innenverzahnung entsprechend) abgesehen, die entgegengesetzte.

Man unterscheidet:

Stirnräder für parallele Wellen;
Kegelräder für sich schneidende Wellen;
Hyperboloidenräder für windschiefe Wellen.

Wenn Mitnahme erfolgen soll, so muß die Reibung am Umfange mindestens gleich der Umfangskraft

$$P = \frac{75\,N}{v}$$

sein, es muß also, wenn Q der Druck ist, mit dem die Umfänge gegeneinandergepreßt werden, und μ der Reibungskoeffizient,

$$Q\mu \geqq P \quad \text{oder} \quad Q \geqq \frac{P}{\mu}$$

sein.

Den Reibungskoeffizienten μ kann man hierbei setzen:

Gußeisen auf Gußeisen	0,15 bis 0,2
Leder auf Gußeisen	0,25 „ 0,3
Gepreßtes Papier auf Gußeisen . .	0,2 „ 0,3
Holz auf Gußeisen	0,3 „ 0,5
Holz auf Holz.	0,4 „ 0,6.

Der Wirkungsgrad der Reibungsräder ist, wenn der Scheibendurchmesser im Vergleich zum Zapfendurchmesser nicht zu klein genommen wird ($D \geqq 10\,d$), bei Stirnrädern

Gußeisen auf Gußeisen	∾ 0,82
„ „ Holz, Leder oder Papier	∾ 0,93.

Gewöhnlich versieht man, um die Reibung zu erhöhen, das treibende Rad mit Holz- (Fig. 188) oder Ledersegmenten, Papierscheiben, die zwischen Bordscheiben stark zusammengepreßt und dann abgedreht werden, oder aufgekitteten Lederriemen. Gummi wird nur bei kleineren Kräften angewendet, Holz nützt sich schnell ab, Stahl auf Gußeisen versagt ganz.

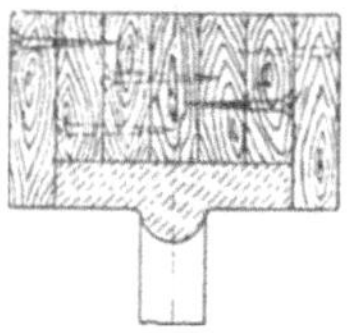

Fig. 188.

Soll eine zu starke Zusammenpressung des Umfanges vermieden werden, so muß das Rad genügende Breite haben. Die zulässige Anpressung pro Zentimeter Radbreite beträgt bei Gußeisen 75 bis 100 kg, bei Papier 60 kg, bei Leder 36 kg, bei Holz 8 bis 10 kg.

Die Reibungsräder führt man, um den Kranz gleichmäßig zu stützen, gewöhnlich voll aus; wählt man bei größeren Rädern Arme, so ist der Kranz genügend steif zu machen.

Die Reibungsräder haben, da die Anpressung sich auf die Zapfen überträgt und infolgedessen hohe Zapfenreibung erzeugt, einen geringeren Wirkungsgrad als die Zahnräder, bilden jedoch eine elastische Übertragung, die Stöße ausgleichen kann.

Um den erforderlichen Anpressungsdruck zu verringern, verwendet man Reibungsräder mit keilförmigen Rillen (Keilräder) (Fig. 189 und 190). Der die Reibung erzeugende Normaldruck ergibt sich dann durch Zerlegen des Anpressungsdruckes Q in zwei zu den Reibungsflächen senkrechte Komponenten (Fig. 189).

Den Winkel 2α nimmt man 30 bis 40°. Statt $P \leqq \mu Q$ hat man dann zu setzen

$$P \leqq \frac{\mu Q}{\sin\alpha + \mu\cos\alpha}.$$

Dies gibt für $2\,\alpha = 33^1/_2{}^\circ$ (Neigung der Keilseiten 3 : 10)

$$P \leqq 0{,}35\,Q\,.$$

Der Berechnung dieses Wertes ist jedoch radiales Eindringen des Keiles in die Nut zugrunde gelegt. Da sich der Keil aber seitlich in die Rille einschiebt, gestalten sich die Verhältnisse anders, so daß man

$$P \leqq 0{,}5\,Q$$

setzen kann.

Da eine Rille in der Regel nicht zur Aufnahme der Umfangskraft ausreicht, so verwendet man mehrere ($z = 3$ bis 10) nebeneinanderliegende Nuten und macht die Teilung

$$t = 0{,}4 \text{ cm} + 0{,}15\sqrt{\frac{P}{z}}$$

und die Tiefe der Eingriffsstrecke $e = 0{,}3\,t$ (möglichst nicht über 1 cm). Hierbei wird der Wirkungsgrad $\eta \backsim 0{,}95$. Größere Tiefe der Eingriffsstrecke hat große Arbeitsverluste durch Gleiten und starke Abnutzung zur Folge, da nur die mittleren Kreise sich aufeinander abrollen können.

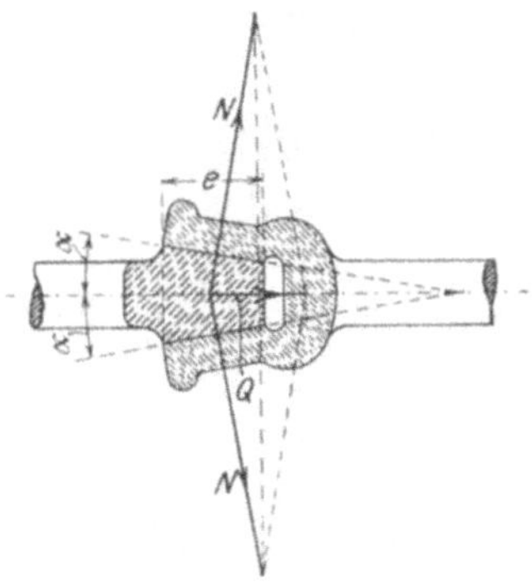

Fig. 189.

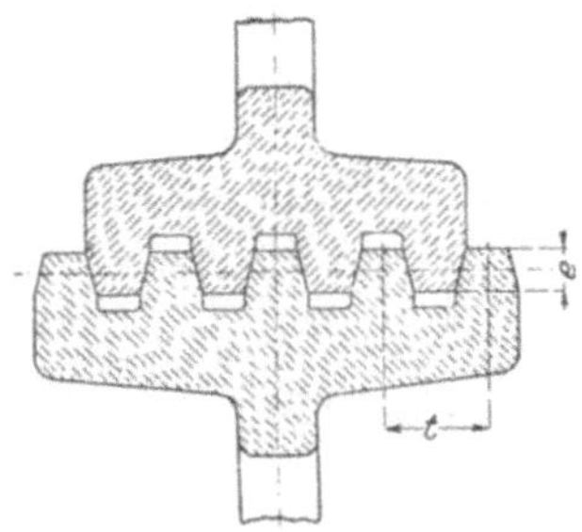

Fig. 190.

Da wegen der kleineren Anpressung Q auch die Zapfenreibung geringer wird, die Herstellungskosten der mit Rillen versehenen Räder aber höher sind als die glatter Reibungsräder, so kann man den Durchmesser geringer nehmen, etwa $D > 6$ bis $7\,d$.

Die Anpressung des einen Rades gegen das andere erfolgt mittels Gewicht, Feder oder Druckschraube.

Beispiel: Von einer Welle mit 70 Touren pro Minute sollen 12 PS auf eine Welle übertragen werden, welche 40 Umdrehungen in der Minute macht.

Da der Wirkungsgrad 0,93 genommen werden kann, so muß die treibende Welle

$$N_1 = \frac{N_2}{0{,}93} = \frac{12}{0{,}93} = 13 \text{ PS}$$

abgeben.

Der Durchmesser der treibenden Welle wird dann

$$d_1 = \sqrt[3]{3000 \frac{N}{n}} = \sqrt[3]{3000 \frac{13}{70}} = \backsim 8{,}5 \text{ cm},$$

der der getriebenen Welle

$$d_2 = \sqrt[3]{3000 \frac{N}{n}} = \sqrt[3]{3000 \frac{12}{40}} = \backsim 10 \text{ cm}.$$

Nehmen wir

$$D_1 = 6\, d_1 = \backsim 50 \text{ cm},$$

so ergibt sich

$$D_2 = \frac{D_1 n_1}{n_2} = \frac{50 \cdot 70}{40} = 87{,}5 \text{ cm}.$$

Die Umfangsgeschwindigkeit wird dann

$$v = \frac{D_1 \pi n_1}{60} = \frac{0{,}50 \cdot \pi 70}{60} = 1{,}83 \text{ m/sec},$$

somit die Umfangskraft

$$P = \frac{75\, N_1}{v} = \frac{75 \cdot 13}{1{,}83} = 533 \text{ kg}$$

und die Anpressung

$$Q = 2\, P = 1066 \text{ kg}.$$

Wir wählen 6 Nuten und erhalten

$$t = 0{,}4 + 0{,}15 \sqrt{\frac{533}{6}} = 1{,}83 \backsim 1{,}9 \text{ cm}$$

und die Eingriffslinie

$$e = 0{,}3\, t = \backsim 0{,}6 \text{ cm}.$$

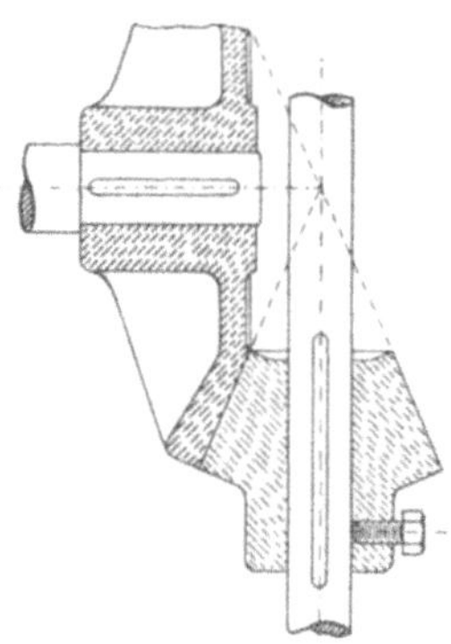

Fig. 191.

Bei sich schneidenden Wellen verwendet man **kegelförmige Reibungsräder** (Fig. 191). Wenn kein Gleiten stattfinden soll, so müssen die Übersetzungsverhältnisse aller sich berührenden Kreise dieselben sein, was der Fall ist, wenn die Kegelspitzen zusammenfallen. Damit dies dauernd der Fall ist, müssen die Wellen sehr sicher gelagert sein. Die Anpressung Q muß hier senkrecht zur Berührungslinie stehen, wozu, wenn α der Neigungswinkel der Kegelseite gegen die Wellenmittellinie ist, eine axiale Pressung

$$Q_1 = Q \sin \alpha$$

erforderlich ist.

Hyperboloiden- oder Hyperbelräder für windschiefe Wellen erhalten hyperboloidisch gekrümmte Berührungsflächen. Sie sind der schwierigen Herstellung wegen wenig im Gebrauch und können in den meisten Fällen durch Anordnung einer Zwischenwelle vermieden werden.

Häufiger Anwendung finden Reibungsgetriebe, bei denen ein ballig gedrehtes zylindrisches Reibrad (Diskusrad) auf einem kegelförmigen oder einem Planrad verschiebbar ist, wobei das Übersetzungsverhältnis veränderlich ist (Wechselgetriebe). Bei der Anwendung zweier Planräder auf einer in ihrer Achsenrichtung hin- und herschiebbaren Welle erhält man ein Wendegetriebe, das bei der bekanntesten Anwendung, bei der Schraubenpresse, bei der das Diskusrad auf der Schraubenspindel sitzt und sich mit dieser verschiebt, zugleich Wechselgetriebe ist.

Ein Wechselgetriebe, das in Nordamerika viel Anwendung findet, sind die Stevensschen Reibungstrommeln, kegelförmige Trommeln, zwischen denen ein die eine Trommel lose umschließender Riemen, der in der Längsrichtung der Trommeln zwecks Änderung des Übersetzungsverhältnisses verschiebbar ist, die Übertragung bewirkt.

Nabe, Arme und Radkranz der Reibungsräder können etwas kräftiger ausgeführt werden, als für Zahnräder angegeben ist.

D. Zahnräder.

Die Mitnahme erfolgt hier durch gesetzmäßig gestaltete Vorsprünge, die Zähne, die in entsprechende Vertiefungen, die Zahnlücken, eingreifen.

Die genaue Konstruktion der Zahnprofile wird im folgenden beschrieben werden; gewöhnlich wählt man die Evolventenverzahnung, besonders bei großem Zahndruck und stoßweiser Belastung, da sie einen breiten Zahnfuß gibt und eine einheitlich gekrümmte Zahnflanke hat, die leicht herzustellen ist, die Zykloidenverzahnung des besseren Eingriffs wegen bei größeren Geschwindigkeiten. (Vergleiche Fig. 209 mit Fig. 217. Bei der Zykloidenverzahnung arbeitet eine konvexe mit einer konkaven Fläche, bei der Evolventenverzahnung eine konvexe mit einer konvexen, wobei der spezifische Flächendruck und infolgedessen die Abnutzung größer wird). Die Evolventenverzahnung hat den Vorteil, daß sie geringe Änderungen im Wellenabstand gestattet.

1. Berechnung der Zahnräder.

Für das Übersetzungsverhältnis, welches man für Triebwerkräder großer Umlaufszahl höchstens 1 : 4 bis 1 : 5, bei kleiner Umlaufszahl bis 1 : 6 auch 1 : 7, für Windenräder höchstens 1 : 10 nimmt, gilt die Formel

$$\frac{D_1}{D_2} = \frac{n_2}{n_1}.$$

Da die Abstände zweier Zähne, die Zahnteilungen t, für Räder, die zusammenarbeiten sollen, gleich groß sein müssen, so erhalten wir die Umfänge der Zahnräder, indem wir die gemeinsame Teilung t mit den Zähnezahlen z_1 und z_2 multiplizieren:

$$D_1 \pi = z_1 t$$
$$D_2 \pi = z_2 t.$$

Hieraus folgt, daß sich die Durchmesser zusammenarbeitender Zahnräder verhalten wie die Zähnezahlen; man kann deshalb auch setzen

$$\frac{z_1}{z_2} = \frac{n_2}{n_1}.$$

Aus den obigen Formeln für den Umfang ergibt sich

$$D = \frac{z \cdot t}{\pi} = \frac{z \cdot t}{3{,}14},$$

man erhält also, wenn man für t eine ganze Zahl wählt, für den Durchmesser eine Bruchzahl. Da nun erwünscht ist, für den Durchmesser glatte Werte zu bekommen, so bringt man den Bruch in die Teilung, indem man setzt

$$t = m\pi .$$

Die Zahl m nennt man den Modul. Ist derselbe eine ganze Zahl, so wird es auch der Durchmesser, denn aus

$$D\pi = z \cdot t = z \cdot m\pi$$

ergibt sich

$$D = z \cdot m$$

Durchmesser = Zähnezahl × Modul oder

$$z = \frac{D}{m}$$

$$\text{Zähnezahl} = \frac{\text{Durchmesser}}{\text{Modul}}.$$

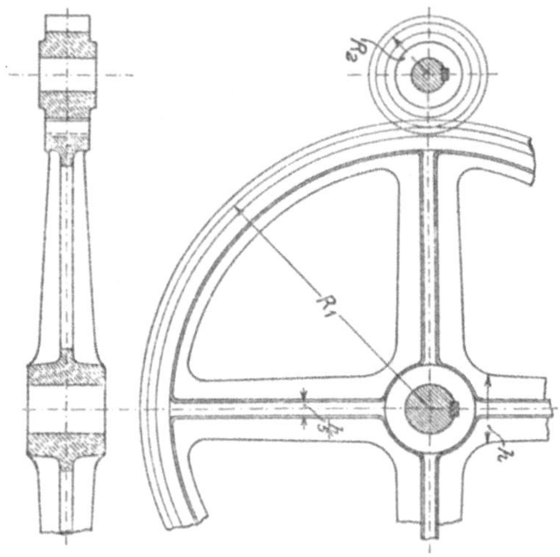

Fig. 192.

Der N. D. I. schlug folgende Modulreihe vor:

Von	0,5	bis	2,5 π	um	0,25 π mm	steigend.
„	2,5	„	5 π	„	0,5 π „	„
„	5	„	10 π	„	1 π „	„
„	10	„	24 π	„	2 π „	„
„	21	„	150 π	„	3 π „	„

Als Durchmesser ist hier der sog. Teilkreisdurchmesser zu setzen, der Durchmesser desjenigen Kreises, in welchem sich die Zahnräder in der Mittellinie berühren. Auf diesem Kreise ist auch die Zahnteilung abzutragen. Der Zahnkopf liegt bei normalen Rädern 0,3 t über, der Zahnfuß 0,4 t unter der Teilung. Wird der Zahnkopf kleiner als 0,3 t, so macht man den Zahnfuß des anderen Rades 0,1 t größer als diese Kopfhöhe. Die Zahnstärke ist bei genau gefrästen Zähnen 0,5 t, bei gegossenen Zähnen $^{19}/_{40}\, t$. Arbeiten ein Rad mit Eisenzähnen und eins mit Holzzähnen zusammen, so nimmt man den Eisenzahn $^{16}/_{40}\, t$, den Holzzahn $^{23}/_{40}\, t$. Ungleiche Zahnstärke führt man auch bei Eisenzähnen aus, wenn der Zahnfuß bei einem Rad zu schwach wird, z. B. bei Innenverzahnung oder Evolventenverzahnung mit großem Übersetzungsverhältnis. (Siehe Seite 209.)

Der Zahn wird durch die Umfangskraft

$$P = \frac{75\,N}{v}$$

auf Biegung beansprucht. Denkt man sich die Kraft im ungünstigsten Falle an der Spitze des Zahnes, also am Hebelarme 0,7 t wirkend, so ist das Biegungsmoment

$$P \cdot 0{,}7\,t\,.$$

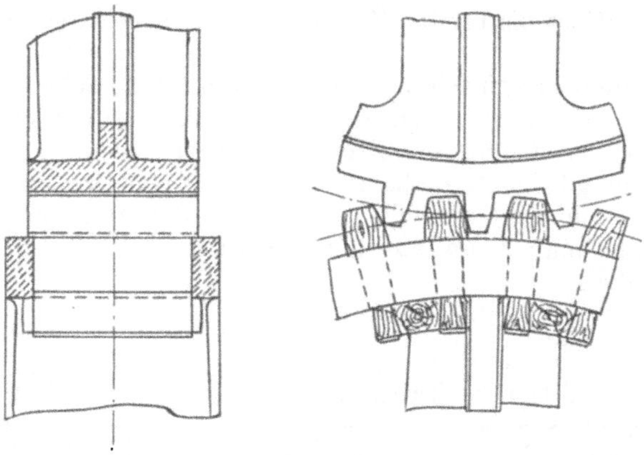

Fig. 193.

Die Anhaftungsfläche des Zahnes ist ein Rechteck, dessen Breite die Zahnbreite b und dessen Höhe die halbe Zahnteilung ist, das Widerstandsmoment ist also

$$\frac{b\,h^2}{6} = \frac{b\left(\frac{t}{2}\right)^2}{6} = \frac{b\,t^2}{24}\,.$$

Folglich muß sein

$$P \cdot 0{,}7\,t = \frac{b\,t^2}{24} \cdot k_b\,,$$

woraus sich ergibt

$$P = \frac{b\,t^2 \cdot k_b}{24 \cdot 0{,}7\,t}$$

oder

$$P = \frac{b\,t\,k_b}{16{,}8}\,.$$

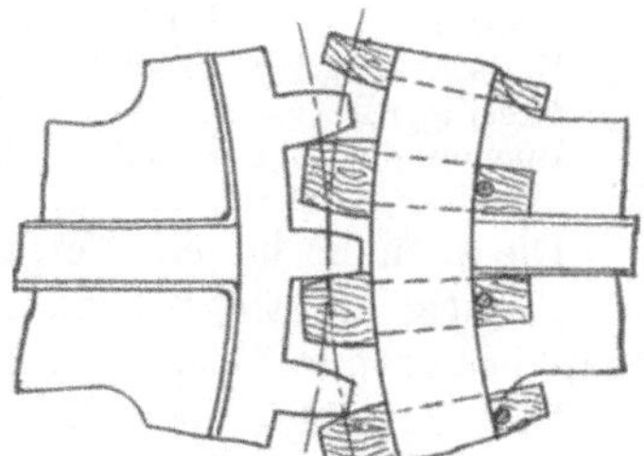

Fig. 194.

Nimmt man $b = \psi\,t$, so ergibt sich

$$P = \frac{\psi\,t^2\,k_b}{16{,}8} \qquad \text{oder} \qquad t = \sqrt{\frac{16{,}8\,P}{\psi\,k_b}}\,.$$

Das Verhältnis ψ der Zahnbreite zur Teilung nimmt man bei Zahnrädern, deren Teilung in erster Linie nach der Festigkeitsrechnung, also der zu übertragenden Kraft zu bemessen ist (Krafträder, z. B. die langsamlaufenden Räder von Winden und Kranen) 2 bis 2,5.

Bei Rädern, die mit großen Geschwindigkeiten laufen (Arbeitsrädern), ist die Teilung so zu bemessen daß der Flächendruck zwischen den Zahnflanken und die Abnutzung nicht zu groß werden. Mit dem Verhältnis ψ geht man bei diesen Rädern bis 3,5, selbst bis 5, wobei aber zu beachten ist, daß eine große Zahnbreite ihren Zweck nur dann erfüllt, wenn die Zähne auch auf der ganzen Breite zum Eingriff kommen. Dieser Eingriff ist bei breiten Zahnrädern durch beiderseitige Lagerung zu sichern.

Da ein breiter Zahn selten auf der ganzen Breite abbrechen, sondern nur an einer Seite ausbrechen wird, schlägt Keller vor, auch bei breiteren Zähnen in obiger Formel nur $\psi = 2$ zu setzen.

Allgemein gültige Grundlagen für die Berechnung solcher Zahnräder lassen sich nicht aufstellen, man kann der Abnutzung Rechnung tragen, indem man k_b um so kleiner einsetzt, je größer die Umfangsgeschwindigkeit

$$v = \frac{D \pi n}{60}$$

ist, etwa nach folgender Tabelle:

Bei einer Umfangsgeschwindigkeit v =	0,25	0,5	1,0	2,0	3,0	5,0	7,0	9,0	11 m/sec
für Gußeisen u. Rohhaut . k_b =	500	460	420	375	285	225	190	170	140 kg/qcm
„ Stahlguß . „ =	1000	920	840	750	570	450	380	340	280 „
„ Stahl . . . „ =	1500	1380	1250	1100	850	675	570	510	420 „
„ Phosphorbronze . . „ =	850	780	710	640	485	385	325	290	240 „
„ Rotguß . . „ =	650	600	545	485	370	290	245	220	180 „
„ Deltametall „ =	1200	1100	1000	940	710	565	475	425	350 „
„ Messingguß „ =	400	370	335	300	225	180	150	135	110 „
„ Buchenholz „ =	200	175	165	150	115	95	80	70	60 „

Die ziemlich hohen Werte setzen voraus, daß immer mehrere Zähne gleichzeitig im Eingriff sind, bei großem Übersetzungsverhältnis wird man besser nur $^2/_3$ der Tabellenwerte nehmen.

Die Zahnräderspezialfabrik Friedrich Stolzenberg & Co., G. m. b. H., Berlin-Reinickendorf-West, gibt für normale Zahnräder die Formel

$$P = a \cdot b \cdot k,$$

in welcher a die Zahnstärke im Teilkreis in Zentimeter, b die Zahnbreite in Zentimeter bedeutet und k wie folgt zu wählen ist

Umfangsgeschwindigkeit:	v = 0,25	0,5	1	2	3	5	7	9	11	13	15 m/sec,
für Gußeisen:	k = 56	55	52	48	45	40	35	31	28	26	24 kg.

Diese für Gußeisen gültigen Werte multipliziert man

für	Bessemer-Stahl	mit 3
„	Werkzeug-Gußstahl	„ 3,3
„	Stahlguß	„ 2
„	Rotguß und Phosphorbronze . .	„ 1,3 bis 1,7
„	Nickelstahl, je nach Qualität	
	ungehärtet	„ 2 bis 5
	gehärtet	„ 5 „ 8
„	Deltametall, gegossen	„ 2,5
„	„ geschmiedet . . .	„ 2,7
„	Rohhaut	„ 0,8 bis 1
„	Silcurit	„ 1
„	Buchenholz	„ 0,4 bis 0,6

Die Zahnbreite nimmt Stolzenberg normal gleich 10mal Modul, also reichlich 3mal Teilung.

Für Rohhauträder empfiehlt sich die Beanspruchung nur halb so groß, als in dieser und der obigen Tabelle gegeben, zu wählen. Zu berücksichtigen ist auch, ob ein Rad dauernd oder nur zeitweise in Betrieb ist, im letzteren Falle kann die Beanspruchung entsprechend höher gewählt werden. Wenn der Zahndruck periodisch stark wechselt, empfiehlt sich die Anwendung einer ungeraden Zähnezahl, damit nicht immer dieselben Zähne miteinander zum Eingriff kommen und nicht einzelne Zähne sich stärker abnutzen als die anderen.

Bach gibt für die Formel

$$P = b \cdot t \cdot k ,$$

(in der also statt der Zahnstärke die meist doppelt so große Teilung gesetzt ist, wodurch der Wert k nur halb so groß werden muß), für Arbeitsräder mittlerer Ausführung (nicht bearbeitete, sondern nur geglättete Zähne) $n = 16$ bis 100, Gußeisen auf Gußeisen

$$k = 20 - \sqrt{n} ,$$

bei einer höchstzulässigen Zahnbreite von

$$b = 42 \frac{t}{k} ,$$

bei vorzüglicher Ausführung (bearbeitete Zähne, genaue Zahnform und Teilung) und guter Instandhaltung $n = 64$ bis 400, Gußeisen auf Gußeisen

$$k \gtreqless 20 - 0{,}5\sqrt{n} ,$$

wobei für n die Umlaufszahl des kleineren (für die Abnutzung maßgebenden) Rades zu setzen ist.

Für Krafträder kann man, $k_b = 300$ kg/qcm (Gußeisen) zugrundegelegt,

$$k = 18 \text{ bis } 21 ,$$

bei Rädern, die mit großen Unterbrechungen und nur selten mit der Höchstlast laufen ($k = 400$ kg/qcm),

$$k = 24 \text{ bis } 28$$

nehmen. Ist $b > 2t$, so muß

$$k \lesseqgtr 21 \frac{2t}{b}$$

sein.

Bei anderen Materialien sind diese für Gußeisen geltenden Werte mit den oben angegebenen Verhältniszahlen zu multiplizieren. Für Räder mit Holzzähnen (Weißbuche auf Gußeisen) nimmt man bei Krafträdern etwa die Hälfte des für Gußeisenräder mittlerer Ausführung gültigen Wertes, bei Arbeitsrädern kann man den vollen Betrag des für Gußeisenräder vorzüglicher Ausführung gültigen Wertes nehmen.

Den Anforderungen, die der moderne Werkzeugmaschinenbau seit Einführung des Schnellarbeitsstahles, andererseits auch der Motorwagenbau stellt, genügen weder die Zahnräder aus Gußeisen noch die aus gewöhnlichem Maschinenstahl, man hat vielmehr zu Zahnrädern aus Sonderstahl greifen müssen, die entweder im Einsatz gehärtet oder vergütet werden.

Für im Einsatz zu härtende Zahnräder kommt neben gewöhnlichem Kohlenstoffstahl in der Hauptsache Chromvanadium- und Chromnickelstahl in Frage, gewöhnlicher Nickelstahl, besonders der 3,5 prozentige, zeigt die Neigung abzublättern. Der Kohlenstoffgehalt soll höchstens 0,25% betragen und durch das Einsetzen auf etwa 0,9% gebracht werden, damit die Zähne nicht zu spröde werden. Die beste Einsatztemperatur ist 875 bis 900°. Man läßt die Zahnräder nach dem Einsetzen langsam erkalten, erhitzt sie wieder auf 845 bis 885°, kühlt sie zur Kornverfeinerung des Kernes in einer geeigneten Kühlflüssigkeit ab, erhitzt sie wieder auf 730 bis 775° und schreckt sie wieder ab, um die äußere Schicht zu härten, worauf sie in Öl auf ungefähr 200° angelassen werden. Als Einsetzpulver sind die aus Holzkohle und anderen kohlenstoffabgebenden Stoffen bestehenden den aus Knochenkohle, die eine ungleichmäßige Zementation ergeben, vorzuziehen.

Durch das Einsetzen erhalten die Zahnräder eine höhergekohlte, harte äußere Schicht, doch lösen sich bei stoßweiser Beanspruchung leicht Teile von der Oberfläche ab, an scharfen Kanten und Winkeln wie den Keilnuten entstehen Härtespannungen, auch ist die Wärmebehandlung ziemlich umständlich und teuer.

Deshalb zieht man Zahnräder aus Stahl mit 0,4 bis 0,6% Kohlenstoffgehalt (neben Chromnickel- und Chromvanadiumstahl auch Siliziummanganstahl, hauptsächlich aber Chromnickelstahl), die durch langsames und gleichmäßiges Erwärmen bis etwa 820°, Abschrecken in Öl und darauffolgendes Anlassen in Öl vergütet werden, neuerdings mehr und mehr vor. Die Wärmebehandlung ist in diesem Falle einfacher, die Gefahr des Verziehens geringer, die Härte zwar geringer, aber durch und durch gleichmäßig und deshalb bei dem sehr feinen Gefüge die Abnutzung sehr gering. Die Härte wird bis auf mehr als das

Doppelte, die Elastizitätsgrenze bis aufs Sechsfache und die Kerbschlagfestigkeit auf das 2,5fache derjenigen von gewöhnlichem Maschinenstahl gesteigert.

Die genaue Behandlungsweise hat sich natürlich bei jeder Wärmebehandlung nach der verwendeten Stahlart zu richten, unterschnittene Zähne sind zu vermeiden, da an schwachen Stellen Härte und Sprödigkeit unerwünscht steigen.

Bei gewöhnlichen Zahnrädern geht man mit der Umfangsgeschwindigkeit nicht gern über 4 bis 5 m/sec hinaus. Für Geschwindigkeiten von 8 bis 9 m/sec verwendet man Deltametall- oder Bronzeräder auf Eisen oder Stahl, bei 10 bis 15 m/sec Rohhaut- oder Vulkanfiberräder auf Gußeisen oder Stahl. Die letztgenannten Materialien werden ebenso wie die Holzzähne zwecks Verminderung des Geräusches verwandt. Die Rohhaut- oder Vulkanfiberverzahnung darf nicht direkt auf der Welle sitzen, sondern wird gewöhnlich auf einem Gußeisenkörper befestigt. Die Holzkämme werden aus Weißbuche hergestellt und in Leinöl gekocht.

Holzzahnräder sowie Rohhaut- und Vulkanfiberräder müssen mit einer Fettschmiere dauernd geschmiert werden. Schnellaufende Räder läßt man in Öl tauchen, bei sehr großen Geschwindigkeiten leitet man einen Ölstrahl zwischen die Zahnflanken.

Kompoundzähne, Eisenzähne mit Holzeinlage verbinden den Vorteil des Holzzahnes, Vermeidung des Ganggeräusches, mit der größeren Festigkeit des Eisenzahnes.

Die Stärke des Zahnkranzes macht man 0,5 t bis 0,6 t, bei 1 : 40 bis 1 : 60 Verjüngung, bei Rädern mit Holzkämmen t bis 1,25 t die Nabenstärke $\frac{d}{3} + 5$ bis 10 mm, die Nabenlänge gewöhnlich gleich der Zahnbreite, mindestens aber gleich der Bohrung.

Elliptische Arme, die sich nur bei Rädern finden, die keine großen Kräfte zu übertragen haben, können nach der unter Riemenscheiben gegebenen Formel berechnet werden, kreuzförmige Arme berechnet man, wenn i die Anzahl, h die Höhe der Arme an der Nabe ist, unter der Annahme, daß nur der vierte Teil der Arme trägt und die zur Kraftrichtung senkrechten Rippen die Biegungsfestigkeit nicht wesentlich erhöhen, nach der Formel

$$P \cdot R = \frac{i}{4} \cdot \frac{b\,h^2}{6} \cdot k_b\,.$$

Mit $b = \frac{h}{5}$ und $k_b = 300$ erhält man

$$P \cdot R = \frac{i}{4} \cdot \frac{h \cdot h^2}{5 \cdot 6} \cdot 300,$$

$$h^3 = \frac{P \cdot R}{2{,}5\,i}\,,$$

$$h = \sqrt[3]{\frac{P\,R}{2{,}5\,i}} \quad (h \text{ und } R \text{ in cm}).$$

R ist hier der Abstand des Teilkreises von der Nabe. Man kann jedoch auch den vollen Radius setzen und dafür die Armhöhe statt am Umfang der Nabe in der Mittellinie auftragen.

Die Rippenstärke macht man $\frac{h}{5}$, die Verjüngung von der Nabe nach dem Zahnkranz 5 : 4.

Die Anzahl der Arme kann man

$$i = \frac{1}{6}\sqrt{D} \text{ bis } \frac{1}{8}\sqrt{D} \quad (D \text{ in mm})$$

nehmen.

Die geringste Zähnezahl soll bei Triebwerkrädern etwa 20, besser 30 bis 40, bei Windenrädern etwa 10 sein, Ausnahmen bilden die Triebe bei Zahnstangenwinden, bei denen man nur 3 bis 6 Zähne hat; für diese Triebe sind jedoch die gewöhnlichen Zahnkonstruktionen nicht mehr anwendbar.

Zahnräder mit unbearbeiteten Zähnen müssen mit einer Belastung, welche höchstens die Hälfte des sonst zulässigen Zahndrucks betragen soll, einlaufen, wobei es wünschenswert ist, daß immer dieselben Zahnflanken aufeinander reiben, weshalb hier die Übersetzungsverhältnisse 1 : 2, 1 : 3 usw. anderen Übersetzungsverhältnissen wie 2 : 3, 3 : 4 usw. vorzuziehen sind.

Ist bei Zahnrädern, bei welchen Holz auf Eisen läuft, der Zahndruck veränderlich, so soll nie das Zahnrad die Holzkämme erhalten, von welchem die Veränderlichkeit des Zahndrucks ausgeht.

Die Zähnezahl eines Rades mit Holzzähnen muß durch die Armzahl teilbar sein, sonst können die Arme nicht gleichmäßig verteilt werden, da die Rippe des Armes immer zwischen zwei Zähnen stehen muß.

Bei Zahnstangentrieben ist es zweckmäßig, die obere Kante des Zahnes abzurunden.

Um das bei Zahnradtrieben auftretende Geräusch zu vermeiden, führt man kleinere Räder mit zwei Scheiben aus, zwischen die man Sand füllt; bei großen Rädern wird der Kranz hohl gegossen und mit Zement ausgefüllt.

Die Bearbeitung der Stirnräder kann in verschiedener Weise geschehen. Gegossene Räder, wie es früher geschah, mit Feile und Meißel zu bearbeiten, ist nicht zu empfehlen, bei sorgfältigem Einformen mit guten Formmaschinen erzielt man für geringere Umdrehungszahlen hinreichend genaue und glatte Zähne, bei denen die Belassung der härteren Gußhaut nur von Vorteil ist.

Bei höherer Umdrehungszahl, schon bei Umfangsgeschwindigkeiten von 2 m ist aber eine genaue Bearbeitung mit der Maschine, bei der Vorschruppen zur Schonung des Werkzeugs von Vorteil ist, und neuerdings bei gehärteten Rädern auch das Schleifen in Anwendung kommt, notwendig. Hierbei ist die Zahnflanke genau nach der Zykloide oder Evolvente zu bearbeiten, nicht nach angenäherten Kreisbögen.

Das Formfräsen geschieht mit einem hinterdrehten Fräser, dessen Profil genau der Zahnlücke entspricht und der parallel zur Radachse bewegt wird. Die Zykloidenverzahnung gibt hierbei in der Nähe des Teilkreises ungünstige Ansatzwinkel, die Evolventenverzahnung gibt bessere Verhältnisse, nur bei kleinen Zähnezahlen von 12 bis 20 entstehen durch den radialen Fußansatz grobe Fehler, die durch Zurückschleifen oder Zurückfeilen des äußersten Teils der Kopfflanken vom großen Rade behoben werden müssen. Die Bearbeitung mit dem Formfräser ist seiner Einfachheit und Billigkeit wegen bei der Massenherstellung von Rädern gleicher Größe am Platze, bei der Herstellung von Rädern verschiedener Größe muß man aber für jedes Rad einen anderen Fräser haben, oder man erhält beträchtliche Ungenauigkeiten.

Beim Hobeln und Stoßen der Zähne nach Lehre und Schablone ändert sich die Lage des Schneidstahls gegen die Profiltangente der Schnittstelle, so daß nur ein Spitzstichel verwendet werden kann, wodurch man riefige Zahnflächen erhält, die u. U. durch Feilen oder Schleifen nachgearbeitet werden müssen. Da man beim Aufzeichnen und Ausarbeiten der Lehren von Hand Ungenauigkeiten kaum vermeiden kann, werden die Lehren neuerdings nach dem Wälzverfahren genau geschnitten. Bessere Ergebnisse erzielt man, wenn man die erforderliche Führung des Stahles aus dem Bewegungsverlauf in der Eingriffslinie ableitet, wobei man auch Flachstichel anwenden kann, also eine glattere Zahnflanke erhält. Die Genauigkeit der Zahnform und Teilung beim Hobeln bzw. Stoßen wird durch die Notwendigkeit des öfteren Nachschleifens und Neueinstellens des Stahles beeinträchtigt, so daß in der Hauptsache nur Räder mit großen Zahnteilungen gehobelt werden.

Bei der Bearbeitung der Zahnflanken nach dem Abwälzverfahren erhält das Schneidwerkzeug eine profilierte Schneide, die als Zahnflanke einer bestimmten Radgröße ausgebildet ist. Das zu schneidende Rad und das Werkzeug werden nun einer relativen Bewegung unterworfen, die dem Abrollen der beiden Teilkreise aufeinander entspricht. Haben Kopf und Fuß des Schneidprofils übereinstimmende Eingriffslinien, so kann man Satzräder schneiden. Die Schneide läßt sich um so genauer herstellen, je einfacher ihr Profil ist. Man wählt deshalb bei Evolventenverzahnung meist die Zahnstange, die ein geradliniges Profil hat. Bei der Zykloidenverzahnung gibt der Rollkreis, dessen Durchmesser gleich dem Teilkreishalbmesser ist, eine geradlinige Hypozykloide, mit der man aber nur den Zahnkopf schneiden kann, bei Bearbeitung der konkaven Zahnfüße würde die Schneide in den Zahn einschneiden, man muß deshalb dem Zahnfuß eine gerade radiale Flanke geben, man stellt deshalb nach dem Abwälzverfahren in der Praxis nur Evolventenzähne her.

Bei Verwendung eines Werkzeuges mit nur einer Schneide sind für die Herstellung beider Zahnflächen zwei Arbeitsgänge notwendig, man stellt deshalb die ganze Außenkontur schneidend her.

Das Schneiden kann nun durch Hobeln oder Stoßen, wobei man zweckmäßig an Stelle einer Schneide, die der Zahnstange entspricht, ein Stoßrad mit 24 Zähnen wählt, das infolge des Arbeitens mehrerer Schneiden länger arbeitsfähig bleibt und bei Rädern kleiner Zähnezahl die Zähne weniger unterschneidet, oder durch Fräsen geschehen. Beim Fräsen kann man einen oder eine Reihe um die Teilung voneinander abstehender Formfräser oder besser einen Schneckenfräser, dessen Achse unter dem Steigungswinkel der mittleren Schraubenlinie an die Radachse eingestellt wird, verwenden, wobei Fräser und zu schneidendes Rad zwangläufig in gleichförmige Umdrehung versetzt werden und der Fräser noch eine Vorschubbewegung in Richtung der Radachse erfährt. Schneckenfräser sind leichter genau herzustellen, aber schwerer zu härten als Formfräser.

1. Beispiel: Das Rädervorgelege für eine Bauwinde soll ein Übersetzungsverhältnis von 1 : 8 haben; unter der vorläufigen Annahme, daß der Radius des kleinen Rades 50 mm wird, ergibt sich der zu übertragende Zahndruck zu 270 kg.

Wir wählen $\psi = 2$ und $z_1 = 12$ Zähne. k_b könnten wir, da die Umfangsgeschwindigkeit sehr klein ist, nach unserer Tabelle = 500 kg/qcm nehmen, mit Rücksicht auf vorkommende Stöße und mit Rücksicht darauf, daß ein sorgfältiger Betrieb hier in der Regel nicht angenommen werden kann, wählen wir aber nur $k_b = 300$ kg/qcm.

Wir erhalten dann

$$t = \sqrt{\frac{16{,}8\,P}{\psi\,k_b}} = \sqrt{\frac{16{,}8 \cdot 270}{2 \cdot 300}} = 2{,}75 \text{ cm} = 9\,\pi \text{ mm},$$

$$D_1 = z_1\,m = 12 \cdot 9 = 108 \text{ mm},$$

$$z_2 = 8 \cdot z_1 = 96 \text{ Zähne},$$

$$D_2 = z_2\,m = 96 \cdot 9 = 864 \text{ mm}.$$

Die Zahnbreite ist

$$b = \psi\,t = 2 \cdot 28 = 56 \text{ mm}.$$

Das Drehmoment für die erste Welle ist

$$M_d = 270 \cdot 5{,}4 = 1458 \text{ cmkg},$$

folglich der Wellendurchmesser

$$d_1 = 0{,}734\sqrt[4]{M_d} = 0{,}734\sqrt[4]{1458} = 4{,}5 \text{ cm}.$$

Das Drehmoment der zweiten Welle ist

$$M_d = 270 \cdot 43{,}2 = 11\,664 \text{ cmkg},$$

folglich

$$d_2 = 0{,}734\sqrt[4]{270 \cdot 43{,}2} = 7{,}5 \text{ cm}.$$

Das kleine Rad wird voll gegossen, die Nabenstärke des großen wird

$$\frac{d}{3} + 5 \text{ mm} = \frac{75}{3} + 5 = 30 \text{ mm},$$

die Nabenlänge $\sim 1{,}5\, d_2 \sim = 12$ cm.

Die Anzahl der Arme ergibt sich zu

$$i = \frac{1}{7}\sqrt{D} = \frac{1}{7}\sqrt{864} = 4$$

und somit die Höhe der Arme an der Nabe

$$h = \sqrt[3]{\frac{P R}{2{,}5\, i}} = \sqrt[3]{\frac{270 \cdot 43{,}2}{2{,}5 \cdot 4}} = 10{,}5 \text{ cm}$$

und die Rippenstärke $\frac{h}{5} = 2{,}1$ cm.

Ferner erhalten wir

$$\text{Zahnstärke} = \frac{19}{40}\, t = 13{,}44 \text{ mm},$$

$$\text{Zahnlücke} = \frac{21}{40}\, t = 14{,}85 \text{ mm},$$

$$\text{Zahnhöhe} = 0{,}7\, t = 19{,}8 \text{ mm},$$

$$\text{Stärke des Zahnkranzes} = 0{,}5\, t \text{ bis } 0{,}6\, t = 16 \text{ mm}.$$

2. Beispiel. Von einer Welle, welche 900 Touren pro Minute macht, sollen 11 PS auf eine Welle mit 250 Touren pro Minute übertragen werden. Als treibendes Rad soll ein Rohhauttrieb, als getriebenes ein Gußeisenrad Verwendung finden.

Wir wählen den Durchmesser des Rohhauttriebes zu 160 mm und erhalten dabei eine Umfangsgeschwindigkeit

$$v = \frac{D_1 \pi n_1}{60} = \frac{0{,}16\, \pi\, 900}{60} = 7{,}5 \text{ m/sec}$$

und eine Umfangskraft

$$P = \frac{75\, N}{v} = \frac{75 \cdot 11}{7{,}5} = 110 \text{ kg}.$$

Aus der Tabelle entnehmen wir $k_b = 190$ kg/qcm, womit sich ergibt

$$t = \sqrt{\frac{16{,}8\, P}{\psi\, k_b}} = \sqrt{\frac{16{,}8 \cdot 110}{2 \cdot 190}} = 2{,}1 \text{ cm} = 7\,\pi \text{ mm}.$$

Die Zähnezahl des Rohhauttriebes wird dann

$$z_1 = \frac{D_1}{m} = \frac{160}{7} = 23 \text{ Zähne}$$

und somit der genaue Durchmesser des Triebes

$$D_1 = z_1\, m = 23 \cdot 7 = 161 \text{ mm}.$$

Die Zähnezahl des Gußeisenrades erhalten wir aus der Formel

$$\frac{z_2}{z_1} = \frac{n_1}{n_2}; \quad z_2 = \frac{z_1 n_1}{n_2} = \frac{23 \cdot 900}{250} = 83$$

und den Durchmesser desselben aus

$$D_2 = z_2 m = 83 \cdot 7 = 581 \text{ mm}.$$

Die erste Welle erhält einen Durchmesser

$$d_1 = 12 \sqrt[4]{\frac{N}{n}} = 12 \sqrt[4]{\frac{11}{900}} = 4 \text{ cm},$$

die zweite Welle

$$d_2 = 12 \sqrt[4]{\frac{11}{250}} = 5{,}6 \text{ cm}.$$

Die Nabenstärke des Gußeisenrades nehmen wir

$$\frac{d}{3} + 5 \text{ mm} = \frac{56}{3} + 5 = \backsim 25 \text{ mm},$$

die Nabenlänge etwa

$$1{,}5\, d_2 = 1{,}5 \cdot 5{,}6 \backsim 9 \text{ cm}.$$

Die Anzahl der Arme ergibt sich zu

$$i = \frac{1}{7} \sqrt{581} = 3{,}44 \backsim 4$$

und somit die Höhe der Arme an der Nabe

$$h = \sqrt[3]{\frac{P\, R}{2{,}5\, i}} = \sqrt[3]{\frac{110 \cdot 29}{2{,}5 \cdot 4}} = 6{,}8 \text{ cm}.$$

Die Rippenstärke der kreuzförmigen Arme wird

$$\frac{h}{5} = 14 \text{ mm},$$

die Stärke des Zahnkranzes

$$0{,}6\, t = 0{,}6 \cdot 22 = 13{,}2 \backsim 15 \text{ mm},$$

die Zahnhöhe

$$0{,}7\, t = 0{,}7 \cdot 22 = 15{,}4 \text{ mm}.$$

Die Zahnstärke kann hier größer als $^{19}/_{40}\, t$, fast $0{,}5\, t$ genommen werden, also etwa, da $t = 7\, \pi$, $= 21{,}99$ mm,

Zahnstärke 10,9 mm,
Zahnlücke 11,09 mm,
Zahnbreite $b = \psi\, t = 2 \cdot 21{,}99 = \backsim 45$ mm.

(Nach der von Stolzenberg als zulässig bezeichneten Beanspruchung ergibt sich

$$P = a \cdot b \cdot k$$

Zahnstärke $a = \frac{t}{2}$, k (für $v = 7$ m/sec) $= 35$, $b = 2\,t$,

$$P = \frac{t}{2} \cdot 2\,t \cdot k\,,$$

$$t^2 = \frac{P}{k} = \frac{110}{35} = \sim 3{,}14\,,$$

$$t = \sqrt{3{,}14} = 1{,}77 \text{ cm} = \sim 6\,\pi \text{ mm},$$

oder wenn man, wie empfohlen für Rohhauttriebe $k = 0{,}5$ mal Tabellenwert, also $k = 0{,}5 \cdot 35 = 17{,}5$ setzt

$$t^2 = \frac{P}{k} = \frac{110}{17{,}5} = 6{,}28\,,$$

$$t = \sqrt{6{,}28} = 2{,}5 \text{ cm} = 8\,\pi \text{ mm}.$$

Man wird also den nach der ersten Tabelle berechneten Wert beibehalten dürfen. Setzt man nach Stolzenberg $b = 3\,t$, so würde die Teilung $5\,\pi$ bzw. $7\,\pi$ werden.

3. Beispiel: Von einer Welle, welche 120 Touren pro Minute macht, sollen 8 PS auf eine Welle mit 20 Touren pro Minute übertragen werden. Das treibende Rad soll aus Gußeisen bestehen, das getriebene mit Holzkämmen versehen sein.

Wir wählen den Durchmesser des kleinen Rades zu 200 mm und erhalten:

$$v = \frac{D_1 \pi n_1}{60} = \frac{0{,}2\,\pi\,120}{60} = 1{,}25 \text{ m/sec},$$

$$P = \frac{75\,N}{v} = \frac{75 \cdot 8}{1{,}25} = 480 \text{ kg},$$

$$t = \sqrt{\frac{16{,}8\,P}{\psi\,k_b}} = \sqrt{\frac{16{,}8 \cdot 480}{2 \cdot 160}} = 5 \text{ cm} = 16\,\pi \text{ mm}.$$

(Die Tabelle von Stolzenberg ergibt für Gußeisen bei 1 m/sec Umfangsgeschwindigkeit $k = 52$, für 1,25 m/sec also etwa 50. Dieser Wert ist für Buchenholz mit 0,6 zu multiplizieren, also

$$k = 0{,}6 \cdot 50 = 30\,,$$

$$P = a \cdot b \cdot k = \frac{t}{2} \cdot 2\,t \cdot k,$$

$$t^2 = \frac{P}{k} = \frac{480}{30} = 16\,,$$

$$t = 4 \text{ cm} = 13\,\pi \text{ mm.})$$

Behalten wir den größeren Wert bei, so erhalten wir

$$z_1 = \frac{D_1}{m} = \frac{200}{16} = 12 \text{ Zähne}$$

und den genauen Durchmesser

$$D_1 = z_1\, m = 12 \cdot 16 = 192 \text{ mm},$$

ferner

$$z_2 = \frac{z_1\, n_1}{n_2} = \frac{12 \cdot 120}{20} = 72 \text{ Zähne}$$

und

$$D_2 = z_2\, x = 72 \cdot 16 = 1152 \text{ mm}.$$

Die treibende Welle erhält einen Durchmesser

$$d_1 = 12 \sqrt[4]{\frac{N}{n}} = 12 \sqrt[4]{\frac{8}{120}} = 6 \text{ cm},$$

folglich wird die Nabenstärke

$$\frac{d_1}{3} + 5 = 25 \text{ mm}$$

und die Zahnkranzstärke

$$0{,}5\, t = 25 \text{ mm}.$$

Wir können also das Rad voll gießen.

Der Durchmesser der getriebenen Welle muß mit Rücksicht auf die Verdrehung sein:

$$d_2 = 12 \sqrt[4]{\frac{N}{n}} = 12 \sqrt[4]{\frac{8}{20}} = 7{,}5 \text{ cm},$$

die Festigkeitsformel gibt aber hier einen größeren Wert:

$$d = \sqrt[3]{3000 \frac{N}{n}} = \sqrt[3]{3000 \frac{8}{20}} = \sim 10{,}5 \text{ cm},$$

folglich die Nabenstärke des großen Rades

$$\frac{d_2}{3} + 5 \text{ bis } 10 \text{ mm} = \frac{105}{3} + 10 = 45 \text{ mm}.$$

Die Nabenlänge mit Rücksicht auf den großen Durchmesser

$$l = 2\, d = \sim 200 \text{ mm},$$

die Anzahl der Arme

$$i = \frac{1}{7} \sqrt{D_2} = \frac{1}{7} \sqrt{1152} = 4{,}8 \,.$$

Da wir 72 Zähne haben, können wir 5 Arme nicht anwenden, denn jeder Arm muß zwischen zwei Zähne kommen, dagegen ist 72 durch 6 teilbar, wir wählen also 6 Arme und erhalten die Armhöhe

$$h = \sqrt[3]{\frac{P\,R}{2{,}5\,i}} = \sqrt[3]{\frac{480 \cdot 57{,}6}{2{,}5 \cdot 6}} = 12 \text{ cm},$$

die Rippenstärke

$$\frac{120}{5} = 24 \text{ mm},$$

Zahnstärke des Gußeisenzahnes $\frac{16}{40}\,t = 20{,}1$ mm,

Zahnlücke ,, ,, $\frac{24}{40}\,t = 30{,}15$,,

Zahnstärke des Holzzahnes $\frac{23}{40}\,t = 28{,}9$ mm,

Zahnlücke ,, ,, $\frac{17}{40}\,t = 21{,}35$,,

Zahnräder mit Winkelzähnen. Bedingung für stoßfreie Bewegungsübertragung ist, daß, ehe ein Zahnpaar außer Eingriff kommt, der Eingriff beim nächsten beginnt. Die Eingriffsstrecke (siehe Konstruktion der Zahnprofile) muß also größer als die Teilung sein. Stellt man die Zähne schräg, so wird die Eingriffsstrecke um das Maß der Versetzung der Zahnflanken an den beiden Stirnflächen, gemessen im Teilkreis, den Sprung, vergrößert. Solche schrägstehenden Zähne haben die Form eines steilen Schraubenganges, mit 70° und mehr Steigungswinkel.

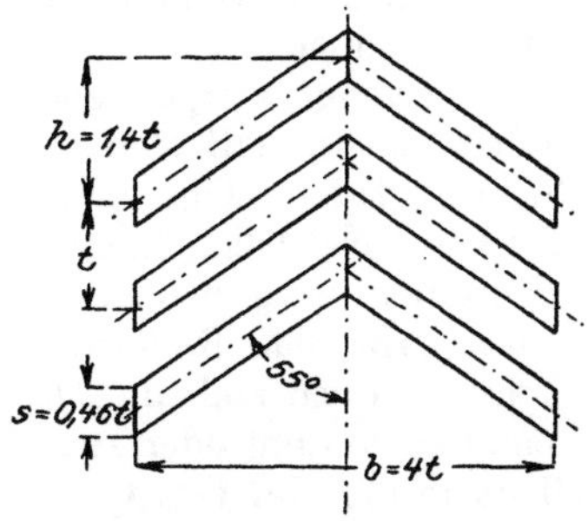

Fig. 195.

Da durch die schräge Lage der Zähne ein seitlicher Druck auftritt, verwendet man besser doppeltschräge Zähne (Fig. 195) und erhält so Räder mit Winkelzähnen, die Pfeil- oder Chevronsräder. Diese werden meist mit Evolventenverzahnung ausgeführt. Die Zahnhöhe macht man normal $0{,}6\,t$, die Entfernung des Zahnfußes vom Teilkreis $0{,}38\,t$, die des Zahnkopfes vom Teilkreis $0{,}22\,t$. Die Zahnstärke, in der Ebene des Rades gemessen, wird $0{,}46\,t$ bei einem Steigungswinkel von 55°. Bei einer Zahnbreite $b = 4\,t$ wird der Sprung dann $1{,}4\,t$, doch gehen die Hagener Gußstahlwerke damit bis auf $\frac{t}{2}$ herunter, den Steigungswinkel nehmen sie 60°.

Da die Festigkeit des Zahnes in der Mitte größer ist als an den Stirnflächen, so läßt man möglichst, namentlich bei großen und stark veränderlichen Kräften die Winkelspitze voranlaufen, bei den für die Übertragung großer Kräfte verwendeten Doppelwinkelzähnen kann die Umdrehungsrichtung beliebig genommen werden.

Das von der Zahnräderfabrik Augsburg vorm. Joh. Renk ausgeführte Wüstgetriebe hat doppeltschräge Zähne, die um $\frac{t}{2}$ gegeneinander versetzt sind. Hierdurch ist ein Durchfräsen der einzelnen Zähne möglich und der Eingriff eines neuen Zahnpaares erfolgt schon nach einer Umdrehung gleich $\frac{t}{2}$. Die Festigkeit dieser Zähne ist aber, da sie in der Mitte nicht zusammenhängen, wesentlich geringer als die gewöhnlicher Winkelzähne.

Bei dem für große Umlaufszahlen und hohe Übersetzungen angewandten Rabitzgetriebe derselben Firma erscheint infolge des großen Sprunges das kleine aus Stahl hergestellte Rad als doppelte halb rechts-, halb linksgängige Schnecke.

Wechselrädergetriebe. Im Werkzeugmaschinenbau verwendet man zur Veränderung der Geschwindigkeiten statt der Stufenscheiben vielfach Stufenrädergetriebe. Diese bestehen aus mehreren Zahnradpaaren, die entweder durch Kupplungen verschiedener Art oder durch ein verschiebbares bzw. schwenkbares Zwischenrad oder durch einen verschiebbaren Keil (Ziehkeil) wechselweise eingerückt werden können.

Die Stufenrädergetriebe sind wie die Stufenscheiben (s. S. 149) so zu berechnen, daß sich die Umlaufszahlen nach einer geometrischen Reihe abstufen. Über das Abstufungsverhältnis φ siehe unter Stufenscheiben. Natürlich kann sich da sich die Zähnezahl von Zahnrädern nur immer um ganze Zähne, der Durchmesser also nicht beliebig verändern läßt, das Rädervorgelege dem Stufensprung nicht ganz genau anpassen, doch soll die Abweichung 2% nicht überschreiten. Bei Anwendung von ein oder zwei Vorgelegen muß sich die dadurch bewirkte Übersetzung, der Gruppensprung, in die geometrische Reihe der Drehzahlen einfügen, sie muß dann immer eine ganzzahlige Potenz des Quotienten φ sein, z. B. bei 12 Drehzahlen $\frac{1}{\varphi^4}$ und $\frac{1}{\varphi^8}$, wobei natürlich wieder kleine Abweichungen, die aber 2% nicht überschreiten sollen, in der Natur der Zahnradübersetzung liegen.

Die Räderpaare erhalten meist gleiche Teilung, die für das kleinste Rad zu berechnen ist.

Kegelräder. Die nach der oben gegebenen Formel berechnete Teilung ist hier die mittlere, die berechneten Durchmesser D_1 und D_2 natürlich auch die mittleren.

Die Zähnezahl soll möglichst größer als 24, mindestens aber 20 sein.

Die Spitzen der Kegel müssen zusammenfallen, alle die Zähne begrenzenden Linien müssen nach der gemeinsamen Spitze laufen (Fig. 196 und 197). Will man die Zahnkurven konstruieren, so zieht man zu der Berührungslinie AB Senkrechte und schlägt von den Schnittpunkten A_1, A_2, B_1, B_2 derselben mit den Mittellinien der Räder die Kreisbogen AA', AA'' und BB', BB''. Auf diesen Kreisbögen, den Abwicklungen der Ergänzungskegel, konstruiert man die Zahnkurven wie bei Stirnrädern von den Radien AA_1, AA_2, BB_1, BB_2.

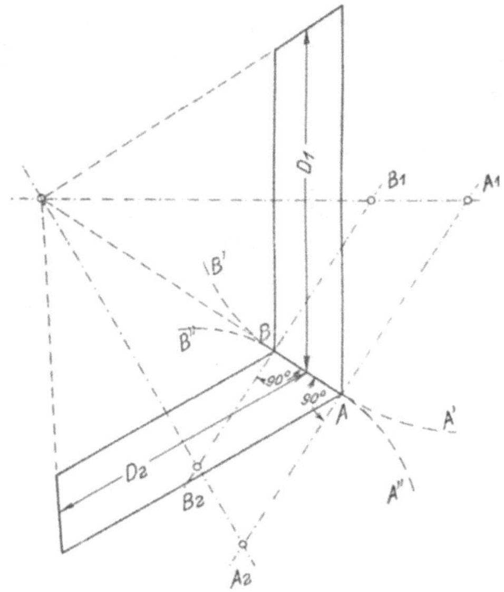

Fig. 196.

Zur Herstellung der Verzahnung von Kegelrädern können die meisten der Bearbeitungsverfahren, die bei Stirnrädern in Anwendung

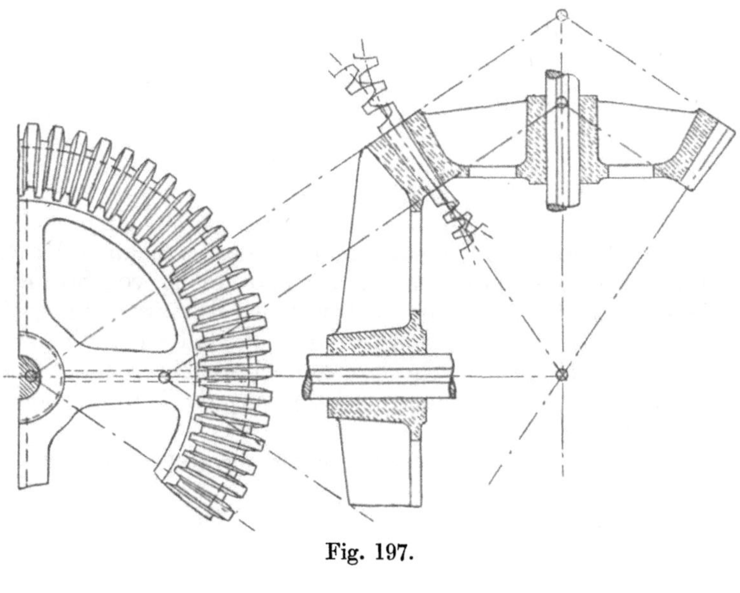

Fig. 197.

sind, mit der Abänderung angewandt werden, daß die Schnittrichtung des Werkzeugs durch die Kegelspitze hindurchgehen muß. Die Bearbeitung mit profiliertem Scheibenfräser ist wenig genau, da sein

Profil, das man nach dem größten Zahnprofil formt, dasselbe bleibt und bei richtiger Zahnstärke am schmaleren Ende zu breite Köpfe liefert, die evtl. zurückgefeilt werden müssen. Das Hobeln oder Stoßen mit dem Spitzstichel wird deshalb bevorzugt. Die Bearbeitung nach dem Abwälzverfahren geschieht mit einem den nahezu ebenen Evolventenzähnen eines Planrades entsprechenden Schneidewerkzeug oder auch einem Scheibenfräser mit geraden Schneidkanten, bzw. einem Schneckenfräser, wobei aber umständliche Bewegungen in der Maschine notwendig werden.

Schraubenräder. Hyperbolische Räder. Zwischen zwei sich kreuzenden Wellen kann man die Übertragung der Bewegung entweder durch Kegelräder mit Hilfe einer Zwischenwelle oder durch Schraubenräder bewirken. Schraubenräder sind zylindrische Räder mit schrägen Zähnen, die die Form eines steilen Schraubenganges haben, die aber nicht wie bei den Winkelzahnrädern parallele Achsen haben, sondern sich kreuzende (Fig. 198). Die Umfangsgeschwindigkeiten dieser Räder sind nicht gleich, sondern ihr Verhältnis hängt vom Winkel α ab, es ist

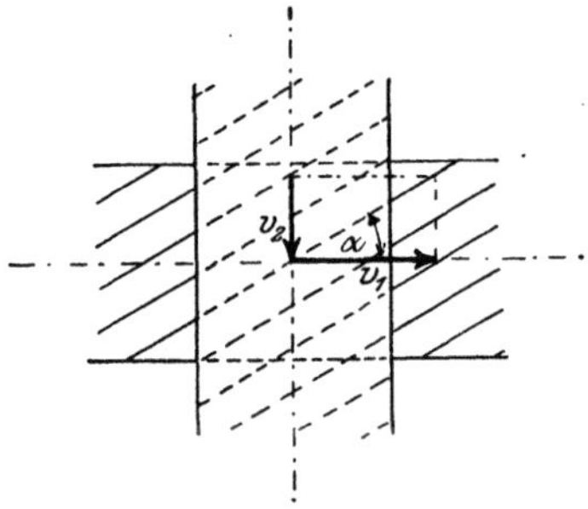

Fig. 198.

$$\frac{v_1}{v_2} = \frac{\frac{d_1 \pi n_1}{60}}{\frac{d_2 \pi n_2}{60}} = \operatorname{tg}\alpha\,, \qquad \text{also} \qquad \frac{d_1 n_1}{d_2 n_2} = \operatorname{tg}\alpha\,,$$

Nur für $\alpha = 45°$ würde v_1 gleich v_2 sein.

Da die Arbeitsverluste und die Abnutzung durch Gleiten der Zähne aufeinander sehr groß sind, nimmt man die Beanspruchung der Zähne möglichst nur halb so groß als bei der Berechnung von Stirnrädern, und läßt die Räder in Fett laufen. Bei größerem Zahndruck und größerer Gleitgeschwindigkeit soll das rascher laufende Rad aus Stahl und das langsamer laufende aus Phosphorbronze hergestellt werden, gußeiserne Schraubenräder verwendet man nur bei geringerer Belastung und Geschwindigkeit.

Seltener finden für den gleichen Zweck die hyperbolischen Räder Anwendung. Sie bestehen aus Hyperboloiden, bei höherer Zähnezahl annähernd abgestumpften Kegeln als Grundkörper und aus konischen Zähnen, die nicht wie bei den Kegelrädern gerade, sondern schief auf dem Kegelmantel sitzen. Der großen Reibung in Richtung der Zahnflanken wegen, sind sie zur Arbeitsübertragung wenig geeignet, in Einzelfällen aber zur Bewegungsübertragung in Anwendung.

2. Schnecke und Schneckenrad (Fig. 199).

Schnecke und Schneckenrad kommen in Anwendung für hohe Kraft- und Geschwindigkeitsübersetzungen, besonders beim Antrieb durch Elektromotoren.

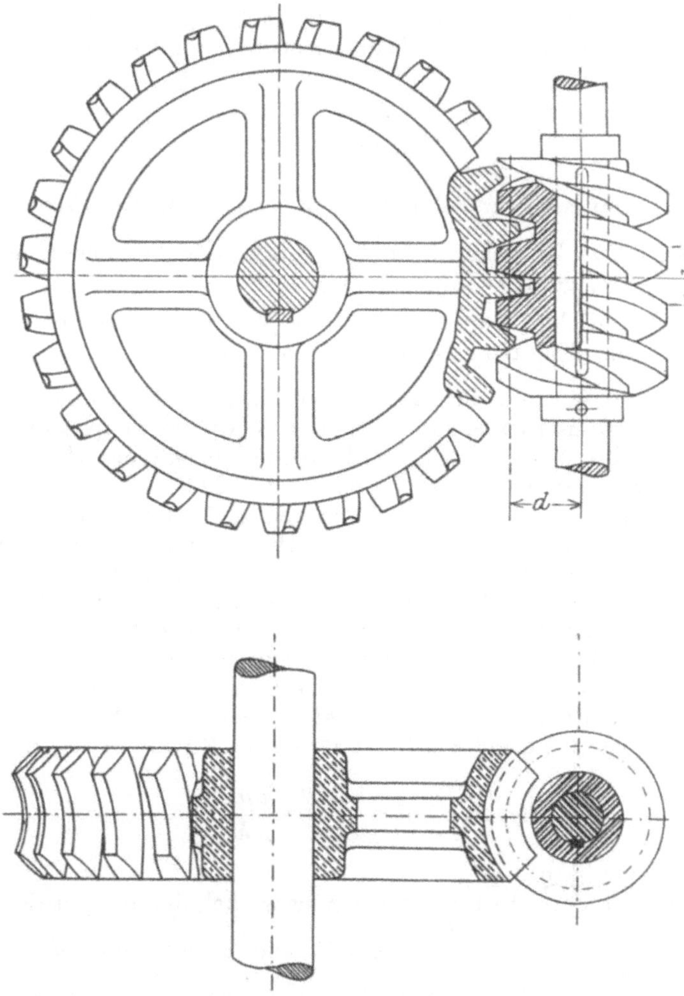

Fig. 199.

Das Übersetzungsverhältnis berechnet man aus der Formel

$$\frac{z_1}{z_2} = \frac{n_2}{n_1},$$

wobei man für die Zähnezahl der Schnecke die Gangzahl derselben einsetzt. Für die Berechnung ist hier weniger die Biegungsbeanspruchung als vielmehr der Flächendruck zwischen den Gewindegängen der Schnecke und des Schneckenrades maßgebend, man berechnet sie deshalb nach der Formel (Maße in Zentimeter)

$$P = c\,b\,t\,.$$

Als Zahnbreite setzt man den in Teilkreishöhe gemessenen Bogen, in welchem sich Schnecke und Schneckenrad berühren. Setzt man $b = 1{,}5\,t$, so erhält man

$$t = \sqrt{\frac{P}{1{,}5\,c}}\,.$$

Hierbei nimmt man für Schneckenräder aus gutem Gußeisen:

$c = 18$ bis 28 kg, wenn mehr die Festigkeit in Betracht kommt (bei geringer Umlaufszahl),

$c = 8$ bis 12 kg, je nach der Tourenzahl der Schnecke, wenn die Abnutzung maßgebend ist.

Bei selten gebrauchten Schraubenflaschenzügen geht man bei eingängiger schmiedeeiserner Schnecke bis $c = 30$ kg, bei doppelgängiger Stahlschnecke bis $c = 40$ kg, bei anhaltender Benutzung (Motorenantrieb) dagegen nur bis $c = 12$, höchstens $c = 20$ kg.

Bei Stahlschnecke und Phosphorbronzerad geht man bis $c = 50$ kg, doch sind diese Höchstwerte nur bei vorzüglichem Material und bester Ausführung zulässig. Otto Gruson & Co., Magdeburg-Buckau, machen das Schneckenrad aus Stahlguß und die Schnecke aus bester Bronze.

Das zum Drehen der Schnecke erforderliche Moment ist, wenn an das Schneckenrad eine Umfangskraft P abgegeben werden soll, r der mittlere Radius der Schnecke in cm, h die Ganghöhe derselben in cm und μ der Reibungskoeffizient ist (bei guter Ölung und glatten Oberflächen $\mu = 0{,}035$ für Stahl auf Phosphorbronze, 0,1 für Gußeisen),

$$M_d = 1{,}1\,P\,r\,\frac{h + 2\,r\,\pi\,\mu}{2\,r\,\pi - \mu\,h}$$

oder $1{,}1\,P\,r\,\mathrm{tg}(\alpha + \varrho)$.

In der letzten Formel ist α der Steigungswinkel, der am günstigsten etwa 18° beträgt ($\mathrm{tg}\,\alpha = \frac{h}{2\,r\,\pi} = 0{,}325$) und ϱ der Reibungswinkel, der für Stahl auf Phosphorbronze 2°, für Gußeisen 6° angenommen werden kann. Der Faktor 1,1 berücksichtigt die Lagerreibung.

Ist N die Anzahl der Pferdestärken, die zum Antriebe der Schneckenwelle erforderlich sind, so erhält man die Umfangskraft P am Schneckenrad aus der Gleichsetzung der in 1 Sekunde geleisteten Arbeiten:

$$\eta\,75\,N = P \cdot \frac{h}{100} \cdot \frac{n}{60}\,,$$

wobei n die Umdrehungszahl der Schnecke in der Minute, η der Gesamtwirkungsgrad ist,

$$\eta = \frac{\operatorname{tg}\alpha}{1{,}1 \operatorname{tg}(\alpha + \varrho)}.$$

Sollen N_1 PS auf das Schneckenrad übertragen werden, so ist

$$N = \frac{N_1}{\eta}$$

und

$$75\, N_1 = P \frac{h}{100} \cdot \frac{n}{60}.$$

Die Ganghöhe der Schnecke ist bei eingängiger Schnecke die Teilung, bei doppelgängier Schnecke die doppelte Teilung usw. Das Zahnprofil der Schnecke ist das einer Zahnstange von gleicher Teilung, die Schräge der Zähne des Schneckenrades ist gleich der Steigung der Schnecke $\frac{h}{2 r \pi}$. Dieses Steigungsverhältnis muß, wenn die Schnecke selbsthemmend sein soll, $\lesseqgtr {}^1/_{10}$ sein.

Schneckenräder mit geraden, schrägstehenden Zähnen sind nur bei kleinem Zahndruck und geringen Geschwindigkeiten zulässig, da die Anlage dieser Zähne an den Schneckengängen gering ist und erst durch Abnutzung größer wird. Man verwendet deshalb in den meisten Fällen konkave Zähne, die mit einem kegelförmigen, hinterdrehten Fräser, dessen Gewindeprofil der Lücke des Rades entspricht, geschnitten werden. Den vom Zahn umschlossenen Zentriwinkel des Teilkreises der Schnecke nimmt man meist 90°, bei stark belasteten Trieben noch größer, auch wird bei solchen empfohlen die Zahnflanken nicht radial zur Schnecke wie in Fig. 199, sondern wagerecht zu stellen, um eine noch ausgedehntere Berührungsfläche zu erzielen.

Das Schneckenrad wird gewöhnlich aus Gußeisen oder Gußstahl, bei großer Tourenzahl aus Phosphorbronze, die Schnecke aus Gußeisen, Schmiedeeisen oder Stahl, bei großer Tourenzahl aus gehärtetem Stahl hergestellt.

Die Schnecke wird gewöhnlich auf der Drehbank geschnitten oder mit Scheiben- oder Fingerfräser gefräst, wobei man aber kein genaues Profil erzielt. Der Fingerfräser arbeitet genauer als der Scheibenfräser, nutzt sich aber rasch ab. Eine gerade Flanke der Schnecke läßt sich nur mit einem Fräser herstellen, dessen Profilpunkte gegen den Normalschnitt der Zahnlücke entsprechend zurückgesetzt sind. Ein guter Eingriff zwischen Schnecke und Rad läßt sich nur erzielen, wenn die Arbeitsschnecke und der Schneckenfräser mit dem das Rad hergestellt wird, mit dem gleichen Fräser geschnitten werden.

Die Radzähne werden mit einem Schneckenfräser ausgeschnitten, der dem im Übersetzungsverhältnis des Triebes gedrehten Rade entweder bis auf den Achsenabstand in radialer Richtung genähert wird, oder der von vornherein den richtigen Achsenabstand hat und gegen das zu schneidende Rad in Richtung seiner Achse vorgeschraubt wird.

Schneckengetriebe müssen ohne Benutzung eines Schleifmittels in dem mit gewöhnlichem Maschinenöl gefüllten Gehäuse bei hohen Gleitgeschwindigkeiten und allmählich gesteigertem Zahndrucke einlaufen, wobei das Gehäuse mehrmals gereinigt und mit reinem Öl gefüllt werden muß. Zuletzt läßt man bei starker Belastung in dickem Zylinderöl laufen.

Die Zähnezahl des Schneckenrades muß bei Evolventenverzahnung (Schnecken mit Zykloidenverzahnung arbeiten unvorteilhafter und werden deshalb nicht mehr angewandt) größer als 28 sein.

Je geringer die Steigung $\frac{h}{2\,r\,\pi}$ ist, um so geringer ist der Wirkungsgrad (bei $\frac{h}{2\,r\,\pi} = \frac{1}{12}$ ist $\eta \lesseqgtr 0{,}4$, während bei mehrgängigen Schnecken von großer Steigung Wirkungsgrade von 0,9 und mehr zu erreichen sind. Otto Gruson & Co., Magdeburg, geben den Wirkungsgrad fünfgängiger Schnecken zu 0,95 an) und um so größer die Abnutzung.

Beispiel: Von einer Welle, die 1200 Umdrehungen in der Minute macht, sollen 20 PS auf eine Welle übertragen werden, deren Tourenzahl 70/Min. ist. Das Schneckenrad soll aus Phosphorbronze, die Schnecke aus Stahl hergestellt werden.

Wir wählen, um einen günstigen Wirkungsgrad zu erzielen, die Schnecke zweigängig und finden die Zähnezahl des Schneckenrades aus

$$\frac{z_1}{z_2} = \frac{n_2}{n_1}$$

zu

$$z_2 = \frac{z_1 \cdot n_1}{n_2} = \frac{2 \cdot 1200}{70} = 34 \text{ Zähne.}$$

Zur Berechnung der Teilung setzt man in der Formel

$$75\,N_1 = P \cdot \frac{h}{100} \cdot \frac{n}{60}$$

für

$$P = c \cdot b\,t$$

mit $b = 1{,}5\,t$

$$= c \cdot 1{,}5\,t^2$$

und für die Ganghöhe

$$h = 2\,t\,,$$

also

$$75\,N_1 = c \cdot 1{,}5\,t^2 \frac{2\,t}{100} \cdot \frac{n}{60}\,,$$

$$t^3 = \frac{75\,N_1 \cdot 100 \cdot 60}{c \cdot 1{,}5 \cdot 2 \cdot n} = \frac{150\,000\,N_1}{c \cdot n}\,.$$

Da es sich um anhaltende Benutzung handelt, soll für c nicht der zulässige Höchstwert, sondern

$$c = 30 \text{ kg}$$

genommen werden, dann erhält man

$$t = \sqrt[3]{\frac{150\,000 \cdot 20}{30 \cdot 1200}} = 4{,}4 \text{ cm} = 14\,\pi \text{ mm}.$$

Unter der Annahme des günstigsten Steigungswinkels 18° (tg $\alpha = 0{,}325$) ergibt sich der Durchmesser D_1 der Schnecke aus der Formel

$$\frac{h}{D_1 \pi} = \operatorname{tg} \alpha = 0{,}325$$

oder

$$\frac{28\,\pi}{D_1 \pi} = 0{,}325\,.$$

$$D_1 = \frac{28}{0{,}325} = 87 \text{ mm}.$$

Der Fußkreis der Schnecke ist $2 \cdot 0{,}4\,t$ kleiner als der Teilkreisdurchmesser, das ist

$$87 - 2 \cdot 0{,}4 \cdot 44 = 52 \text{ mm}.$$

Dies erscheint für eine Schnecke, die direkt auf die Welle geschnitten ist, ausreichend, da die Berechnung auf Verdrehung nach der Formel für gewöhnliches Wellenmaterial mit

$$N = \frac{N_1}{\eta}\,,$$

$$\eta = \frac{\operatorname{tg} \alpha}{1{,}1 \operatorname{tg}(\alpha + \varrho)} = \frac{\operatorname{tg} 18^\circ}{1{,}1 \operatorname{tg} 20^\circ} = \frac{0{,}325}{1{,}1 \cdot 0{,}364} = \sim 0{,}8\,,$$

also

$$N = \frac{20}{0{,}8} = 25 \text{ PS}$$

nur

$$d = \sqrt[3]{3000 \frac{N}{n}} = \sqrt[3]{3000 \frac{25}{1200}} = 4 \text{ cm}$$

ergibt.

Der Durchmesser des Schneckenrades wird

$$D_2 = 34 \cdot 14 = 476 \text{ mm}.$$

(Wenn die Berechnung der Schneckenwelle auf Biegung und Verdrehung einen größeren Durchmesser der Schnecke notwendig macht, so wird der Steigungswinkel α und damit der Wirkungsgrad kleiner, oder man muß die Schnecke dreigängig annehmen und die Rechnung wiederholen.)

Bei Modulteilung setzt man vielfach die Steigung h bei eingängiger Schnecke gleich dem Modul, bei zwei- oder dreigängiger Schnecke gleich dem 2- oder 3fachen Modul, obwohl der Modul nicht der Steigung, sondern der Normalteilung t_n (senkrecht zu den Gängen gemessen) entspricht. Hieraus ergeben sich besonders bei mehrgängigen Schnecken erhebliche Fehler, die einen genauen Eingriff des Getriebes unmöglich machen.

Die genaue Steigung h läßt sich aus der Normalteilung t_n und der Stirnteilung (dem auf einen Gang entfallenden Teil des Teilkreisumfanges der Schnecke $\left.\frac{D_1 \pi}{z_1}\right)$ berechnen. Es ist Fig. 200

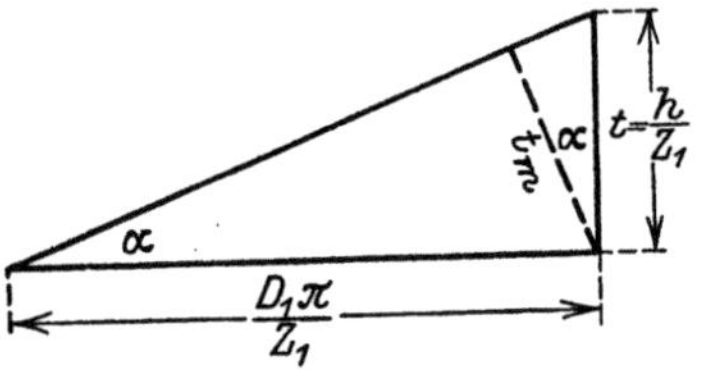

Fig. 200.

$$\sin\alpha = \frac{t_n}{\frac{D_1 \pi}{z_1}} .$$

Ist der Winkel α ermittelt, so ist

$$\frac{h}{D_1 \pi} = \operatorname{tg}\alpha ,$$

also

$$h = D_1 \pi \cdot \operatorname{tg}\alpha .$$

Die Stirnteilung des Schneckenrades t findet man aus

$$\cos\alpha = \frac{t_n}{t} .$$

Erhält das Schneckenrad statt der konkaven, spiralgewundene Zähne, so erhält man die Spirallänge H, (die beim Fräsen der Zähne bekannt sein muß) aus der Gleichung

$$\operatorname{tg}\alpha = \frac{D_2 \pi}{H} .$$

Setzt man

$$t = \frac{D_2 \pi}{z_2} ,$$

so ist

$$\cos\alpha = \frac{t_n \cdot z_2}{D_2 \pi}$$

und

$$\operatorname{tg}\alpha = \frac{\sin\alpha}{\cos\alpha} = \frac{t_n \cdot z_1 D_2 \pi}{D_1 \pi \cdot t_n z_2} = \frac{z_1 D_2}{D_1 z_2} ,$$

folglich

$$H = \frac{D_2 \pi}{\operatorname{tg}\alpha} = \frac{D_2 \pi \cdot D_1 z_2}{z_1 D_2} = \frac{\pi D_1 z_2}{z_1} .$$

Man findet also die Spirallänge, wenn man den Teilkreisumfang der Schnecke mit der Zähnezahl des Schneckenrades multipliziert und durch die Gangzahl der Schnecke teilt.

Um die starke gleitende Reibung beim Schneckengetriebe herabzusetzen, hat man die Zähne des Schneckenrades durch Rollen ersetzt (Pekrun-Getriebe), um einen besseren Eingriff zu erzielen, der Schnecke die dem Radumfang sich anschmiegende Form eines Globoids gegeben.

Zur Schmierung der Schneckengetriebe soll ein dickflüssiges Mineralöl verwendet werden.

Grissongetriebe. Die Firma Grisson & Co. in Hamburg bringt ein für hohe Übersetzungen (5 : 1 bis 50 : 1) ins Schnelle und ins Langsame brauchbares, der Triebstockverzahnung verwandtes Getriebe in den Handel. Es besteht aus zwei um 180° versetzten, auf derselben Welle sitzenden Daumen und einem Rollenrade, welches zwischen drei Scheiben zwei Kränze von mit Rollen versehenen Bolzen trägt. Jeder Daumen greift ein in einen der Rollenkränze, deren Rollen um die halbe Teilung versetzt sind (Fig. 201). Der Wirkungsgrad schwankt etwa zwischen 80 und 95% und ist bei Übersetzung ins Schnelle geringer als bei Übersetzung ins Langsame. Das Getriebe muß sehr

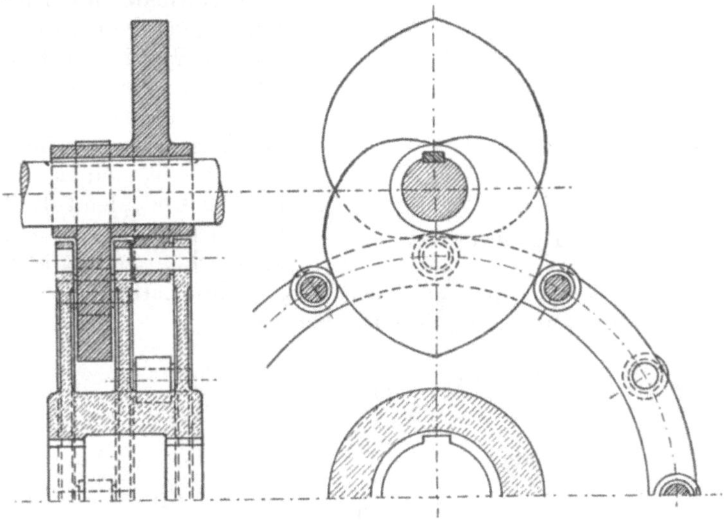

Fig. 201.

sorgfältig hergestellt werden, wenn es gut arbeiten soll, es ist seiner Empfindlichkeit wegen durch das Rabitz-Getriebe (s. S. 190) verdrängt worden.

3. Die Konstruktion der Zahnprofile.

Die Grundbedingung, von welcher bei der Konstruktion der Zahnprofile ausgegangen werden muß, ist die, daß die Bewegungsübertragung immer gleichmäßig erfolgen soll, nicht etwa ruckweise. Von diesem Gesichtspunkte ausgehend, erhalten wir das Grundgesetz der Verzahnung aus nachfolgender Betrachtung:

Ist B der Berührungspunkt der beiden Zahnprofile, so sind die Umfangsgeschwindigkeiten der beiden Räder in diesem Punkte (Fig. 202), wenn $BM_1 = r_1'$ und $BM_2 = r_2'$ gesetzt wird

$$v_1 = \frac{2\, r_1' \pi\, n_1}{60} \quad \text{und} \quad v_2 = \frac{2\, r_2' \pi\, n_2}{60}.$$

Diese Umfangsgeschwindigkeiten lassen sich zerlegen in je zwei Komponenten, von denen die eine in die Richtung der Normalen NN, die andere in die Richtung der Tangente TT fällt. Die Normalkomponenten v_n müssen aber einander gleich sein, sonst müßten entweder die Zahnprofile sich voneinander entfernen oder ineinander eindringen. Fällt man jetzt Lote von den Mittelpunkten der Räder auf die gemeinsame Normale im Berührungspunkte, so bilden diese Lote R_1 und R_2 mit dem Punkte B als Spitze Dreiecke, die den Dreiecken, welche sich bei der Zerlegung der Geschwindigkeiten v_1 und v_2 ergeben, ähnlich sind, denn die Seiten stehen paarweise aufeinander senkrecht. (Die ähnlichen Dreiecke sind in gleicher Richtung schraffiert.)

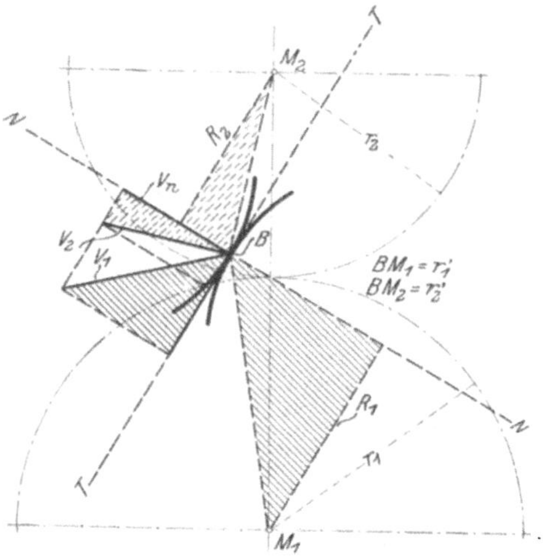

Fig. 202.

Man erhält hieraus die Proportionen

$$\frac{v_n}{v_1} = \frac{R_1}{r_1'} \qquad \text{und} \qquad \frac{v_n}{v_2} = \frac{R_2}{r_2'}.$$

Hieraus ergibt sich

$$v_n = v_1 \frac{R_1}{r_1'} \qquad \text{und} \qquad v_n = v_2 \frac{R_2}{r_2'},$$

folglich auch

$$v_1 \frac{R_1}{r_1'} = v_2 \frac{R_2}{r_2'}.$$

Mit

$$v_1 = \frac{2\, r_1' \pi\, n_1}{60} \qquad \text{und} \qquad v_2 = \frac{2\, r_2' \pi\, n_2}{60}$$

erhalten wir

$$\frac{2\, r_1' \pi\, n_1}{60} \frac{R_1}{r_1'} = \frac{2\, r_2' \pi\, n_2}{60} \frac{R_2}{r_2'},$$

das ist

$$n_1 R_1 = n_2 R_2$$

oder

$$\frac{R_1}{R_2} = \frac{n_2}{n_1}.$$

Für zwei miteinander arbeitende Zahnräder haben wir aber, wenn r_1 und r_2 die Teilkreisradien sind

$$\frac{r_1}{r_2} = \frac{n_2}{n_1}$$

es muß also auch

$$\frac{R_1}{R_2} = \frac{r_1}{r_2}$$

sein, d. h. die Abstände $R_1 R_2$ der gemeinsamen Normalen im Berührungspunkte von den Mittelpunkten der Räder müssen sich verhalten wie die Halbmesser der Zahnräder. Dies ist aber, wie aus der Figur hervorgeht, nur möglich, wenn die Normale durch den Berührungspunkt der Teilkreise geht. Das Grundgesetz der Verzahnung lautet also:

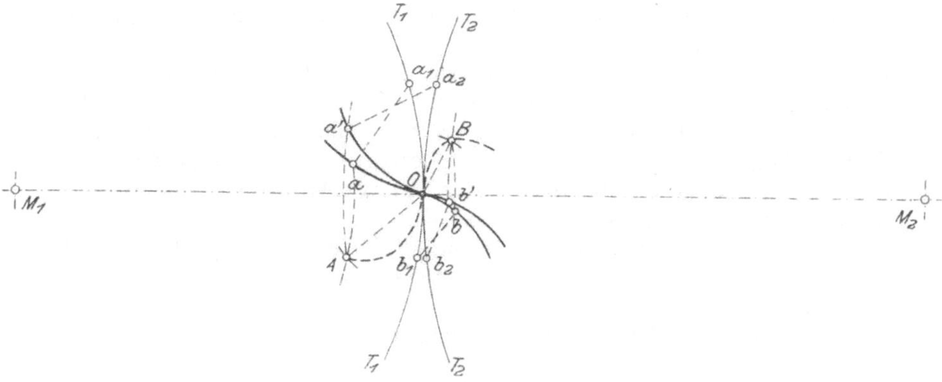

Fig. 203.

Die Normale im jeweiligen Berührungspunkte beider Zahnprofile muß durch den Berührungspunkt der Teilkreise gehen.

Nach diesem Gesetze erhalten wir folgendes von Reuleaux angegebenes allgemeines Verfahren zur Ermittelung des zu einem gegebenen Profil gehörigen zweiten Zahnprofils (Fig. 203).

Wir errichten im Punkte a die Normale, welche den Teilkreis T_1 im Punkte a_1 schneidet. Denken wir uns jetzt das Rad I so weit gedreht, daß der Schnittpunkt a_1 auf den Berührungspunkt O der Teilkreise kommt, so erhalten wir die zugehörige Lage A des Punktes a, indem wir um den Mittelpunkt M_1 einen durch a gehenden Kreisbogen schlagen und von O aus mit der Länge a—a_1 der Normalen in diesen Kreisbogen einschneiden. In diesem Punkte A müßte also nach unserem Verzahnungsgesetz der Punkt a des ersten Zahnprofils mit einem entsprechenden Punkte des zweiten sich berühren, derart, daß auch die in diesem Punkte errichtete Normale des zweiten Zahnprofiles durch den Punkt O geht. Soll ein Punkt des zweiten Zahnrades überhaupt nach dem Punkt A kommen, so muß er aber auf dem vom Mittelpunkt M_2 durch A gezogenen Kreisbogen liegen. Den Punkt a_2 des zweiten Rades, der bei der Drehung des ersten um den Bogen $a_1 O$ auf den Punkt O zu liegen kommt, erhalten wir aber, da sich immer gleich große Stücke der Teilkreise aufeinander abrollen, indem wir den Bogen $O a_1$ auf dem Teilkreis T_2 von O aus abtragen, also $O a_2 = O a_1$ machen. Da wir nun in OA die Länge der Normalen des entsprechenden Punktes vom zweiten Zahnrad haben, so brauchen wir nur mit OA vom Punkte a_2 aus in den durch A vom Mittelpunkte M_2 gezogenen Kreis einzuschneiden, um den dem Punkte a des ersten Rades entsprechenden Punkt a' des zweiten Zahnprofiles zu erhalten. Wiederholen wir dieselbe Konstruktion, von anderen Punkten b usw. des ersten Zahnprofiles ausgehend, so erhalten wir die zugehörigen Punkte b' usw. des zweiten und hierdurch das zweite Zahnprofil.

Die Punkte A, B usw. sind die Punkte, in denen der Eingriff der beiden Zahnräder erfolgt, ihre Verbindungslinie nennt man die Eingriffslinie, das benutzte Stück derselben, d. i. das Stück, welches zwischen den beiden Kopfkreisen der Zahnräder liegt, die Eingriffsstrecke. Der zur Eingriffsstrecke gehörige Teilkreisbogen (den man durch Übertragen der Eingriffsstrecke auf den Teilkreis erhält) heißt der Eingriffsbogen, sein Verhältnis zur Teilung die Eingriffsdauer. Diese muß natürlich, wenn die Bewegungsübertragung stoßfrei sein soll, größer als 1 sein, d. h. es müssen immer mindestens zwei Zähne gleichzeitig im Eingriff sein.

Gewöhnlich werden die Zahnformen nach der Zykloide oder der Evolvente ausgeführt.

a) Zykloidenverzahnung. Die Zykloide entsteht durch Rollen eines Kreises auf einer Geraden; es ist die Linie, die ein Punkt dieses Kreises dabei beschreibt (Fig. 204). Durch Rollen eines Kreises auf einem anderen Kreise entsteht die Epizykloide (Fig. 205) und durch Rollen eines Kreises in einem anderen Kreise die Hypozykloide (Fig. 206). Die Konstruktion dieser Kurven ist aus den Figuren 204 bis 206 leicht zu erkennen. Man trägt den Rollkreis in verschiedenen aufeinanderfolgenden Stellungen auf und trägt die Bogenlängen, um die sich der Rollkreis auf dem Grundkreis, bzw. der Grundlinie fortbewegt hat, auf dem Umfange des Rollkreises zurück.

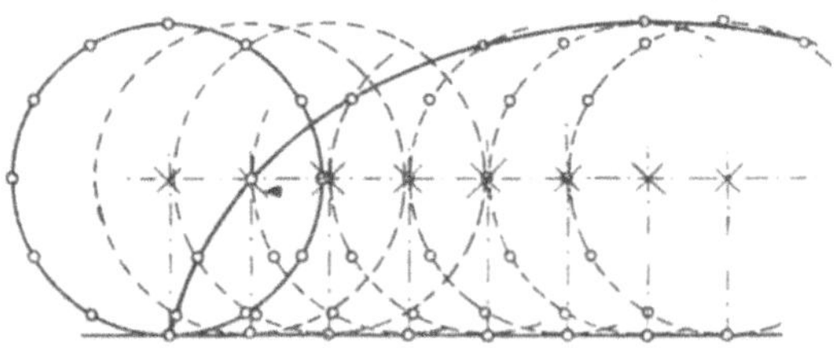

Fig. 204.

Rollt man einen Kreis auf einem zweiten Kreis, dessen Mittelpunkt innerhalb des ersten liegt, so entsteht die Perizykloide.

Eine vereinfachte Konstruktion dieser Rollkurven zeigt Fig. 207. Man trägt auf dem Rollkreise und dem Grundkreise gleiche Teile 0, 1, 2, 3 . . . bzw. 0, 1′, 2′, 3′ . . . ab und schlägt nun von 0 einen Bogen mit 1—1′, von 1′ einen Bogen mit 0—1, ebenso von 0 mit 2 — 2′, von 2′ mit 0—2 usf. Die Schnittpunkte dieser Bogen sind Punkte der Kurve.

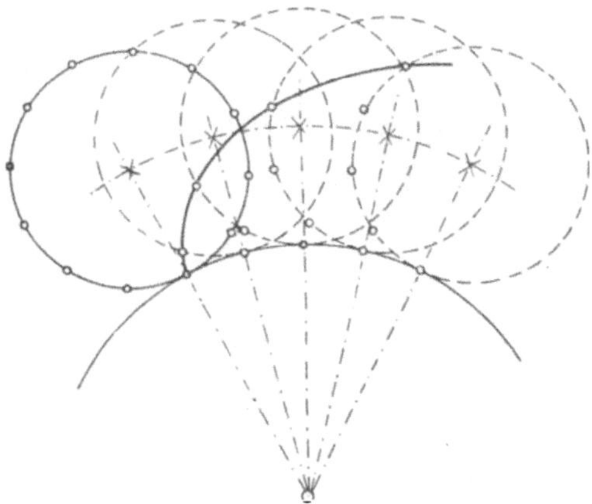

Fig. 205.

Die Verwendung der Zykloide zur Konstruktion der Zahnprofile zeigen die Figuren 208 bis 214, und zwar:

Fig. 208 Zahnstangenverzahnung.

Fig. 209 Außenverzahnung.

Fig. 210 Innenverzahnung.

In welcher Weise die Rollkreise auf den Teilkreisen zu rollen sind, zeigen die Pfeile.

Die Eingriffsstrecke ist bei der Zykloidenverzahnung gleich den von den beiden Kopfkreisen eingeschlossenen Stücken der Rollkreise. Sie ist deshalb um so größer, d. h. es sind um so mehr Zähne gleichzeitig im Eingriff, je größer man den Durchmesser der Rollkreise wählt. Mindestens müssen die Rollkreise so groß gewählt werden, daß die Eingriffsstrecke größer als die Teilung, die Eingriffsdauer also größer als 1 wird.

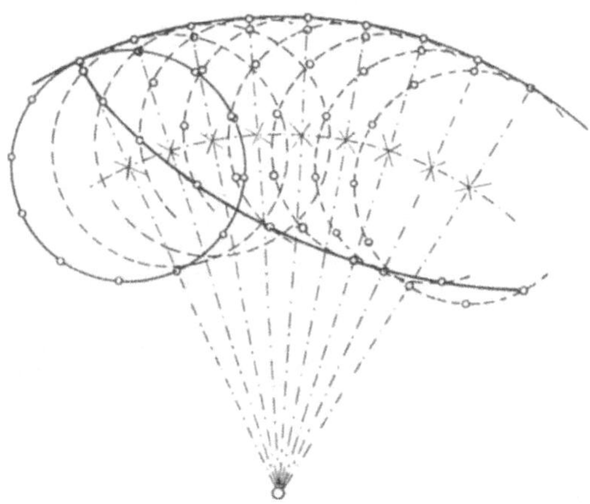

Fig. 206.

Andererseits wird die zur Berührung kommende Strecke des Zahnfußes ($O\,a$ bzw. $O\,a'$, Fig. 209), wie aus der Figur hervorgeht, um so kleiner und damit die Abnutzung um so größer, je größer der Rollkreis ist. Die günstigsten Verhältnisse gibt ein Rollkreis $\varrho = 0{,}4\,R$.

Wird der Durchmesser des einen Rollkreises gleich dem Teilkreishalbmesser des betr. Rades, so erhalten wir einen geraden Zahnfuß, welcher radial verläuft; der Zahn wird hierdurch am Fußkreis ge-

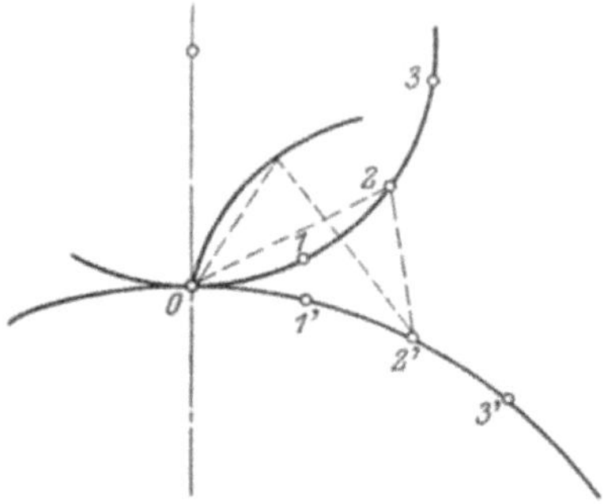

Fig. 207.

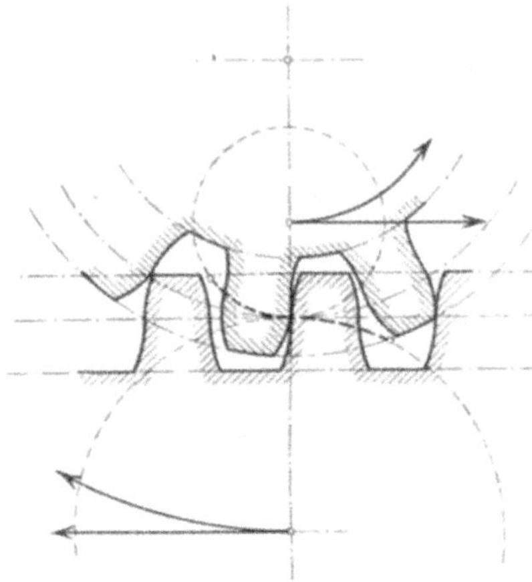

Fig. 208.

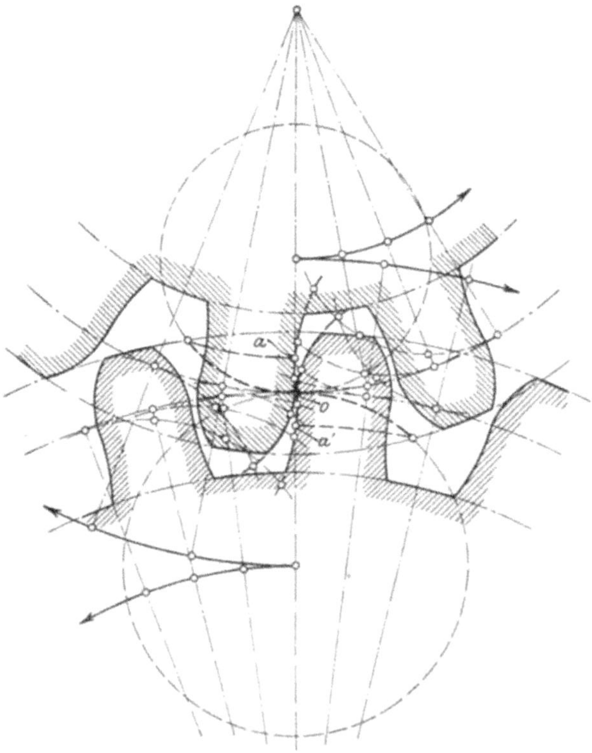

Fig. 209.

schwächt, doch können wir den Zahnfuß von a aus (Fig. 211) ausrunden, da nur das Stück $O\,a$ des Zahnfußes im Eingriff ist. Diese Ausrundung muß natürlich für die Bewegung der Kante k Spielraum lassen, weshalb man auf den Teilkreisen eine Anzahl gleicher Teile, 1, 2, 3, 4,

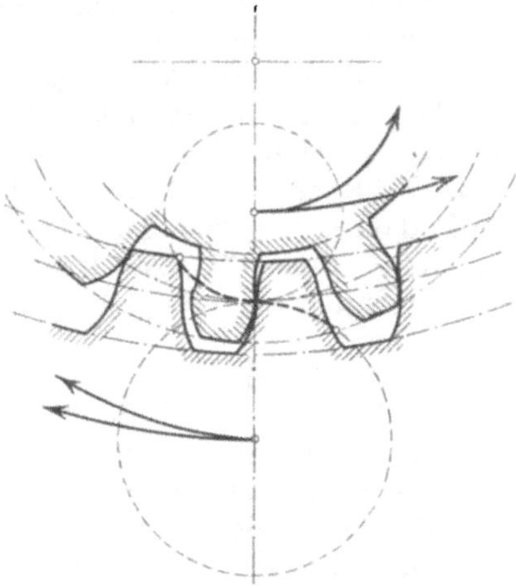

Fig. 210.

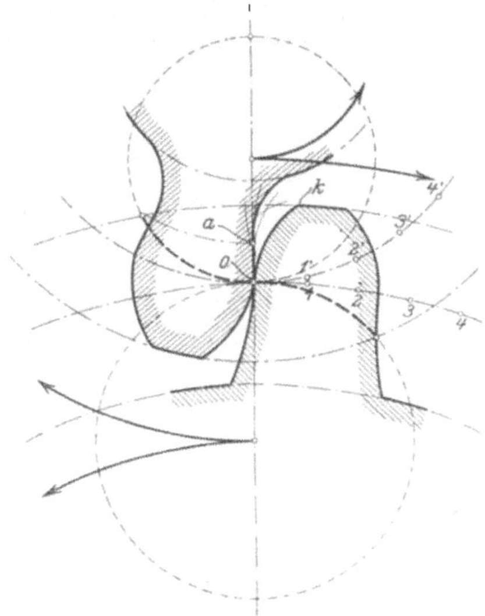

Fig. 211.

1′, 2′, 3′, 4′, aufträgt und aus Teilpunkt 1′ mit k 1, aus Teilpunkt 2′ mit k 2, aus 3′ mit k 3 und so fort Bogen schlägt. Diese Bogen hüllen die Bewegung des Punktes k ein, die Ausrundung des Zahnfußes muß natürlich noch Spielraum lassen.

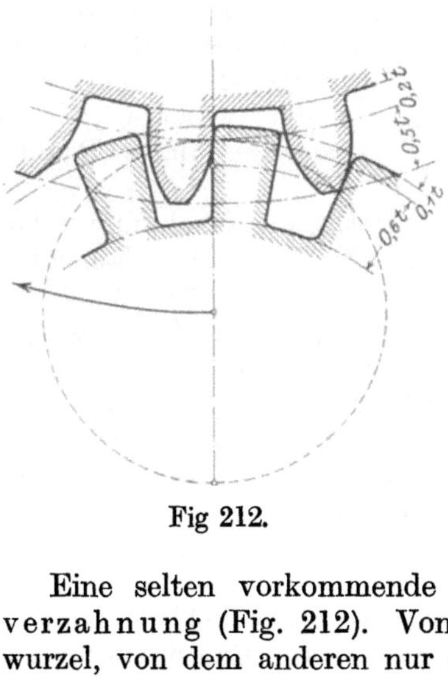

Fig 212.

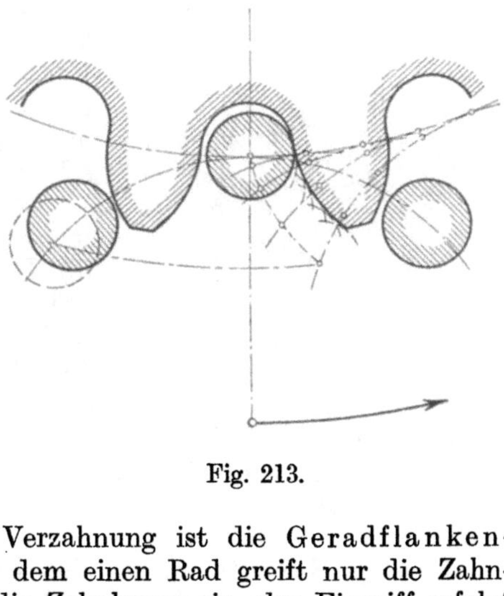

Fig. 213.

Eine selten vorkommende Verzahnung ist die Geradflankenverzahnung (Fig. 212). Von dem einen Rad greift nur die Zahnwurzel, von dem anderen nur die Zahnkrone ein, der Eingriff erfolgt infolgedessen nur auf einer Seite der Mittellinie, die Abnutzung ist sehr groß, weshalb diese Verzahnung nur da anzuwenden ist, wo eine ebene Zahnflanke besondere Vorteile bietet.

Die Triebstockverzahnung kommt bei Schützenaufzügen und dgl. vor. An Stelle des einen Zahnes tritt (Fig. 213) ein Triebstock vom Durchmesser $^{19}/_{40}\,t$. Man bestimmt zunächst die relative Bahn des Triebstockmittelpunktes gegen das andere Rad, indem man den Teilkreis des Triebstockrades selbst auf dem Teilkreis des Zahnrades abrollt und dann von der so gefundenen Kurve mit dem Triebstockradius Bögen schlägt, die die Zahnform einhüllen.

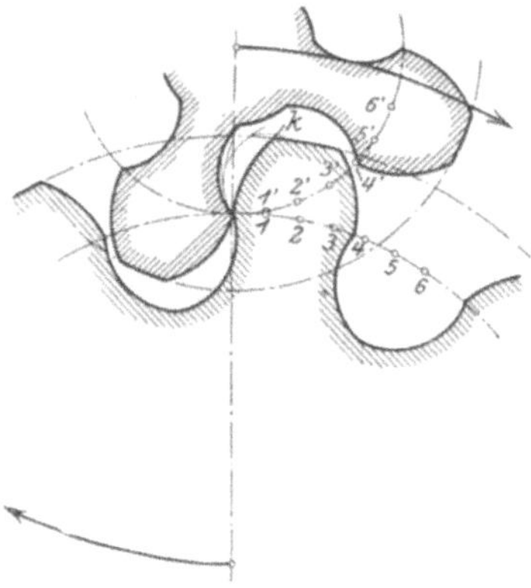

Fig. 214.

Nimmt man den einen Rollkreis gleich dem Teilkreis, so schrumpft die Hypozykloide in einen Punkt zusammen: einfache Punktverzahnung.

Bei Winden u. dgl. kommen oft Triebe von sehr geringer Zähnezahl vor, man wählt dann die sog. doppelte Punktverzahnung (Fig. 214). Die Kopfkurven erhält man durch Abrollen der Teilkreise aufeinander, die Fußkurven schrumpfen hier beide zu einem Punkt zusammen (daher der Name). Die Form des Zahnfußes ist also lediglich durch die Bahn des Zahnkopfes gegeben und wird wie die Ausrundung bei radialem Zahnfuß (Fig. 211) bestimmt. Der Vorteil dieser Verzahnung ist, daß man mit der Zähnezahl bis auf 3 herabgehen kann, der Nachteil der, daß nur ein Punkt des einen Rades auf dem Zahne des anderen gleitet, weshalb die Abnutzung in der Nähe dieses Punktes sehr groß wird.

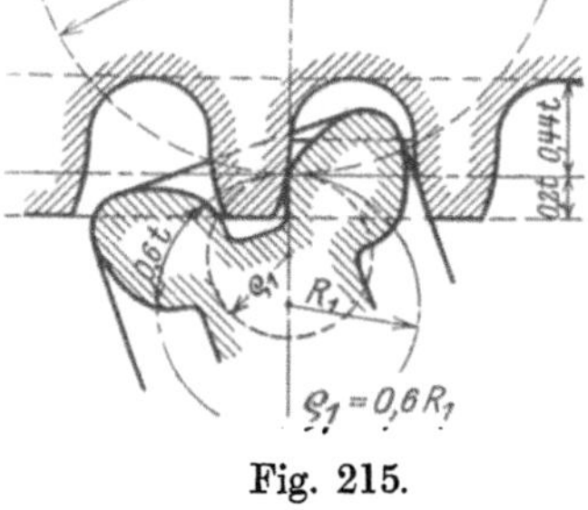

Fig. 215.

Eine günstigere Verzahnung erhält man nach Fig. 215. Die Zahnstärke im Teilkreise ist auf etwa 0,6 t vergrößert worden, der Fuß kürzer als üblich bemessen, um eine zu große Verschweifung zu vermeiden; der Zahnkopf ist, um den Eingriff nicht zu verkürzen, entsprechend länger ausgebildet. Die Abmessungen der Rollkreise sind eingeschrieben. Die Zahnspitze wird abgerundet, auch die Zahnstangenlücken rundet man aus, um für die im Teilkreise schwächeren Zähne stärkere Fußansätze zu erhalten.

Für sog. Satzräder, das sind Räder, welche beliebig zusammengestellt miteinander arbeiten sollen, müssen die Eingriffslinien sich decken, bei Zykloidenverzahnung also die Rollkreise einander gleich sein. Man nimmt hier den Radius des Rollkreises

$$\varrho = 0{,}875\, t\,.$$

(Besser führt man Satzräder mit Evolventenverzahnung aus.)

b) Evolventenverzahnung. Die Evolvente ist die Kurve, die ein Punkt einer Geraden beschreibt, die auf einem Kreis gerollt wird, oder die Linie, die ein Punkt eines Fadens beschreibt, den man von einem Kreise abwickelt. Man erhält dieselbe, indem man eine Anzahl beliebiger Teile auf dem Kreisumfang aufträgt, in jedem Teilpunkte die Tangente (die Senkrechte auf dem Radius) zieht und auf der Tangente die Länge des Bogens, also die entsprechende Anzahl der Teile wieder zurückträgt (Fig. 216).

Bei der Konstruktion der Evolventenzähne verwendet man aber nicht den Teilkreis als Grundkreis, sondern man zieht durch den Berührungspunkt der Teilkreise eine Linie, die mit der Verbindungslinie der Mittelpunkte der Zahnräder einen Winkel von meist 75° (30°-Winkel und 45°-Winkel zusammengelegt), in Amerika 75,5°, einschließt. Von den diese Linie berührenden Kreisen (deren Radien 0,9666 des Teilkreisradius sind) ausgehend, zeichnet man, wie vorher beschrieben, die Evolvente. Das unter diesem Grundkreis liegende Stück des Zahnfußes gestaltet man radial, kann aber natürlich die Zähne am Fuß ausrunden.

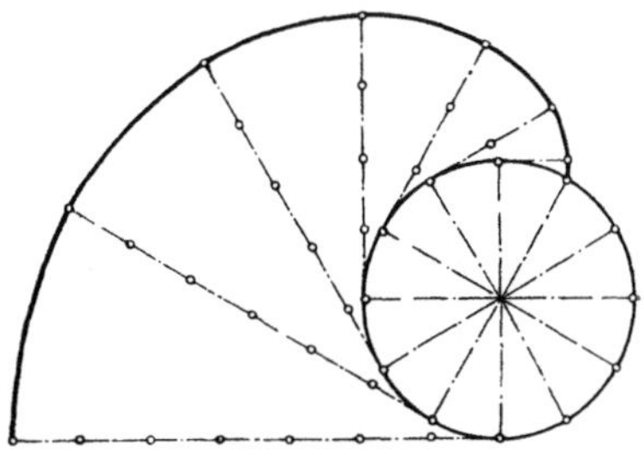

Fig. 216.

Fig. 217 zeigt Außenverzahnung, Fig. 218 Innenverzahnung mit Evolventenzähnen. Bei der Zahnstange (Fig. 219) wird bei Evolventenverzahnung das Zahnprofil eine unter 75° geneigte gerade Linie.

Die Eingriffslinie ist hier das von den Kopfkreisen eingeschlossene Stück der 75°-Linie. Man darf sie aber nur bis zu den Punkten N, in welchen die 75°-Linie die Grundkreise berührt, benutzen, sofern diese Punkte innerhalb der Kopfkreise liegen. Das überstehende Stück des Kopfes ist dann abzuschneiden, die Fußhöhe des anderen Rades wird 0,1 t größer als diese gekürzte Kopfhöhe genommen (siehe Fig. 217, 218, 219). Da die Eingriffslinien aller Evolventenverzahnungen (die 75°-Linien) einander gleich sind, können alle Räder mit Evolventenzähnen von gleicher Teilung miteinander arbeiten, also als Satzräder Verwendung finden.

Wird bei Innenverzahnung oder bei Evolventenverzahnung mit großem Übersetzungsverhältnis der Zahnfuß des kleinen Rades bedeutend schwächer als der des großen Rades, so gibt man dem Zahn des kleinen Rades im Teilkreis eine größere, dem des großen Rades eine kleinere Stärke.

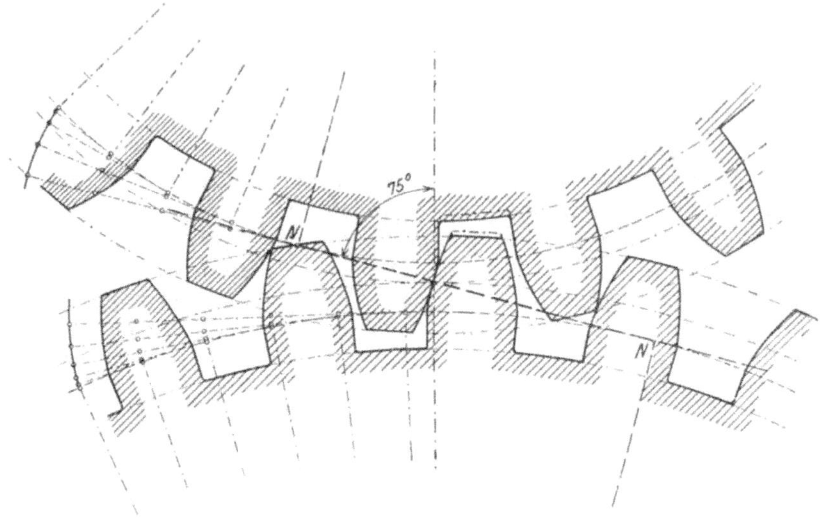

Fig. 217.

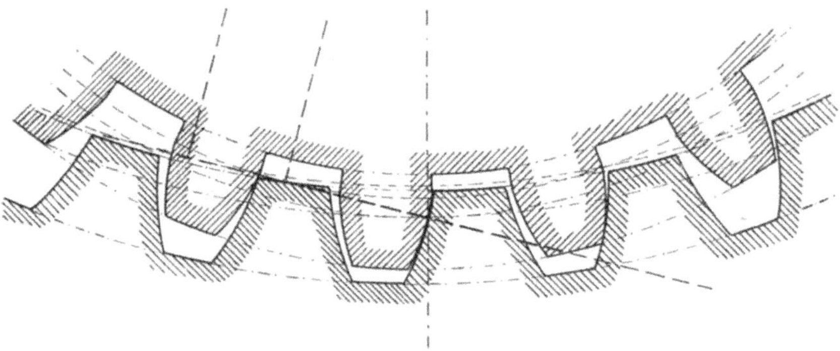

Fig. 218.

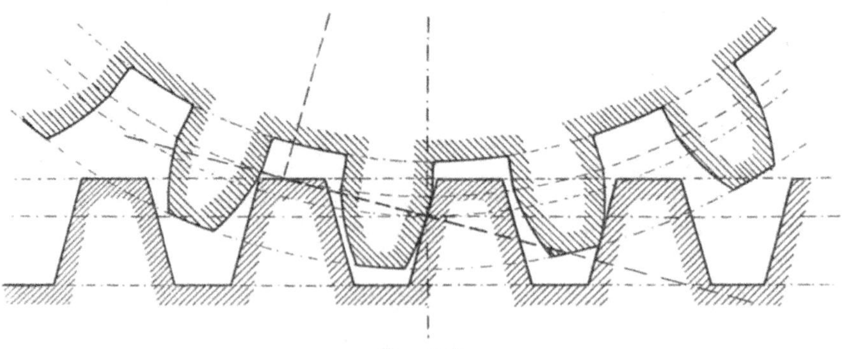

Fig. 219.

Bei Rädern mit weniger als 20 Zähnen kommt der Grundkreis zu nahe an den Teilkreis zu liegen, so daß die Zähne stark unterschnitten werden. Um diese Schwächung des Zahnfußes zu vermeiden und die nutzbare Zahnflanke zu vergrößern, verlegt man die Teilkreise bei kleinen Rädern nahe an den Fußkreis, bei großen Rädern nahe an den Kopfkreis. Es wird dadurch nicht nur die Festigkeit des Zahnes wesentlich erhöht, sondern auch die durch Gleiten der Zahnflanken entstehende Abnutzung infolge Verminderung des Gleitens verringert. Empfohlen wird:

für den Fußkreis des kleinen Rades $D = (Z - 1{,}4)\,\mathrm{m}$
„ „ Kopfkreis des kleinen Rades $D = (Z + 3)\,\mathrm{m}$
„ „ Fußkreis des großen Rades $D = (Z - 3{,}4)\,\mathrm{m}$
„ „ Kopfkreis des großen Rades $D = (Z + 1)\,\mathrm{m}$
Zahnstärke des kleinen Rades im Teilkreis $= 0{,}6\,t - 0{,}15$ mm
Zahnstärke des großen Rades im Teilkreis $= 0{,}4\,t - 0{,}15$ mm

c) Ozoidenverzahnung. Stolzenberg & Co., Berlin-Reinickendorf, benutzt als Eingriffslinie eine Kurve, die zwischen der der Evolventen- und Zykloidenverzahnung liegt, um die Vorteile beider Verzahnungen zu vereinigen, also günstige Reibungs- und Abnutzungsverhältnisse und starken Zahnfuß zu erzielen und die Unterschneidung zu vermeiden.

Kettentriebe. Bei den Kettentrieben erfolgt die Bewegungsübertragung zwischen den gezahnten Rädern durch ein Zwischenglied, die Kette, also ähnlich wie beim Riementrieb, nur daß der beim Riementrieb auftretende Schlupf vermieden wird und die Kette im betriebslosen Zustande spannungslos ist.

Die Ketten sind im folgenden Abschnitt beschrieben, ebenso die Kettenräder. Geeignet sind für Triebwerke namentlich die Gelenkketten von Zobel-Neubert & Co. in Schmalkalden, die man mit Geschwindigkeiten bis 2,5 m/sec laufen läßt, wobei allerdings die Belastung nur $^1/_8$ der für Hubzwecke zulässigen betragen soll. Besonders geeignet sind noch die Stotzschen Ketten, die Renold-Kette (Fr. Stolzenberg, Reinickendorf) die Morsekette (Westinghouse Comp. Hannover) und ähnliche Konstruktionen. Stolzenberg gibt als zulässige Höchstgeschwindigkeit 6,5 m/sec an, höhere Geschwindigkeiten beeinträchtigen die Lebensdauer; Übersetzungsverhältnis höchstens 6 : 1, bei kleinen Leistungen evtl. 10 : 1, kleinste Zähnezahl möglichst nicht unter 15, Wellenabstand höchstens 3,5 m, mindestens das 1,5fache vom großen Raddurchmesser. Die Achsentfernung soll möglichst nachstellbar sein, das ziehende Kettentrum soll möglichst oben liegen. Bei vertikalen Trieben ist die Anbringung einer verzahnten Spannrolle an der Innenseite der Kette erforderlich, wenn die Achsentfernung nicht nachstellbar ist, glatte Spannrollen an der Außenseite sind zu vermeiden.

Die höchste Umdrehungszahl ist bei kleinen Leistungen 3000 pro Min. Die Wellen müssen genau parallel montiert werden und dürfen kein seitliches Spiel haben.

Der Wirkungsgrad der Kettentriebe ist mindestens 98%.

IV.
Maschinenelemente der geradlinigen Bewegung.

A. Seile und Ketten, deren Rollen und Trommeln.

Als Mittel zur Übertragung drehender Bewegung sind diese Maschinenelemente im vorigen Abschnitt behandelt worden, zu besprechen ist also nur noch ihre Verwendung zum Heben von Lasten.

1. Hanfseile.

(Siehe Tabelle 11 im Anhang.)

Dünne Seile bestehen gewöhnlich aus drei Litzen, dickere werden durch Zusammendrehen von dreilitzigen gebildet und Kabel genannt. Flache bandförmige Hanfseile von 100—400 mm Breite und 30—60 mm Dicke werden aus mehreren runden zusammengenäht; sie finden nur selten Verwendung.

Man unterscheidet lose und fest geschlagene Seile; fest geschlagene können 1,5 mal so stark belastet werden als lose, doch muß der Durchmesser der Rollen und Trommeln doppelt so groß sein als bei losen Seilen.

Die Festigkeit der ungeteerten Seile ist etwas größer als die der geteerten.

Das Material der Hanfseile ist badischer Schleißhanf oder russischer Reinhanf. Seile aus ersterem sind etwas fester, solche aus letzterem etwa $^1/_3$ billiger. Auch aus Manilahanf, Baumwolle und Aloebast werden Seile hergestellt. Die Festigkeit der Aloeseile ist 6 bis 10% größer als die der Hanfseile, Baumwollseile sind sehr biegsam, aber teuer.

Die auf den vollen Kreisquerschnitt des Seiles berechnete Bruchbelastung beträgt:

bei fest geschlagenen Hanfseilen . . .	900	bis	960	kg/qcm
„ lose geschlagenen Hanfseilen . . .	600	„	640	„
„ Manilahanfseilen	400	„	500	„
„ Baumwollseilen	500	„	650	„

Als zulässige Belastung setzt man gewöhnlich $^1/_8$ der Bruchbelastung bei gewöhnlichen runden Seilen, $^1/_6$ bei Kabelseilen. (Siehe Tabelle 11 im Anhang.)

Ist Δ der äußere Seildurchmesser in cm, so ist die zulässige Gesamtbelastung eines lose geschlagenen ungeteerten Hanfseiles bei gewöhnlichen Hebevorrichtungen

$$P = \frac{\pi \Delta^2}{4} \cdot \frac{K}{8} = \frac{\pi \Delta^2}{4} \cdot \frac{600}{8} = \sim 60\,\Delta^2,$$

wobei der Durchmesser D der Rollen und Trommeln möglichst gleich dem 10fachen, mindestens gleich dem 6- bis 7fachen Seildurchmesser zu nehmen ist (nur ausnahmsweise gleich dem 3- bis 4fachen).

Wird $D \geqq 10\,\Delta$, so kann man setzen

$$P = 80\,\Delta^2,$$

falls $D > 32\,\Delta$, höchstens $P = 100\,\Delta^2$.

Für festgeschlagene Hanfseile und Seile aus anderem Materiale ist P im Verhältnis des Bruchmoduls größer oder kleiner zu nehmen.

Bei Förderseilen für Bergwerke nimmt man $P = 60\,\Delta^2$ bis $80\,\Delta^2$ und macht dabei $D \geqq 50\,\Delta$ bzw. $80\,\Delta$.

Infolge der Seilsteifigkeit spreizt sich das auflaufende Seilstück von der Rolle ab und vergrößert so den Lasthebelarm um $^1/_{16}\,\Delta^2$ bis $^1/_8\,\Delta^2$. Bezeichnet man diese Vergrößerung des Hebelarmes der Last mit z, den Durchmesser des Rollenzapfens mit d und den Koeffizienten der Zapfenreibung mit μ, so ergibt sich die Kraft P, welche nötig ist, die Last Q zu heben, aus der Gleichung

$$P\frac{D}{2} = Q\left(\frac{D}{2} + z\right) + (P + Q)\,\mu\,\frac{d}{2}$$

oder, wenn man den Zapfendruck $P + Q$ rund gleich $2\,Q$ setzt:

$$P = \frac{2\,Q}{D}\left(\frac{D}{2} + z + \mu\,d\right).$$

Einfacher setzt man, wenn η der Wirkungsgrad der Rolle ist:

$$P\,\eta = Q \qquad \text{oder} \qquad P = \frac{Q}{\eta},$$

wobei η nach der „Hütte" wie folgt genommen werden kann:

Seildurchmesser Δ =	16	26	36	46	52 mm
Wirkungsgrad η =	0,94 ÷ 0,96	0,91 ÷ 0,95	0.89 ÷ 0,93	0,87 ÷ 0,92	0,85 ÷ 0.91

Wenn die Rolle nicht, wie oben angenommen, um 180° vom Seil umschlungen ist (beide Seilstücke nach unten gerichtet), sondern nur um 90° (Fig. 220), so ist der Zapfendruck nicht $P + Q$, sondern nur $\sim 1{,}4\,Q$, die Zapfenreibung wird dann kleiner, der Wirkungsgrad um etwa 1% größer.

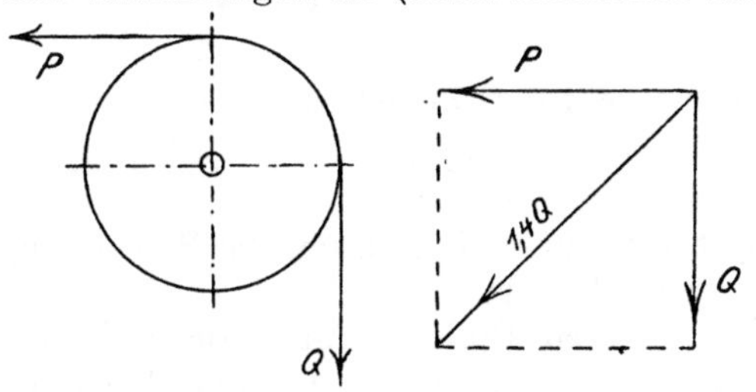

Fig. 220.

Bei der beweglichen Rolle, welche in einer Seilschleife hängt, verteilt sich die Last Q auf die zwei Seilstücke, hier ist

$$P\,\eta = \frac{Q}{2} \qquad \text{oder} \qquad P = \frac{Q}{2\,\eta}$$

und der Wirkungsgrad für

Seildurchmesser Δ =	16	26	36	46	52 mm
η =	0,97	0,96	0,95	0,94	0,93

Der Durchmesser der Rollen und Trommeln für Hanfseile soll möglichst nicht kleiner als der zehnfache Seildurchmesser sein, muß man unter diesen Wert gehen, so kann dies nur auf Kosten der Dauer des Seiles geschehen.

Die Rillen der Seilrollen für Hebezeuge macht man kreisförmig, und zwar nimmt man den Durchmesser der Rille um 2 bis 4 mm größer als den Seildurchmesser. Soll die Seilrolle zum Antriebe dienen, wie bei durch Gegengewicht ausgeglichenen Fahrstühlen, so verwendet man keilförmige Rillen und nimmt $D > 32\,\Delta$, möglichst $40\,\Delta$, damit die Reibung groß genug wird.

Die Rollen (Fig. 221) laufen gewöhnlich lose auf dem Zapfen. Die Flächenpressung soll 60 bis 70 kg für Lauffläche aus Gußeisen oder 70 bis 80 kg für Lauffläche aus Bronze pro qcm der Projektion nicht übersteigen. Es muß also, wenn Z der Zapfendruck, d der Zapfendurchmesser, l die Zapfenlänge ist,

$$\frac{Z}{d \cdot l} \leqq 60 \text{ bis } 70 \quad \text{bzw.} \quad \leqq 70 \text{ bis } 80$$

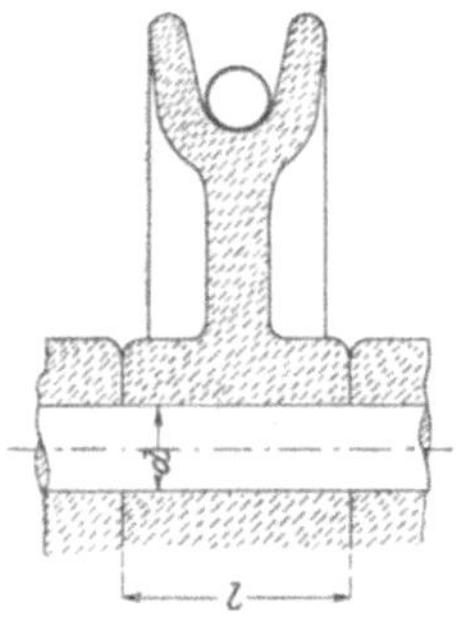

Fig. 221.

sein. Für Dauerbelastung nimmt man die Flächenpressung möglichst um 25%, bei Gußeisen um 50% niedriger.

Die Berechnung des Zapfens auf Biegungsfestigkeit gibt die Formel (Z ist die über die ganze Länge l gleichmäßig verteilte Belastung)

$$\frac{Z\,l}{8} = \frac{d^3}{10} \cdot k_b$$

oder

$$d = \sqrt[3]{\frac{10\,Z\,l}{8\,k_b}}$$

mit

$k_b = 600$ bis 700 kg/qcm für Schmiedeeisen,

$k_b = 800$ „ 1000 „ „ Stahl,

ist die Achse mit der Rolle drehbar, nur halb so groß, die Berechnung geschieht dann wie unter Achsen erläutert.

Der Zapfendruck ist bei der festen Rolle, wenn beide Seilenden parallel abwärts führen (180° umspannt), $Z = 2\,Q$, wenn ein Seilstück wagrecht zur Seite führt (90° umspannt), $Z = 1{,}4\,Q$, bei anderen Umspannungswinkeln kann man ihn zwischen $1{,}4\,Q$ und $2\,Q$ einschätzen oder mit Hilfe des Parallelogramms der Kräfte genau ermitteln. Bei der beweglichen Rolle (die Last hängt an der Rolle, die Rolle in einer Seilschleife) ist $Z = Q$.

Der Mantel der Trommeln wird entweder mit den Scheiben aus einem Stück gegossen (Fig. 222), oder aus auf die gußeisernen Seitenscheiben aufgeschraubten Blech- oder Holzplatten gebildet (Fig 223),

Trommeln mit schraubenförmiger Rille, in die sich das Seil legt, stellt man am besten her, indem man gewalztes Rilleneisen auf die Trommel nietet.

Die Stärke s des Trommelmantels kann man annehmen, wenn D der Trommeldurchmesser ist:

bei gußeisernem Mantel	$s = 0{,}02\,D + 10$ mm
„ Mantel aus Schmiedeisenblech . .	$s = 0{,}01\,D + 3$ „
„ Holzmantel	$s = 0{,}03\,D + 25$ „

Bei sehr langen Trommeln muß man diese Werte noch erhöhen.

Um die Trommel auf die Keile aufziehen zu können, verwendet man entweder nur an einer Seite den Keil, an der anderen Seite nur eine Feder, oder man macht den Keil an der einen Seite etwas höher als an der anderen Seite.

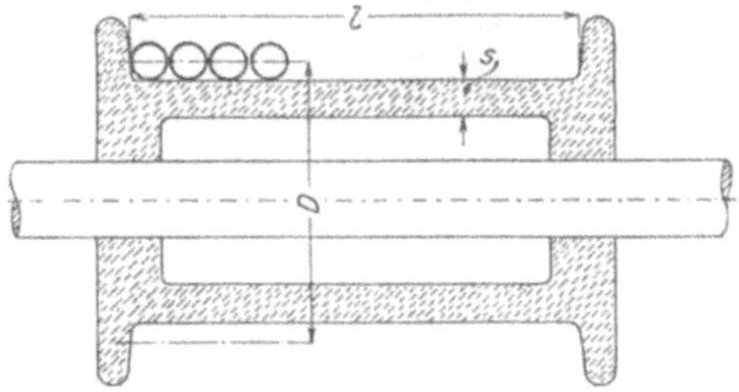

Fig. 222.

Damit die Welle nicht auf Drehung beansprucht wird, verbindet man gewöhnlich das die Trommel antreibende Stirnrad direkt mit dieser, ebenso die Bremsscheibe, falls diese auf der Trommelwelle sitzt.

Soll das Seil von der Länge L in einer Lage auf die Trommel aufgewickelt werden, so ist die Anzahl der Windungen

$$n = \frac{L}{\pi D}.$$

Um die Befestigung des Seiles nicht zu stark zu beanspruchen, sollen immer einige Windungen des Seiles auf der Trommel bleiben. Die Trommellänge ergibt sich daher aus der Formel

$$l = \left(\frac{L}{\pi D} + 2\right)\Delta .$$

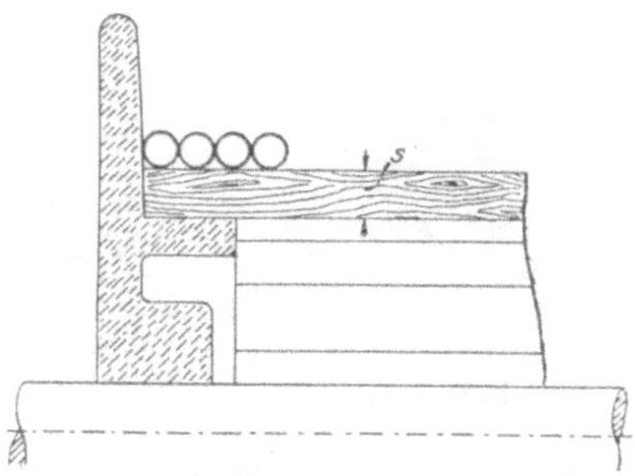

Fig. 223.

2. Drahtseile.

(Siehe Tabelle 12 im Anhang.)

Die Beschaffenheit der Drahtseile für Hubzwecke gleicht der der Drahtseile für Triebwerke.

Die gewöhnliche Seilkonstruktion (Fig. 224) mit runden, sich um eine Hanfseele legenden Litzen hat den Nachteil, daß das Seil nur auf drei Drähten in der Rolle anliegt, so daß sich diese schnell abnutzen. Sind die Drähte in derselben Richtung gewunden wie die Litzen um die Hanfseele, so drehen sich die Drahtseile auf. Man stellt daher Litzen von elliptischer Form mit flachem Kerndraht (Fig. 225), oder dreieckige Litzen (Fig. 226) mit drei zu einem Dreieck vereinigten fünfeckigen Kerndrähten her, um eine bessere Auflage zu erzielen.

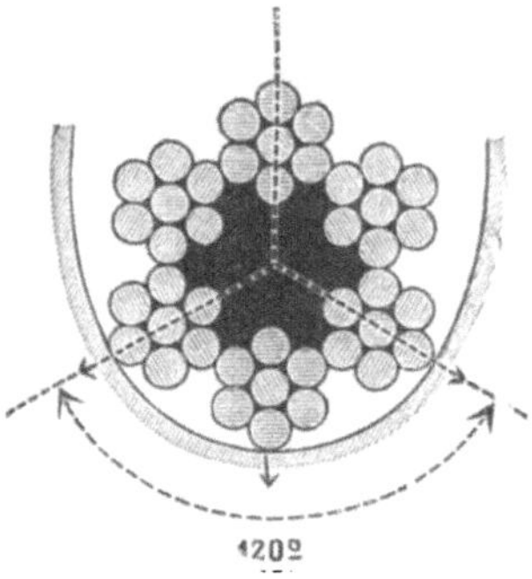

Fig. 224.

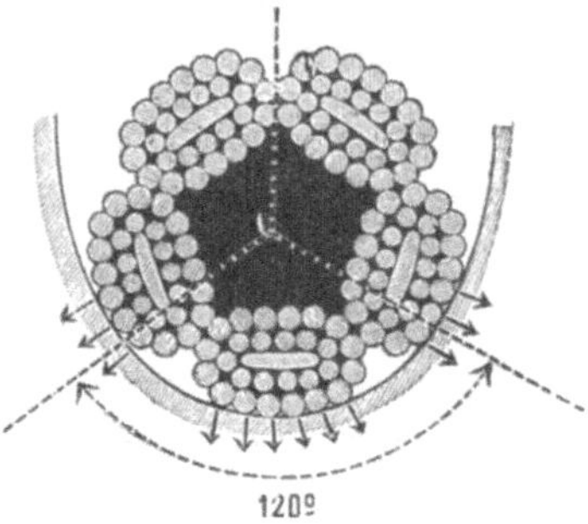

Fig. 225.

Um das Aufdrehen zu vermeiden, verwendet man zwei Lagen von flachen Litzen, die entgegengesetzt gewunden werden. Bei den patentgeschlossenen Seilen von Felten & Guilleaume, Mülheim (Fig. 227), besteht nur die innere Lage aus runden Drähten, es folgen trapezförmige und schließlich übereinandergreifende Drähte. Da hier der Querschnitt besser ausgenutzt wird, haben diese Seile bei gleicher Tragkraft einen kleineren Durchmesser und geringeres Gewicht, sie längen und verdrehen sich nur unbedeutend, schützen die inneren Drähte gegen Rosten, halten die Drahtenden auch bei einem Drahtbruch fest und lassen einen solchen, da immer die Deckdrähte zuerst brechen werden, leicht erkennen.

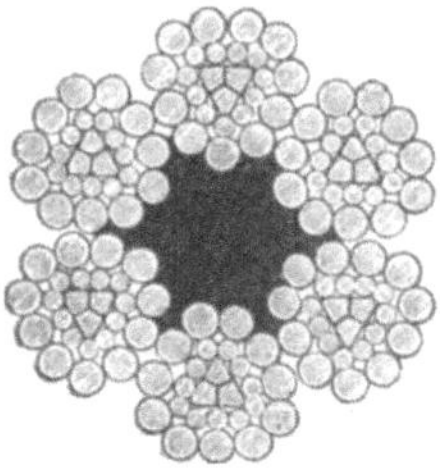

Fig. 226.

Fig. 227.

Im Anhang sind Tabellen der verschiedenen Drahtseilarten gegeben.

Ist P die größte Zugkraft,
D der Durchmesser der Seilscheibe,
Δ der Durchmesser des Seiles,
δ der Drahtdurchmesser,
i die Anzahl der Drähte,

so hat man zu setzen

$$i \frac{\delta^2 \pi}{4} = \frac{P}{k_z}.$$

Man nimmt gewöhnlich δ an und berechnet i, muß aber dann nach den für i und δ gefundenen Werten aus der im Anhang gegebenen Tabelle bzw. der Liste eines Seilwerks ein passendes Seil aussuchen.

Bei vorzüglichem Material kann man setzen:

für Eisendrahtseile . . $k_z \leqq 1500$ kg/qcm,

„ Gußstahldrahtseile $k_z \leqq 2000$ „

Sofern es sich nicht um Menschenförderung handelt und die Höchstlast nur selten und dann mit der nötigen Vorsicht gehoben wird, kann man das 1,5fache bis 2fache des letzteren Wertes annehmen.

Der Durchmesser der Rollen und Trommeln soll möglichst groß gehalten werden, man macht

bei Förderseilen $D \geqq 1000\,\delta$

und dabei $D \geqq 100\,\Delta$,

nur gezwungen geht man herab auf

$$D \geqq 500\,\delta \quad \text{und} \quad D \geqq 70\,\Delta .$$

Felten und Guilleaume gestatten bei ihren Kabelseilen $D \geqq 400\,\delta$, für Aufzugseile $D \geqq 500\,\delta$, bei D herab bis auf $18\,\Delta$.

Je kleiner der Rollendurchmesser im Vergleich zum Drahtdurchmesser einerseits und zum Seildurchmesser andererseits ist, um so kleiner ist k_z zu wählen.

Sind die Drahtseile starker Abnutzung unterworfen, so darf man die Drähte nicht zu dünn nehmen, ebenso dort, wo sie starken Witterungseinflüssen oder gar der Einwirkung saurer Grubenwässer ausgesetzt sind. Im letzteren Fall muß man verzinkte oder verbleite Drähte verwenden.

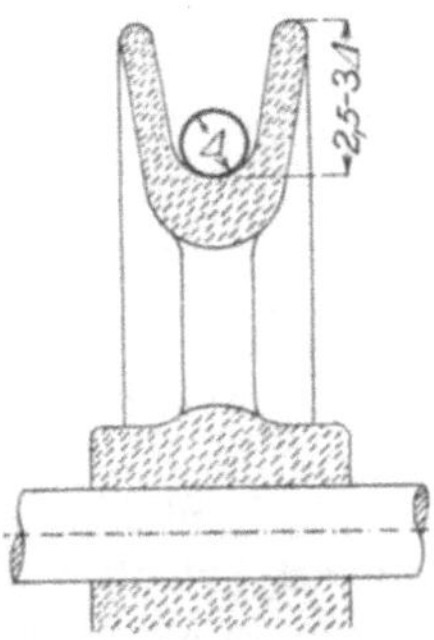

Fig. 228.

Bei Seilen, welche Lasten aus großer Tiefe zu fördern haben, muß das Eigengewicht des Seiles berücksichtigt werden. Beträgt die zu hebende Last Q, das Gewicht des Seiles pro laufenden Meter q und die Länge des Seiles in Meter l, so hat man zu setzen

$$i \frac{\pi \delta^2}{4} = \frac{Q + q\,l}{k_z},$$

wobei man das Seil zunächst ohne Berücksichtigung des Eigengewichtes berechnet und dieses dann unter entsprechendem Zuschlag vorerst schätzungsweise der im Anhang gegebenen Tabelle entnimmt. Bei großer Fördertiefe verwendet man konische Seile.

Der Wirkungsgrad der Drahtseilrollen kann gesetzt werden bei 180° Umschlingung:

bei der festen Rolle $\eta = 0{,}96$,

bei der beweglichen Rolle $\eta = 0{,}98$,

bei 90° Umschlingung

bei der festen Rolle $\eta = 0{,}97$.

Die Tiefe der Rillen der Drahtseilrollen (Fig. 228) soll 2,5 bis 3 Δ betragen. Der Grund der Rille soll das Seil möglichst eng umschließen, damit es nicht plattgedrückt wird.

Wenn das Seil richtig auflaufen soll, muß die Entfernung zwischen einer Trommel und der nächsten Seilrolle das 25- bis 30fache der Trommellänge betragen, ist dies nicht möglich, so muß die Scheibe axial beweglich sein.

Im übrigen sind die Rollen und Trommeln für Drahtseile wie die für Hanfseile zu konstruieren.

3. Ketten.

(Siehe die Tabellen 13—16 im Anhang.)

Das Material der Ketten ist meist gutes, zähes Schmiedeeisen von 3500 bis 3600 kg/qcm Bruchfestigkeit und 12 bis 20% Dehnung.

Man unterscheidet:

1. Die gewöhnliche Gliederkette, und zwar die kurzgliedrige Kette (Fig. 229), die langgliedrige Kette (Fig. 230) und die Stegkette (Fig. 231).

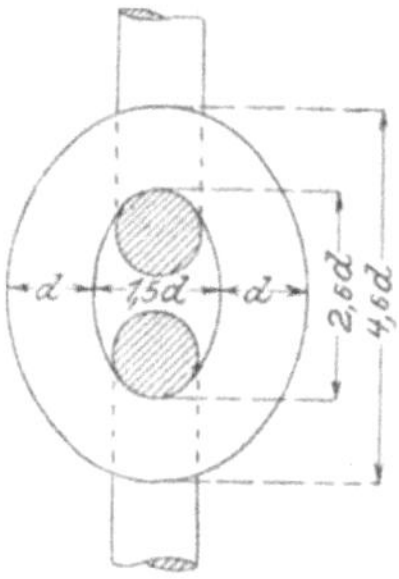

Fig. 229.

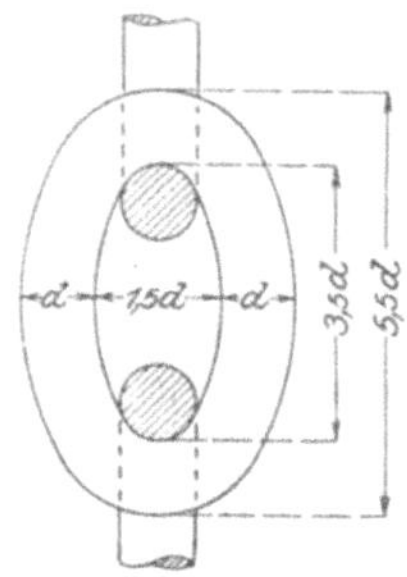

Fig. 230.

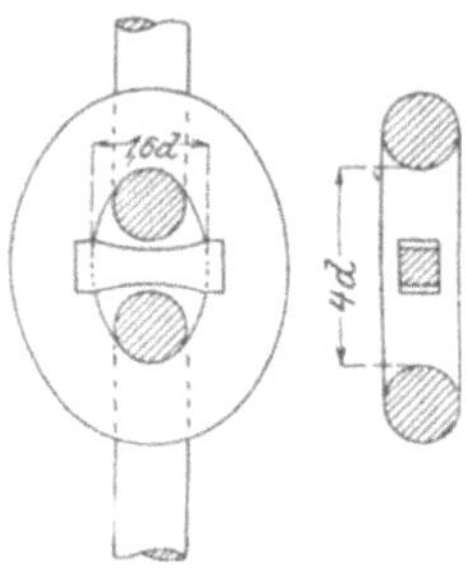

Fig. 231.

Die erstere ist beweglicher als die zweite, die zweite billiger, erfordert jedoch größere Rollen und Trommeln. Die Stegkette ist fester als die steglose und verwirrt sich nicht so leicht, weshalb sie vorzugsweise als Ankerkette verwendet wird.

Die Kraft P, durch welche eine Kette beansprucht wird, verteilt sich auf zwei Querschnitte, es ist deshalb, wenn d die Stärke des Ketteneisens ist,

$$P = 2 \frac{\pi d^2}{4} \cdot k_z ,$$

wobei man setzt:

$$k_z = 630 \text{ kg/qcm für Kranketten}$$
$$= 950 \quad ,, \quad ,, \quad \text{Ankerketten.}$$

Die Tragkraft der Stegkette kann man 20% höher setzen als die der Kette ohne Steg.

Man kann die zulässige Belastung einer sorgfältig hergestellten kurzgliedrigen Kette ohne Steg, wenn der Rollen- bzw. Trommeldurchmesser mindestens 20 d beträgt und die Höchstlast nur selten zu heben ist, im neuen Zustande

$$P = 1000\, d^2$$

setzen.

Bei ungünstigerer Belastung geht man nicht über

$$P = 800\, d^2\,,$$

bei stark benutzten Ketten, z. B. Dampfwindenketten,

$$P = 500\, d^2\,.$$

Kalibrierte oder adjustierte Ketten belastet man, um nachteilige Formänderungen zu vermeiden, nur mit etwa $^5/_8$ dieser Werte.

Über die Abmessungen und die Festigkeitsanforderungen für besondere Ketten gibt nachstehende Zusammenstellung Auskunft:

	Länge	Breite	Mindest-bruchlast kg/qcm	Probe-belastung kg/qcm
Kurzgliedrige Kranketten, Takellageketten ohne Steg	4,6 d	3,4 d	2400	1350
Langgliedrige Feuerschiffketten ohne Steg	6 d	3,4 d	2400	1350
Ankerketten mit Steg	6 d	3,6 d	2700	1800
Tonnenketten ohne Steg.	10 d	5,5 d	1800	400
Förderketten ohne Steg	5,5 d	3,5 d	2400	1350

Die meisten Ketten werden mit zugeschärften Enden von Hand geschweißt, und zwar dünnere Ketten am Kopfende, dickere an der Seite. Das Abschneiden und Verbiegen der Glieder geschieht häufig maschinell, neuerdings auch das Schweißen. Nach dem Klatteschen Walzverfahren kann man Ketten ohne Schweißstelle herstellen.

Die Borsigsche Kette hat spiralartig gewickelte und geschweißte Glieder.

Nahtlose Ankerketten stellt man in Nordamerika auch aus Stahlformguß her. Bei diesen Ketten fehlt die gefährliche Schweißnaht, auch die Stege brauchen nicht erst nachträglich eingeschweißt zu werden, wodurch wieder gefährdete Stellen vermieden werden. Die Berührungsstellen der Glieder, an denen der Verschleiß am stärksten ist, können dicker gegossen werden. Das Gießen erfolgt entweder als Ganzes für die Kettenlänge, die Glied für Glied in Kernformung hergestellt wurde, oder erst die eine Hälfte der Glieder einzeln getrennt, die dann mit den Zwischengliedern umgossen zur Kette vereinigt werden. Der Guß des Einzelgliedes geschieht vom Steg aus, etwaige Fehler der Eingußstelle schaden hier weniger. Verwendet wird Elektrostahl und legierter Stahl, um neben hoher Bruch- auch hinreichende Schlagfestigkeit zu erlangen. Dem Martinstahl gegenüber ist die erstere $3^1/_4$ mal, die letztere doppelt so groß.

Der N.-D. I. stellte folgende Grundsätze für die Normung der Ketten auf:

a) Kalibrierte Lastketten: Die Durchmesser für die Rundeisen werden nach vollen Millimetern abgestuft. Maßgebend für die Abstufung sollen die Tragkraft und die zulässige Spannung sein. Letztere ist so zu wählen, daß sie bei der 6-mm-Lastkette nicht mehr als 440 kg/qcm und bei der 22- (bzw. 23-) mm-Kette ungefähr 660 kg/qcm beträgt; zwischen diesen beiden Grenzen soll eine gesetzmäßige Abstufung in bezug auf die Rundeisendurchmesser erfolgen. Unter der Voraussetzung, daß die Abstufung der Tragkraft für Hebemaschinen nach einer geometrischen Reihe angenommen wird, ist sie sinngemäß auch auf die Ketten zu übertragen. Die innere Länge der Kettenglieder ist durchweg zu 3 d anzunehmen, die innere Breite durchweg zu 1,2 d. Die Probelast wird gleich der doppelten Nutzlast und die Bruchlast gleich dem vierfachen der Nutzlast festgelegt. In das Normblatt ist eine Bemerkung aufzunehmen, die ausdrücklich darauf hinweist, daß die angegebenen Nutzlasten nur für Handbetrieb gelten und der Verzögerungsdruck beim Senken höchstens gleich der Nutzlast sein darf. Die Bruchlast ist bei langen Ketten in der Weise zu prüfen, daß alle 50 m eine Stichprobe entnommen wird. Als Werkstoff ist Flußeisen von mindestens 36 kg/qmm Bruchfestigkeit und mindestens 18% Dehnung zu wählen.

b) Kalibrierte Handketten. Hierfür kommen nur Ketten mit einer Eisenstärke von 5 und 6 mm in Betracht, deren innere Gliedlänge 18,5 und deren innere Gliedbreite 8 mm betragen soll.

c) Unkalibrierte Ketten für Hebemaschinen. Die Eisenstärken sollen gleich denen der kalibrierten Ketten sein. Im wesentlichen wird die vorgeschriebene gesetzmäßige Abstufung der Glieder gebilligt. Die innere Gliedlänge wird für Ketten bis zu 10 mm auf 3 d, darüber hinaus auf 2,8 d festgesetzt. Die innere Gliedbreite soll durchweg 1,5 d betragen. Die Probelast ist so zu bemessen, daß sie bei der Kette von 6 mm Gliedstärke einer Zugspannung von ungefähr 880 kg/qcm, bei einer Kette von 44 mm einer solchen von 1400 kg/qcm entspricht und dazwischen gesetzmäßig abgestuft wird. Die Bruchlast wird auf das Doppelte der Probelast festgesetzt. Auf dem Normalblatte ist zu bemerken: „Die Nutzlast darf bei besonders günstigen Betriebsverhältnissen bis auf $^1/_4$ ermäßigt werden. Die Bruchlast ist bei langen Ketten durch Entnahme von Stichproben aus je 50 m Länge zu prüfen.“ Als Werkstoff ist Flußeisen von mindestens 36 kg/qmm Bruchfestigkeit und mindestens 18% Dehnung zu wählen.

Fig. 232 zeigt ein Kettenschloß zur Verbindung der Kettenenden.

2. Die Hakenkette (Fig. 233) eignet sich weniger zum Heben von Lasten, sondern wird mehr als Triebkette verwendet, die Glieder sind nicht geschweißt, sondern nur gebogen.

3. Die Gallsche Gelenkkette (Tabelle 15 im Anhang) besteht aus mehreren Laschen, welche durch Bolzen miteinander ver-

bunden sind (Fig. 432). Die Pressung im Laschenauge fällt sehr groß aus.

4. Die Gelenkkette von Zobel-Neubert & Co., Schmalkalden (Tabelle 16 im Anhang). Bei dieser sitzen die Laschen des

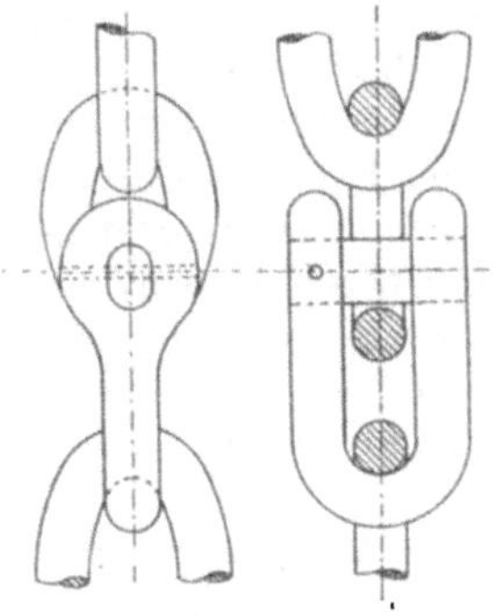

Fig. 232.

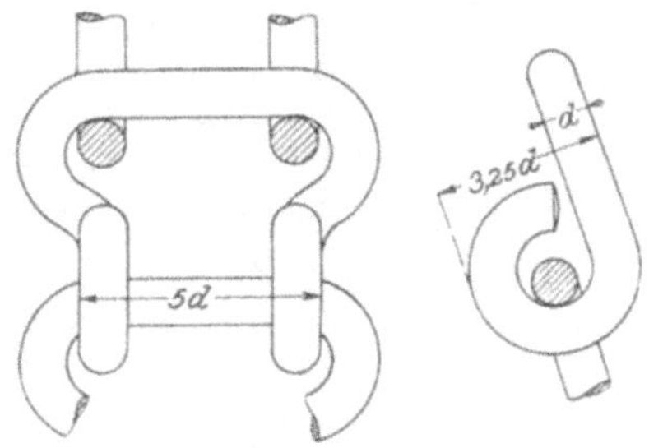

Fig. 233.

einen Gliedes auf einem Bolzen, die des anderen auf einer darauf drehbaren Hülse (Fig. 235). Hierbei wird die Gleitfläche natürlich

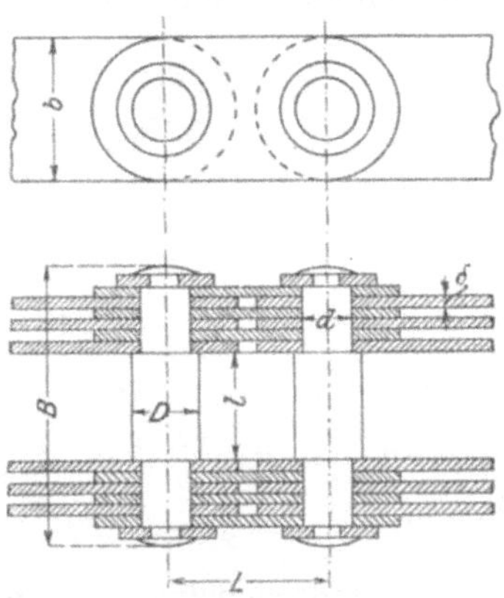

Fig. 234.

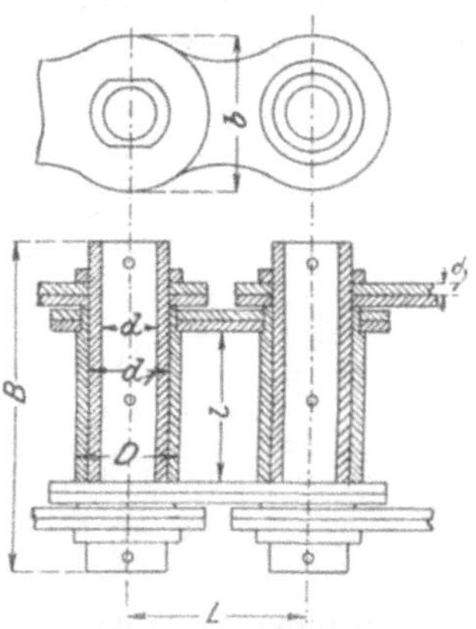

Fig. 235.

größer und dadurch die Flächenpressung kleiner als bei der Gallschen Kette.

Bei den schwächeren Ketten sind die Bolzen vernietet, nur das Schlußglied wird versplintet.

5. Die Stotzsche Kette (Fig. 236). Die Glieder bestehen aus schmiedbarem Guß und lassen sich leicht auswechseln.

Eine andere zur Bewegungsübertragung zwischen nicht parallelen Wellen dienende Kette der Firma A. Stotz in Kornwestheim ist die Kreuzgelenkkette.

Für Triebwerke soll die Belastung der Ketten nur etwa $^1/_8$ derjenigen sein, die bei Benutzung der Kette zum Lastheben zulässig wäre. Durch Abnutzung und bleibende Formänderungen entstehen aber auch bei geringer Belastung Differenzen zwischen der Gliedlänge der Kette und der Teilung des Kettenrades, die einen unruhigen Gang herbeiführen. Friedrich Stolzenberg in Reinickendorf verwenden deshalb für ihre Kettentriebe die in Fig. 237 dargestellte Treibkette (ursprünglich von Hans Renold in Manchester). Die mit keilförmigen Vorsprüngen in die Zähne des Kettenrades eingreifenden Kettenglieder können sich mehr oder weniger nach außen verschieben und so Unterschiede der Gliedlänge ausgleichen.

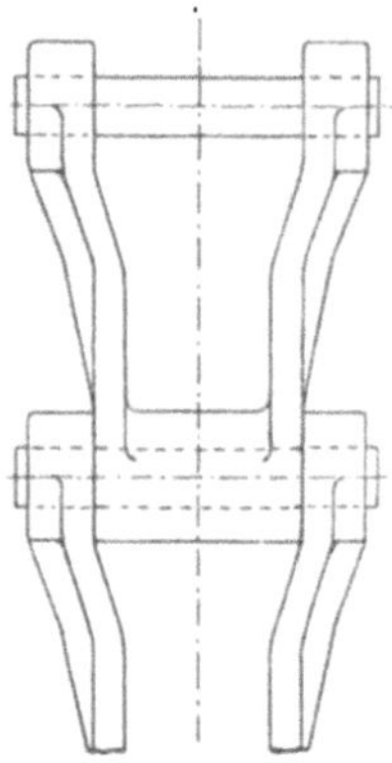

Fig. 236.

Die Westinghouse-Eisenbahnbremsen-Ges. in Hannover vertreibt eine ähnliche Treibkette (Morse-Kette), bei der die Zapfen durch Schneiden ersetzt sind, so daß statt gleitender Zapfenreibung nur rollende Reibung auftritt, wodurch der Wirkungsgrad erhöht und die Abnutzung vermindert wird.

(Über Geschwindigkeit, Belastung und Achsenabstand von Kettentrieben siehe S. 209.)

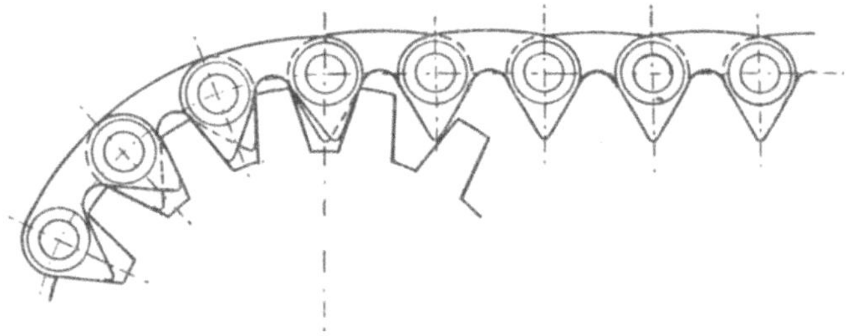

Fig. 237.

Kettenrollen. Der Durchmesser D der Kettenrollen und Trommeln soll mindestens gleich der 20fachen Kettenstärke sein.

Die Kettenrollen haben entweder eine glatte Rille, welche die in Fig. 238 bis 240 gezeichneten Formen haben kann (die Form Fig. 238 hat den Zweck, die Glieder möglichst weit nach den Enden zu zur Auflage zu bringen, damit sie möglichst wenig auf Biegung beansprucht werden) oder einen gezahnten Umfang (Fig. 241). Die Trommeln sind fast immer glatt, selten mit einer schraubenförmigen profilierten Rille versehen. Triebrollen müssen natürlich verzahnt sein. Für verzahnte Rollen sind kalibrierte Ketten zu verwenden. Die Zahnform ergibt sich aus der Bewegung der Kettenglieder beim Ablaufen von den Rollen.

Den Wirkungsgrad der Kettenrolle kann man bei der festen Rolle $\eta = 0{,}95$, bei der beweglichen Rolle $\eta = 0{,}975$ setzen.

Den Radius der Kettenrollen (gemessen bis Mitte der Glieder Fig. 241) kann man, wenn l die innere Gliedlänge, d die Gliedstärke und z die Zähnezahl ist, bei Rollen von größerem Durchmesser setzen:

$$R = \frac{l}{2} \cdot \operatorname{cotg} \frac{360}{4\,z} = \frac{l}{2} \operatorname{cotg} \frac{90}{z}\,.$$

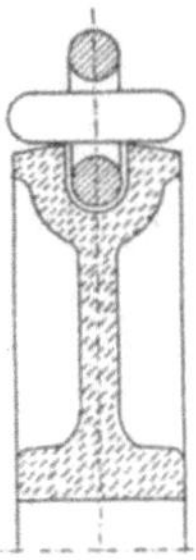
Fig. 238.

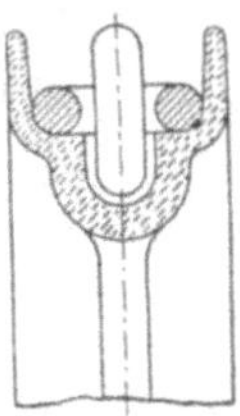
Fig. 239.

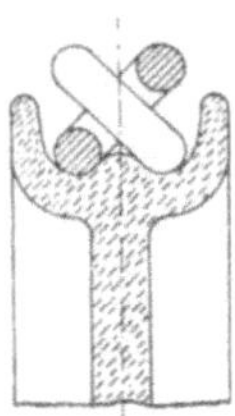
Fig. 240.

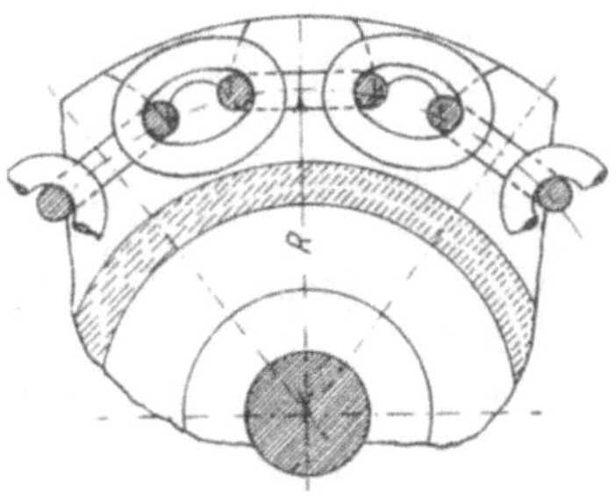

Fig. 241.

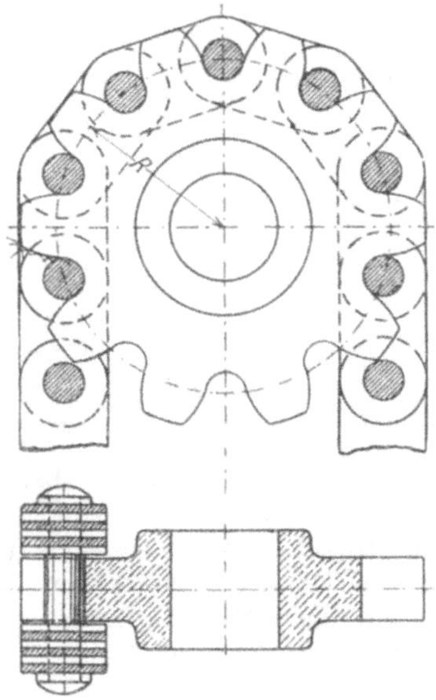

Fig. 242.

Bei kleineren Rollen muß man ihn nach der Formel

$$R = \frac{1}{2} \sqrt{\left(\frac{l}{\sin \frac{90^\circ}{z}}\right)^2 + \left(\frac{d}{\cos \frac{90^\circ}{z}}\right)^2}$$

berechnen, dieselbe gibt die in der Tabelle 14 im Anhang aufgeführten Werte.

Der Radius der Rollen für Gallsche Ketten (Fig. 242) ist

$$R = \frac{l}{2 \sin \frac{180}{z}}\,.$$

(Tabellen über Abmessungen, Tragkraft und Gewicht von Ketten siehe Anhang.)

Haken. Man unterscheidet einfache Haken und Doppelhaken (Fig. 243 und 244). Der innere Gewindedurchmesser d' läßt sich, wenn P die Belastung ist, nach der Formel

$$P = \frac{\pi d'^2}{4} k_z$$

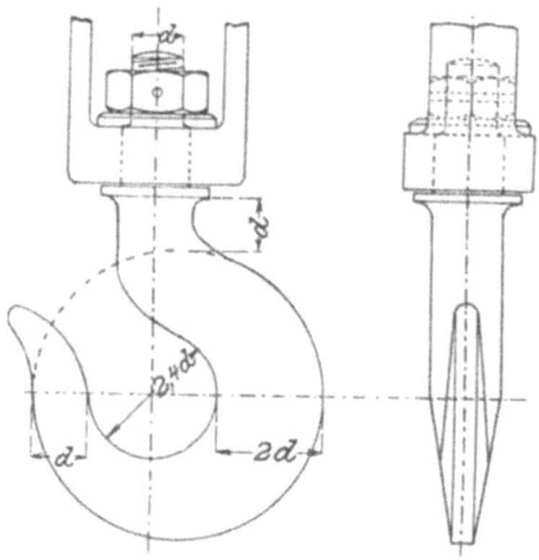

Fig. 243.

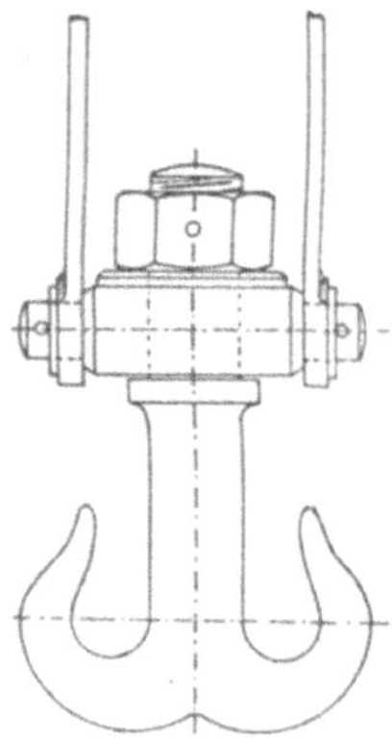

Fig. 244.

berechnen. Der Haken selbst ist auf Zug und Biegung beansprucht und kann, nachdem man d' berechnet hat, nach den der Figur eingeschriebenen Verhältnissen dimensioniert werden. Neuerdings führt man die Haken vielfach mit Kugellagerung aus.

An dieser Stelle mögen auch die selbsttätigen Greifer und Hubmagnete Erwähnung finden.

B. Kolben und Kolbenstangen.

Kolben haben die Aufgabe, Kraft oder Bewegung vom Getriebe der Maschine auf Flüssigkeiten, Dämpfe oder Gase, die in einem Gefäße, dem Zylinder, eingeschlossen sind, zu übertragen oder umgekehrt.

Kolben und Zylinderwandung müssen gegeneinander abgedichtet sein. Ist der Zylinder mit der Dichtung oder Liderung ausgerüstet, so nennt man den Kolben Taucher- oder Plungerkolben, ist der Kolben damit versehen, Scheibenkolben.

Die Bewegung des Kolbens ist meist eine geradlinig hin- und hergehende, seltener eine drehende.

1. Taucherkolben.

Die Taucher- oder Plungerkolben (Fig. 245 und 246) kommen hauptsächlich bei Pumpen, hydraulischen Pressen usw. zur Verwendung.

Die Abdichtung geschieht durch Stopfbüchsen (siehe auch S. 229) mit Leder- oder Hanfeinlage.

Die gebräuchlichsten Formen der Lederdichtung sind in den Fig. 245 bis 248 dargestellt, und zwar zeigt Fig. 245 eine Dichtung für Saug- und Druckpumpen, sie dichtet sowohl gegen äußeren als gegen inneren Überdruck; Fig. 247 zeigt eine für hydraulische Pressen viel verwendete

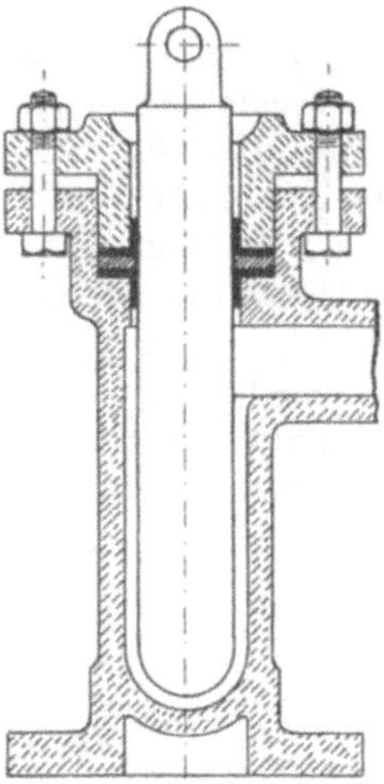

Fig. 245.

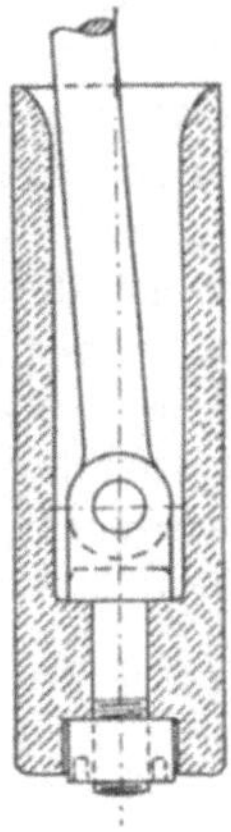

Fig. 246.

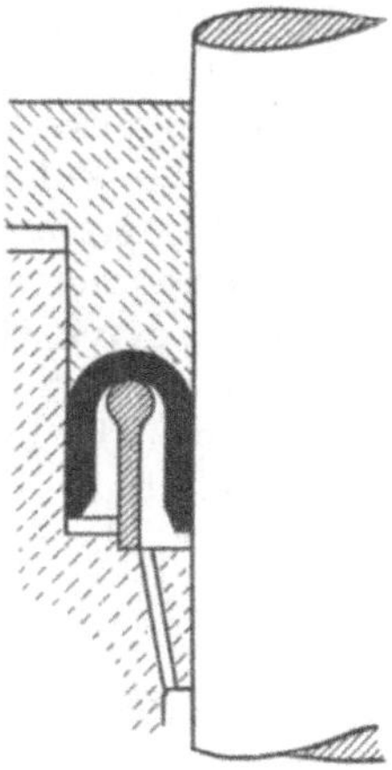

Fig. 247.

Dichtung, die nur gegen inneren Überdruck dichtet; das Wasser muß durch einen Spalt oder entsprechende Bohrungen unter die Manschette treten können. Bei großem Durchmesser des Kolbens kann die Manschette in eine ausgedrehte Nut eingebracht werden, bei kleinerem Durchmesser muß man die Nut nach Fig. 247 durch einen herausnehmbaren Ring schließen. Der die Manschette stützende eingelegte Metallring wird häufig weggelassen. Die Herstellung der Lederringe geschieht mit Hilfe geeigneter Formen, in die das vorher in warmem Wasser eingeweichte Leder langsam hineingepreßt wird. Fig. 248 zeigt eine patentierte Dichtung des Grusonwerkes, bei welcher durch die dachförmigen Metallringe die Lederscheiben nach beiden Seiten hin angepreßt werden.

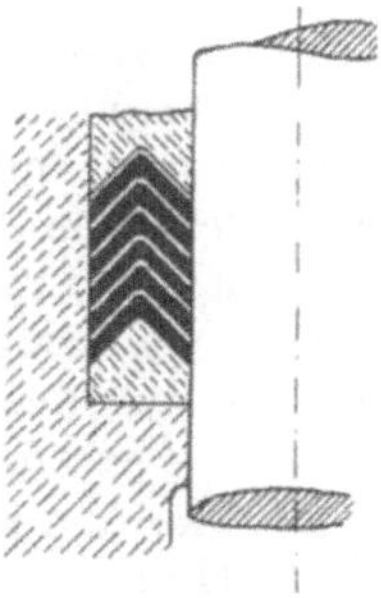

Fig. 248.

Kleinere Taucherkolben werden wie Fig. 245 vollgegossen bzw. aus Schmiedeeisen oder Stahl hergestellt. Die Kolbenstange greift am oberen Ende an. Größere Taucherkolben gießt man hohl, die Kolbenstange kann dann entweder mit dem Deckel des hohlen Kolbens verbunden sein oder auch in den Kolben hineinragen (Fig. 246). Größere Taucherkolben konstruiert man, um die zu ihrer Bewegung erforderliche Kraft herabzumindern, möglichst so, daß der Kolben im Wasser schwimmt. Die Kolbenstange muß dann natürlich dicht eingesetzt sein (eingeschliffen). Für Flüssigkeiten, welche Eisen angreifen, verwendet man Kolben aus Rotguß oder Bronze, für Säuren und Laugen auch ganz aus Steinzeug hergestellte Pumpen.

2. Scheibenkolben.

Der Kolbenkörper besteht gewöhnlich aus Gußeisen oder Gußstahl, nur bei kleinem Durchmesser zuweilen aus Schmiedeeisen; aus Bronze des hohen Preises wegen nur dort, wo chemische Einflüsse dies nötig machen. Nur selten ist der Kolben voll gegossen, gewöhnlich ist er mit Rippen versehen oder hohl gegossen. Im letzteren Fall sind Kernlöcher anzuordnen, um den Kern aus dem Innern entfernen zu können, sie werden durch Gewindestücke verschlossen.

Der Deckel des Kolbenkörpers besteht aus demselben Materiale wie der Kolbenkörper selbst und wird durch Schrauben auf dem Kolbenkörper befestigt. Den Durchmesser der Deckelschrauben kann man, wenn d der Durchmesser der Kolbenstange ist, nehmen

$$\delta = 0{,}2\, d + 10 \text{ bis } 12 \text{ mm},$$

die Anzahl der Schrauben:

3	Schrauben,	wenn	$D < 250$ mm	
4 bis 5	,,	,,	$D = 250$ bis	400 mm
6	,,	,,	$D = 450$,,	700 ,,
8	,,	,,	$D = 700$,,	900 ,,
10	,,	,,	$D = 900$,,	1000 ,,

Die Muttern macht man, damit sie nicht festrosten, aus Bronze. Sie müssen natürlich gegen selbsttätiges Lösen gesichert sein. Bei großen Kolben sind noch, um den Deckel leicht lösen zu können, Abdrückschrauben anzuordnen.

Der Kolbenkörper muß natürlich allen Beanspruchungen, evtl. Stößen usw. mit genügender Sicherheit widerstehen können und ist, was die Form betrifft, so zu konstruieren, daß er möglichst wenig schädliche Räume bietet, d. h. er ist möglichst geschlossen zu konstruieren. Vorspringende Teile sind, da sie entsprechende Aussparungen in den Zylinderdeckeln notwendig machen, möglichst zu vermeiden.

Als Dichtungsmaterial finden für Scheibenkolben Verwendung: Hanf oder ähnliches Material, Leder, Holz und Metall.

1. Hanfliderung (Fig. 249) wird nur selten verwendet, hauptsächlich bei kaltem und warmem Wasser und feuchten Dämpfen von niedriger Temperatur. Mit Vorteil verwendet man sie dort, wo ein einseitig ausgelaufener Zylinder nicht nachgebohrt werden kann. Da sie leicht festbrennt und häufig nachgezogen und erneuert werden muß, ist sie durch die Metallpackung fast ganz verdrängt worden.

Man verwendet Hanfseile, nicht Zöpfe, und macht, wenn D der Kolbendurchmesser ist, $s = \sqrt{D}$ und $h = 4\sqrt{D}$.

2. Lederliderung. Diese ist nur für Flüssigkeiten und Gase bis zu einer Temperatur von 30 bis 40° zu verwenden. Für saure Grubenwässer darf sie nicht angewandt werden.

Fig. 250 zeigt die Lederstulpliderung aus 3 bis 5 mm starkem Leder; die Dichtungsfläche nimmt man 8 bis 15 mm hoch. Fig. 251 zeigt einen

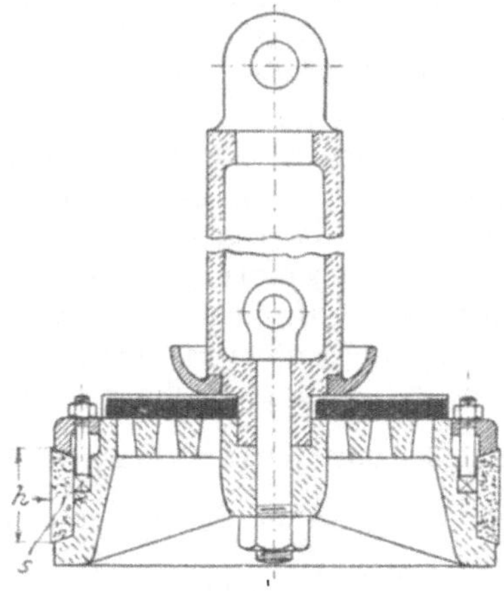

Fig. 249.

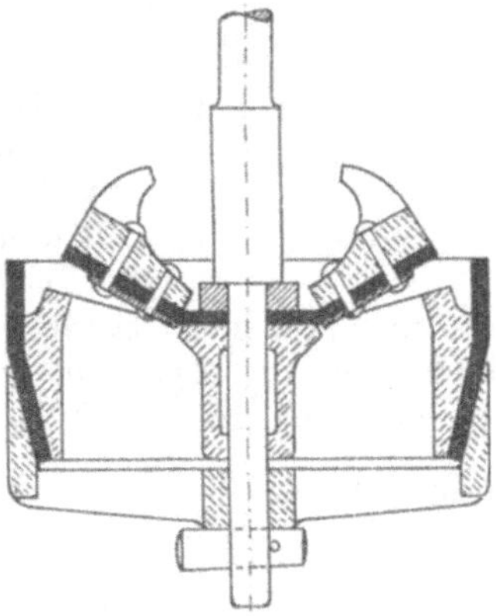

Fig. 250.

Kolben für doppelt wirkende Wasserpumpen. Die abdichtende Manschettenhöhe nimmt man 12 bis 20 mm, die Lederstärke 3 bis 6 mm. Fig. 252 zeigt einen mit flachen Lederscheiben gedichteten Kolben. Bei der Huberpresse verwendet man Lederscheiben, deren Rand nach unten umgebogen ist, mit zwischengelegten Metallringen.

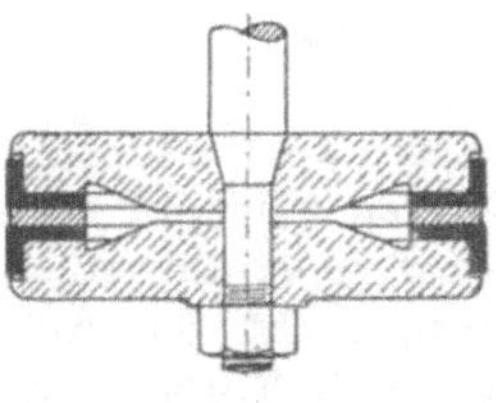

Fig. 251.

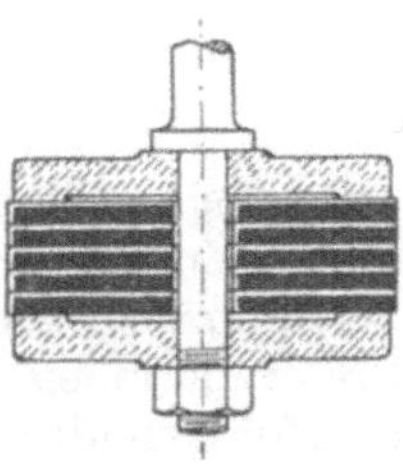

Fig. 252.

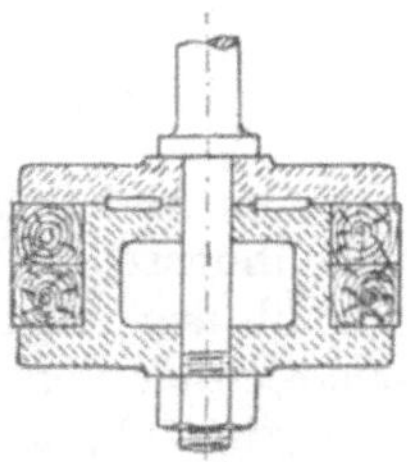

Fig. 253.

3. Holzliderung (Fig. 253). Diese wird in neuerer Zeit hauptsächlich für Warmwasserpumpen der Kondensationsmaschinen verwandt, soll gut dichten und wenig Abnutzung ergeben.

4. Metalliderung. Nur selten, z. B. bei Feuerspritzen, sind die Kolben direkt eingeschliffen; bei den Feuerspritzen nimmt man die hohen Herstellungskosten eines solchen Kolbens der Betriebssicherheit wegen in Kauf.

Gewöhnlich erfolgt die Abdichtung durch Ringe (Fig. 254 bis 256 und folgende) aus zähem, nicht zu weichem Gußeisen oder Bronze, seltener aus weichem Stahl oder gezogenen Kupfer- oder Messingstangen, die sog. Liderungsringe.

Die Kolbenringe sollen der Abnutzung wegen aus nicht zu weichem Materiale sein. Meist verwendet man zähes Gußeisen, Bronze gewöhnlich nur, wenn die chemische Wirkung der Flüssigkeiten dies notwendig macht, noch seltener Stahl. Bei Dampfmaschinen verwendet man ein bis drei Ringe, bei Gasmotoren vier bis acht und noch mehr.

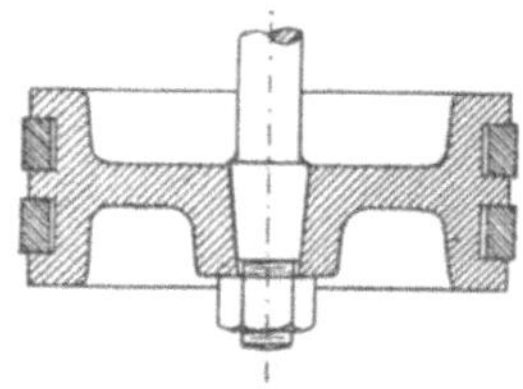

Fig. 254.

Man hat hier meist die Selbstspanner, welche, aus einem Ring von etwas größerem Durchmesser hergestellt, mit einem schrägen (Fig. 255) oder treppenförmigen (Fig. 256) Ausschnitt versehen, zusammengespannt und auf den Durchmesser der Zylinderbohrung abgedreht werden. Sie federn dann auseinander und schmiegen sich so der Zylinderwandung dicht an. Rechnet man auf den Ausschnitt $a = \frac{D}{10}$ und auf die Bearbeitung (Vor- und Fertigdrehen) zusammen 6 bis 12 mm, so muß der Durchmesser des rohen Ringes

$$D_1 = D + \frac{a}{\pi} + 6 \text{ bis } 12 \text{ mm} = D + \frac{0{,}1\,D}{\pi} + 6 \text{ bis } 12 \text{ mm}$$

$$= 1{,}032\,D + 6 \text{ bis } 12 \text{ mm}$$

sein.

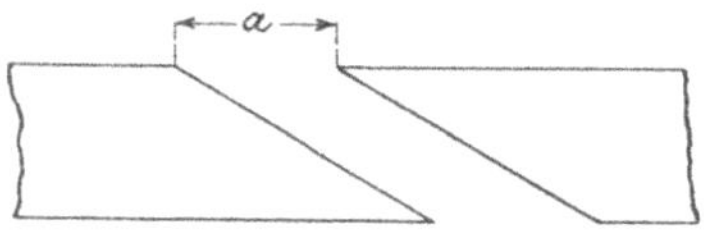

Fig. 255.

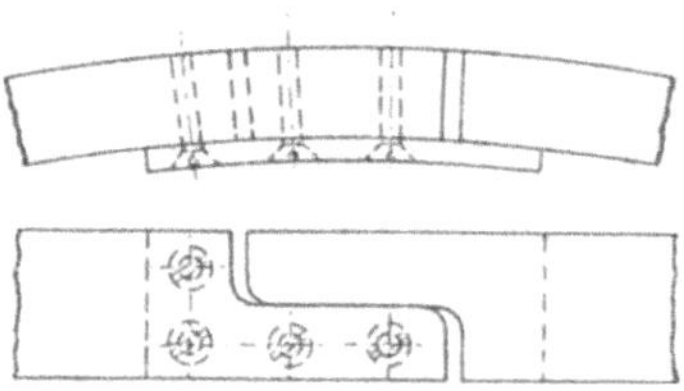

Fig. 256.

Beim Abdrehen der Kolbenringe nach dem Schlitzen sind besondere Spannbüchsen und Dorne nötig, in englischen Fabriken schruppt man deshalb den mit einem Aufspannring versehenen Gußkörper auf einem senkrechten Lehr- oder Drehwerk innen und außen, sticht den Aufspannring ab, schlitzt den Hohlzylinder auf einer senkrechten Fräsmaschine, spannt ihn mit Schellen zusammen und dreht nun außen und innen fertig. Hierauf wird der Zylinder in die einzelnen Ringe zerlegt und deren Stirnflächen geschliffen.

Die Stärke der Ringe nimmt man, nach Bach, Maschinenelemente, wenn sie aufgebogen über den Kolben gestreift werden sollen:

$s \geqq \frac{D}{30}$ für gleichstarke Ringe,

$s \geqq \frac{D}{25}$ für ungleichstarke Ringe, die an den Enden bis auf 0,7 s abnehmen.

Die Höhe der Ringe ist $h = s$ bis $3\,s$, gewöhnlich $h = 2\,s$.

Werden die Ringe nach Abnahme eines besonderen Kolbendeckels in die Nut eingelegt, so kann man sie stärker nehmen, und zwar

$$s = \frac{D}{20}\,; \quad h = s \text{ bis } 1{,}5\,s; \quad a = 0{,}075\,D\,.$$

Die Federringe sind aus demselben Material wie die Selbstspanner, nur sind sie nicht auf Spannung abgedreht. Sie werden durch einen eingelegten Spannring (Fig. 259), Federn (Fig. 260) oder durch einen durch Federn angepreßten Keil (Fig. 258) auseinandergepreßt. Die letzte Konstruktion hat den Nachteil, daß die Abnutzung ungleichmäßig wird, auch an der dem Keil gegenüberliegenden Stelle des Zylinders leicht eine Erhöhung stehen bleibt, solange der Keil zurücksteht.

Fig. 257.

Bei der Verwendung von Federn (Fig. 257) ist die Verwendung einer größeren Zahl schwächerer Federn der gleichmäßigen Anpressung wegen vorzuziehen. Man legt auch einen gewellten Zentrierring ein.

Kolben, die sich selbst tragen, müssen mit Tragringen oder Tragstücken, auf die sich der Dichtungsring stützt, ausgerüstet werden.

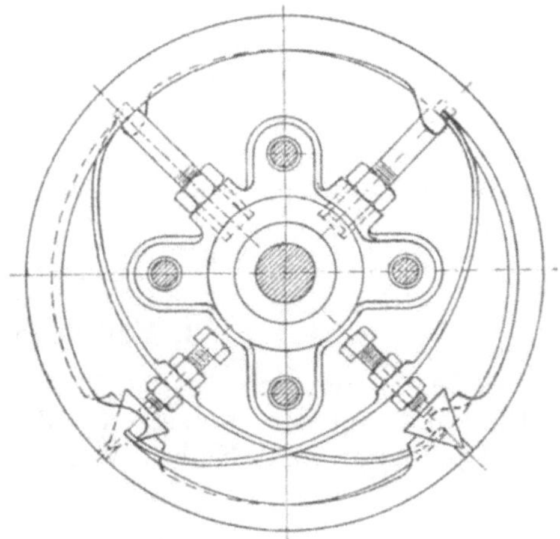

Fig. 258.

Die Kolbenringe müssen mit äußerster Sorgfalt hergestellt und in die Nuten des Kolbens gut eingepaßt werden. Sie dürfen in diesen nicht klappern, aber auch nicht klemmen. Die Schnittstellen müssen, wenn ein Kolben mehrere Ringe hat, gegeneinander versetzt werden.

Eine große Zahl verschiedener Konstruktionen bezweckt, die Ringe nicht nur radial gegen die Zylinderwandung, sondern auch axial gegen die Stirnflächen der Nut anzupressen; dies geschieht z. B. nach Fig. 259 mit keilförmiger Einlage oder nach Fig. 260 mit eingelegter Schraubenfeder.

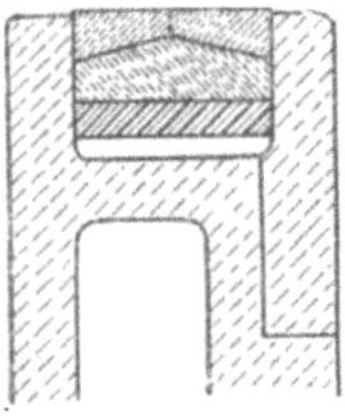

Fig. 259.

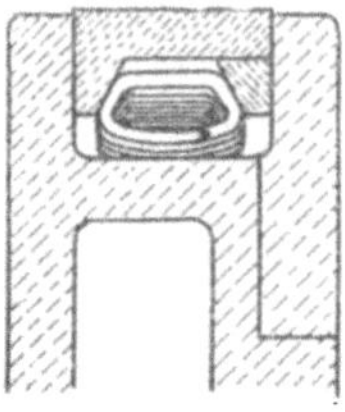

Fig. 260.

Zweckmäßig ist es, die Ringe in einen besonders aufgeschraubten Teil einzulegen, wie bei dem in Fig. 261 dargestellten Gasmotorenkolben; das Einziehen und Herausnehmen der Ringe wird dadurch erleichtert.

Die Befestigung des Kolbens auf der Kolbenstange geschah früher meist mit Mutter oder Keil und schwach geneigtem Konus (etwa 1 : 8), wie Fig. 254 zeigt. Gegenwärtig nimmt man meist einen unter 45° geneigten Konus,

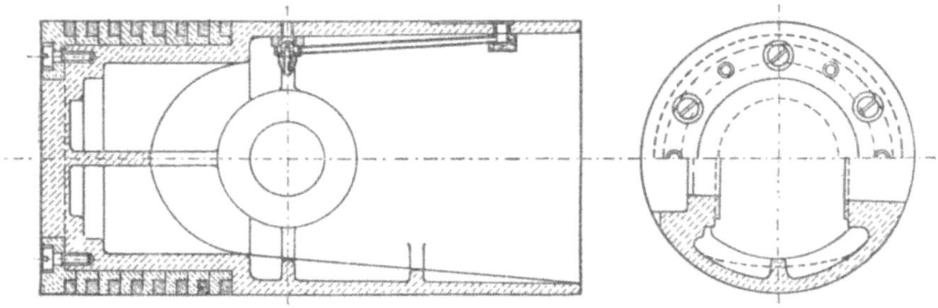

Fig. 261.

um den Kolbenkörper nicht auseinanderzutreiben. (Siehe die Kolbenstange Fig. 262.)

Über die Labyrinthdichtung siehe unter Stopfbüchsen.

3. Kolbenstangen.

Als Kolbenstange (Fig. 262) bezeichnet man den Maschinenteil, welcher die von der Flüssigkeit auf den Kolben übertragene Kraft und Bewegung vom Kolben weg- oder die vom Kolben auf die Flüssigkeit zu übertragende Pressung und Bewegung nach dem Kolben hinleitet.

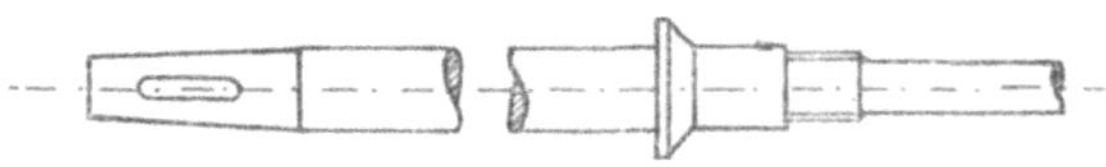

Fig. 262.

Beim Schmieden schwerer Kolbenstangen ist der Lunkerbildung im oberen Teile des Blockes wegen dieser obere Teil als hinteres Ende, das weniger beansprucht ist, zu verwenden.

Der Querschnitt der Kolbenstange ist kreisförmig oder ringförmig.

Die Kolbenstange ist vorwiegend auf Knickfestigkeit beansprucht. Ist m der Sicherheitskoeffizient,

l die Länge vom Kolben bis zum Kreuzkopf in Zentimeter,

$P = \frac{\pi D^2}{4} \cdot p$ die von der Kolbenstange zu übertragende Kraft,

E der Elastizitätsmodul

für Schmiedeeisen 2 000 000 kg/qcm

„ Stahl . . . . 2 150 000 „

und J das Trägheitsmoment

für vollen kreisförmigen Querschnitt $\frac{d^4}{20}$,

für ringförmigen Querschnitt $\frac{d_1^4 - d_2^4}{20}$,

so hat man zu setzen

$$m\,P = \frac{\pi^2 J E}{l^2} = \sim \frac{10\,JE}{l^2}\,.$$

Den Sicherheitskoeffizienten nimmt man 8 bis 11, wenn die Belastung zwischen Null und der Maximalkraft P schwankt (einfachwirkende Maschinen), dagegen $m = 15$ bis 22, wenn sie zwischen $+P$ und $-P$ schwankt (doppeltwirkende Maschinen).

Einfacher rechnet man

$$d = \sqrt[4]{\frac{P}{P_0}\,l^2}\,,$$

wobei l = Länge in Meter,

$P_0 = 10$, wenn die Belastung zwischen 0 und P,

$P_0 = 5$, wenn die Belastung zwischen $+P$ und $-P$ schwankt.

Das Material der Kolbenstange ist Schmiedeeisen oder Stahl. Kolbenstangen aus Stahl bieten eine glattere Oberfläche und sind deshalb vorzuziehen.

4. Die Stopfbüchsen.

Stopfbüchsen dichten hin- und hergehende oder sich drehende Stangen ab, die aus einem Raum, in dem sich Flüssigkeiten oder Gase befinden, in einen anderen Raum übertreten.

Die wesentlichen Teile der Stopfbüchsen sind (Fig. 263): *a* die Büchse, *b* die Brille, *c* die Packung, *s* die Schrauben zum Zusammenpressen der Packung, *e* die Grundbüchse.

Die Brille wird für schwache Stangen ganz aus Bronze gefertigt, für stärkere aus Gußeisen mit Bronzefutter, die Grundbüchse ist aus Bronze.

Als Dichtungsmaterial werden quadratische oder runde Schnüre aus Hanf, Baumwolle oder Asbest, in Talg gekocht oder mit Graphit geschmiert, in einer Spirale oder in Ringen mit versetzten schräg geschnittenen Teilstellen eingelegt, ferner Leder, Gummi, Metallgewebe, Metallringe usw. verwendet. Hanf-, Baumwoll- und Asbestpackung bezeichnet man als Weichpackung.

Den Durchmesser d_1 der Büchse nimmt man, wenn d der Durchmesser der Stange in Zentimeter ist, bei Hanf-, Baumwoll-, Asbestpackung u. dgl.

$$d_1 = d + 1{,}6\sqrt{d},$$

die Höhe der Packung $h = d_1$, die Wandstärke etwa $\frac{d}{10} + 1{,}5$ cm.

Bei Wasser darf h etwas kleiner, bei Luft etwas größer gewählt werden. Je höher die Packung, um so dauerhafter ist sie im Betriebe und um so geringer ist die Reibungsarbeit.

Die Grundbüchse soll eine Länge $h_1 = d$ bei liegenden und $h_1 = \frac{d}{2}$ bei stehenden Kolbenstangen haben.

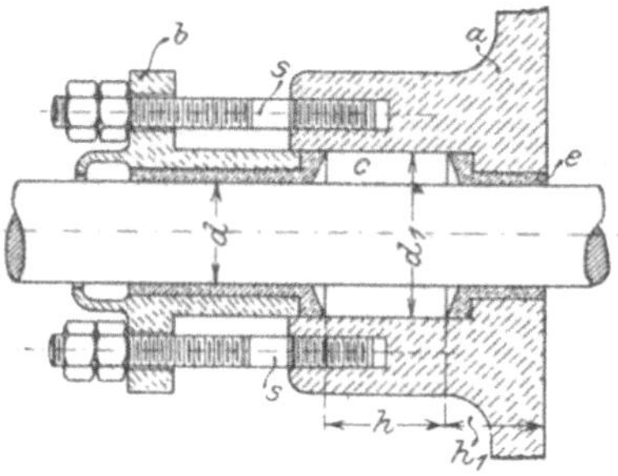

Fig. 263.

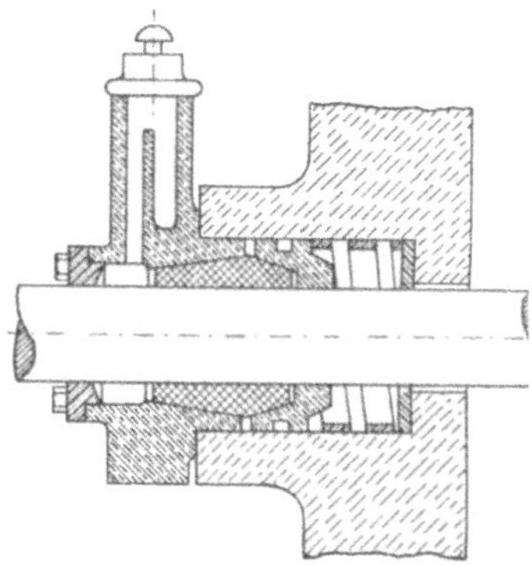
Fig 264.

Das Anziehen der Stopfbüchsenbrille geschieht durch Schrauben, am besten drei, nur bei Stopfbüchsen von untergeordneter Bedeutung zwei, weil sich bei zwei Schrauben die Stopfbüchse leicht schief zieht. Den Durchmesser δ der Schrauben kann man nach folgender Tabelle nehmen:

$d =$	30;	40 bis 50;	60 bis 70;	80 bis 90;	100 bis 110;	120 mm
$\delta =$	$^1/_2$	$^5/_8$	$^3/_4$	$^7/_8$	1	$1^1/_8$″ engl.

In neuerer Zeit verwendet man mehr und mehr Metalliderung für Stopfbüchsen. Diese erfordert eine ununterbrochene, sorgfältige Schmierung.

Der Durchmesser d_1 der Büchse kann bei Metallpackung ungefähr

$$d_1 = 1{,}4\,d + 1 \text{ cm}$$

genommen werden.

In Fig. 264 ist eine Stopfbüchse für Lokomotiven mit zweiteiligem doppelkonischen Weißmetallring (15% Antimon, 20% Zinn, 65% Blei) dargestellt. Die eingesetzte Feder verhindert Klemmungen infolge von Wärmedehnung. Für Schiffsmaschinen wird häufig die Schellingsche Stopfbüchsenpackung verwandt, mit dreiteiliger Büchse aus Weichkupfer, welche zur Erzielung seitlicher Beweglichkeit noch mit Hanfpackung umgeben ist (Fig. 266).

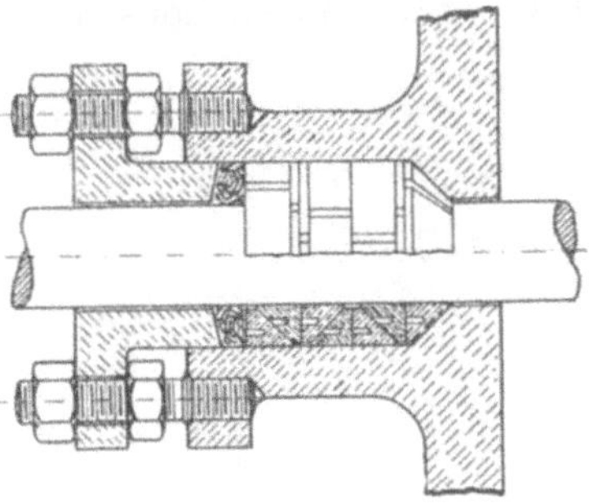

Fig. 265.

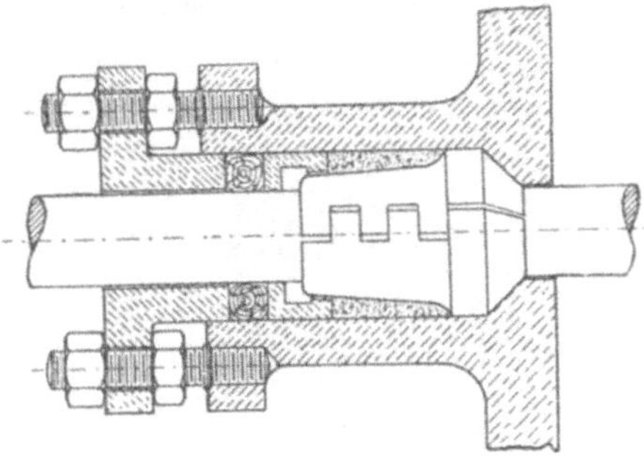

Fig. 266.

Am verbreitetsten ist die Howaldtsche Packung (Fig. 265) (Howaldtswerke in Kiel), die aus geteilten Ringen von dreieckigem Querschnitt besteht, mit einer weichen Auflage, die Wärmedehnungen gestattet und gegen das Eindringen von Staub schützt. Die Ringe bestehen aus einem besonderen Weißmetall, die äußeren auch aus Bronze; sie sind mit Gewindelöchern versehen, um sie leichter herausnehmen zu können.

Stopfbüchsen mit Lederpackung sind nach dem unter Kolben Gesagten auszuführen.

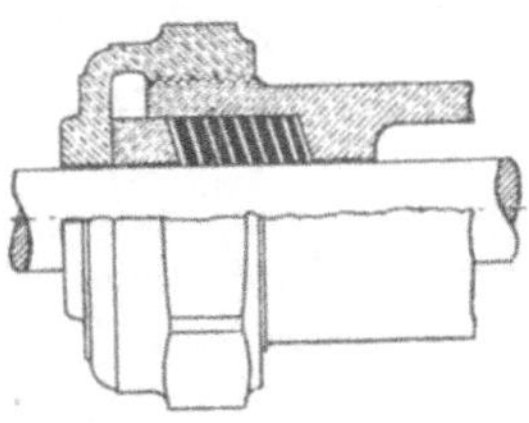

Fig. 267.

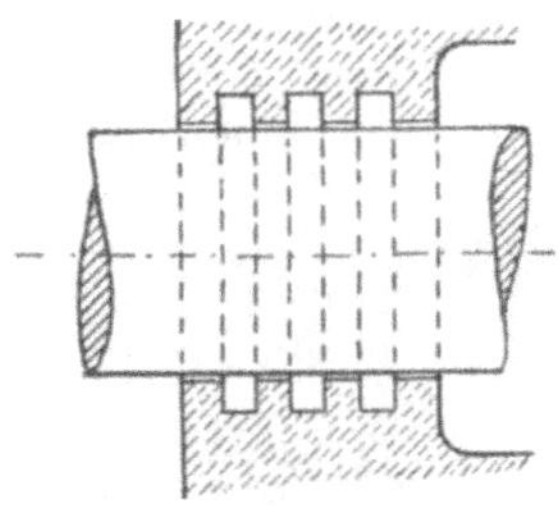

Fig. 268.

Fig. 267 zeigt eine Stopfbüchse, bei welcher die Brillenschrauben dadurch vermieden sind, daß eine Mutter, welche auf der Packungshülse aufgeschraubt ist, über die Brille übergreift und diese so anzieht.

Unter Labyrinthdichtung (Fig. 268) versteht man eine Abdichtung durch mehrere in die Stange oder die Büchse (bzw. den Kolben) eingedrehte Nuten, in denen die Flüssigkeit einen unelastischen Stoß erfährt; auch füllen sich die Rillen mit Öl oder Fett, bzw. mit Kondenswasser, so daß die Durchströmung um so mehr gehindert wird, je mehr Rillen vorhanden sind. Die Ausfüllung der Rillen mit einem dichteren

Stoff als demjenigen, gegen welchen abgedichtet werden soll, ist jedenfalls von großem Einfluß auf die Güte dieser Dichtung.

Mit dieser Dichtung verwandt sind verschiedene Stopfbüchsenkonstruktionen, bei denen eine größere Zahl einzelner Ringe in hintereinanderliegende Nuten der Stopfbüchse eingelegt sind, wie bei der Lentzschen Packung (Fig. 269). Die ähnlich konstruierte

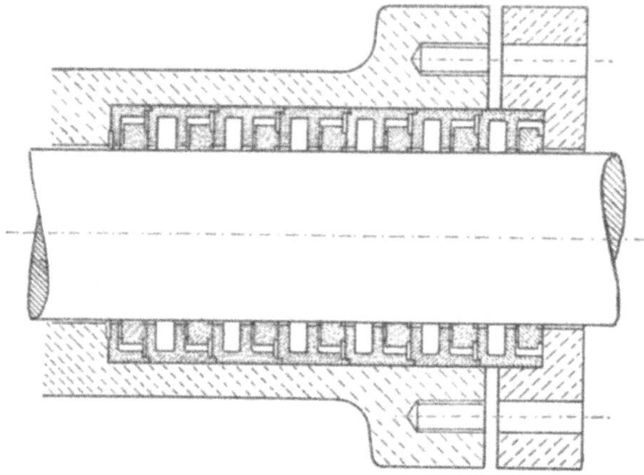

Fig. 269.

Schwabesche Packung hat mehrteilige Ringe, die durch darumgelegte Spiralfedern angedrückt werden.

Wo die Schmierung der Stopfbüchse durch die von der Stange mitgenommene Feuchtigkeit nicht genügt, schmiert man durch vor der Stopfbüchse auftropfendes Öl, bei stehenden Stopfbüchsen durch einen die Stange umschließenden Öltrog oder durch Stauferbüchsen, die Starrschmiere in einen die Stange umgebenden Ölring pressen.

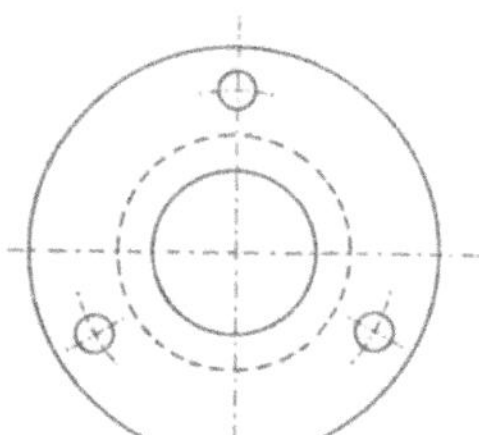

Fig. 270.

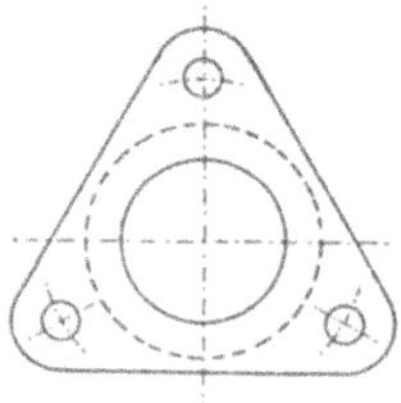

Fig. 271.

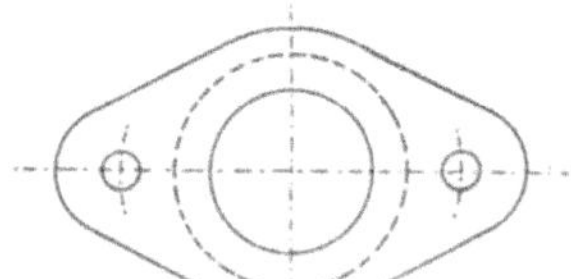

Fig. 272.

Um bei größeren Stopfbüchsen ein Schiefziehen der Brille zu verhindern, werden die Muttern mit Zahnräder- oder Schneckenantrieb genau gleichmäßig bewegt. Stopfbüchsen, die samt Packung von den anderen Teilen der Maschine losgelöst werden können, erleichtern die Auswechslung der Packung. Die Figuren 270, 271 und 272 zeigen verschiedene Formen von Stopfbüchsenbrillen in Vorderansicht.

V.
Maschinenelemente zur Umänderung der geradlinigen Bewegung in eine drehende.

Die Bewegungsverhältnisse dieser Maschinenteile sind ziemlich komplizierte. Deshalb muß ihrer Besprechung eine Betrachtung der Bewegungsverhältnisse vorausgehen. Es soll hier das wichtigste dieser Getriebe, der einfache Kurbelmechanismus, erläutert werden.

Das Kurbelgetriebe besteht aus dem Kreuzkopf, welcher durch die Gleitbahn geführt ist und eine geradlinig hin- und hergehende Bewegung ausführt, der Kurbel, welche mit dem sich drehenden Teil fest verbunden ist, und der Schub- oder Pleuelstange, welche die Bewegung vom Kreuzkopf auf die Kurbel überträgt.

Es sollen zunächst die Kräfte, durch welche die verschiedenen Teile beansprucht sind, betrachtet werden.

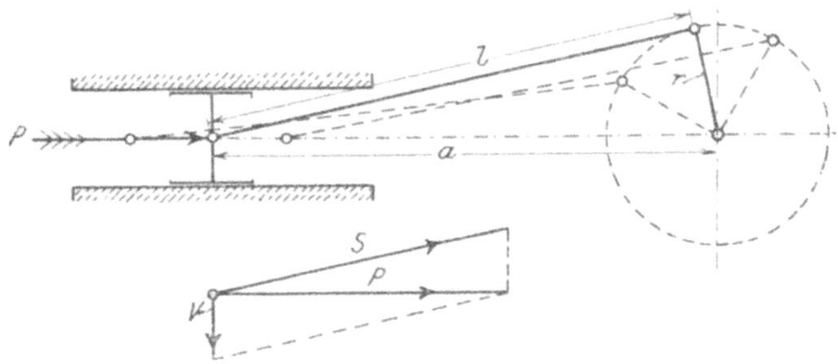

Fig. 273.

Die auf den Kreuzkopf wirkende Kraft (bei der Dampfmaschine der Dampfdruck, der durch die Kolbenstange auf den Kreuzkopf übertragen wird, $P = \frac{\pi D^2}{4} \cdot p$) zerlegt sich in eine in die Richtung der Schubstange fallende Komponente S und eine Komponente V, welche den Kreuzkopf auf die Gleitbahn drückt (Fig. 273). Die Größe dieser Komponenten kann man mit Hilfe des Kräfteparallelogramms für jede Stellung der Kurbel leicht bestimmen. Hat der Druck auf den Kreuzkopf immer dieselbe Größe, so geht aus Fig. 273 hervor, daß beide Komponenten ihren größten Wert erreichen, wenn Kurbel und Schubstange senkrecht aufeinander stehen.

Bezeichnet man die Länge der Schubstange mit l, den Kurbelradius mit r und den Abstand des Kurbelwellenzapfens vom Kreuzkopf mit a, so folgt aus der Ähnlichkeit der Dreiecke

$$\frac{V_{\max}}{P} = \frac{r}{l} \quad \text{und} \quad \frac{S_{\max}}{P} = \frac{a}{l}.$$

Gewöhnlich macht man $l = 5\,r$ und erhält dann

$$V_{\max} = P\,\frac{r}{l} = \frac{P}{5}\,,$$

$$S_{\max} = P\,\frac{a}{l} = \frac{\sqrt{(5\,r)^2 + r^2}}{5\,r} = P\,\frac{\sqrt{26}}{5} = 1{,}02\,P\,.$$

Man kann also mit hinreichender Genauigkeit $S = P$ setzen.

Nennt man den Winkel, den die Schubstange mit der Verlängerung der Kolbenstange, also den im Kräfteparallelogramm (Fig. 273) S mit P bildet, α, so ist

$$\frac{V}{P} = \operatorname{tang}\alpha\,, \qquad \frac{P}{S} = \cos\alpha\,,$$

demnach

$$V = P\operatorname{tang}\alpha\,, \qquad S = \frac{P}{\cos\alpha}\,.$$

Die Schubstangenkraft S überträgt sich auf den Kurbelzapfen und zerlegt sich hier in eine Komponente T, die tangential zum Kurbelkreis wirkt und die drehende Bewegung hervorbringt, und in eine in die Richtung des Kurbelarmes fallende Komponente K, welche die Kurbelwelle auf Biegung beansprucht und den Kurbelwellenzapfen gegen die Lagerschale preßt (Fig. 274).

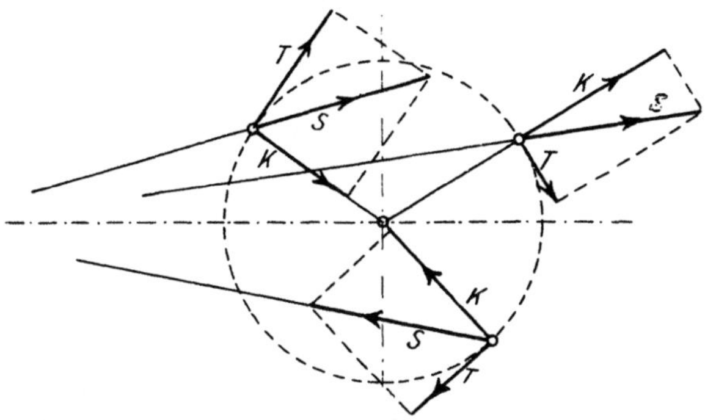

Fig. 274.

Stehen Kurbel und Schubstange senkrecht aufeinander, so ist die Tangentialkraft T gleich S (nach dem über $S_{\max}$ Gesagten annähernd gleich P), es wird also dann die ganze Schubstangenkraft zur Hervorbringung der drehenden Bewegung nutzbar gemacht; die Komponente K dagegen wird in diesem Falle gleich Null. Fällt hingegen die Schubstangenrichtung mit der Richtung des Kurbelarmes in eine Linie, so wird $K = S$, die Tangentialkraft dagegen Null; die Schubstangenkraft S, die in diesem Falle gleich P ist, kann also dann gar nicht drehend wirken (Totpunktlagen). Auch die Komponente V (Fig. 273) ist dann gleich Null.

Die Beziehungen zwischen dem Wege des Kreuzkopfes und dem Wege des Kurbelzapfens lassen sich gleichfalls leicht auf zeichnerischem Wege ermitteln.

Man findet dann, daß bei gleichbleibender Umfangsgeschwindigkeit der Kurbel die Geschwindigkeit des Kreuzkopfes zu Anfang und Ende des Hubes am kleinsten, in der Mitte am größten, nämlich gleich der Geschwindigkeit des Kurbelzapfens ist.

Während einer Umdrehung macht der Kurbelzapfen den Weg $d\,\pi$, der Kreuzkopf den Weg $2\,d$ (der Kolbenhub ist gleich dem Durchmesser des Kurbelkreises), die mittleren Geschwindigkeiten beider Teile verhalten sich also

$$\frac{c_m \text{ Kurbelzapfen}}{c_m \text{ Kreuzkopf}} = \frac{d\pi}{2\,d} = \frac{3{,}14}{2}.$$

Somit ist die mittlere Geschwindigkeit des Kurbelzapfens

$$c_m \text{ Kurbelzapfen} = 1{,}57\, c_m \text{ Kreuzkopf},$$

die mittlere Geschwindigkeit des Kreuzkopfes

$$c_m \text{ Kreuzkopf} = 0{,}64\, c_m \text{ Kurbelzapfen}.$$

Die an der Kurbel geleistete Arbeit ist gleich dem Produkt aus dem Mittelwerte des Tangentialdruckes und dem Wege des Kurbelzapfens. Um den mittleren Tangentialdruck zu bestimmen, bestimmt man für eine größere Anzahl Kurbelstellungen die Größe des Tangentialdruckes auf die früher beschriebene Weise, addiert diese Werte und teilt die Summe durch die Anzahl derselben.

Um die Änderung des Tangentialdruckes zu veranschaulichen, kann man dessen Werte auch auf einer Linie, deren Länge dem Umfang des Kurbelkreises gleich ist, als Ordinaten auftragen. Dies empfiehlt sich besonders bei veränderlichem Kreuzkopfdrucke (Expansionsmaschinen). Der Inhalt des so erhaltenen Diagrammes ist dann gleich der geleisteten Arbeit.

Die Teile des Kurbelmechanismus.

1. Schubstangen.

Die Schubstangen (Pleuel-, Bläuel-, Treib-Lenkerstange) dienen dazu, die Bewegung zwischen Zapfen zu übertragen, welche rotierende, schwingende oder geradlinige Bewegungen ausführen. Sie bestehen aus den lagerartig einen Zapfen umschließenden oder selbst einen Zapfen tragenden Schubstangenköpfen und dem die Köpfe verbindenden Schubstangenschaft.

1. Schubstangenköpfe. Die Schubstangenköpfe sind bewegliche Lager oder Träger von Zapfen. Ihre Hauptdimensionen richten sich deshalb nach den Abmessungen der Zapfen.

Die Hauptanforderungen, die man an Schubstangenköpfe stellen muß, sind nach Bach folgende:

1. die Achsen beider Köpfe müssen genau parallel laufen;
2. die Berührung zwischen Zapfen und Lagerschale muß auf der ganzen Länge der letzteren stattfinden;

3. die Abnutzung der Lagerschalen soll so ausgleichbar sein, daß die Entfernung der Lagermitten sich nicht ändert;
4. die Köpfe sollen möglichst leicht sein;
5. vorspringende Teile und Ecken sind tunlichst zu vermeiden.

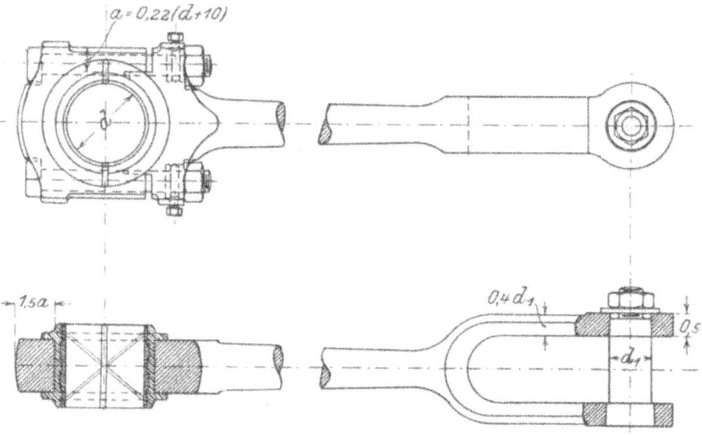

Fig. 275.

Im übrigen gilt das über Lager und Zapfen Gesagte.

Die Figuren 275 bis 279 zeigen verschiedene Konstruktionen von Schubstangenköpfen. Zweckmäßige Dimensionen sind daselbst eingeschrieben, doch muß namentlich bei größeren Kräften die Festigkeitsberechnung für die Hauptabmessungen dem vorliegenden Sonderfall entsprechend durchgeführt werden.

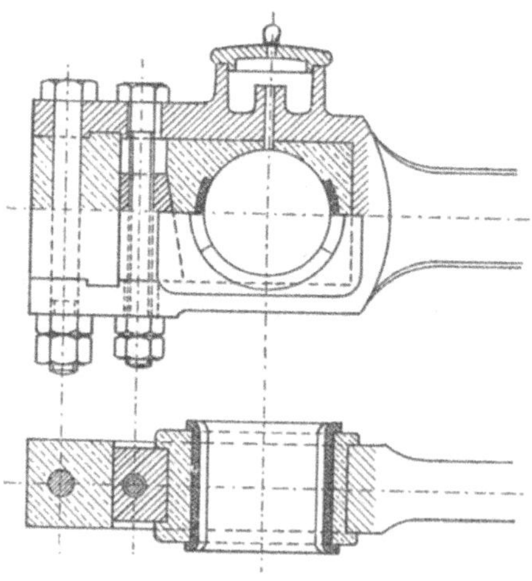

Fig. 276.

Man rechnet dabei für alle auf Zug, Druck oder Biegung beanspruchten Teile die zulässige Spannung für Schmiedeeisen 300 kg/qcm, für Stahl 400 kg/qcm (bei vorzüglichem Material kann man das 1,5fache dieser Werte annehmen), für Schrauben aus zähem Stahl 300 bis 500 kg/qcm (für den Kernquerschnitt). Die Zugkraft von Schrauben, die einen Keil anzuziehen haben, nimmt man bei einem Anzug der Keile 1 : 5 gleich dem fünften Teil der Schubstangenkraft S bzw. P.

Bei der Berechnung des Bügels auf Biegung denkt man sich die halbe Stangenkraft im Abstand $\frac{d}{4}$ von der Zapfenmitte wirkend, an einem Hebelarm x biegend, der bei Köpfen nach Fig. 275 bis zur Schraubenmitte, bei Köpfen nach Fig. 277 bis zur Mitte des Bügelquerschnitts unter der Zapfenmitte reicht; es ist dann, da der Bügelquerschnitt annähernd rechteckig ist,

$$\frac{P}{2} x = \frac{b \cdot h^2}{6} k_b .$$

Bei gekröpften Wellen und Kurbeln mit Gegenkurbeln, also dort, wo man weder den Kopf auf den Zapfen aufschieben noch

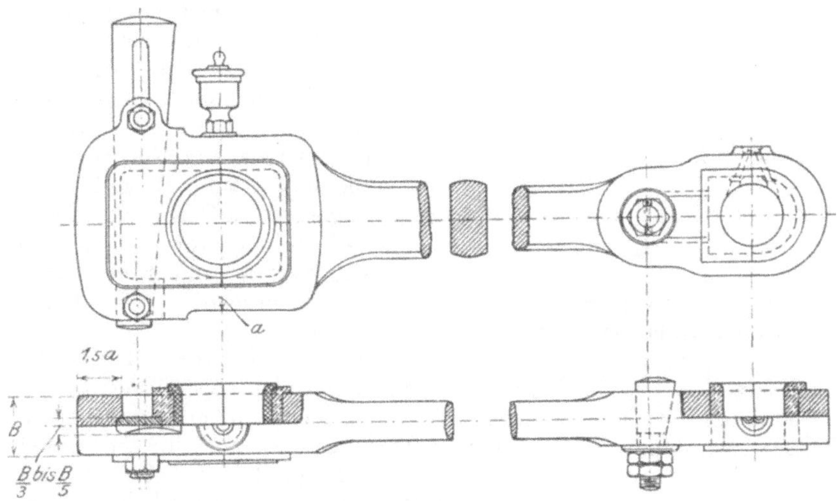

Fig. 277.

den Zapfen durchschieben kann, muß man offene Schubstangenköpfe anwenden, wie den Pennschen oder Marinekopf (Fig. 275 links) oder den Lokomotivkopf (Fig. 276). Bei Köpfen mit Keilnachstellung (Fig. 277 links) erhält der Keil einen Anzug von 1 : 5 bis 1 : 8. Bei größeren Zapfendurchmessern soll man den Keil breit ausführen wie in Fig. 276. Am Kreuzkopfende wird der Keil der besseren Zugänglichkeit wegen oft quer eingelegt und mit dem Anzug 1 : 4 ausgeführt.

Bei einfachen geschlossenen Köpfen kleiner Schubstangen stellt man die Schale häufig statt durch einen Stellkeil durch eine Schraube nach.

Bei der gebräuchlichen Form der Pleuelstangenköpfe müssen alle Lagerschalen und der Lagersitz im Pleuelkopf auf der Hobel- oder Stoßmaschine hergestellt werden. Eine mit Rücksicht auf die Herstellung zweckmäßige Konstruktion zeigt Fig. 278. Lagerschale und Keil sind Rundkörper. Der Keil wird zylindrisch gedreht, die Keilfläche angehobelt. Der Lagersitz wird durch Bohren oder Fräsen hergestellt. Dadurch, daß die Lagerschale das besonders kräftig ausgebildete Druckstück umgreift, so daß ein Federn ausgeschlossen ist, wird auch ein Kneifen der Lagerschalen, das bei Köpfen gewöhnlicher Konstruktion häufig auftritt, vermieden.

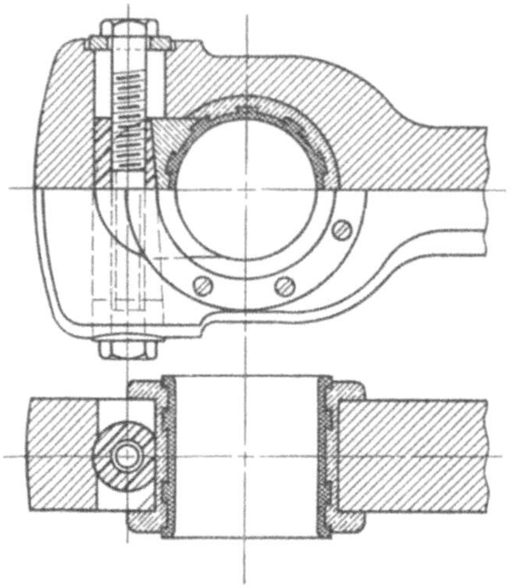

Fig. 278.

Für Steuerungen von Corliß-Maschinen und Gebläsen ist in Amerika ein einfacher Rotgußkopf im Gebrauch (Fig. 279), der Kopf selbst bildet das vordere Widerlager, hintere Lagerschale und Keil bestehen ebenfalls aus Rotguß, der Lagersitz im Stangenkopf wird hydraulisch gestanzt, hintere Lagerschale und Keil werden auf hydraulischen Pressen durch Matrizen gezogen. Die teuere Stoß- oder Hobelarbeit wird also vermieden.

Bei gabelförmigen Schubstangenköpfen wird entweder der Zapfen nach Fig. 275 (rechts) konisch mit Schraube eingezogen (eine Lösung des anderen Konus kann man eventuell durch eine außen aufgeschraubte Scheibe verhindern) oder zylindrisch eingesetzt und in den Gabelaugen mit Querkeilen befestigt. Seltener trägt der Kreuzkopf die Zapfen, der gabelförmige Schubstangenkopf die Lager.

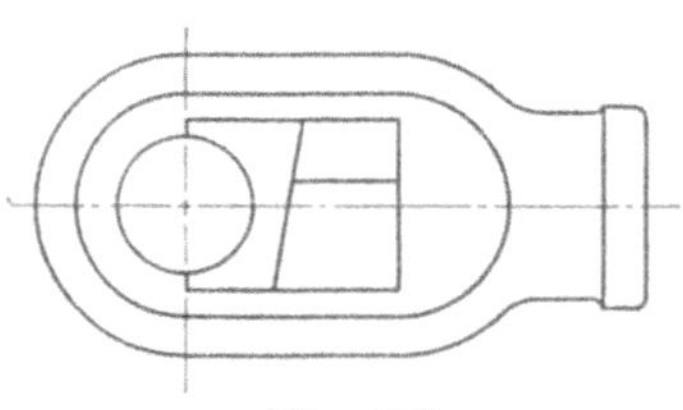

Fig. 279.

2. Schubstangenschaft. Der Schubstangenschaft wird abwechselnd durch Zug- und Druckkräfte beansprucht, da aber infolge seiner Länge ein seitliches Ausbiegen eintritt, so ist er auf Knickung zu berechnen. Die Schubstange führt eine hin und her schwingende Bewegung aus. Hierbei muß sie ihre Bewegungsrichtung fortgesetzt umkehren. Die schwingenden Massen suchen aber infolge der Trägheit ihre Bewegungsrichtung beizubehalten. Hierdurch wird die Schubstange in der Richtung der Schwingungsebene durchgebogen.

Die größte die Schubstange beanspruchende Kraft setzt man meist gleich der durch die Kolbenstange übertragenen Kraft P.

Bei geringen Geschwindigkeiten kann man diese Durchbiegung vernachlässigen und setzen für schmiedeeiserne Schubstangen von:

rundem Querschnitt . . . . . . $P = 40\,000 \frac{\Delta^4}{l^2}$,

rechteckigem Querschnitt . . . $P = 200\,000 \frac{b^4}{l^2}$,

wenn $h = 1{,}8\,b$ ist.

Für Schubstangen aus Holz, mit $h = 1{,}5\,b$,

$$P = 10\,000 \frac{b^4}{l^2}.$$

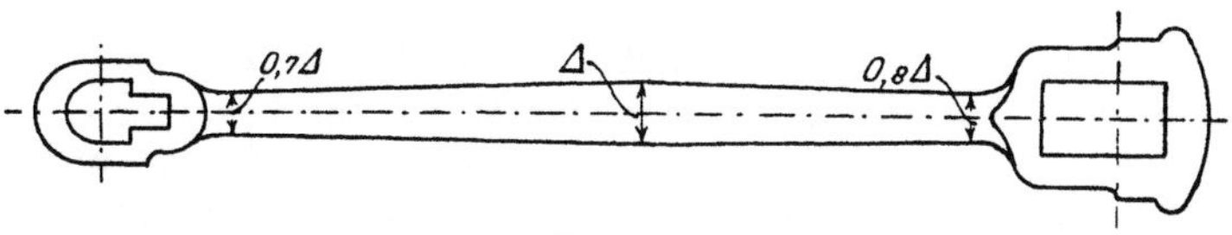

Fig. 280.

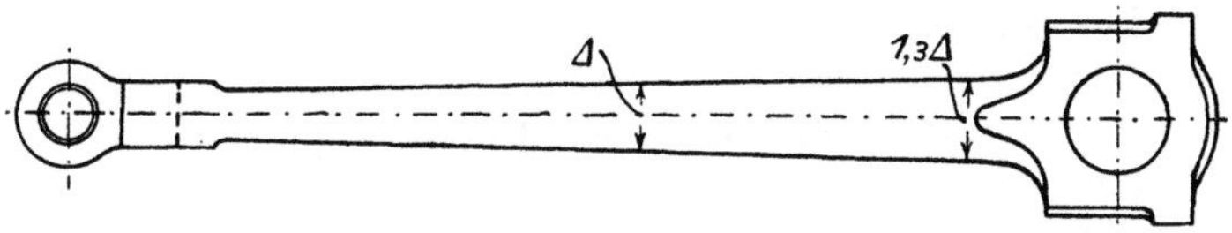

Fig. 281.

Die aus diesen Formeln berechneten Werte von Δ und h sind die mittleren Maße, nach dem Kurbelzapfen hin nimmt der Schubstangendurchmesser bis $0{,}8\,\Delta$, nach dem Kreuzkopfzapfen hin bis $0{,}7\,\Delta$ ab (Fig. 280) bei großem Kurbelzapfen aber vielfach nach dem Kurbelzapfen auch auf $1{,}3\,\Delta$ zu; die Seiten sind dann abgeflacht (Fig. 281). Die Breite b rechteckiger Stangen ist unveränderlich, die Höhe am Kurbelzapfenkopf $= 1{,}2\,h$, die am Kreuzkopf $= 0{,}8\,h$.

Die Berechnung auf Knickfestigkeit liefert, wenn J das kleinste Trägheitsmoment in bezug auf die neutrale Achse:

$\frac{\Delta^4}{20}$ für kreisförmigen Querschnitt,

$\frac{b^3 h}{12}$ für rechteckigen Querschnitt (mit $b = 0{,}5$ bis $0{,}6\,h$),

E der Elastizitätsmodul des Materiales in Kilogramm pro Quadratzentimeter, l die Schubstangenlänge in Zentimeter und m ein Sicherheitskoeffizient ist, die Formel

$$J = \frac{m\,P\,l^2}{\pi^2 E}.$$

Die durch die Trägheit der Massen hervorgerufene Biegungsanstrengung kann durch die Wahl von m nach folgender Tabelle berücksichtigt werden:

Werte von m.

Zylinderdurchmesser	Tourenzahl pro Minute					
	300	200	150	100	80	50
200	40	20	15	15	15	—
300	50	40	20	15	15	15
400	60	50	40	20	15	15
500	—	60	50	30	20	15
600	—	—	60	40	20	15
700	—	—	—	50	25	15

Meist setzt man den Sicherheitskoeffizienten $m = 25$.

Bei Schubstangen langsam gehender Maschinen liegt der am stärksten beanspruchte Querschnitt in der Mitte der Schubstangenlänge, bei schnell laufenden Maschinen rückt er durch den Einfluß der durch die Trägheitskräfte hervorgerufenen Biegung um so näher nach dem Kurbelzapfen, je höher die Tourenzahl der Maschine ist.

Bei Lokomotivschubstangen setzt man

$$P = 500\,000 \frac{b^4}{l^2} \text{ bis } 1\,000\,000 \frac{b^4}{l^2},$$

wenn $h = 2\,b$ ist.

Diese Werte, welche den Sicherheitskoeffizienten $m = \frac{20}{3}$ und $m = \frac{10}{3}$ entsprechen, sind hier zulässig, weil sich bei dem raschen Wechsel von Zug und Druck Formänderungen nicht ausbilden können. Um das Gewicht der Schubstangen möglichst zu vermindern, gibt man ihnen hier auch I-Querschnitt.

2. Kurbeln.

Die Kurbeln sind von den Maschinenelementen zur Umänderung der geradlinigen Bewegung in eine drehende oder umgekehrt diejenigen, die mit der sich drehenden Welle verbunden sind bzw. aus einem Stück bestehen und die Kraft und Bewegung von den schwingenden Teilen aufnehmen oder an diese abgeben.

Befindet sich die Kurbel am Ende der Welle (Fig. 282), so nennt man sie Stirnkurbel, im andern Falle Krummzapfen oder gekröpfte Welle (Fig. 284).

Die Hauptbestandteile einer Kurbel sind: der Kurbelzapfen, das ist dasjenige Element, an welches sich die schwingenden Teile anschließen, der Kurbelarm und die Nabe, welche zur Befestigung auf der Welle dient.

Die Berechnung des Kurbelzapfens sowie des Kurbelwellenzapfens ist bereits im II. Abschnitte behandelt worden.

Den Durchmesser des Auges für den Kurbelzapfen macht man gleich dem doppelten Zapfendurchmesser, den Anzug des Konus beiderseitig 1 : 12 bis 1 : 25, die Länge des Auges d bis $1{,}5\,d$, die Keilhöhe $0{,}5\,d$ bis $0{,}6\,d$, die Keilstärke $0{,}2\,d$ bis $0{,}25\,d$, falls der Anzug des Zapfens durch Schraube erfolgt, den Schraubendurchmesser gleich $\frac{d}{2}$.

Wird der Konus von hinten eingezogen, so wird er verbohrt oder durch eine aufgeschraubte Platte gesichert (Fig. 282).

Mit Rücksicht auf zweckmäßige Herstellung ist zu vermeiden, daß der Zapfenkegel mit der Vorderfläche der Kurbel abschließt, weil man in diesem Falle die Fläche der Kurbel um das Zapfenloch herum schlichten muß, während man bei etwas vorstehendem Konus die Kurbel nur mit grobem Span zu hobeln oder zu drehen braucht.

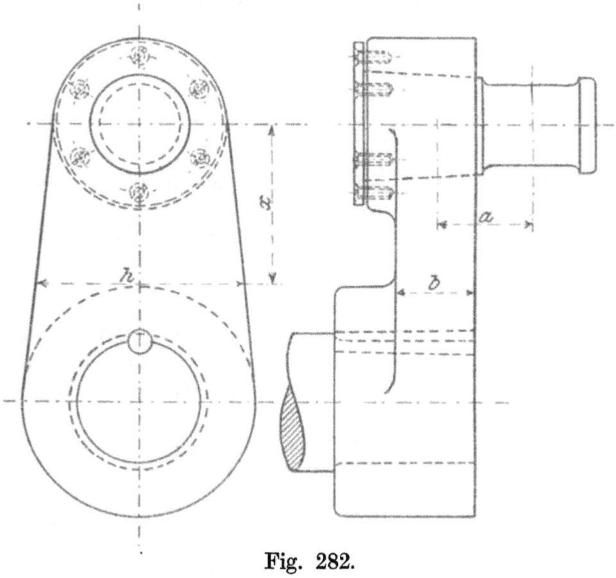

Fig. 282.

Der Durchmesser des Wellenzapfens wird einige Millimeter kleiner genommen als der Durchmesser der Lagerstelle, die Nabenstärke $0{,}4\,D + 1$ cm, die Nabenlänge $l = 0{,}8\,D$ bis $1{,}5\,D$, wenn die Kurbel warm oder mittels Presse genau aufgezogen, $l \geqq 1{,}25\,D$, wenn sie aufgekeilt wird.

Auch die warm aufgezogenen Kurbeln werden meist noch mit einem Rundkeil verkeilt.

Beim Warmaufziehen macht man die Bohrung um 2,5- bis 5 Tausendstel kleiner als den Zapfen, beim Aufziehen mit der Druckwasserpresse wird das Wellenende im Verhältnis 1 : 100 konisch abgedreht.

Die Beanspruchung des Kurbelarmes setzt sich, die Schubstangenkraft in allen Fällen rund gleich P gesetzt, aus folgenden Einzelbeanspruchungen zusammen:

1. In der einen Totpunktstellung: Zugbeanspruchung durch P und Biegungsbeanspruchung durch das Moment $P \cdot a$ (die Durchbiegung erfolgt in der Richtung von b, das Widerstandsmoment ist also $\left.\frac{h\,b^2}{6}\right)$.

2. In der Stellung, in der Schubstange und Kurbel einen rechten Winkel miteinander bilden: Schubbeanspruchung durch P, Biegungsbeanspruchung durch das Moment $P \cdot x$ (in der Richtung von h, das Widerstandsmoment ist $\frac{b\,h^2}{6}$) und Verdrehungsbeanspruchung durch das Moment $M_d = P \cdot a$.

Meist ist die Beanspruchung in der Totpunktstellung maßgebend. Da die Höhen des Kurbelarmes sich aus den Nabendurchmessern ergeben und die Breiten meist gleich groß genommen werden, nimmt man diese an und rechnet nach, ob die auftretende Gesamtspannung zulässig ist nach der Formel

$$\frac{P\,a}{\frac{h\,b^2}{6}} + \frac{P}{b \cdot h} \leqq k_b\,.$$

(Die Berechnung für Stellung 2 hätte, wenn nötig, nach der Formel

$$\frac{b\,h^2}{6}\,k_b = \frac{3}{8}\,P\,x + \frac{5}{8}\sqrt{(P \cdot x)^2 + (\alpha_0\,P \cdot a)^2}$$

zu erfolgen.)

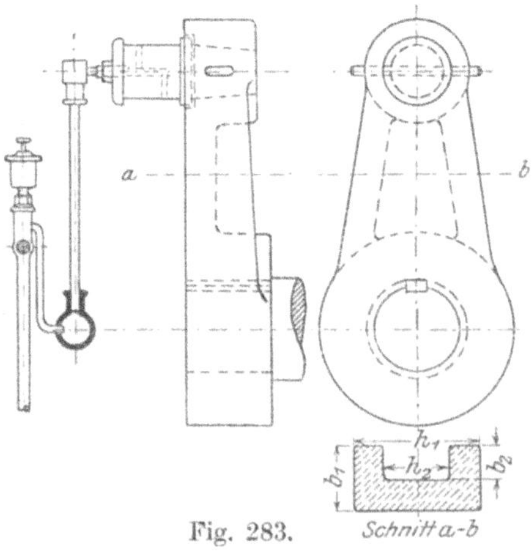

Fig. 283.

Soll der Arm ⊔-förmigen Querschnitt erhalten, so berechnet man erst den rechteckigen Querschnitt und verwandelt diesen nach der Formel

$$\frac{b\,h^2}{6} = \frac{b_1\,h_1^3 - b_2\,h_2^3}{6\,h_1}$$

in einen ⊔-förmigen, wobei man

$$\frac{b_2}{b_1} = \frac{h_2}{h_1} = 0{,}6$$

setzen kann (Fig. 283).

Hiermit erhält man

$$\frac{b\,h^2}{6} = \frac{b_1\,h_1^3 - 0{,}6\,b_1\,(0{,}6\,h_1)^3}{6\,h_1} = \frac{0{,}87\,b_1\,h_1^2}{6}\,,$$

woraus sich ergibt, wenn $h_1 = h$ genommen wird,

$$b_1 = 1{,}15\,b\,.$$

Eine besondere Form der Kurbel ist die gekröpfte Welle (Fig. 284). Um ihre Dimensionen zu berechnen, muß man zunächst die vom Kurbelzapfendruck, Schwungradgewicht und der Riemenspannung herrührenden Auflagerreaktionen bestimmen (letztere kann vernachlässigt werden). Mit diesen ergeben sich die Biegungsmomente für die verschiedenen Stellen der Welle. Außerdem hat die Welle ein Drehmoment auszuhalten, welches

$$M_d = P \cdot r \text{ bzw. } \frac{P}{2} \cdot r$$

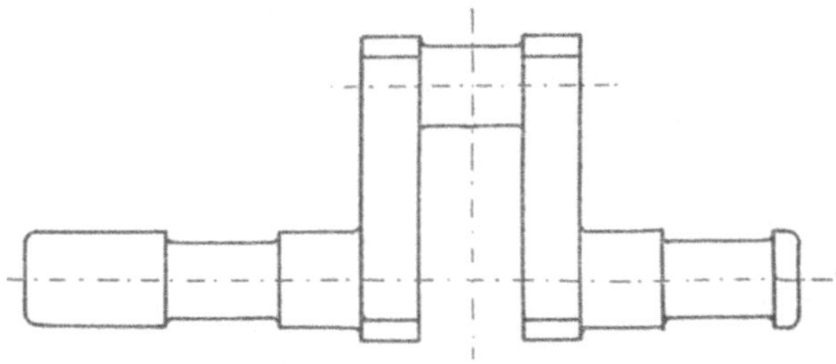

Fig. 284.

ist, je nachdem sich das Drehmoment nach einer Seite oder nach beiden Seiten fortpflanzt.

Mit Hilfe dieser für M_b und M_d gefundenen Werte kann man die Welle nach der unter „Wellen“ gegebenen Formel

$$\frac{d^3}{10} \cdot k_b = \frac{3}{8} M_b + \frac{5}{8} \sqrt{M_b^2 + (\alpha_0 M_d)^2}$$

berechnen.

Zur Berechnung des Kurbelarmes zerlegt man die Momente $P \cdot p$ und $B\,b$ (Fig. 285) in je zwei Komponenten in der Ebene des Querschnitts und senkrecht dazu. Die Summe der ersteren gibt das Drehmoment, die der letzteren das Biegungsmoment. Zur Berechnung des anderen Armes wäre das Moment $B\,b'$ ebenso zu zerlegen. Für den Zapfen ist $M_b = B\,l_1$ und $M_d = B\,r$. Die Berechnung ist für beide Richtungen der größten Kraft P anzustellen, die größten Momente sind der Rechnung zugrunde zu legen. Der Zapfen ist außerdem auf Flächendruck und Wärmeableitung (nach S. 64 und 67) zu berechnen.

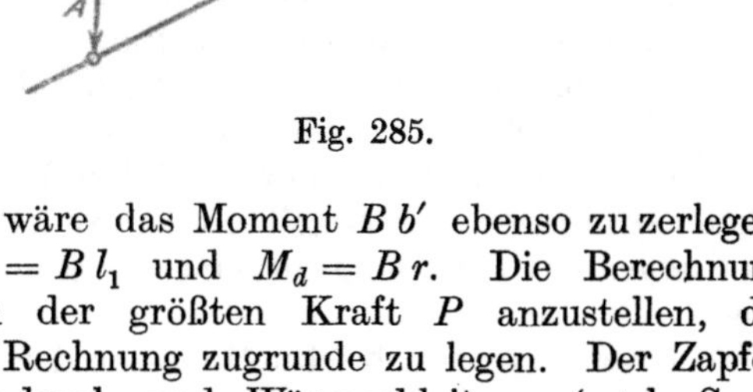

Fig. 285.

Andere Formen der Kurbel sind die Kurbel mit Gegengewicht (Fig. 286), die dort Verwendung findet, wo man die bei der Rotation

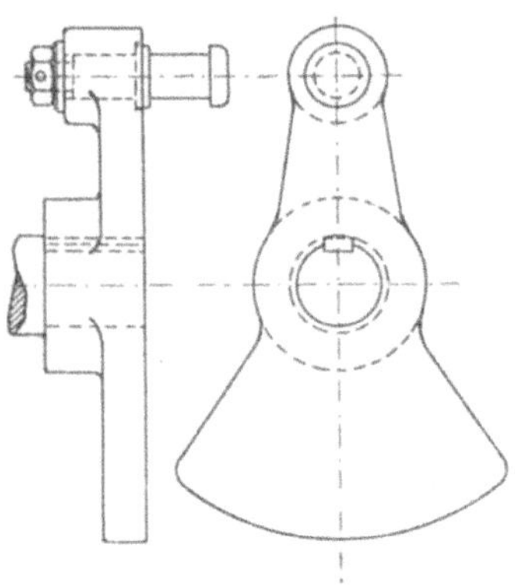

Fig. 286.

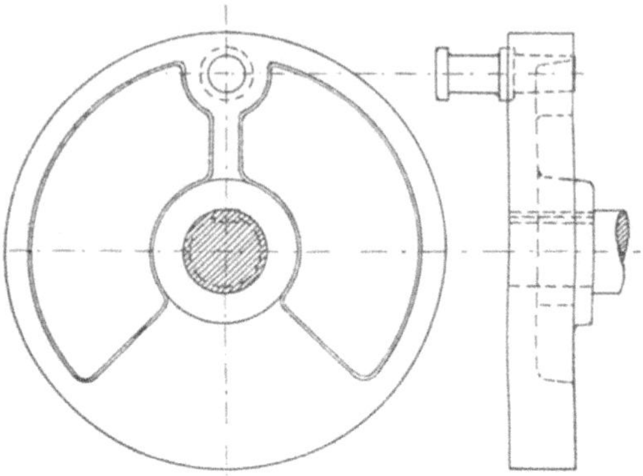

Fig. 287.

der einseitig vom Drehpunkte angehäuften Masse auftretende Zentrifugalkraft ausgleichen will, und die Kurbelscheibe (Fig. 287), die hauptsächlich bei kleinem Kurbelradius Verwendung findet. Fig. 288 zeigt eine Handkurbel.

(Über die Anbringung der Keilnuten und die Herstellung schwerer gekröpfter Wellen siehe die Bemerkungen in der Einleitung und unter „Wellen".)

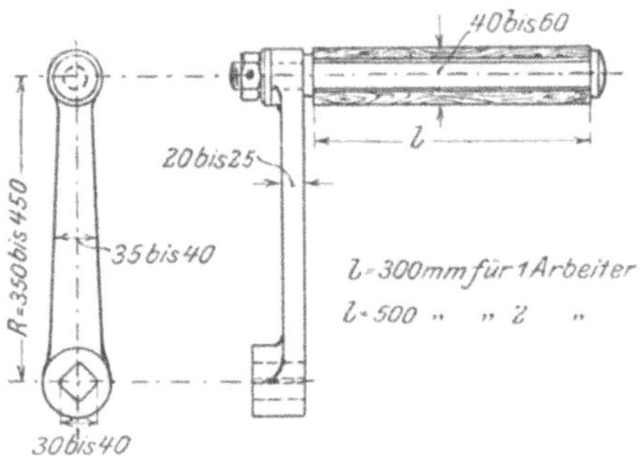

Fig. 288.

Kurbel mit Gegenkurbel und Exzenter.

Ist der Kurbelradius zu klein, um eine Kurbel der bisher beschriebenen Konstruktionen anwenden zu können, so setzt man (Fig. 289) eine exzentrisch ausgebohrte Scheibe auf die Welle und läßt diese von einem mit der Schubstange verbundenen ringförmigen Körper umschließen. Dieser Mechanismus ersetzt eine Kurbel, deren Radius gleich ist dem Abstand der Mittelpunkte der Bohrung und des äußeren Umfanges der Scheibe, er wird jedoch nur zur Umänderung der drehenden Bewegung in eine geradlinige gebraucht, nicht umgekehrt.

Ist D der tatsächliche Durchmesser der Welle und D_d der Durchmesser derjenigen Welle aus Flußeisen oder Schweißeisen, welche dem drehenden Moment, das die Bewegung des Exzenters erfordert, entspricht (zu berechnen aus $P\,R = \frac{D_d^3}{5}\,k_d$), so kann man setzen (siehe Fig. 289)

$$s = \frac{1}{5}\left(D_d + \frac{D}{2}\right) + 5 \quad \text{bis} \quad \frac{1}{4}\left(D_d + \frac{D}{2}\right) + 5 \text{ mm}$$

für gußeiserne Exzenter.

Für Exzenter aus Flußeisen oder Stahl kann man s um $^1/_5$ bis $^1/_3$ kleiner nehmen.

Die Größe x nimmt man

$$x = \frac{D_d}{16} + 5 \text{ mm} \quad \text{bis} \quad \frac{D_d}{10} + 5 \text{ mm}.$$

Die Breite der exzentrischen Scheibe ist nach der unter „Zapfen" gegebenen Formel

$$l \geqq \frac{P \cdot n}{w}$$

zu berechnen, wobei man setzen kann $w = 10\,000$ für Flußeisen- oder Stahlbügel auf Gußeisenexzentern, $w = 20\,000$ für mit Weißmetall gefütterte Bügel auf Gußeisenexzentern; für Lokomotiven kann man der Kühlung durch den Luftzug wegen w höher nehmen.

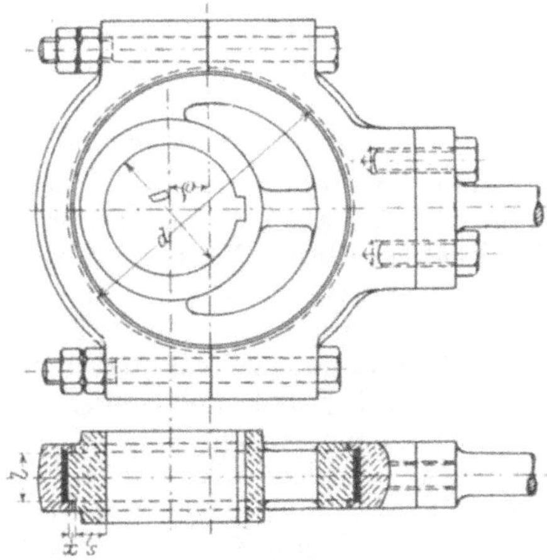

Fig. 289.

Die Nabe der Exzenter soll hinreichend breit genommen werden. Die Lauffläche wird bei kleinen Exzentern auch doppeltkegelförmig ausgebildet.

Der Durchmesser der Exzenterscheibe ist, wenn ϱ die Exzentrizität

$$d = D + 2\,s + 2\,x + 2\,\varrho\,.$$

Um das Exzenter unter einem bestimmten Winkel genau einstellen zu können, verwendet man statt des Keiles einen geriffelten Mitnehmer (Fig. 290), der durch eine Schraube auf ein in die Welle eingesetztes Gegenstück aufgepreßt wird.

Dem gleichen Zwecke wie die Exzenter dienen die **Gegenkurbeln** (Fig. 291). Die Berechnung der Gegenkurbel geschieht genau so wie die Berechnung einer Stirnkurbel, nur bei der Berechnung des eigentlichen Kurbelzapfens ist die **biegende und drehende Wirkung** der an der Gegenkurbel angreifenden Kraft zu berücksichtigen.

Die Exzenterstangen sind wie die Schubstangen auf Knickung zu berechnen, wobei man den Sicherheitskoeffizienten $m = 40$ setzen kann. Gleichzeitig hat man aber darauf zu achten, daß die höchste durch Stangenkraft, Eigengewicht (und evtl. Durchbiegung) hervorgerufene

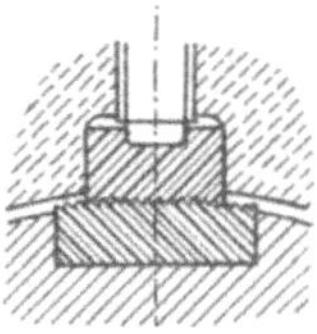

Fig. 290.

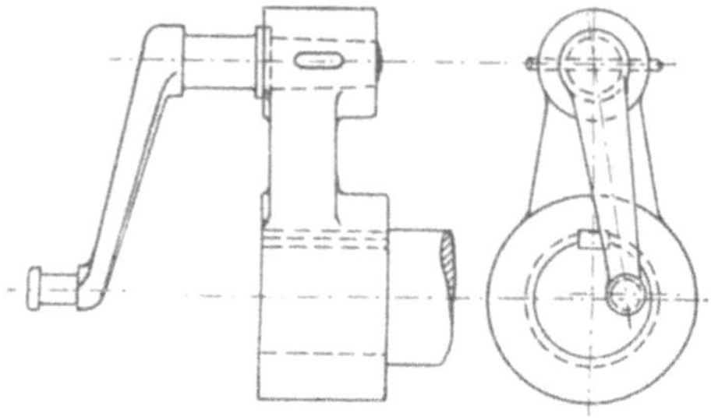

Fig. 291.

Druckspannung nicht größer wird als 300 kg/qcm bei Schmiedeeisen oder 150 kg/qcm bei Gußeisen oder Bronze.

3. Geradführungen.

Wenn Kräfte ein geradlinig bewegtes Maschinenteil aus seiner Richtung abzulenken suchen, muß man dieses durch Führung in Lagern oder Büchsen, durch Führung mittels Kreuzkopfes oder Querhauptes auf besonderer Gleitbahn oder durch Gelenkstangen in seiner Richtung erhalten. Die wichtigste dieser Führungen ist die zweite.

Der Kreuzkopf oder das Querhaupt besteht aus dem Auge für den Kreuzkopfzapfen und den Gleitschuhen. Diese müssen so groß sein, daß die Pressung zwischen Gleitschuh und Gleitbahn etwa 1 bis höchstens 3 kg/qcm nicht überschreitet.

Die Bestimmung der Größe der den Kreuzkopf anpressenden Kraft V ist am Anfang dieses Kapitels erläutert. Unter normalen Verhältnissen kann man sie $\frac{P}{5}$ setzen.

Der Kreuzkopfkörper besteht aus Gußeisen oder Stahlguß, die Gleitschuhe, die 2- bis 3,5 mal so lang als breit gemacht werden, aus Gußeisen, zuweilen mit Weißmetallfutter oder Rotgußfutter.

Die Gleitschuhe sind häufig durch Keile oder Schrauben nachstellbar.

Früher lagerte man den Kreuzkopfzapfen meist fest im Kreuzkopf (Fig. 292, 293, 294), neuerdings verwendet man oft gabelförmige Schubstangen, welche den Zapfen tragen; der Kreuzkopf enthält hier nur das Zapfenlager (Fig. 295). Seltener sind Kreuzköpfe mit nach beiden Seiten vorragenden Zapfen, deren Lager die Gabel der Schubstange trägt. Die weitere Konstruktion des Kreuzkopfes richtet sich nach der Konstruktion der Führung, der Befestigung der Kolbenstange usw.

Fig. 292 zeigt einen Kreuzkopf für einseitige Führung, Fig. 293 einen einfachen, aus einem Stück bestehenden Kreuzkopf für zweiseitige Führung, Fig. 294 einen solchen mit besonderen Gleitschuhen, Fig. 295

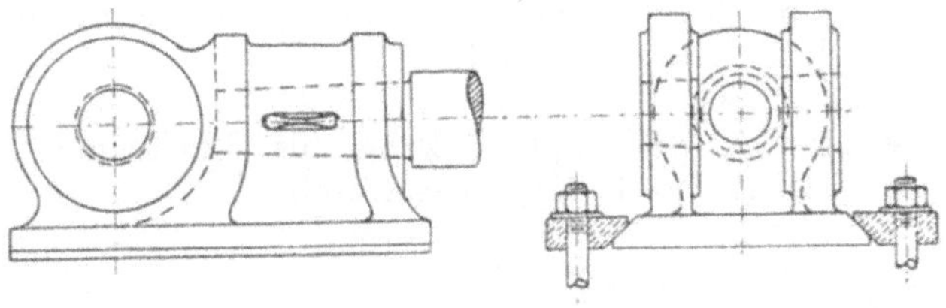

Fig. 292.

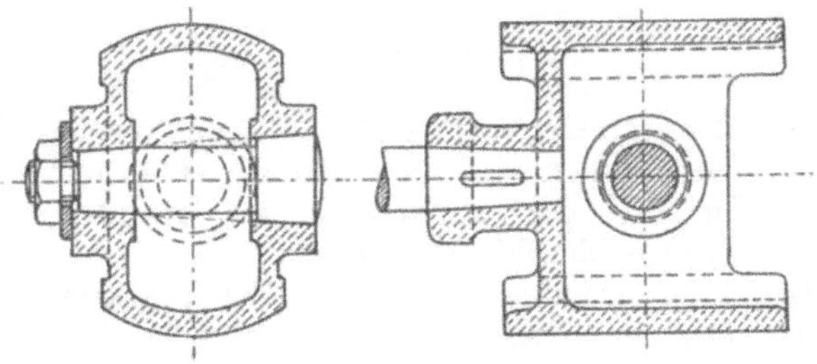

Fig. 293.

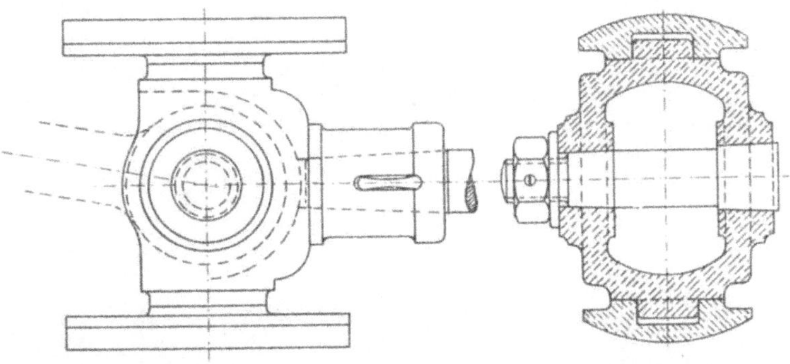

Fig. 294.

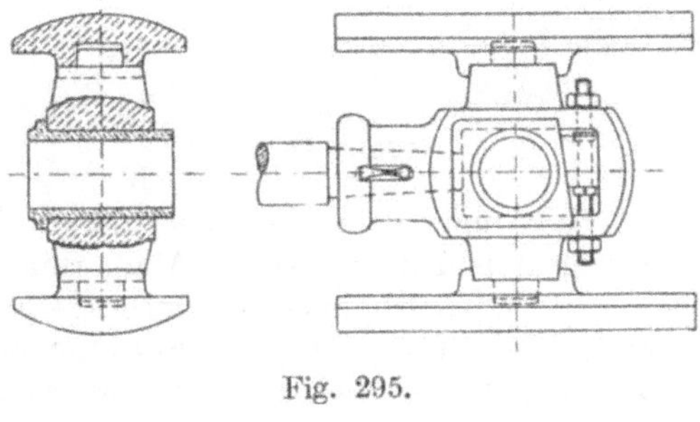

Fig. 295.

einen Kreuzkopf mit besonderen Gleitschuhen für Gabelzapfen, Fig. 296 durch Keil nachstellbare Gleitschuhe.

Der Kreuzkopfzapfen wird mit einem Abstreifer geschmiert, die Flächenpressung des Stahlzapfens kann bis 120 kg/qcm betragen, die Länge ist das 1,5- bis 1,8fache des Durchmessers.

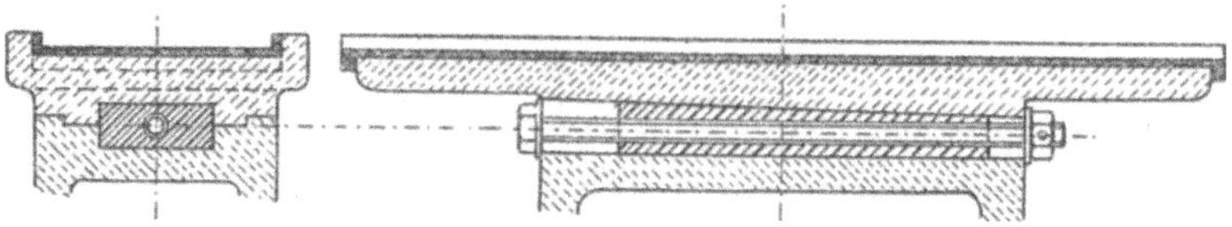

Fig. 296.

Die Gleitbahnen bilden meist gleichzeitig die Verbindung zwischen Zylinder und Kurbelwellenlager. Sie sind entweder nur am Zylinder angeschraubt (Fig. 297), oder stützen sich am Zylinderende noch auf einen Fuß, bei großen Maschinen liegen sie in der ganzen Länge auf. Stehende Maschinen erhalten einseitige oder zweiseitige Führungsständer. Die Länge der Gleitfläche muß um 2 bis 3 cm kleiner sein

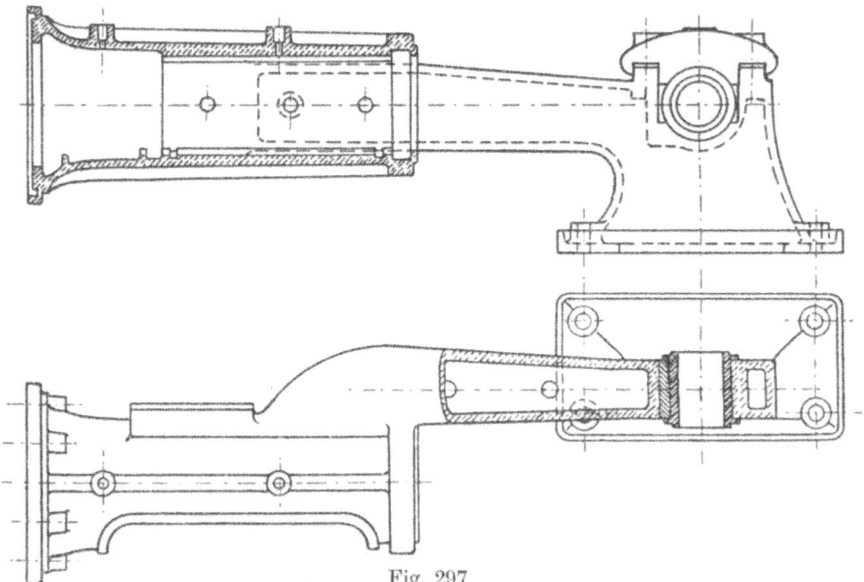

Fig. 297.

als die Summe von Hub und Gleitschuhlänge, damit der Gleitschuh an beiden Seiten überläuft und nicht bei der Abnutzung der Gleitbahn Erhöhungen stehen bleiben. Gleitbahnen für einseitige Führung werden gehobelt oder gefräst, solche für zweiseitige Führung ausgebohrt, der Durchmesser der Bohrung richtet sich nach den äußersten Stellungen der Schubstange.

Bei der Konstruktion sind zu verschiedene Stärken der einzelnen Teile der Gußspannungen wegen zu vermeiden. Löcher für Schrauben und Paßstifte sollen sich von oben ohne Umspannen bohren lassen.

Von den Geradführungen durch Lager oder Büchsen sind am verbreitetsten die Kurbelschleifen (Fig. 298).

Geradführung durch Gelenkstangen. Als Beispiele dieser Geradführungen sollen hier die einfachste Ausführung des Wattschen Parallelogrammes und der angenäherte Ellipsenlenker beschrieben werden.

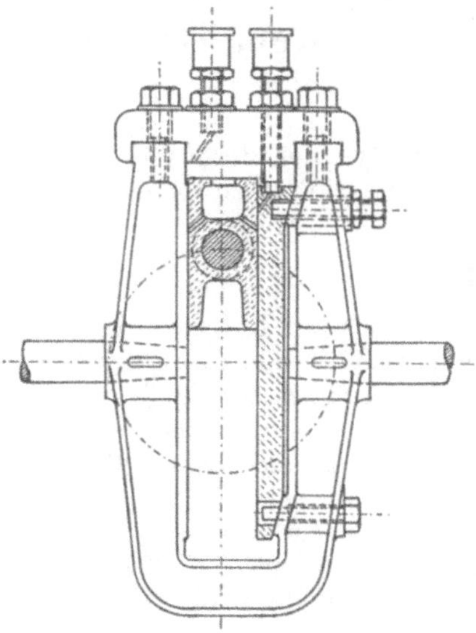

Fig. 298.

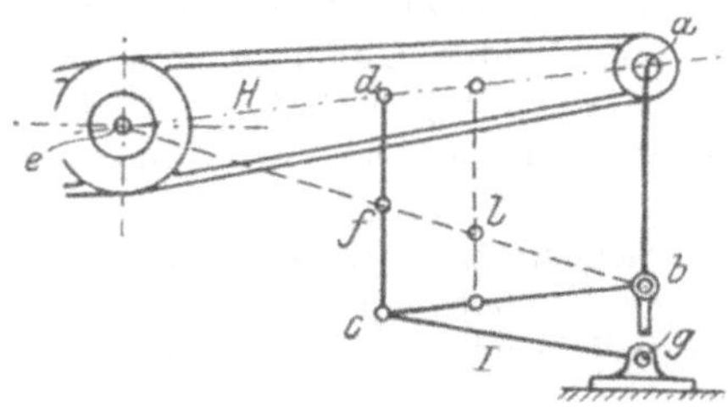

Fig. 299.

Macht man (wie es am häufigsten zu finden ist) in Fig. 299 $e\,d = a\,d$, ferner die Gelenkstange $c\,g = e\,d$, so beschreibt der Mittelpunkt der Stange $c\,d$ nahezu eine gerade Linie. Legt man nun an den Punkt a eine Stange $a\,b = c\,d$ und zwischen c und b eine Stange von der Länge $a\,d$, so beschreibt auch b, ebenso auch der Punkt l jeder zu $a\,b$ parallelen Stange, welcher auf der Verbindungslinie $e\,b$ liegt, nahezu eine Gerade.

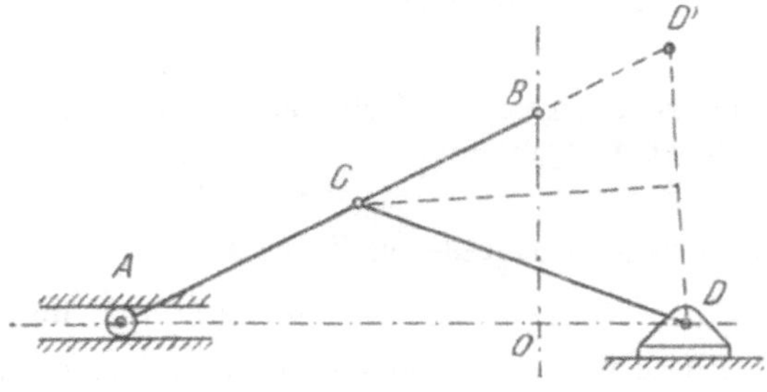

Fig. 300.

Fig. 300 zeigt den angenäherten Ellipsenlenker. Der Punkt A des Hauptlenkers AB ist geradlinig oder in einem flachen Kreisbogen geführt, der Punkt C aber an dem um D drehbaren Gegenlenker befestigt. D liegt auf der Geraden, auf welcher sich A bewegt. Der Punkt B beschreibt dann eine zu AD senkrechte Gerade, sofern die Punkte C und D so gewählt sind, daß C in der äußersten Stellung des Hauptlenkers senkrecht über der Mitte der Strecke DD_1 liegt. Den Punkt D_1 auf der Verlängerung von AB findet man, wenn man $BD_1 = OD$ macht.

VI.

Maschinenelemente zur Aufnahme und zur Fortleitung von Flüssigkeiten, Dämpfen und Gasen.

Zu diesen Maschinenelementen sind die Zylinder, die Rohre und die Absperrvorrichtungen: Ventile, Schieber und Hähne zu rechnen.

A. Zylinder.

Der Zylinder ist das Rohr, in welchem sich der Kolben bewegt.

Das Material, aus dem Zylinder hergestellt werden, ist in der Regel festes, dichtes Gußeisen, bei starken Pressungen Stahlguß, wo die chemischen Eigenschaften der Flüssigkeiten dies nötig machen, auch Bronze oder andere Legierungen. Schmiedeeisen und Stahl finden nur selten Verwendung.

Gegossene Zylinder werden am besten stehend gegossen, mit genügend hohem und starkem verlorenen Kopfe, damit die Wandstärke überall gleich stark und der Guß gleichmäßig dicht wird.

1. Zylinder für Pumpen und Pressen.

Die Wandstärke eines nicht auszubohrenden gußeisernen Zylinders muß nach Bach mit Rücksicht auf Herstellung und Aufstellung mindestens sein:

$$s = 0{,}02\,D + 10\text{ mm}$$

bei stehend gegossenen,

$$s = 0{,}025\,D + 12\text{ mm}$$

bei liegend gegossenen Zylindern, die eines auszubohrenden, stehend gegossenen Zylinders

$$s = 0{,}02\,D + 13\text{ mm},$$

eines liegend gegossenen Zylinders

$$s = 0{,}025\,D + 15\text{ mm}.$$

Diese Werte sind jedoch nur dann anzuwenden, wenn die Festigkeitsrechnung keine höhere Wandstärke ergibt.

Mit Rücksicht darauf, daß der Zylinder der Pressung der Flüssigkeiten oder Gase mit hinreichender Sicherheit widerstehen kann, hat man, wenn

R_a der äußere Radius,
R_i der innere Radius,
a ein Zuschlag ist,

nach C. v. Bach zu setzen.

Wenn der Zylinder einem inneren Überdruck p_i widerstehen soll:

$$R_a = R_i \sqrt{\frac{k_z + 0,4\,p_i}{k_z - 1,3\,p_i}} + a,$$

wenn der Zylinder einem äußeren Überdruck p_i widerstehen soll:

$$R_a = R_i \sqrt{\frac{k}{k - 1,7\,p_a}} + a.$$

Die zulässigen Spannungen kann man hier setzen:

für Pumpenzylinder

Gußeisen	$k_z \leqq 200$ kg/qcm	$k = 600$ kg/qcm
Stahlguß	$k_z \leqq 500$,,	$k = 900$,,

für Preßzylinder

Gußeisen und Bronze	$k_z = 300$	bis	600	kg/qcm
Phosphorbronze	500	,,	1000	,,
Stahlguß mindestens	1000	,,	1200	,,

(nach Angabe des liefernden Hüttenwerkes).

Schweißeisen (Quadrateisen, schraubenförmig um einen Zylinder gewunden und in Richtung der Achse zusammengeschweißt)

$$k_z = 900 \text{ bis } 1800 \text{ kg/qcm}.$$

Bei der Wahl von k_z nimmt man um so niedrigere Werte, je größer die auftretenden Stöße sind und je nachteiliger ein eventuell eintretender Bruch werden kann.

Den Zuschlag a nimmt man bei nicht auszubohrenden Zylindern 3 bis 6 mm, bei auszubohrenden Zylindern 8 bis 16 mm. Bei Preßzylindern mit großer Wandstärke kann man $a = 0$ setzen.

Die Wandstärke eines ebenen Zylinderdeckels nimmt man

$$s_1 \geqq R_1 \sqrt{\mu \frac{p}{k_b}},$$

wobei R_1 der Radius, gemessen bis Mitte der Deckelschrauben, p der innere oder äußere Überdruck, k_b die zulässige Biegungsspannung (etwa gleich den unteren Werten der oben gegebenen Zugspannungen) und μ ein Koeffizient ist, den man bei innerem Überdruck $= 1,2$, bei äußerem Überdruck $= 0,8$ setzt.

Ist der Deckel gewölbt oder durch Rippen verstärkt, so kann man s_1 natürlich kleiner wählen. Zu beachten ist ferner, daß der Abstand der Schrauben von der Dichtungsstelle möglichst klein wird, weil sonst der Deckel durch das Anziehen der Schrauben stark auf Biegung beansprucht wird.

Anzahl und Durchmesser der Schrauben kann, wie später bei den „Flanschenrohren" gegeben, gewählt werden.

Hohlzylinder, welche sehr großen inneren Überdruck auszuhalten haben, stellt man auch aus einem gußeisernen Zylinder mit aufgezogenen schmiedeeisernen Schrumpfringen her.

2. Dampfzylinder.

Das verwendete Material, meist Gußeisen, muß dicht sein, der Abnutzung durch Kolben und Schieber wegen eine gewisse Härte, der

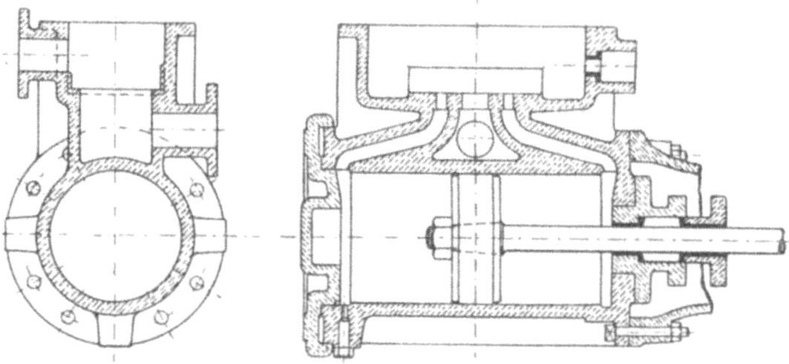

Fig. 301.

nicht zu vermeidenden Gußspannungen wegen aber auch eine gewisse Zähigkeit haben.

Die Berechnung der Wandstärke nach der Beanspruchung durch inneren Überdruck gibt hier zu geringe Werte, weshalb man die auch für ausgebohrte Pumpenzylinder geltenden Mindestmaße $s = 0{,}02\,D + 13$ mm für stehend gegossene, $s = 0{,}025\,D + 15$ mm für liegend gegossene Zylinder einhalten muß.

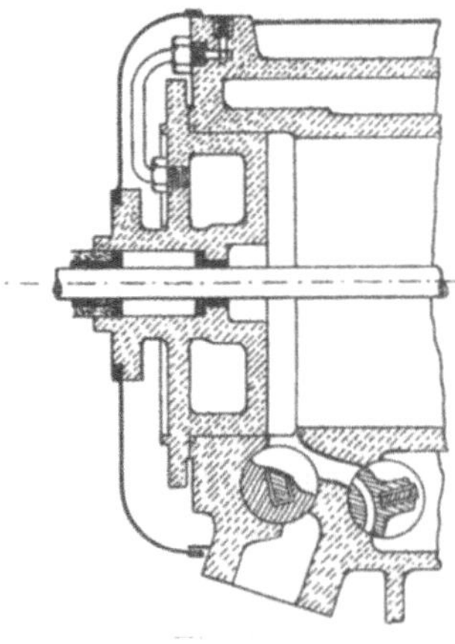

Fig. 302.

Die Zylinder stehender Maschinen, bei welchen keine Biegungsspannungen auftreten und die Abnutzung sich auf den ganzen Umfang gleichmäßig verteilt, und sehr kurze Zylinder können 10 bis 20% schwächer ausgeführt werden, sehr lange, liegende Zylinder erhalten, jedoch vielfach eine größere Wandstärke als die obigen Formeln ergeben.

An den Enden des Zylinders (Fig. 301 und 302) vergrößert man den Durchmesser, damit durch die Abnützung kein Ansatz erzeugt wird. Die Kolbenringe müssen in ihren äußersten Stellungen etwas in diese Erweiterung hineinragen, also über die eigentliche Zylinderbohrung vorstehen. Diese Erweiterung darf jedoch nicht unnötig groß gewählt werden, da sie den sog. schädlichen

Raum vergrößert. Aus demselben Grunde sind vorspringende Rippen an der Innenseite des Zylinderdeckels zu vermeiden und die Verschlußschrauben der Indikatorstutzen möglichst so lang zu machen, daß sie bis nahe an das Zylinderinnere reichen.

Der Zylinderdeckel wird entweder mit Öl und Schmirgel aufgeschliffen oder durch Zwischenlagen von Asbestpappe, Gummi, Pappe oder Leinwand mit Mennige gedichtet. Im ersteren Falle genügt eine Dichtungsfläche von 10 bis 20 mm, im letzteren Falle geschieht die Abdichtung wie bei den Flanschenröhren. Bei sorgfältig bearbeiteten mit Dichtungsnuten versehenen Flächen genügt auch schon steifer Mennigkitt.

Durchmesser und Anzahl der Deckelschrauben ist wie bei den Flanschenröhren zu wählen.

Die Dampfzylinder werden gewöhnlich mit einer Umhüllung von Blech oder Holz versehen, um die Wärmeausstrahlung zu verringern, es ist dann dafür Sorge zu tragen, daß die Deckelschrauben nicht zwischen Zylinder und Umhüllung fallen können.

Um den Deckel leichter lösen zu können, sind besonders bei größeren Zylindern mindestens drei Druckschrauben anzubringen.

Die Zylinderdeckel müssen abgenommen werden können, ohne daß andere Teile beseitigt werden müssen, außerdem muß für ausreichende Schmierung der Lauffläche sowie Ableitung des Kondenswassers Sorge getragen werden. Die Dampfkanäle sollen deshalb, wenn möglich, bis zur tiefsten Stelle des Zylinders reichen, ist dies nicht möglich, sind Sicherheitsventile anzuordnen.

Um eine zu starke Abkühlung des Dampfes zu vermeiden, werden die Dampfzylinder mit einem Dampfmantel versehen, der mit Frischdampf geheizt wird. Diese Heizung erstreckt sich vorteilhaft auch auf die Zylinderböden und Zylinderdeckel (Fig. 302).

Der Dampfmantel wird entweder mit dem Zylinder aus einem Stück gegossen und an der Stirnseite, die zum Zwecke der Entfernung des Kernes, wenigstens zum Teil, offen sein muß, durch den Zylinderdeckel oder einen schwach konischen Ring aus weichem Eisen oder Kupfer, welcher sorgfältig verstemmt wird, verschlossen, oder der Dampfmantel bildet ein Stück für sich, welches über den Zylinder geschoben und mit Eisenkitt, Kupferringen oder Hanf an den Stirnflächen gedichtet wird.

Beim Entwurf der aus einem Stück bestehenden Zylinder und Zylinderköpfe mit Wassermantel ist besonders auf Erzielung spannungsfreien Gusses und gleichmäßige Kühlung aller Teile Rücksicht zu nehmen. Man wird also zweckmäßig den Wassermantel in der Mitte aufschneiden und durch einen Blechring schließen, Zylinderköpfe am Stopfbüchsenhals offen und durch einen besonderen Deckel verschließbar herstellen, Bohrungen gleichmäßig verteilen, unvermittelte Verstärkungen an einzelnen Stellen möglichst vermeiden usw. Wassermanteldeckel baut man zweckmäßig mit Griff ein, da sonst die Verschmutzung die spätere Entfernung erschwert.

Bei der Konstruktion des Dampfmantels ist vor allem darauf zu achten, daß der Dampf aus ihm nicht in das Innere des Zylinders gelangen kann und daß das im Dampfmantel sich bildende Kondenswasser abgeleitet werden kann. Bei Zylindern für hochüberhitzten Dampf ist auf die Wärmeausdehnung besonders Rücksicht zu nehmen, bei Zylindern für Verbrennungsmotoren auf die erforderliche Kühlung und die dabei auftretenden großen Temperaturunterschiede.

Schieberkasten und Schieberkastendeckel.

Die Wandungen des Schieberkastens und der Schieberkastendeckel sind als ebene Platten, welche durch den Überdruck p beansprucht werden, zu berechnen. Ist a die lange, b die kurze Seite, so wird die Stärke s nach C. v. Bach berechnet nach der Formel

$$s \geqq \frac{b}{2}\sqrt{\mu \frac{2}{1+\left(\frac{b}{a}\right)^2} \frac{p}{k_b}},$$

wobei man $\mu = {}^3/_4$ bis ${}^9/_8$ setzt, je nach der Befestigung des Deckels. Der erste Wert gilt für eine am Rande fest eingespannte, der andere für eine frei aufliegende Platte.

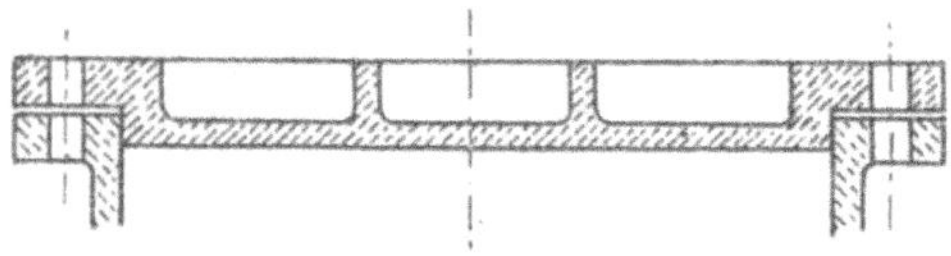

Fig. 303.

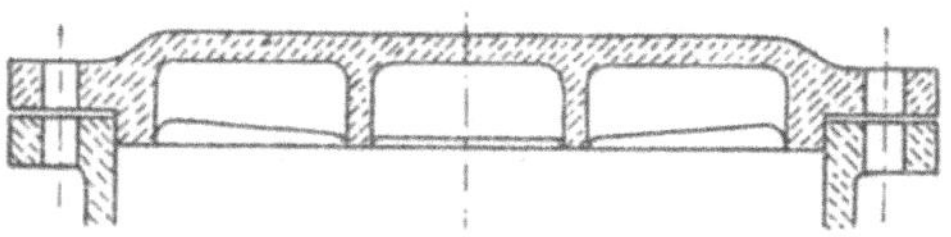

Fig. 304.

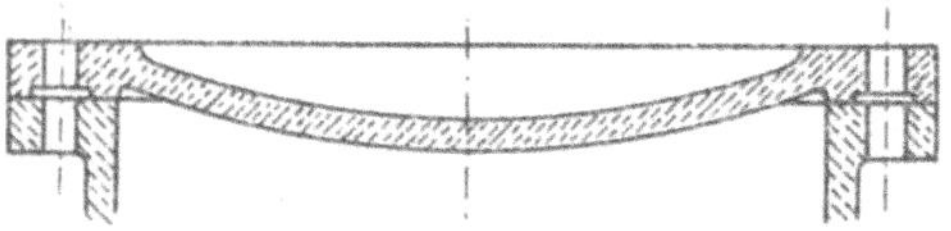

Fig. 305.

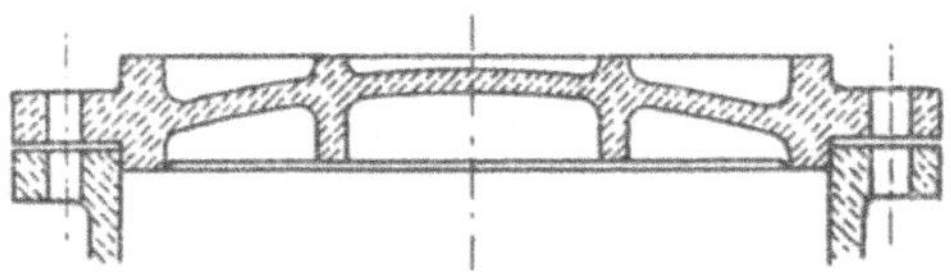

Fig. 306.

Bei der Wahl von k_b hat man zu berücksichtigen, daß die inneren Schichten des Materials eine höhere Temperatur haben als die äußeren und daß dadurch schon Materialspannungen hervorgerufen werden, welche die vom Überdruck p herrührenden Spannnugen vergrößern. Man wählt deshalb k_b höchstens 200 bis 250 kg. Ordnet man, um eine größere Widerstandsfähigkeit zu erzielen, Rippen an, so sollen diese, da bei Gußeisen die Druckfestigkeit größer als die Zugfestigkeit ist, stets an der auf Druck beanspruchten Seite, also innen, liegen. Schieberkastendeckel nach Art der Fig. 303 sind deshalb zu verwerfen, die Konstruktion Fig. 304 ist schon besser, noch vorteilhafter sind gewölbte Deckel (Fig. 305 und 306). Bei hohen Pressungen und großen Abmessungen wendet man an Stelle des Gußeisens besser zähen Stahlguß oder geschmiedete Deckel an.

Bei Deckeln, die durch Rippen in einzelne Felder zerlegt werden, oder kastenförmigen hohlen Deckeln muß natürlich die einzelne Fläche der Berechnung der Wandstärke zugrunde gelegt werden, insbesondere ist darauf zu achten, daß der Anschluß der Flanschen genügend stark ist und daß bei hohlgegossenen Deckeln die Putzlöcher so angeordnet werden, daß sie die Festigkeit möglichst wenig verringern.

Was die Deckelschrauben betrifft, so ist zu beachten, daß sich bei elliptischen und rechteckigen Deckeln die Kraft nicht wie bei den runden Deckeln gleichmäßig über alle Schrauben verteilt. Man kann die auf die am stärksten beanspruchte Schraube entfallende Zugkraft, wenn Q die gesamte Pressung auf die Fläche,

$$Q = F \cdot p,$$

t die Schraubenteilung und e der kleinste Abstand der Schraube vom Schwerpunkte der Fläche ist, nach der Abelschen Formel

$$P = \frac{Q \cdot t}{2 \pi e}$$

berechnen. Den Kerndurchmesser der Schraube findet man dann, gute Beschaffenheit derselben und des Dichtungsmaterials vorausgesetzt, aus der Formel

$$d_1 = 0{,}045 \sqrt{P} + 0{,}5 \text{ cm}.$$

Im übrigen kann man sich auch hier nach dem unter „Flanschenrohre" Angegebenen richten.

B. Rohre und Rohrverbindungen.

Rohre werden gefertigt aus Gußeisen, Schweiß- oder Flußeisen, Stahl, Kupfer, Messing und anderen Legierungen, Blei, Zinn, Holz, Asphalt- oder Teerpappe, Stein, Zement, Steinzeug usw. Eine besondere Art von Rohren bilden die Schläuche.

Hier können nur die Metallrohre behandelt werden.

Nach der Art ihrer Verbindung unterscheidet man Flanschenrohre und Muffenrohre.

1. Gußeisenrohre.

Stehend gegossene Rohre sind dichter (da die sich beim Gießen entwickelnden Gase besser entweichen können), ferner gleichmäßiger in der Wandstärke und haben keine Gußnaht. Bei liegend gegossenen Rohren müssen Kernstützen angewandt werden, welche vielfach undichte Stellen verursachen.

Ist p_i der innere Überdruck, dem das Rohr widerstehen soll, r_i der innere Halbmesser, so macht man den äußeren Halbmesser

$$r_a = r_i \sqrt{\frac{k_z + 0{,}4\, p_i}{k_z - 1{,}3\, p_i}} + 0{,}7 \text{ cm},$$

wobei man k_z möglichst nicht höher als 200 kg/qcm annimmt.

Bei liegend gegossenen Rohren nimmt man die Wandstärke möglichst noch höher.

Mit Rücksicht auf die Herstellung muß jedoch die Wandstärke mindestens sein

$$s = \frac{D}{60} + 7 \text{ mm für stehend gegossene Rohre,}$$

$$s = \frac{D}{50} + 9 \text{ mm für liegend gegossene Rohre.}$$

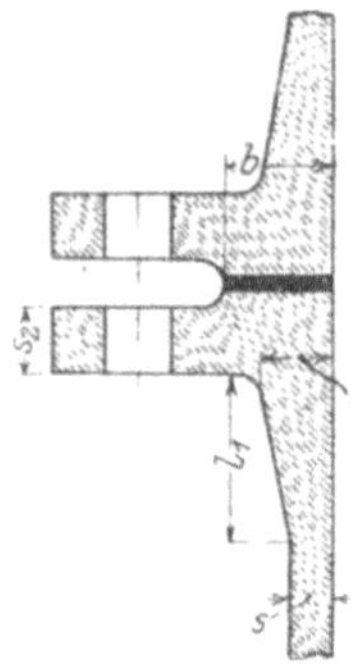

Fig. 307.

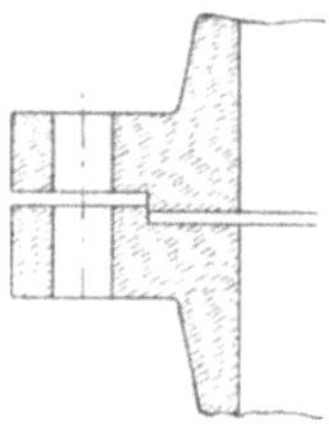
Fig. 308.

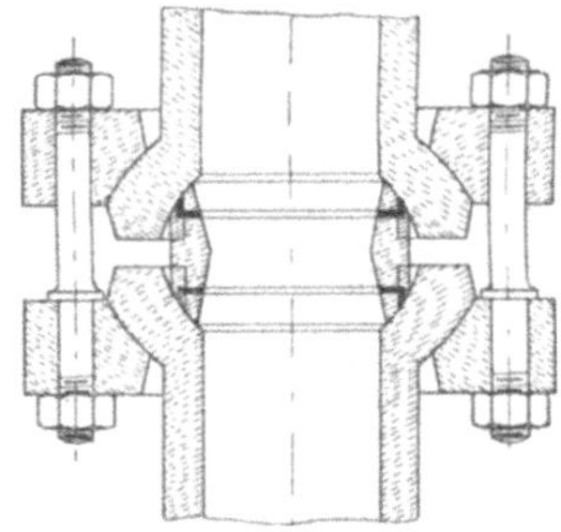
Fig. 312.

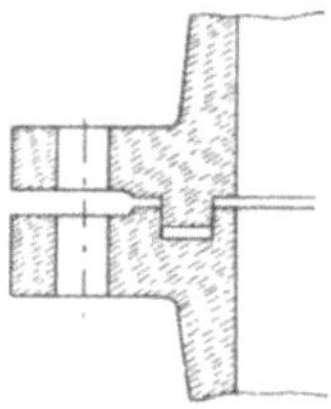
Fig. 309.

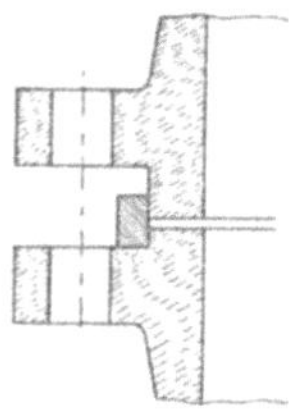
Fig. 310.

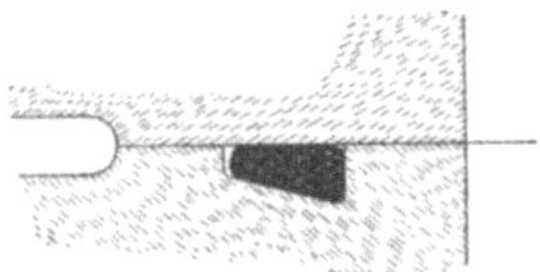
Fig. 311.

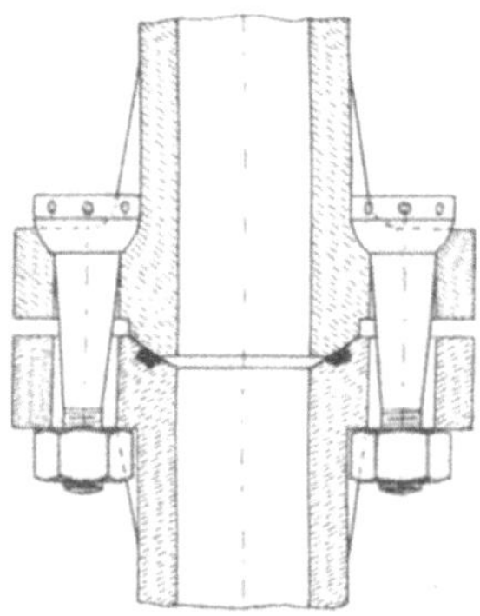
Fig. 313.

Rohre, welche einen Druck von weniger als 10 Atm. auszuhalten haben, können direkt nach den letzten Formeln berechnet werden. Ist die Rohrleitung erheblichen Temperaturschwankungen, chemischen Einflüssen oder Stößen ausgesetzt, kann man die Wandstärke von Rohren über 100 mm Durchmesser um 12 bis 25% größer nehmen, Leitungen für Gase von geringem Druck können jedoch schwächer genommen werden.

Flanschenrohre. (Fig. 307 bis 313.) Die Rohrenden sind mit angegossenen Flanschen versehen, deren Stirnflächen bearbeitet und durch Schrauben unter Zwischenlegen von Dichtungsmaterial zusammengepreßt werden. Gewöhnlich bearbeitet man nicht die ganze Stirnfläche, sondern nur eine Arbeitsleiste (b, Fig. 307). Damit das Dichtungsmaterial nicht zwischen den Flächen herausgepreßt wird, dreht man 2 oder 3 Nuten in die Dichtungsflächen ein. Bei größeren Pressungen verwendet man Flanschen nach Fig. 308; um ein Herauspressen des Dichtungsmateriales nach innen zu verhüten Flanschen nach Fig. 309. Die Konstruktion Fig. 308 erschwert das Auseinandernehmen längerer Rohrleitungen, weil der Ansatz des einen Rohres in das andere eingreift, was bei der Konstruktion Fig. 310 (verschiebbarer Ring, D.R.P. 76 736) vermieden wird. Fig. 311 zeigt eine Dichtung mit rundem Gummiring von Haniel & Lueg, Fig. 312 und 313 zwei Rohrverbindungen (D.R.P.) von C. Hoppe, welche größere Abweichungen in der Richtung der Rohrachsen zulassen. D. I.-N. 376 gibt die Flanschübergänge.

Als Dichtungsmaterialien finden Verwendung Scheiben aus Blei, Asbestpappe, Pappe mit Mennige, Gummi (gewöhnlich mit Einlagen von Hanf oder feinem Drahtgeflecht), gewellte Metallringe mit und ohne Einlage, Bindfaden mit Mennigkitt, verschiedene Kunststoffe, Silcurit und dergleichen. Röhren, welche hohen Temperaturen ausgesetzt sind, sollen nur mit Asbest oder Metall gedichtet werden. Die Stärke der Dichtungsscheiben soll 2 mm möglichst nicht überschreiten.

Die Anzahl der Flanschenschrauben soll eine gerade und nicht kleiner als 4 sein, die Entfernung zweier Schrauben höchstens 160 mm.

Die Kraft, welche die Schrauben beansprucht, ist, wenn D der innere Rohrdurchmesser, b die Breite der Arbeitsleiste (Fig. 307), welche man zunächst schätzungsweise einsetzt,

$$P = \frac{(D + b)^2 \pi}{4} \cdot p_i .$$

Dividiert man diese Kraft durch die Anzahl der Schrauben, so erhält man die Belastung für eine Schraube und kann nun den Durchmesser nach den unter „Schraubenverbindungen" gegebenen Formeln berechnen, wobei man berücksichtigen muß, daß besonders schwächere Schrauben durch übermäßiges Anziehen und Nachziehen während des Betriebes oft weit stärker beansprucht werden als dem Überdruck p_i entspricht. Aus diesem Grunde sollen auch Schrauben unter $^1/_2''$ Durchmesser möglichst nicht verwendet werden.

In gleicher Weise wie die Flanschenschrauben für Rohre sind auch die Flanschenschrauben für Dampf und Pumpenzylinder zu berechnen. Man kann, wenn D der innere Durchmesser des Rohres oder Zylinders ist, die Anzahl i der Schrauben nach folgender Tabelle wählen:

$D =$	40—125;	150—225;	250—300;	325—400;	425—500 mm;
$i \geqq$	4	6	8	10	12

$D =$	550;	600;	650—700;	750—800;	900;	1000 mm.
$i \geqq$	14	16	18	20	22	24

Die Abmessungen der Flanschen kann man nach Fig. 307 wie folgt wählen: $s_1 = d$; $l_1 = 5\ (s_1 - s)$; $s_2 = 1{,}25\,d$ (evtl. auf Biegung zu berechnen); $b = 1{,}25$ bis $1{,}5\,d$. Abstand der Schraubenmutter von der Rohrwand und dem Flanschenrand $0{,}25\,d$. (d = Schraubendurchmesser.) Siehe auch Tabelle 17 im Anhang.

Muffenrohre. Fig. 314 zeigt ein Muffenrohr gewöhnlicher Art. Die Abdichtung geschieht, nachdem das Rohrende auf dem Grunde der Muffe aufgesetzt ist, durch Einschlagen eines geteerten Hanfseiles und Vergießen mit Blei, welches nach dem Erkalten noch verstemmt wird. Diese Abdichtung gestattet eine gewisse Beweglichkeit. Größere Beweglichkeit gestattet die Muffendichtung Fig. 315.

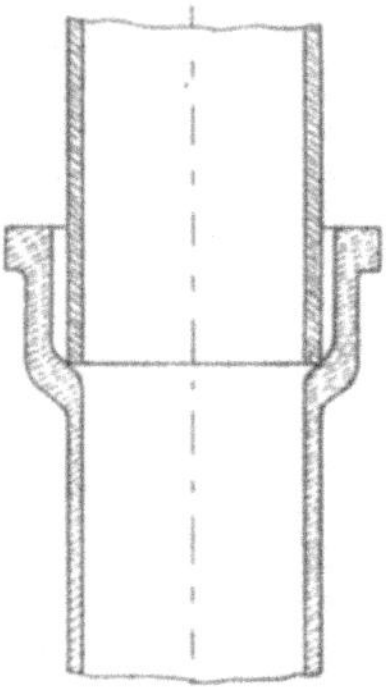
Fig. 314.

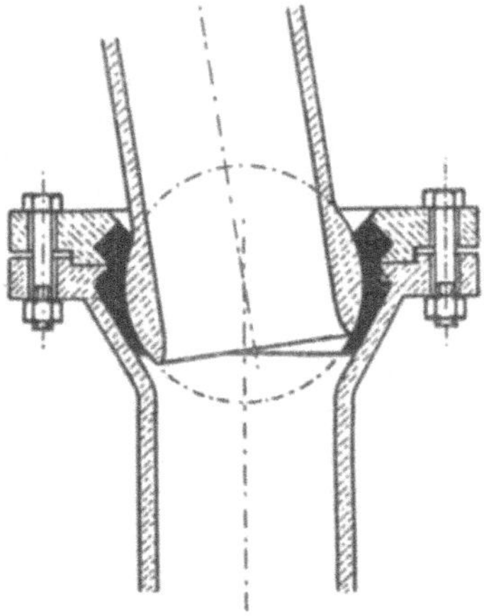
Fig. 315.

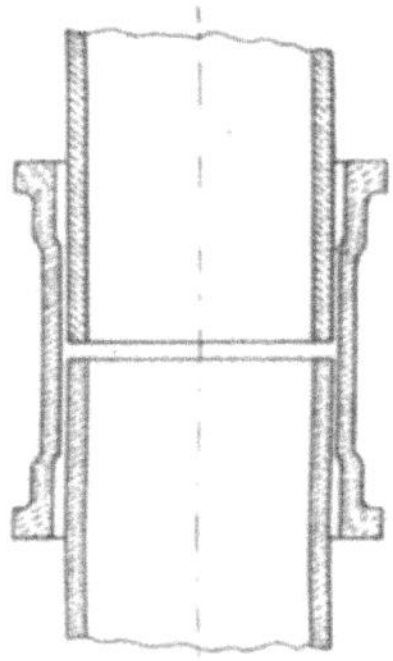
Fig. 316.

Fig. 316 zeigt eine Überschiebungsmuffe für zylindrische Rohre, geteilte Muffen dieser Art können auch zum Ausbessern gebrochener Rohre verwendet werden.

Die Rohre sind möglichst auf gewachsenen Boden zu legen und gut zu unterstopfen.

Muffenrohre werden für Gas- und Wasserleitungen verwendet, für Dampfleitungen fast gar nicht. Um sie gegen Rost zu schützen, werden sie auf 100 bis 150° erwärmt und längere Zeit in heißen Asphalt oder Teer getaucht. Die Rohrenden und Innenseiten der Muffen, die keinen Überzug erhalten sollen, bestreicht man vorher mit Kalkmilch.

Rohre von größerer Weite kann man durch aufgezogene Schrumpfringe in Abständen von etwa 0,5 m versteifen, muß jedoch an den Stellen, wo die Schrumpfringe aufgezogen werden sollen, die Rohrwandung etwas verstärken. Die Muffen werden dann natürlich auch durch einen Schrumpfring versteift.

Bei Rohrleitungen für tropfbare Flüssigkeiten sollen Richtungsänderungen immer allmählich erfolgen. Für die für Richtungsänderungen und Abzweige erforderlichen Formstücke haben der Verein Deutscher

Ingenieure und der Verein der Gas- und Wasserfachmänner Normalien aufgestellt.

Im übrigen sei auf die im Anhang Tabelle 18 aufgeführten deutschen Rohr-Normalien verwiesen.

2. Schmiedeeisen- und Stahlrohre.

Rohre aus Schweißeisen, Flußeisen und Stahl können genietet, geschweißt, hart gelötet oder nahtlos gewalzt werden.

Die Berechnung dieser, wie aller dünnwandigen Rohre gegen inneren Überdruck kann nach der Formel

$$s = \frac{D \cdot p}{2\,k_z}$$

erfolgen, wobei

s die Blechdicke in Zentimeter,
D der innere Durchmesser in Zentimeter,
p der innere Überdruck in Kilogramm pro Quadratzentimeter und
k_z die zulässige Zugspannung

ist.

Der geringeren Festigkeit der Niet- oder Lötnaht, wie zusätzlichen Beanspruchungen infolge Durchbiegung durch Eigengewicht usw. ist natürlich Rechnung zu tragen.

Genietete Rohre. Sie finden Verwendung für Windleitungen, Wasserleitungen für Turbinen, Flußübergänge usw.

Ist das Rohr beansprucht durch inneren Überdruck, so kann man es nach der S. 30 (unter Dampfkesselnietungen) gegebenen Formel (alles in Millimeter) berechnen:

$$s = \frac{D\,p \cdot x}{200\,K\,\varphi}\,.$$

Ist es durch äußeren Überdruck beansprucht, nach der unter „Flammrohre" S. 266 gegebenen Formel.

Bei diesen Wandstärken sind jedoch die Beanspruchungen des Rohres durch äußere Belastungen und bei großer freier Länge durch das Eigengewicht nicht berücksichtigt.

Die Verbindung der einzelnen Rohre geschieht vermittelst Schrauben durch an den Rohrenden aufgenietete Winkeleisen oder Stahlgußflanschen. Der schrägen Form des Winkeleisens wegen sind keilförmige Unterlagsscheiben zu verwenden. Damit die Biegungsbeanspruchung der Schenkel des Winkeleisens nicht zu groß wird, rückt man die Schrauben so weit nach innen, als es das Anziehen der Mutter gestattet. Die Dichtung soll nur innerhalb der Schrauben liegen.

Wenn die Schrauben nicht weiter als etwa 160 mm voneinander entfernt sind, so kann man die Schenkeldicke des Winkeleisens gleich dem 1,25fachen der Schraubenstärke nehmen, die wie bei gußeisernen Rohren berechnet werden kann.

Geschweißte Rohre. Die Kanten der Streifen, aus denen die geschweißten Rohre hergestellt werden, sind entweder stumpf gegeneinandergestoßen oder abgeschrägt und überlappt. Die letzteren Rohre sind natürlich fester als die ersteren.

Geschweißte Rohre finden Verwendung als Siederohre (überlappt geschweißt, auf Wunsch an den Enden erweitert oder verengt, oder mit angelötetem Kupferstutzen versehen, übliche Länge 4 bis 5 m), Gasrohre (stumpfgeschweißt in Lichtweiten von $^1/_8$ bis 4″ engl. siehe Tabelle 3 im Anhang), Rohre für Heißwasserheizungen (Perkinsrohre, $^5/_8$″ und $^7/_8$″ Lichtweite, 4,5 mm Wandstärke), Turbinenrohre und Rohre für hohen Druck (Manometer, hydraulische Pressen usw.).

Eine besondere Art geschweißter Rohre sind die spiralgeschweißten Rohre der Rheinischen Metallwaren- und Maschinenfabrik in Düsseldorf.

Die Verbindung der Siederohre, wie sie zu Dampfleitungen usw. verwendet werden, geschieht mittels aufgeschweißter Bunde, die mit glatten Flächen gegeneinanderstoßen (Fig. 317) oder ineinandergreifen

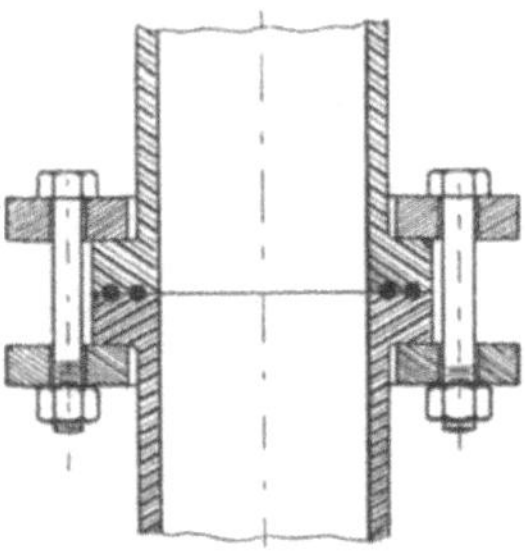
Fig. 317.

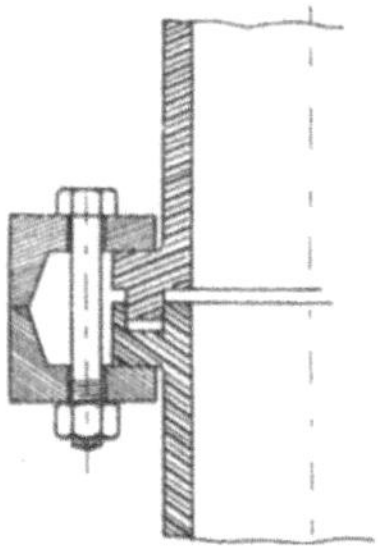
Fig. 318.

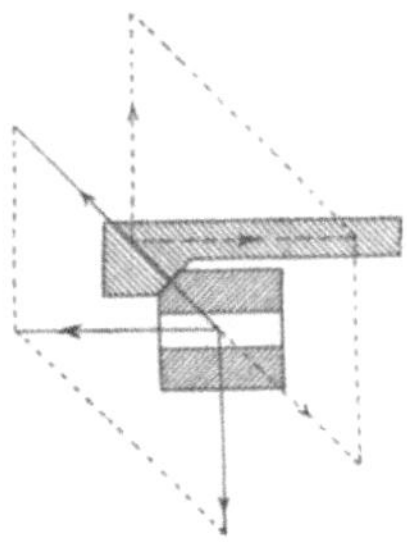
Fig. 319.

(Fig. 318), und mittels loser Flanschen, die, falls man nicht eine Konstruktion wie Fig. 318 wählt, nicht zu schwach genommen werden dürfen. Auch durch feste, aufgelötete oder aufgeschraubte, auch mit Nuten aufgewalzte Flanschen werden Rohrverbindungen hergestellt, endlich auch durch Umbördeln nach Fig. 327.

Fig. 320 zeigt eine Rohrverbindung für hohen Druck, ausgeführt von den Deutsch-Österreichischen Mannesmann-Röhrenwerken.

Die vom Verein Deutscher Ingenieure aufgestellten Normalien zu Rohrleitungen für hochgespannten Dampf schreiben eine Abschrägung der losen Flansche und der Bordkante nach Fig. 319 vor (45°), wodurch die Biegungsanstrengung der Flansche und des Bordringes geringer ausfällt.

Fig. 321 zeigt eine besonders für Pumpen, die ihren Aufstellungsort oft wechseln, angewandte Rohrverbindung, welche sich leicht lösen läßt. Der obere Gewindegang ist etwas vernietet, damit die Mutter nicht verloren gehen kann, die Flanschen sind mit Zwischenlagen von Dichtungsmaterial aufgenietet, die Abdichtung erfolgt durch einen Gummiring.

Die Befestigung der Rohrenden in Wandungen kann geschehen mittels eingeschliffenen Kegels (Fig. 322), durch Einschrauben, Auftreiben und Vernieten, durch Aufwalzen mit der Rohrdichtmaschine (Fig. 323) oder mittels Stopfbüchse (Fig. 324 und 325).

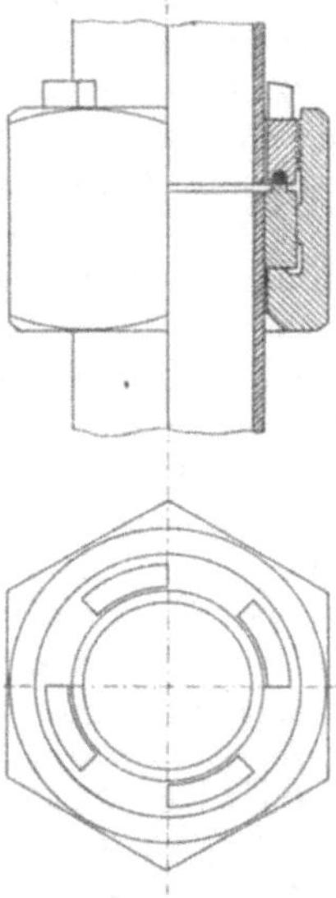
Fig. 320.

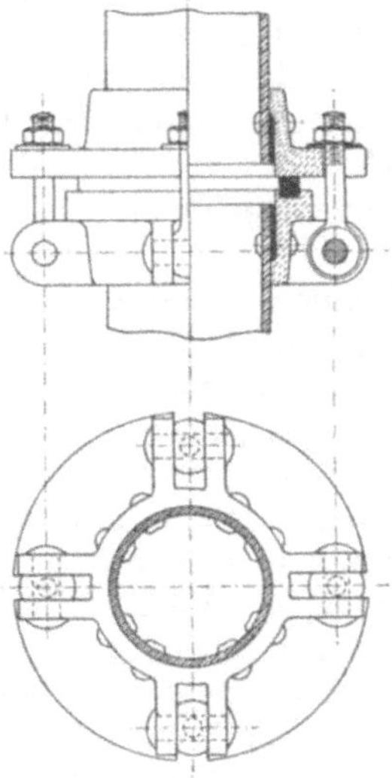
Fig. 321.

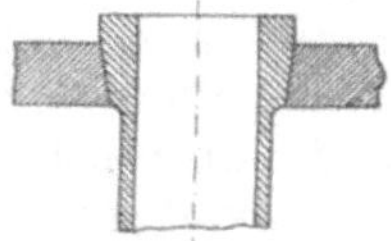
Fig. 322.

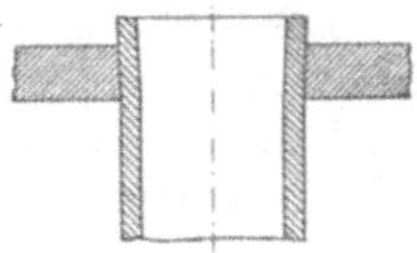
Fig. 323.

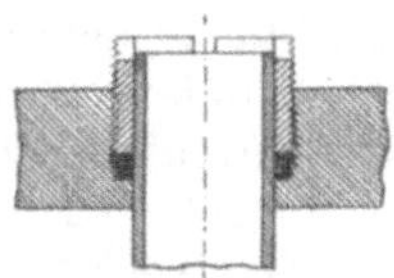
Fig. 324.

Um die Rohre zu biegen, erhitzt man sie und füllt sie mit Sand, kleinere Rohre auch mit Blei.

Die Gasröhren sind an den Enden mit Gewinde versehen (Tabelle 3 im Anhang) und werden durch übergeschraubte Muffen verbunden. Für Krümmungen, Abzweigungen, Übergang eines stärkeren Rohres in ein schwächeres, Verschluß eines Rohres usw. hat man besondere Formstücke.

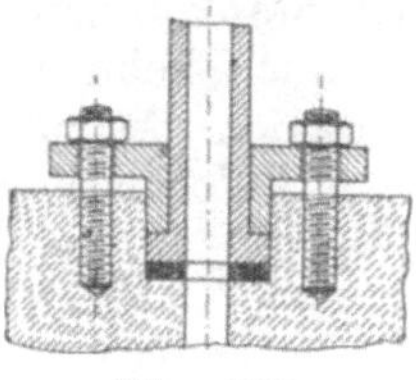
Fig. 325.

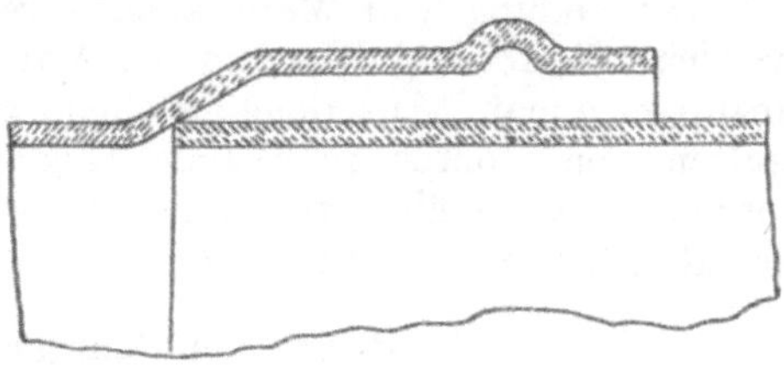
Fig. 326.

Für Wasserleitungen finden die Gasrohre und ihre Verbindungsstücke auch in verzinktem Zustande Verwendung.

Das Blechwalzwerk von Schulz-Knaudt, Essen, stellt Rohre von 500 mm und mehr innerem Durchmesser her; da diese weder genau gleich weit noch genau rund herzustellen sind, muß man eine Muffenverbindung nach Fig. 326 anwenden.

Gelötete Rohre, hart gelötet, werden zu Dampfheizungen u. dgl. verwendet.

Nahtlose Rohre. Diese werden nach dem Walzverfahren von Mannesmann (Deutsch-Österreichische Mannesmann-Röhrenwerke) oder nach dem Loch- und Ausziehverfahren von Ehrhardt (Rheinische Metallwaren- und Maschinenfabrik, Düsseldorf) hergestellt und finden Verwendung als Siederohre für Dampfkessel, Heizrohre, Dampfleitungen und namentlich Hochdruckleitungen, für die die anderen Röhren nicht fest genug sind. Zu letzterem Zwecke werden sie, wie die Gußeisenrohre, mit Muffen geliefert.

Auch Leitungsmaste, Lagerbüchsen usw. werden aus nahtlosen Rohren hergestellt.

Die Rohrflanschen können, wie schon gesagt wurde, aufgeschraubt, aufgenietet (wobei auf gutes Anliegen und sorgfältiges Verstemmen auch der inneren Nietköpfe zu achten ist), aufgelötet, aufgeschweißt oder aufgewalzt werden. Hierbei wird das Rohr mit einer besonderen Vorrichtung durch Aufweiten in die etwas konische Flanschenbohrung, die, um eine größere Anlagefläche zu erzielen, mit eingedrehten Rillen und feinem Gewinde versehen werden kann, eingewalzt. Da Gußeisen bei Hochdruckrohrleitungen als Material für die Flanschen unzulässig ist, schmiedeeiserne Flansche aber vielfach aus minderwertigem Material, z. B. Abfallblechen, gestanzt wurden, vor den bewährten durch Pressen oder Schmieden aus Siemens-Martin-Stahl hergestellten Flanschen das Gießverfahren aber Vorteile bietet, sind im Kgl. Materialprüfungsamt Versuche mit aufgewalzten Stahlflanschen gemacht worden, die ergeben haben, daß die aufgewalzten Stahlgußflanschen gegenüber Flußeisenflanschen einen größeren Haftwiderstand aufwiesen und die Wandungen der Verbindungsrohre in die Profilierung der Flanschbohrung der Stahlgußflanschen inniger verwalzt wurden, als dies bei Flußeisenflanschen unter gleichen Bedingungen der Walzarbeit der Fall war. Es ist dies damit zu erklären, daß zwei miteinander verwalzte Materialien gleicher Härte aufeinander deformierend wirken, während bei Verwendung von Materialien verschiedener Härte sich nur das weichere Rohr dem härteren als Matrize wirkenden Stahlgußflansch anzupassen hat. Aus dem gleichen Grunde müssen auch beim Einwalzen von Rohren in Wände (Fig. 323) die Rohrenden besonders sorgfältig ausgeglüht bzw. weich gemacht werden, um Deformationen der Rohrlöcher zu vermeiden.

3. Rohre von Kupfer und Messing.

Kupfer- und Messingrohre (Tabelle 19 im Anhang) werden entweder hart gelötet oder nahtlos gewalzt oder gezogen, Kupferrohre auch auf elektrolytischem Wege hergestellt.

Der mittlere Radius der Krümmungen solcher Rohre soll mindestens gleich dem 2- bis 3fachen Rohrdurchmesser, bei weiteren Rohren gleich dem 4- bis 5fachen Rohrdurchmesser sein. Um die Rohre zu biegen, gießt man sie mit Pech aus.

Bei der Verwendung von Kupfer- und Messingrohren muß man berücksichtigen, daß die Festigkeit bei höherer Temperatur wesentlich abnimmt, weshalb die Kaiserliche Marine als Höchstbeanspruchung der Kupferrohre 200 kg/qcm vorschrieb.

Ferner sind nach den Bestimmungen der Kaiserlichen Marine gelötete Rohre für höhere Dampfspannungen auszuschließen, zu verwenden sind entweder gezogene oder mit Doppellaschennietnaht aus Kupferblech hergestellte Rohre. Zur größeren Sicherheit werden Rohre von 125 mm lichter Weite und darüber für Dampf von mehr als 8 Atm. Spannung mit verzinktem Stahldrahttau dicht umwickelt, doch ist die Festigkeit dieser Umwickelung bei der Berechnung nicht in Betracht zu ziehen.

Die Wandstärken sind nach folgenden Formeln zu berechnen, wobei s und D in Millimeter, p in Atmosphären einzusetzen sind:

$$s = \frac{p\,D}{400} + 1{,}5 \text{ für Rohre bis 100 mm Durchmesser,}$$

$$s = \frac{p\,D}{400} \text{ für Rohre von 125 mm Durchmesser und darüber.}$$

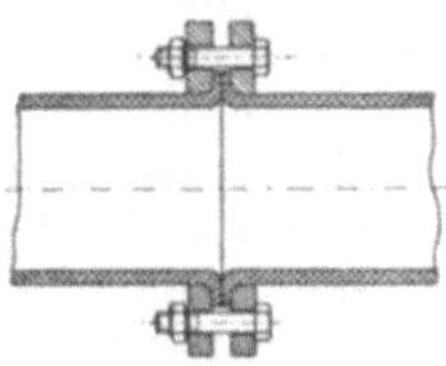
Fig. 327.

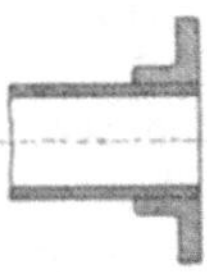
Fig. 328.

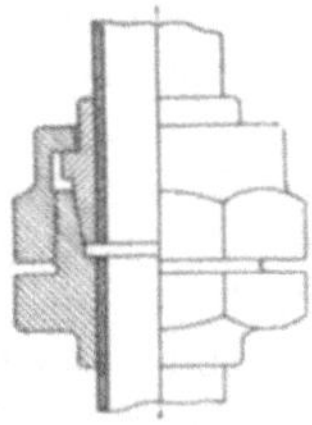
Fig. 329.

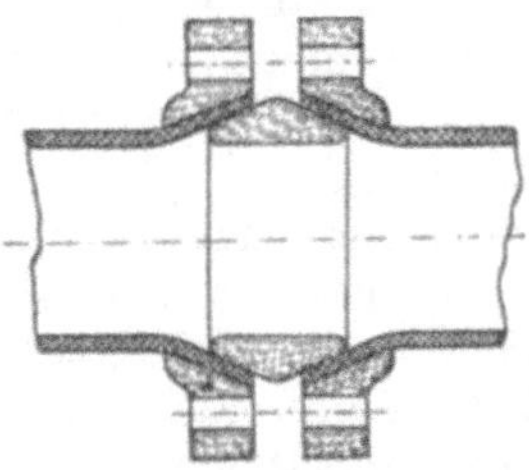
Fig. 330.

Die Verbindung der Kupferröhren erfolgt entweder durch Umbördeln des Randes und schmiedeeiserne Flanschen (Fig. 327) oder durch aufgelötete Bronzeflanschen (Fig. 328). Außerdem hat man verschiedene Rohrkupplungen nach Art der Fig. 329 und 330 (letztere von Gebr. Sulzer, Winterthur). Kupferne Dampfleitungen von 120 mm innerem Durchmesser aufwärts sind mit aufgenieteten, nicht aufgelöteten, Flanschen zu versehen.

4. Rohre von Blei oder Zinn.

Rohre von Blei und Zinn haben den Vorteil, sich leicht biegen zu lassen. Man hat zu unterscheiden: Weichbleirohre, Hartbleirohre (Zusatz von 10 bis 15% Antimonblei, wodurch größere Festigkeit und Elastizität erzielt wird, Verwendung besonders für Dampfleitungszwecke), Zinnrohre und Zinnrohre mit Bleimantel (Wasserleitungen). Bei Verwendung von Bleirohren für Wasserleitungen soll durch Behandlung der Innenfläche mit Schwefelnatrium die Auflösung des Bleies verhindert werden.

Die Verbindung solcher Rohre geschieht durch Auftreiben des einen Rohrendes, Ineinanderschieben und Verlöten mit Zinn oder durch Muffen, ähnlich wie Fig. 330.

Die Firma Felten & Guilleaume liefert Rohre aus weichem Metall mit Drahtumhüllung.

5. Andere biegsame Rohre.

Hier sind zu nennen die nahtlosen, aus Messing hergestellten Wellrohre der Deutschen Waffen- und Munitionsfabrik in Karlsruhe und die Metallschläuche der Metallschlauchfabrik Pforzheim u. a., ferner die patentarmierten Rohre der Felten & Guilleaume A.-G., Carlswerk in Mülheim a. Rh.

Man unterscheidet in der Hauptsache die gewickelten und die geschweißten Schläuche. Für die Streifen der gewickelten Schläuche kommen verschiedene Profile in Anwendung, ebenso verwendet man verschiedene Einlagen als Dichtungsmittel. Auch Doppelschläuche mit innerer linksgängiger und äußerer rechtsgängiger Wicklung kommen in Anwendung, schließlich erhalten die Schläuche noch verschiedene Schutzüberzüge durch Drahtgeflecht, Umspinnung usw. Angewendet wurden solche Metallschläuche zuerst für Leuchtgas, heute aber auch für Wasser (Pumpen, Feuerspritzen, Garten- und Straßensprenger, Warmwasserbereiter), für Dampf, Druckluft und Druckwasser, Desinfektionsapparate, Haartrockenapparate, Luftheizkörper, Vakuumreiniger, Span- und Staubabsaugeleitungen für Holzbearbeitungs- und Schleifmaschinen, Schachtwetterleitungen, Sprachrohre und Signalhupen, Petroleum-, Spiritus-, Öl- usw. Leitungen. Sonderkonstruktionen, wie der doppelt gewickelte Schlauch und Schläuche mit Drahtbewehrung widerstehen hohen Drücken von hunderten von Atmosphären. Neuere Konstruktionen bieten auch Sicherheit gegen Aufdrehen.

Immerhin bildet die Dichtung eine schwache Stelle des gewickelten Schlauches, der ohne Liderung dichte geschweißte Schlauch bildet deshalb einen bedeutenden Fortschritt. Er entspricht einem spiralgeschweißten Rohr, ist aber infolge wellenförmiger Profilierung des Bandes biegsam. Bei besonders starker Ausführung, mehrfacher Drahtumflechtung und Verstärkung durch einen darübergewickelten gewöhnlichen Metallschlauch, läßt sich der Arbeitsdruck bei 50 mm Durchmesser auf 150 und bei 200 mm Durchmesser noch auf 50 Atm. steigern, obwohl die Wandstärken des Schlauches nur zwischen 0,6 und 2,8 mm schwanken. Die Metallschlauchfabrik Pforzheim hat solche Schläuche bis 2,7 m inneren Durchmesser hergestellt. Ein großes Anwendungsgebiet hat der Metallschlauch auch im Eisenbahnwesen.

Zur Verbindung der Schläuche hat man besondere Schlauchkupplungen konstruiert.

Die Herstellung der gewickelten Schläuche zerfällt in das Walzen der Bänder zur Erzielung des erforderlichen Profils, das schraubenförmige Aufwickeln und Einlegen des Dichtungsmittels und das Umspinnen oder Umflechten. Die Herstellung der geschweißten Schläuche beginnt gleichfalls mit dem Walzen des profilierten Bandes und entspricht, wie schon gesagt wurde, dann der Herstellung spiralgeschweißter Rohre. Nach einem anderen Verfahren werden in einem nahtlosen Rohre die Wellen durch Verwinden erzeugt.

6. Rohrleitungen für Dampf von hoher Spannung

sind nach den vom Verein Deutscher Ingenieure 1912 aufgestellten Normalien zu dimensionieren.

7. Ausgleichs- oder Dehnungsrohre.

Bei geringen Temperaturunterschieden kann man die Längenänderungen durch elastische Packungen von genügender Stärke (Asbestpappe, Gummischeiben und Messingdrahteinlage) oder durch genügend große Krümmer an den Stellen, an denen sich die Richtung der Rohrleitung ändert, oder auch dadurch unschädlich machen, daß man die Leitung in kaltem Zustande mit

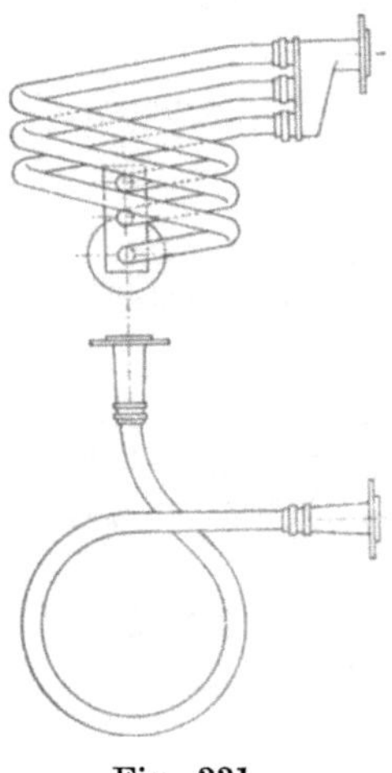

Fig. 331.

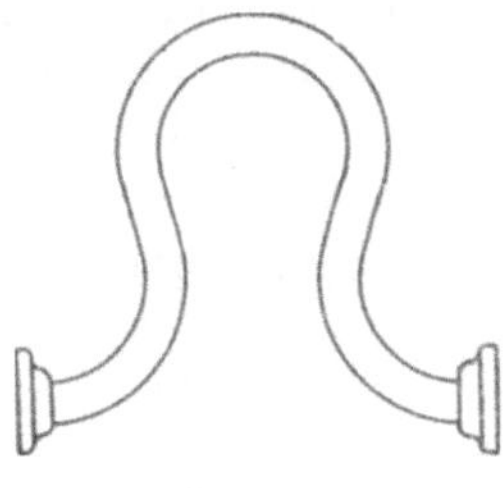

Fig. 332.

Zugspannung montiert. Bei höheren Temperaturen dagegen muß man Ausgleichsrohre nach Art der Fig. 331, 332, 333 oder dgl. oder auch Rohrstopfbüchsen (Fig. 334) anbringen. Letztere halten schwer dicht und sind, wenn sie zu fest angezogen werden, unwirksam. Auch die biegsamen Rohre der Deutschen

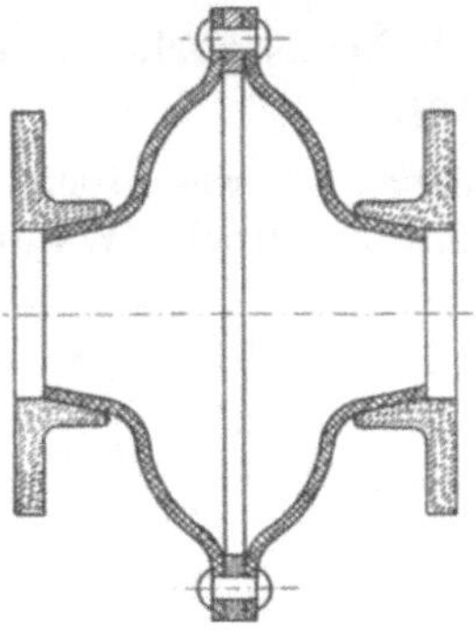

Fig. 333.

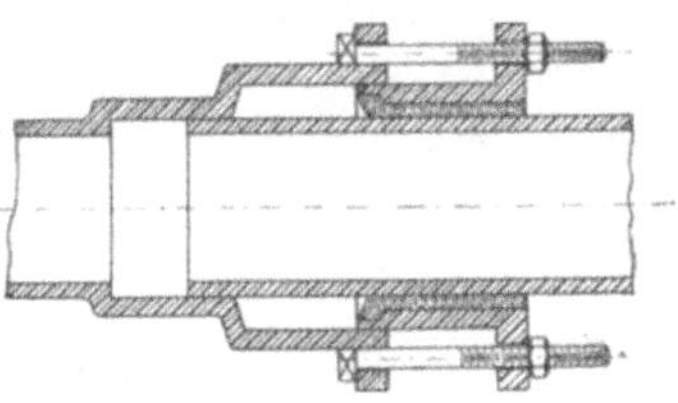

Fig. 334.

Waffen- und Munitionsfabrik in Karlsruhe können als Ausgleichsrohre verwendet werden.

Bei der Lagerung der Rohrleitung ist natürlich darauf Rücksicht zu nehmen, daß die Ausgleichsrohre nicht unwirksam werden, und daß andererseits die infolge der Ausdehnung im Rohre auftretenden Biegungsspannungen nicht zu groß werden.

Kennzeichnung von Rohrleitungen.

Der Verein deutscher Ingenieure hat zur Kennzeichnung von Rohrleitungen folgende Anstrichfarben festgesetzt:

Dampf	bis 2 Atm.	weiß				
,,	über 2 Atm.	,,	mit	1	roten	Querstrich
,,	überhitzt	,,	,,	2	,,	Querstrichen
Abdampf		,,	,,	1	grünen	Querstrich

Wasser:	Nutzwasser	grün				
,,	Schmutzwasser	grün	mit	1	schwarzen	Querstrich
,,	Preßwasser	,,	,,	1	roten	,,
,,	Salzwasser	,,	,,	1	rosa	,,
,,	warm	,,	,,	1	weißen	,,
,,	Spülwasser	,,	,,		schwarzen	Punkten

Luft:	Gebläseluft		blaugrau				
,,	Preßluft	bis 10 Atm.	blaugrau	mit	1	roten	Querstrich
,,	,,	über 10 Atm.	,,	,,	2	,,	Querstrichen
,,	Heißluft		,,	,,	1	weißen	Querstrich

Gas:	Hochofengas	gereinigt	gelb				
,,	,,	roh	,,	mit	1	schwarzen	Querstrich
,,	Generatorgas		,,	,,	1	blauen	,,
,,	Leuchtgas		,,	,,	1	rosa	,,
,,	Wassergas		,,	,,	1	grünen	,,
,,	Ölgas		,,	,,	1	braunen	,,

Säure rosa, Teer schwarz, Vacuum grau.

8. Rohre, welche durch äußeren Überdruck beansprucht werden (Dampfkesselflammrohre).

Die Beanspruchung durch äußeren Überdruck ist wesentlich ungünstiger als die Beanspruchung durch inneren Überdruck. Während

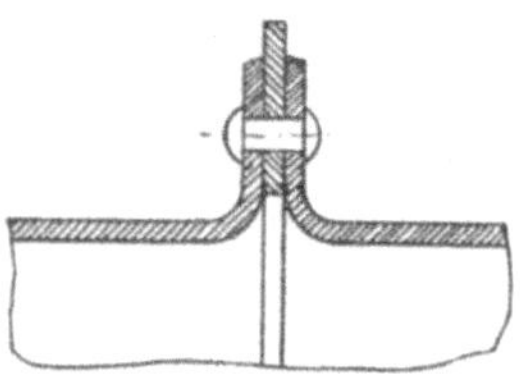

Fig. 335.

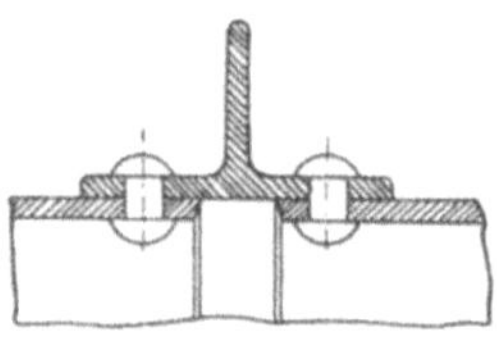

Fig. 336.

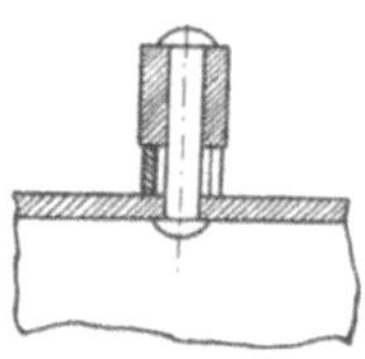

Fig. 337.

innerer Überdruck Abweichungen von der Kreisform auszugleichen sucht, sucht äußerer Überdruck solche zu vergrößern. Die Rohre müssen deshalb hinreichend versteift werden. Die Figuren 335 bis 340 zeigen wirksame Versteifungen.

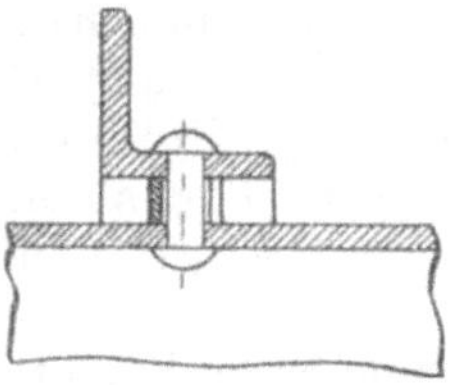

Fig. 338.

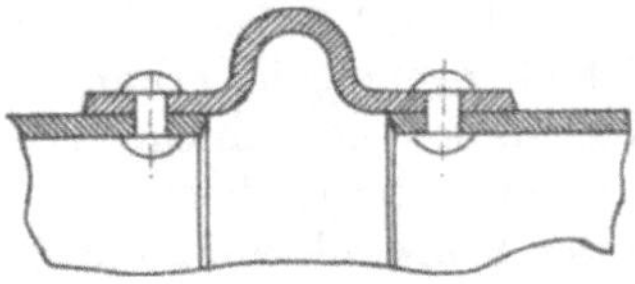

Fig. 339.

Die Flammrohre werden vernietet oder geschweißt, neuerdings auch aus einem Stück gewalzt. Wellrohre brauchen nicht versteift zu werden. Bei Gallowayrohren (Rohre mit Quersiedern) kann man diese Quersieder teilweise als wirksame Versteifungen ansehen.

Die Berechnung der Wandstärke eines Flammrohres, welche mindestens 7 mm betragen muß, geschieht nach den Bauverschriften für Landdampfkessel, gültig seit 9. Januar 1910, nach der Formel:

$$s = \frac{p\,d}{2400}\left(1 + \sqrt{1 + \frac{a}{p}\,\frac{l}{l + d}}\right) + 2\ \text{mm},$$

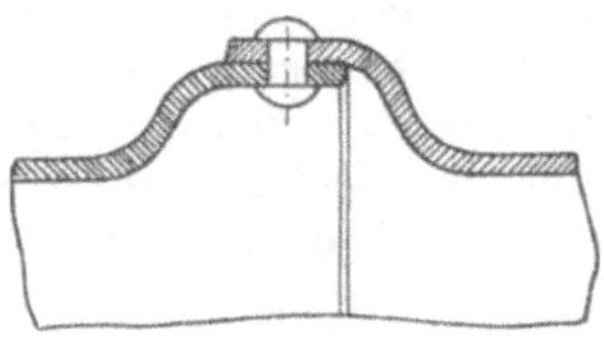

Fig. 340.

wobei

s die Blechstärke in Millimeter,

p der größte Betriebsüberdruck in Kilogramm pro Quadratzentimeter,

d der innere Flammrohrdurchmesser in Millimeter, bei konischen Rohren der mittlere innere Durchmesser,

l die Länge des Flammrohres bzw. die größte Entfernung der wirksamen Versteifungen in Millimeter,

$a = 100$ für liegende Rohre mit überlappter Längsnaht,

$a = 70$ für stehende Rohre mit überlappter Längsnaht,

$a = 80$ für liegende Rohre mit gelaschter oder geschweißter Längsnaht,

$a = 50$ für stehende Rohre mit gelaschter oder geschweißter Längsnaht.

Bei Wellrohren oder gerippten Rohren kann man, da jede Welle als wirksame Versteifung anzusehen ist, $l = 0$ setzen und erhält dann

$$s = \frac{p\,d}{1200} + 2\,.$$

C. Absperrvorrichtungen.

Die Absperrvorrichtungen, bei welchen das Öffnen durch Heben oder Aufklappen der abschließenden Flächen erfolgt, nennt man Hub- bzw. Klappenventil, diejenigen, bei welchen das Öffnen und Schließen durch Verschieben der abschließenden Flächen erfolgt, Schieber, und zwar Schieber im engeren Sinne, wenn die Verschiebung der abschließenden Flächen eine geradlinige, Drehschieber oder Hähne, wenn diese Verschiebung eine drehende ist.

Bei der Konstruktion einer Absperrvorrichtung ist zu beachten, daß

1. der Abschluß ein sicherer ist;
2. der Flüssigkeitsstrom möglichst wenig Querschnitts- und Richtungsänderungen erfährt. Dies gilt besonders für tropfbare Flüssigkeiten, für Gase und Dämpfe kommt dieser Gesichtspunkt weniger in Frage;
3. die Dichtungsflächen leicht zugänglich sind, um Beschädigungen derselben ausbessern und Schmutz entfernen zu können.

Das Material der Dichtungsflächen ist Bronze, Rotguß oder andere Legierungen, Gußeisen, Nickel, Blei, Leder, Gummi, Holz, Filz, Vulkanfiber usw. Leder, Gummi, Filz werden verwendet, wenn das Ventil Verunreinigungen der Flüssigkeit gegenüber unempfindlich sein soll, oder der Schlag beim Aufsetzen vermieden werden soll, Metalle bei höheren Temperaturen. Von den Metallen ist Gußeisen das billigste; Bronze, Rotguß und andere Legierungen, Nickel und Blei werden hauptsächlich verwendet, weil sie chemischen Einflüssen gegenüber widerstandsfähiger sind.

1. Ventile.

Wir unterscheiden Absperrventile (von Hand bewegt), selbsttätige Ventile (durch den Flüssigkeitsdruck bewegt) und gesteuerte Ventile (durch besonderen Mechanismus zwangläufig bewegt). Ventile besonderer Art sind die Sicherheitsventile, die Reduzierventile u. a.

Ist die abdichtende Fläche eben (Fig. 357), so nennt man das Ventil Tellerventil, ist sie kegelförmig, Kegelventil, und ist sie kugelförmig, Kugelventil.

Das Gewinde der Ventil- und Schieberspindeln wird zweckmäßig trapezförmig (s. S. 38) ausgeführt. Die Erfahrungen der Marine drängten dazu, besonders bei den kleineren Durchmessern für Ventile etwas gröberes Gewinde von etwas größerer Steigung als bisher zu verwenden, da sich namentlich bei kleineren Spindeln herausgestellt hat, daß die Gänge im Gebrauch stark verschleißen, hauptsächlich bei innenliegendem Gewinde. Näheres über die Vorzüge des trapezförmigen Gewindes siehe S. 39.

a) Absperrventile.

Die Bewegung des Ventilkegels erfolgt durch Handrad und Schraube. Anordnung und Abmessungen des Handrades müssen derart sein, daß

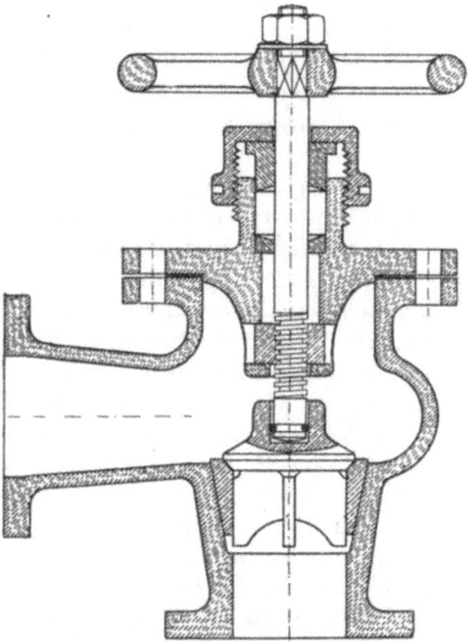

Fig. 341.

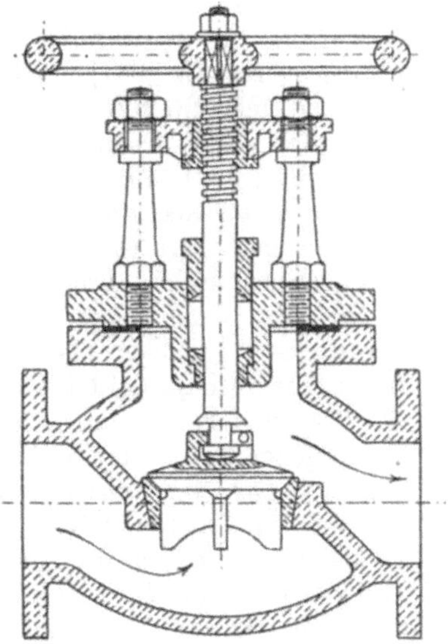

Fig. 342.

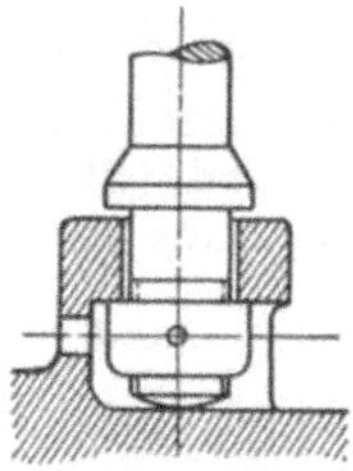

Fig. 343.

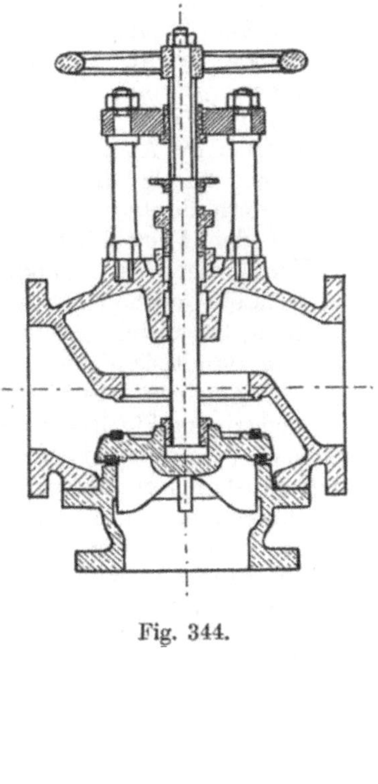

Fig. 344.

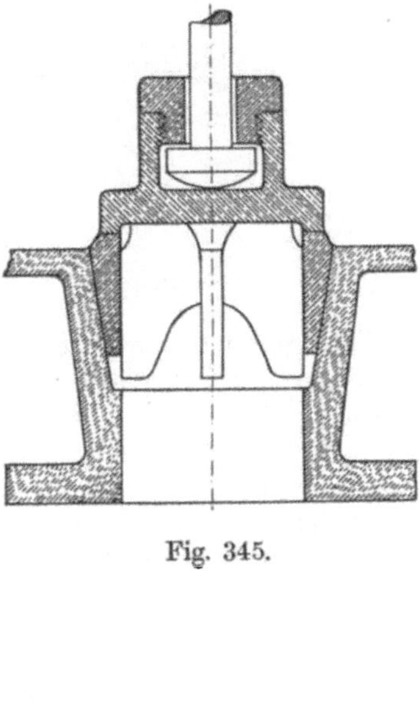

Fig. 345.

die Hand durch die Schraubenköpfe, Kanten usw. des Ventils nicht verletzt wird.

Ventile, bei welchen die Spindel das Gewinde im Innern des Ventilgehäuses hat (Fig. 341), sind billiger, doch setzt sich, wenn das Ventil lange in einer Stellung bleibt, das Gewinde leicht voll Schmutz oder Wasserstein, in diesem Falle sind deshalb Ventile mit äußerem Gewinde (Fig. 342) vorzuziehen.

Geht der Flüssigkeitsstrom (Fig. 342) in der Richtung der Pfeile, so kann man die Stopfbüchse neu verpacken, während die Leitung unter Druck steht. Dagegen ist die zum Schließen und Dichthalten des Ventiles nötige Kraft, besonders bei hohen Pressungen und großem Durchmesser, größer als bei der umgekehrten Bewegungsrichtung. Man dreht deshalb bei letzterer Bewegungsrichtung vielfach der Spindel einen kleinen Konus an (Fig. 342), der sich bei vollständig geöffnetem Ventil gegen das etwas konisch eingedrehte Loch der Stopfbüchse setzt, wenn diese neu verpackt werden soll. Bei der letztgenannten Bewegungsrichtung wird aber die Kraft zum Öffnen des Ventils ebensoviel größer als bei der erstgenannten die Kraft zum Schließen und Dichthalten, weshalb man durch ein kleineres Ventil oder einen Hahn einen Ausgleich des Druckes über und unter dem Ventilteller herbeiführen kann, ehe man ihn anhebt. Solche Ventile nennt man *entlastete Ventile*.

Ist das Ventil nicht entlastet, so hat man dafür Sorge zu tragen, daß die Verbindung zwischen Spindel und Ventil genügend widerstandsfähig ist, um die Anziehungskraft beim Öffnen aushalten zu können (Fig. 345 und 346). Sonst gilt für die Verbindung des Ventiltellers mit der Spindel die Bedingung, daß diese etwas Spielraum gibt, damit sich das Ventil, falls die Achsen der Spindel und der Sitzfläche nicht genau zusammenfallen, nicht schief aufsetzt und der Druck, welcher die Abdichtung bewirkt, nicht durch die Verbindung, sondern direkt von der Spindel auf den Ventilteller übertragen wird. Bei der Verbindung verwendete Gewinde müssen leichten Gang haben und genügend hoch sein, damit sie nicht festbrennen.

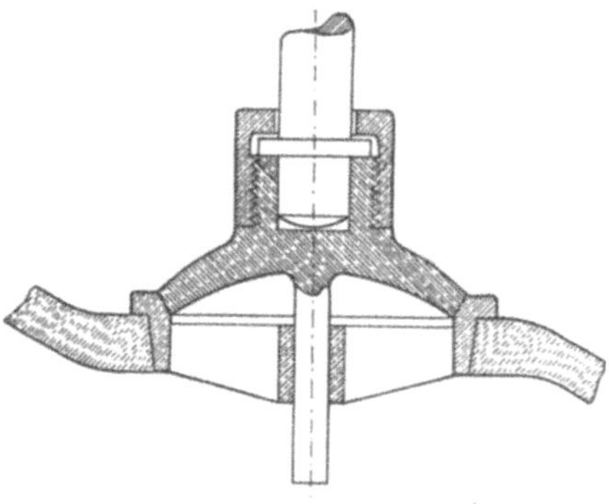

Fig. 349.

Bei kleinen Ventilen genügt die Befestigung Fig. 341 mit einem an beiden Seiten durch die Ringnut geschobenen ⊔förmig gebogenen Draht, der durch Umbiegen der Enden am Herausfallen gehindert wird. Bei größeren Ventilen schiebt man den Spindelkopf seitlich ein, wie dies Fig. 342 zeigt. Des ungleichen Anliegens wegen verwendet man, wenn auch seltener, auch die Befestigung mit durchgesteckter Spindel und auf das Spindelende geschraubter Mutter (Fig. 343). Die Befestigung durch Überwurfmutter [(Fig. 344 und 345) oder mit geteiltem, in eine

Nut des Spindelkopfes gelegten Ring] gestattet das Spiel in senkrechter Richtung und damit die zulässige Schrägstellung der beiden Teile genau umzustellen.

Die untere Führung des Ventiltellers geschieht meist durch daran angebrachte Rippen. Diese müssen, falls sie wie in Fig. 342 geschwungen geformt werden, auch in der Mitte genügende Höhe haben, damit sich der Ventilteller nicht eindrückt, wodurch sich die Rippen nach außen spreizen und an dem Ventilsitz festklemmen.

Die Führungsrippen dürfen nicht bis an die Dichtungsfläche herangehen (Fig. 358), man verbreitert sie außen (Fig. 365), um die Abnutzung auf eine größere Fläche zu verteilen, und schrägt sie unten einseitig ab

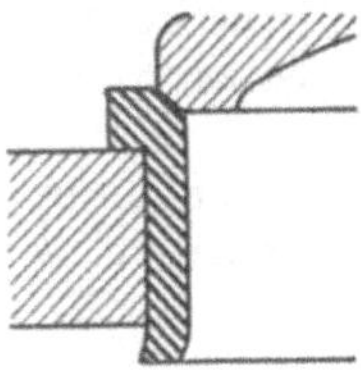

Fig. 346.

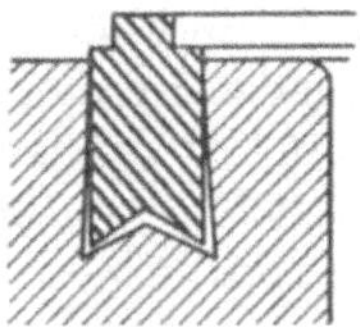

Fig. 347.

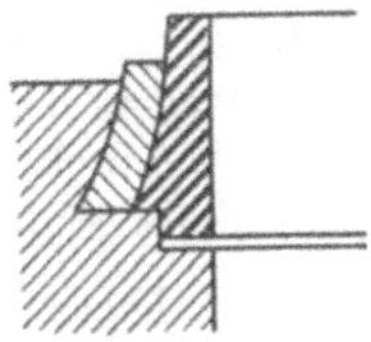

Fig. 348.

(Fig. 358), damit das Ventil sich bei jedem Hube etwas dreht und nicht immer dieselben Teile der Dichtungsflächen aufeinanderkommen.

Die Höhe der Führungsrippen soll mindestens gleich dem Durchmesser des Ventilsitzes sein, also (Fig. 365)

$$h \geqq d,$$

besonders wenn die Flüssigkeit nicht in Richtung der Ventilachse zu- und wegfließt.

Die Sitze werden meist fest eingepreßt, seltener eingeschraubt, und hierauf abgedreht, dann der Kegel eingeschliffen. Bei Dampfventilen hat das Einschleifen unter Dampf zu geschehen, um der Wärmeausdehnung Rechnung zu tragen. Den Sitz von Kegelventilen befestigt man oft durch Umbördeln des unteren Randes (Fig. 346). Nickelringe der Flachnickeldichtung kann man in eine etwas konisch ausgedrehte Nut (Fig. 347) einsetzen und durch Einpressen oder Einschlagen auseinandertreiben. In ähnlicher Weise ist der Nickelring (Fig. 350) befestigt. Hier ist der Durchmesser kleiner, die Befestigung aber auch nicht so sicher. Das Einsetzen der Ringe mit Hilfe eines eingetriebenen Ringes aus weicherem Material (Fig. 348) schützt zwar den Ring gegen Überanstrengung infolge verschiedener Wärmeausdehnung, ist aber weniger fest als die unmittelbare Einpressung.

Strömt die Flüssigkeit bei geringer Öffnung des Ventils mit großer Geschwindigkeit durch dieses, so nutzt sich die Sitzfläche infolge der Rippen ungleichmäßig ab, weshalb Dreyer, Rosenkranz & Droop in Hannover die Ventile nach Fig. 349 ausführen. Der Ventilteller führt sich hier durch einen Stift in einer Büchse, welche durch

Rippen im Ventilsitz befestigt ist, bei kleineren Ventilen fällt diese Führung fort.

Fig. 357 zeigt ein Ventil mit oberer Rippenführung, in besonderen Fällen wendet man untere und obere Rippenführung gleichzeitig an.

Rippen über dem Sitz geben wegen der größeren Entfernung der Führungsfläche vom Sitz keine so genaue Führung. Obere und untere Rippen geben die genaueste Führung, verteuern aber das Ventil erheblich.

Früher verwendete man fast ausschließlich kegelförmige Dichtungsflächen aus Rotguß, in neuerer Zeit kommen mehr ebene Dichtungsringe in Anwendung, die häufig, namentlich bei Heißdampf, aus Nickel hergestellt werden (Fig. 347 und 350). Fig. 350 zeigt ein solches Ventil mit federnden Dichtungsringen von C. W. Julius Blancke & Co. in Merseburg. Rotgußkegel und umgebördelte Rotgußsitze sollten nur für gesättigten Dampf verwendet werden.

Die Flachdichtung erfordert keine genaue Zentrierung, auch braucht bei der Befestigung an der Spindel kein Spielraum gegeben zu werden.

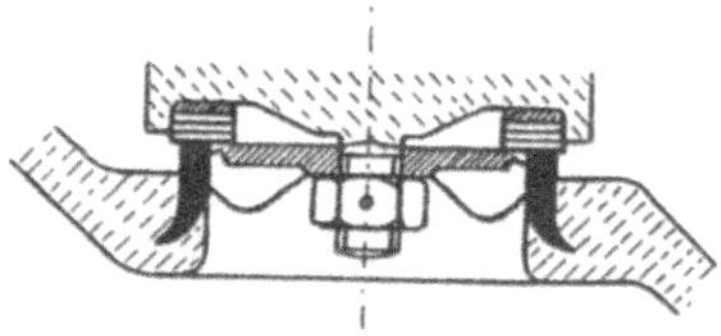

Fig. 350.

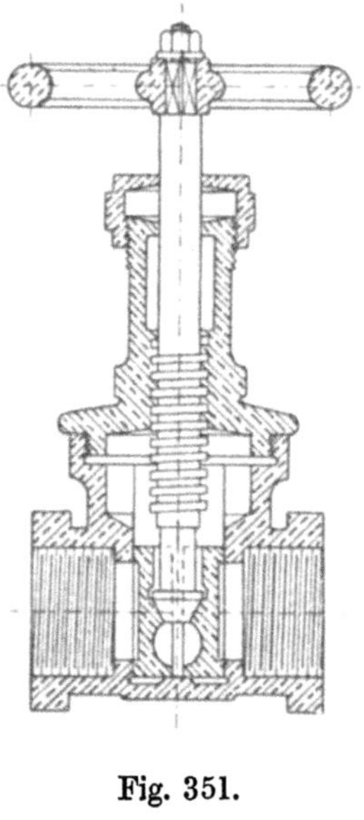

Fig. 351.

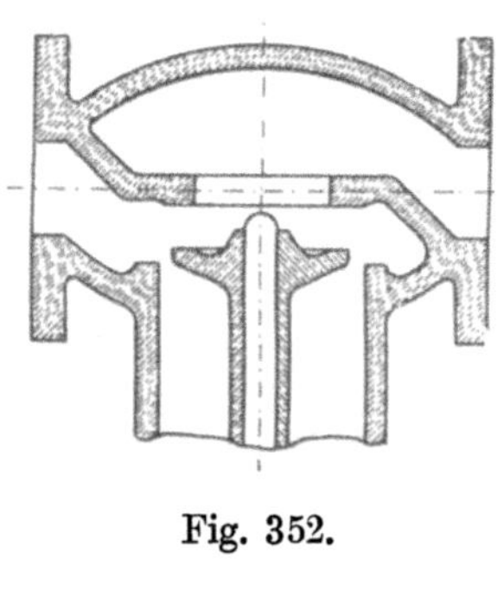

Fig. 352.

Endlich ist auch bei Flachdichtung der Durchgangsquerschnitt bei gleichem Hub größer als bei konischen Dichtungsflächen. Die Mutter für das Gewinde an der Spindel kann in den Deckel eingeschnitten werden (Fig. 351), oder sie wird eingeschoben (Fig. 341) oder in eine besondere guß- oder schmiedeeiserne Traverse gelegt (Fig. 342). Diese Ausführung findet sich namentlich bei größeren Ventilen. Meist geschieht das Anheben durch Drehen der Spindel bei feststehender Mutter; die umgekehrte Anordnung findet sich namentlich bei Weichpackungen, sie hat den Vorteil, daß immer dieselben Stellen der Dichtungsflächen zusammentreffen. Das Heben durch Drehen der Mutter bei gegen Mitdrehen gesicherter Spindel (Fig. 353) ist teurer in der Ausführung und nur erforderlich, wenn Kegel und Spindel fest verbunden sind und drehendes Aufsetzen verhindert werden soll oder bei Zahnradantrieb das Antriebsrad in gleicher Höhe bleiben muß. Ein Vorteil dieser Anordnung ist auch, daß jede Biegungsbeanspruchung von der Spindel ferngehalten wird. Da der Flüssigkeitsstrom den Kegel gewöhnlicher Ventile leicht schief stellt, bauen A. L. G. Dehne in Halle Ventile, bei denen sich der Flüssigkeitsstrom teilt, so daß er von beiden Seiten gleichmäßig auf den Ventilkegel einwirkt (Wiß-Ventil).

Ventile, bei denen der Flüssigkeitsstrom seine Richtung beibehält, nennt man Durchgangsventile (Fig. 342), Ventile nach Art der Fig. 341 Eckventile, Fig. 344 zeigt ein Wechselventil.

Wenn der Betriebsdruck etwa 13 kg/qcm nicht übersteigt, werden Gehäuse und Deckel meist aus Gußeisen hergestellt, bei höherem Druck,

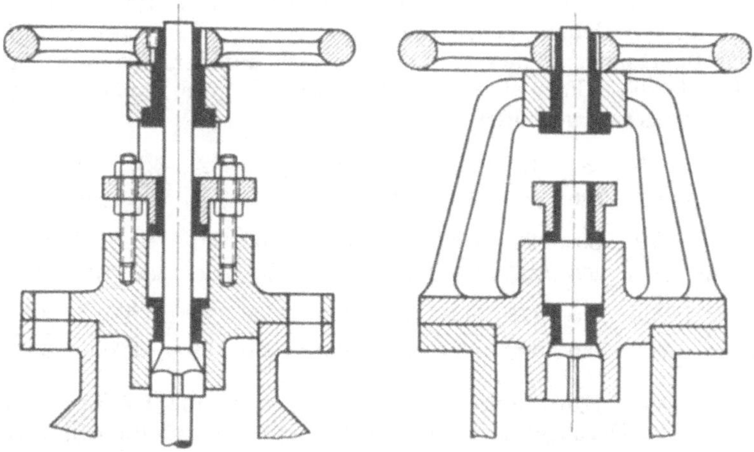

Fig. 353.

namentlich bei größerem Durchmesser, bei Heißdampf auch schon bei geringerem Durchmesser aus Stahlguß, bei kleinen Ventilen auch aus Maschinenbronze. Die Abmessungen der Flanschen entsprechen meist den Normalien für Flanschenrohre.

Schäffer & Budenberg, Magdeburg-Buckau, führen die Ventile in folgenden Typen aus:

1. Stahlgußventile für hochgespannten überhitzten Dampf mit außenliegendem Spindelgewinde. Verwendbar bis 20 Atm. Gehäuse aus Stahlguß, Deckel aus Stahlguß oder Gußeisen; Nickeldichtung oder für gesättigten Dampf auch Rotgußdichtung. Lichte Weite von 40 bis 400 mm.

2. Starkwandige Gußeisenventile mit außenliegendem Spindelgewinde. Verwendbar bis 15 Atm. für gesättigten Dampf. Bei Ausführung mit Nickeldichtung auch für mäßig überhitzten Dampf verwendbar. Unter 300 mm bis 16 Atm., unter 200 mm bis 18 Atm., unter 100 mm bis 20 Atm. brauchbar.

3. Normales Modell mit außenliegendem Spindelgewinde. Verwendbar bis einschließlich 250 mm für 12 Atm., über 250 mm für 10 Atm. Ausführung in Stahlguß mit Nickeldichtung für hoch überhitzten Dampf, in Eisen mit Nickeldichtung für mäßig überhitzten Dampf und in Eisen mit Rotgußdichtung für gesättigten Dampf.

4. Leichtes Modell mit außenliegendem Spindelgewinde bis 8 Atm. Überdruck in l. W. von 25—100 mm und desgl. mit innenliegendem Spindelgewinde in l. W. von 15—100 mm.

Über die Ventilbaulängen faßte der Normenausschuß folgenden Beschluß:

Die Formel aus dem Jahre 1882: $2\,D + 100$ ist für die Baulängen nicht durchführbar, wenn diese für Hoch- und Niederdruckventile gleich werden sollen. Die Formel aus dem Jahre 1900: $2\,D + 150$ ergibt für die kleinen Ventile zu große und für die großen Ventile zu kleine Baulängen. Daher einigte man sich auf den Vorschlag: $2{,}5\,D + 100$, da diese Formel für alle Ventilgrößen gute Baulängen ergibt; diese betragen abgerundet:

L. W.	6	8	10	13	16	20	25	32	40	50	60 mm
Baulänge	120	120	120	140	140	150	160	180	200	230	250 mm
L. W.	70	80	90	100	110	125	140	150	160	180	200 mm
Baulänge	280	300	330	350	380	410	450	480	500	550	600 mm
L. W.	225	250	275	300	325	350	375	400	450	500 mm	
Baulänge	660	720	800	850	900	980	1050	1100	1200	1350 mm	

Die Schenkel der Eckventile betragen dann die Hälfte der Baulänge für die Durchgangsventile; nachzuprüfen ist, ob diese Baulängen ausreichen.

Die Richtung des Flüssigkeitsstroms wird auf dem Ventilgehäuse durch einen Pfeil angegeben.

Bügelaufsätze (Fig. 353) sind den Aufsätzen auf Säule und Brücke wegen der besseren Zentrierung der Spindeln in den Stopfbüchsen vorzuziehen.

Besondere Sorgfalt ist den Ventilen zuzuwenden, die durch häufige Geschwindigkeitsänderungen fortgesetzte Bewegungen ausführen.

Für Wasserleitungen ist das Peet-Ventil viel in Anwendung (Fig. 351). Zwei runde Scheiben werden durch einen konischen Ansatz der Spindel auseinander- und gegen die Dichtungsflächen gedrückt.

Alle diese Ventile können nur durch mehrere Umdrehungen der Schraubenspindel, also sehr langsam geschlossen werden. Um bei Rohrbrüchen u. dgl. einen sofortigen Abschluß zu bewirken, baut man vor das Absperrventil ein Ventil ein, welches durch die auftretende Druckdifferenz geschlossen wird. Wünschenswert ist, daß das Ventil von außen von Zeit zu Zeit angehoben werden kann.

Bei dem Schnellschlußventil von Dreyer, Rosenkranz & Droop, hat die Spindel kein Gewinde, die Ventilbrücke ist oberhalb und unterhalb zu einem dem Ventilhube entsprechenden Kreiskeilpaar ausgebildet. Am Stellrade und der Spindel sind unter 90° versetzte Knaggenpaare angeordnet, die sich auf dem Kreiskeil mit so viel Reibung bewegen, daß keine Selbstverstellung eintreten kann. Zum Öffnen und Schließen des Ventils genügt eine halbe Umdrehung.

Eine besondere Ventilart bilden die Reduzierventile, die die Aufgabe haben, den Dampfdruck durch Drosselung zu vermindern und auf einer möglichst gleichbleibenden Höhe zu halten. Bei dem Reduzierventil mit Kolben und Federbelastung von Schäffer & Budenberg, Magdeburg, ist ein entlastetes Doppelsitzventil mit einem Kolben verbunden, der in einer mit dem Ventilgehäuse verschraubten Führungsbüchse eingeschliffen und durch eine darüberliegende Feder belastet ist, die dem jeweiligen Drucke des durch das Ventil hindurchtretenden Dampfes Gleichgewicht hält. Die Einstellung auf einen bestimmten Druck geschieht durch Spannung der Feder. Bei Verwendung von überhitztem Dampf setzt sich der Kolben hin und wieder fest. Den Kolben durch eine Gummimembran zu ersetzen ist nicht angängig, weil diese der Dampfwärme nicht dauernd widersteht. Deshalb ist bei dem Reduzierventil für überhitzten Dampf obiger Firma die Membran am unteren Ende eines dünnwandigen Rohres angebracht, welches an und für sich die Wärme nur wenig überträgt, und außerdem ist der ganze untere Teil bei *a* durch Zwischenlage von isolierenden Scheiben gegen die Temperaturübertragung geschützt. Über der Membran hält sich innen eine schützende Schicht von Kondenswasser. Vor der Inbetriebnahme füllt man das Rohr mit Wasser.

Ventile normaler Bauart sind als Drosselventile nicht geeignet, da sich der Querschnitt beim Heben des Kegels zu schnell ändert. Dies wird verhindert, indem man bei Absperrventilen, die zugleich zum Drosseln dienen sollen, den in die Öffnung hineinragenden Teil des Kegels so gestaltet, daß die Öffnung nur allmählich wächst.

Ein Ventil besonderer Bauart ist das Dampfkessel-Schlamm-Ablaßventil von Bopp & Reuther, Mannheim (Fig. 355). Der Ventilkegel wird durch den Kesseldruck geschlossen gehalten, das Öffnen erfolgt mittels eines durch Hand oder Fuß betätigten Hebels. Der Kegel, dessen Form möglichste Unempfindlichkeit gegen den Schlamm gewährleistet, kann während des Betriebes mit dem auf der Spindel sitzenden Handrad auf seinen Dichtungsflächen gedreht und somit aufgeschliffen werden. Bis 12 Atm. Druck wird das Ventilgehäuse aus Gußeisen, bis 20 Atm. aus Stahlguß, die Spindel aus Rotguß ausgeführt.

Sicherheitsventile werden durch Gewichts- oder Federbelastung geschlossen gehalten und öffnen selbsttätig bei Überschreitung des höchstzulässigen Drucks, bilden also den Übergang zur nächsten Gruppe, den während des Spiels der Maschine fortgesetzt selbsttätig sich öffnenden und schließenden Ventilen.

Fig. 356 zeigt ein doppeltes Vollhub-Sicherheitsventil von Schäffer & Budenberg, Magdeburg. Das bis 16 Atm. Betriebsdruck genügend stark konstruierte Ventilgehäuse, in dem sich die innerhalb der Sitze geführten Ventilkegel befinden, tragen einerseits einen starken Anguß, durch welchen der zu einer Schneide ausgebildete Bolzen für den Hebel gesteckt ist, andererseits ebenfalls einen Anguß für die Führung des Hebels und für die Begrenzung des Hebelausschlages. Die Hebel ruhen vermittels Schneiden auf den Druckstiften, auch die Aufhängung der Belastungsgewichte geschieht in Schneiden. Der Aufhängepunkt des Hebels, der Stützpunkt des Hebels auf

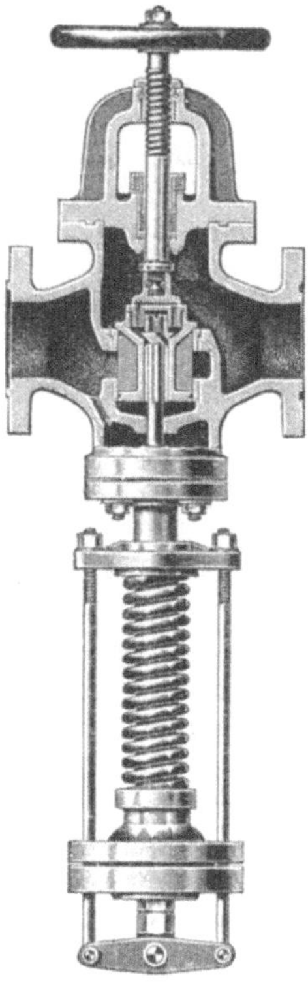

Fig. 354.

Fig. 355.

dem Druckstift und der Aufhängepunkt des Belastungsgewichts liegen bei geschlossenem Kegel in einer horizontalen Linie. An dem oberen Flansche werden Ausblasehauben oder Dampfabzugsrohre befestigt, um den Dampf ins Freie zu führen, da sich sonst das Kesselhaus in kurzer Zeit mit Dampf füllen würde.

Die Wirkungsweise der Vollhub-Sicherheitsventile ist die folgende: Der Dampfdruck wirkt auf die volle untere Fläche des Ventilkegels. Das Belastungsgewicht hält der Spannung, für welche der Kessel konzessioniert ist, das Gleichgewicht. Bei diesem Druck hebt sich der Kegel zunächst wenig und läßt den Dampf in gleicher Weise entweichen wie bei gewöhnlichen Sicherheitsventilen. Das anfängliche Abblasen ist für den Heizer das Zeichen, daß er zur Verhütung weiterer Drucksteigerung Veranstaltungen zu treffen hat. Tut er dies nicht, so erfolgt gleichzeitig mit dem weiter steigenden Druck im Kessel

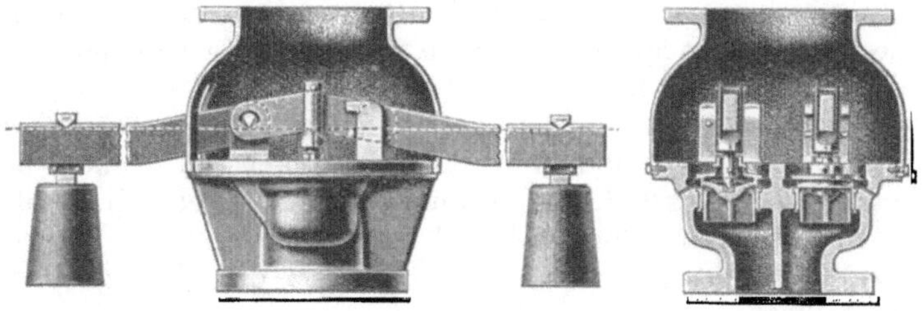

Fig. 356.

ein allmählich steigender Hub des Ventilkegels, infolge des unterhalb der am Kegel befindlichen Hubvergrößerungsplatte entstehenden Drucks. Bei Überschreitung der erlaubten Kesselspannung um ca. 5% hat der Ventilkegel seinen vollen Hub zurückgelegt. In dieser Stellung läßt das Ventil so viel Dampf entströmen, daß auch ohne Dämpfung des Feuers eine weitere Steigerung des Kesseldruckes unmöglich ist. Bedingung für gute Wirkungsweise der Vollhubventile ist ihre genau wagerechte Anbringung auf den Kesselstutzen.

b) Die selbsttätigen Ventile.

Die selbsttätigen Ventile werden durch den Druck der Flüssigkeit gehoben und von dem Flüssigkeitsstrom offen gehalten. Sie schließen sich, wenn die Geschwindigkeit abnimmt, entweder durch das Eigengewicht (Gewichtsventile), durch Federkraft, und zwar durch besondere

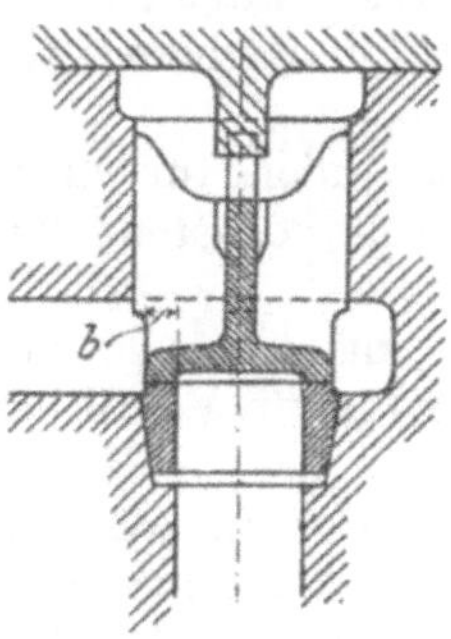

Fig. 357.

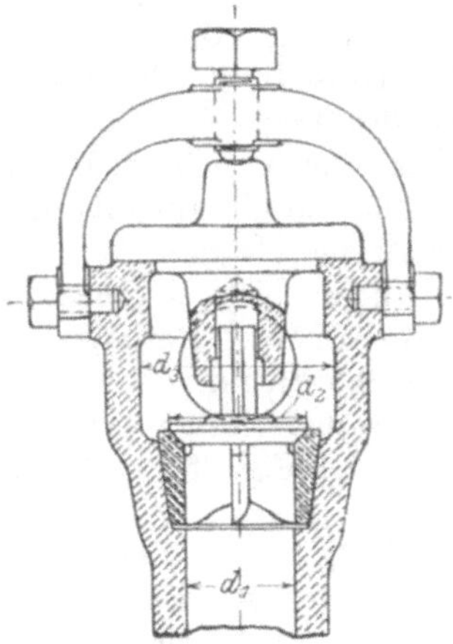

Fig. 358.

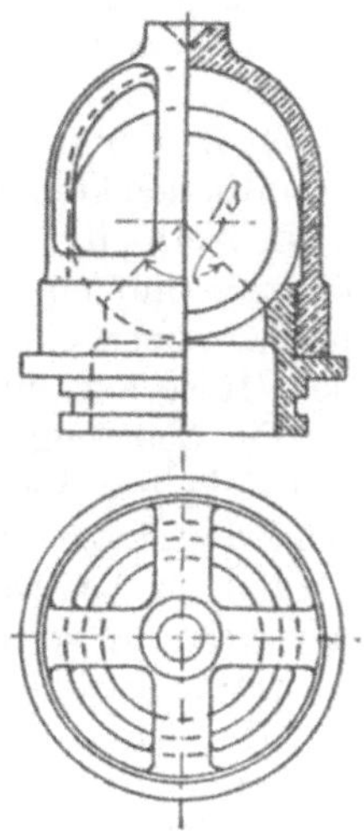

Fig. 359.

Federn oder die Elastizität der Ventile selbst oder durch Eigengewicht und Federkraft (Gewichts- und Federventile).

Da die Schlußbewegung eines Gewichtsventils eine Fallbewegung ist, so läßt sich ein schnelleres Spielen des Ventils nur durch Verkleinerung des Hubes ermöglichen, weshalb man für schnellaufende Pumpen Gewichtsventile nicht mehr anwenden kann.

Das Ventil soll möglichst so konstruiert sein, daß es schon bei Verminderung der Geschwindigkeit der Flüssigkeit zu sinken beginnt und bei der Geschwindigkeit Null auf dem Sitz angekommen ist. Das Ventil schließt dann ruhig, während es sonst durch den Flüssigkeitsdruck zurückgeschlagen wird, wobei ein Teil der Flüssigkeit wieder rückwärts fließt.

Die genaue Konstruktion der selbsttätigen Ventile muß sich nach Form und Abmessungen, Beschaffenheit der Flüssigkeit, Gang der Maschinen usw. richten; im allgemeinen gelten folgende Regeln:

1. Die Dichtungsfläche muß groß genug sein, um sicher abzudichten, soll aber nicht größer sein, als es diese Forderung sowie jene, daß der Flächendruck in der Sitzfläche nicht zu groß wird, bedingen.

2. Das Ventil soll nicht schwerer als nötig sein, insbesondere soll bei schnellaufenden Pumpen die Ventilmasse möglichst klein sein.

3. Das Ventil soll sicher geführt sein und möglichst wenig Reibungswiderstände haben.

4. Die Richtung, in welcher die Flüssigkeit dem Ventil zu- und vom Ventil weggeführt wird, soll das Spiel des Ventils nicht beeinträchtigen.

Die Figuren 357 bis 362 zeigen mehrere Ventilkonstruktionen. Fig. 357 ein Ventil mit oberer Rippenführung, Fig. 358 ein solches mit unterer Rippenführung und oberer Stiftführung. Der Stift erhält vier Flächen, damit Schmutz u. dgl. die Arbeitsweise des Ventils nicht beeinflussen können. Die Hülse für den Stift muß diese lose umschließen, damit, falls die Achsen des Deckels und des Ventilsitzes nicht genau übereinstimmen, das Ventil sich nicht schief aufsetzt. Außerdem erhält sie oben eine Bohrung, damit die Flüssigkeit in dem oberen Teil der Hülse aus- und einströmen kann.

Fig. 359 zeigt ein Kugelventil, welches hauptsächlich für dicke Flüssigkeiten Verwendung findet. Der Winkel β soll höchstens $90°$ sein, damit das Ventil nicht klemmt.

Für große Durchgangsquerschnitte verwendet man Ventile mit mehreren Sitzen nach Art der Fig. 360 und 361. Das letzte Ventil hat elastische Hubbegrenzung.

Gruppenventile (Fig. 360) bieten den Vorteil leichter Auswechselbarkeit jedes Ventiles, beanspruchen aber größeren Raum als ein mehrfaches Ringventil (Fig. 361), auch eilen leicht einzelne Ventile nach und schlagen dann stark auf.

c) Gesteuerte Ventile.

Solche Ventile kommen in Verwendung für Dampfmaschinen und werden, um den Ventilhub kleiner zu machen, mit Doppelsitz ausgeführt.

Die Forderung (siehe Berechnung der Ventile), daß der Durchgangsquerschnitt gleich dem Querschnitt $\frac{d_1^2 \pi}{4}$ sein muß, ergibt dann

$$2\, d_1 \pi h = \frac{d_1^2 \pi}{4},$$

$$h = \frac{d_1}{8}.$$

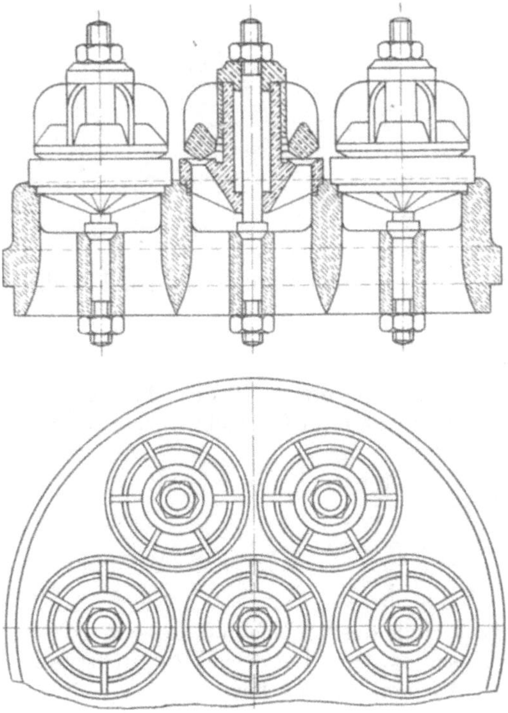

Fig. 360.

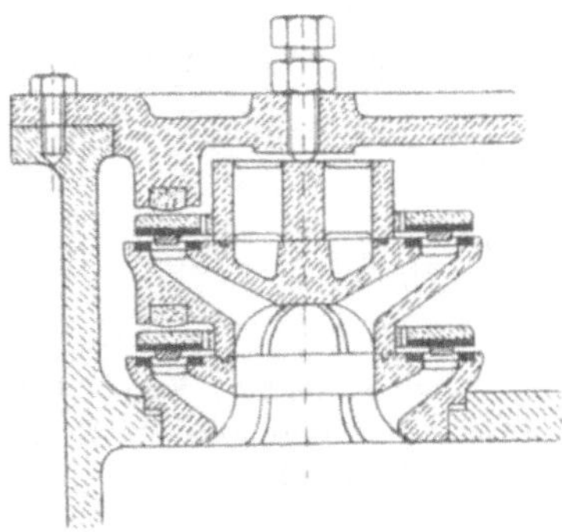

Fig. 361.

Durch Vereinigung zweier solcher Ventile entstehen die viersitzigen Ventile, bei denen der Ventilhub nur $\frac{d_1}{16}$ zu sein braucht.

Die Ventile dieser Art werden jetzt meist als Rohrventile (Fig. 362) oder Glockenventile (Fig. 363) ausgeführt. Das abschließende Teil ist so gestaltet, daß der Dampf- bzw. Flüssigkeitsdruck nach oben und unten gleichstark wirkt, also keinen Einfluß auf die Bewegung ausübt (entlastete Ventile).

Die Entlastung bringt es mit sich, daß die Dichtungsflächen nur lose aufsitzen, auch sitzen beide Dichtungsflächen der Wärmedehnung wegen nicht gleichmäßig auf. Es ist deshalb zweckmäßig, entweder den oberen oder den unteren Sitz federnd auszuführen.

Um bei Pumpen für große Flüssigkeitsmengen nicht gezwungen zu sein, den Ventilumfang zu groß zu machen, hat Riedler Ventile mit **großem Hub** konstruiert, welche selbsttätig öffnen, während die Schlußbewegung zwangläufig erfolgt, bis auf einen kleinen Abstand von

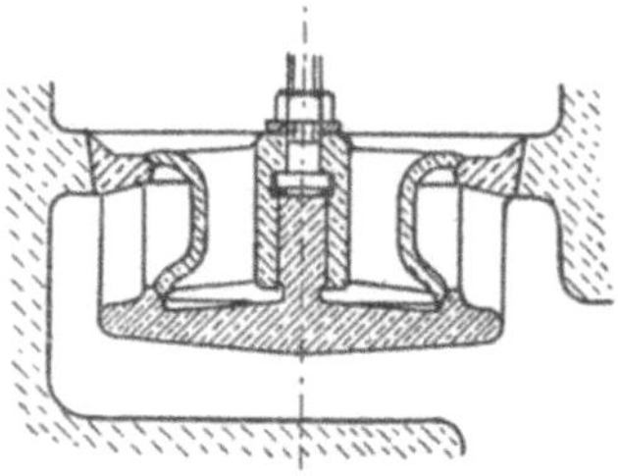

Fig. 362.

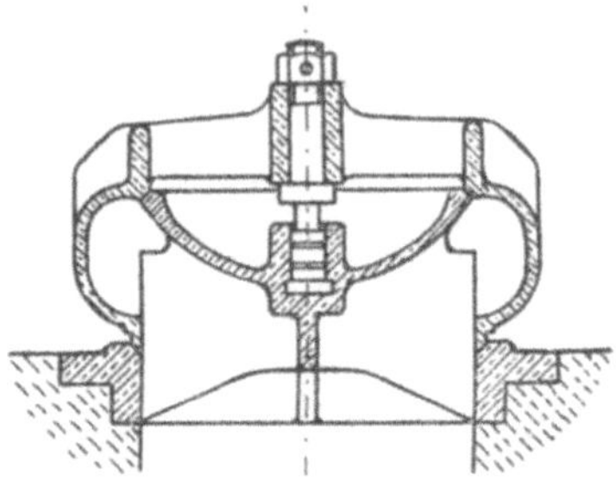

Fig. 363.

der Sitzfläche. Der vollständige Abschluß wird dann durch den Flüssigkeitsdruck bewirkt.

Berechnung der Ventile.

Die Hubhöhe ergibt sich aus der Forderung, daß der Durchgangsquerschnitt zwischen Ventil und Sitz gleich dem Querschnitt des Rohres $\frac{d_1^2 \pi}{4}$ sein soll, also

$$d_1 \pi h = \frac{d_1^2 \pi}{4}$$

zu

$$h = \frac{d_1}{4} .$$

Bei konischen Ventilen muß die Höhe des konischen Sitzes zugegeben werden, auch gibt man einen Zuschlag, um den Kegel möglichst aus dem Flüssigkeitsstrom herauszuverlegen, nimmt also

$$h = \frac{d_1}{4} + 10 \text{ bis } 20 \text{ mm} .$$

(Doppel- und viersitzige Ventile siehe im vorigen Abschnitt.)

Die Sitzbreite b nimmt man

für gewöhnliche Metallventile $b = \frac{5}{4}\sqrt{d_1}$ (d_1 in mm),

für Tellerventile mit Lederdichtung $b = \frac{5}{4}\sqrt{d_1}$.

Ventile, welche nicht spielen, dürfen erheblich schmäler ausgeführt werden; so macht man z. B. die Sitzbreite der Sicherheitsventile 1,5 bis 2 mm.

Ist

F die Druckfläche des Ventils in Quadratzentimeter,
p der Flüssigkeitsdruck in Kilogramm pro Quadratzentimeter,
f die Sitzfläche des Ventils in Quadratzentimeter,
k die zulässige Flächenpressung,

so muß sein

$$f \cdot k \geqq F \cdot p\,,$$

meist setzt man aber

$$f \cdot k = 1{,}25\, F \cdot p\,.$$

Hierbei nimmt man bei stoßfreiem Gange des Ventils

für Nickeldichtung	$k =$ 250	kg/qcm
„ Phosphorbronze	200	„
„ Rotguß	150	„
„ Gußeisen	80	„
„ Gummi und Leder	30 bis 50	„

Nach Riedler darf man für Gummi und Leder bei sicherer Führung des Ventils und ruhiger Berührung in der Sitzfläche bis $k = 85$ kg/qcm, bei Hartgummi bis $k = 200$ kg/qcm gehen.

Die Weite d_3 des Gehäuses (Fig. 358) ergibt sich aus der Forderung, daß der Durchgangsquerschnitt

$$\frac{d_3^2\,\pi}{4} - \frac{d_2^2\,\pi}{4} \geqq \frac{d_1^2\,\pi}{4}$$

ist (wobei $d_2 = d_1 + 2\,b$).

Nur bei geringem Ventilhub nimmt man diesen Durchgangsquerschnitt gleich dem Rohrquerschnitt $\frac{d_1^2\,\pi}{4}$, meist 1,5 bis $1{,}8\,\frac{d_1^2\,\pi}{4}$.

Die Wandstärken der Ventile können nach den für Pumpenzylinder bzw. Rohre gegebenen Formeln berechnet werden mit 2—3 mm Aufschlag, die Wandstärke von Stahlgußventilen ist $\frac{2}{3}$ derjenigen von Gußeisenventilen.

Die Berechnung der Spindel hat je nach der Durchströmungsrichtung auf Druck- bzw. Knickfestigkeit oder auf Zugfestigkeit zu erfolgen, wobei man zu dem Druck auf den Ventilkegel auch den Dichtungsdruck 25—50 kg/qcm Dichtungsfläche zuzunehmen hat; man kann ihn auch durch einen Aufschlag von 25% berücksichtigen.

Also setzen

$$P = 1{,}25\,\frac{\pi\,D^2}{4} \cdot p\,.$$

Hierzu kommen je nach Art des Ventils Drehungs- und Biegungsbeanspruchungen. Die Flächenpressung im Gewinde nimmt man höchstens 100 kg/qcm. Bei außergewöhnlich hohen Muttern spart man die Gewindegänge teilweise aus, da sie nicht gleichmäßig tragen. Die Säulen werden durch dieselbe Kraft wie die Spindel auf Zug oder Druck beansprucht, man nimmt $k_z = 200$ bis 300 kg/qcm, bei den auch auf Biegung beanspruchten gegossenen Bügeln $k_z = 100$ bis 150 kg/qcm. Bei der Berechnung der schmiedeisernen Brücke auf Biegung setzt man $k_b = 300$ bis 500 kg/qcm.

Im übrigen kann man der Berechnung der Ventile folgende Formeln, die C. v. Bach aus den Ergebnissen umfangreicher Versuche abgeleitet hat (Näheres siehe: Die Maschinenelemente, Verlag von A. Kröner, Leipzig, denen auch die Figuren 341, 360, 379 und 364 bis 368 entnommen sind), zugrunde legen.

Bezeichnet

P die wirksame Ventilbelastung (Gewicht des Ventils, vermehrt um etwaigen Federdruck und vermindert um den Auftrieb der Flüssigkeit) in Kilogramm,

d_1 den Durchmesser der Ventilsitzöffnung in Meter,

$f = \frac{\pi d_1^2}{4}$ den Querschnitt derselben in Quadratmeter,

v die Geschwindigkeit, mit welcher das Wasser durch den Querschnitt f fließt in Meter pro Sekunde,

ζ den Widerstandskoeffizienten des Ventils (Verhältnis des Geschwindigkeitshöhenverlustes zur erreichten Geschwindigkeitshöhe $H = \frac{v^2}{2g}$),

α, β, γ, λ und μ je einen Erfahrungskoeffizienten,

$g = 9{,}81$ m/sec die Beschleunigung der Schwere,

i die Anzahl der Rippen, bei unterer Führung, nach Art der Fig. 365,

s die Breite dieser Rippen gemessen am Umfang in Meter,

b die radiale Breite der Dichtungsfläche in Meter,

h die Hubhöhe des Ventils in Meter,

so ist je nach der Ventilform

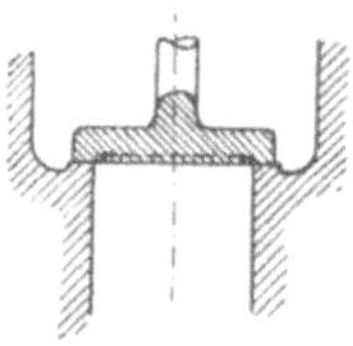

Fig. 364.

1. $P = 1000\, f \frac{v^2}{2g}\left[\lambda + \left(\frac{d_1}{4 \mu h}\right)^2\right]$

2. $P = 1000\, f \frac{v^2}{2g}\left[\lambda + \left(\frac{f}{\mu(\pi d_1 - i s) h}\right)^2\right]$

3. $\zeta = \alpha + \beta\left(\frac{d_1}{h}\right)^2$

4. $\zeta = \alpha + \beta\left(\frac{d_1^2}{(\pi d_1 - i s) h}\right)^2$

5. $\zeta = \alpha + \beta\left(\frac{d_1}{h}\right) + \gamma\left(\frac{d_1}{h}\right)^2$.

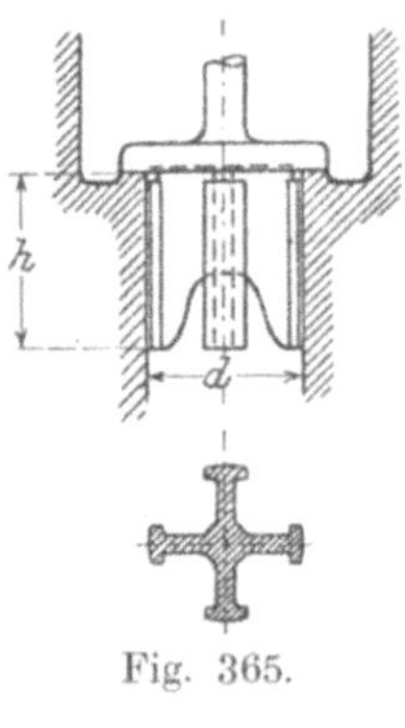

Fig. 365.

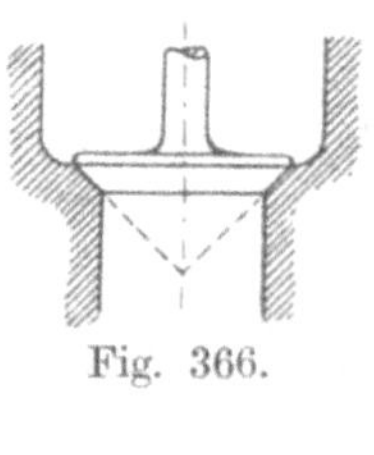

Fig. 366.

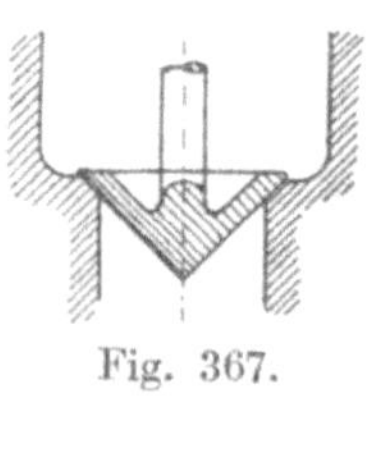

Fig. 367.

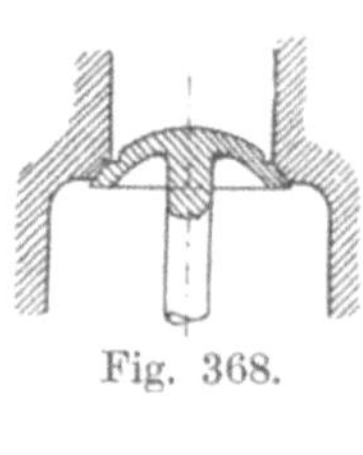

Fig. 368.

Hierbei hat man, unter der Voraussetzung, daß der zwischen Ventilteller und Gehäusewandung verbleibende ringförmige Zwischenraum gleich dem 1,8fachen von der Ventilsitzöffnung ist, also

$$\frac{d_3^2 \pi}{4} - \frac{d_2^2 \pi}{4} = 1{,}8 \frac{d_1^2 \pi}{4}$$

zu setzen für Ventile nach Art der Fig. 364, Tellerventil ohne untere Führung, wenn $b = 0{,}10\ d_1$ bis $0{,}25\ d_1$ und $h = 0{,}10\ d_1$ bis $0{,}25\ d_1$; Formel 1 mit $\lambda = 2{,}5 + 19 \frac{b - 0{,}1\ d_1}{d}$ und $\mu = 0{,}60$ bis $0{,}62$;

Formel 3 mit $\alpha = 0{,}55 + 4 \frac{b - 0{,}1\ d_1}{d}$ und $\beta = 0{,}16$ bis $0{,}15$.

Die ersten Werte von μ und β gelten bei breiter, die zweiten bei schmaler Dichtungsfläche.

Fig. 365, Tellerventile mit unterer Führung, wenn $b = 0{,}10\ d_1$ bis $0{,}25\ d_1$ und $h = 0{,}125\ d_1$ bis $0{,}25\ d_1$

Formel 2 mit λ und μ 10% kleiner als im vorigen Fall,
Formel 4 mit α um 0,8 bis 1,6 größer als im vorigen Fall und $\beta = 1{,}75$ bis $1{,}70$.

Fig. 366, Kegelventile mit ebener Unterfläche, wenn $b = 0{,}1\ d_1$ und $h = 0{,}10\ d_1$ bis $0{,}15\ d_1$

Formel 1 mit $\lambda = -1{,}05$ und $\mu = 0{,}89$,
Formel 5 mit $\alpha = 2{,}60$; $\beta = -0{,}80$ und $\gamma = 0{,}14$.

Fig. 367, Kegelventile mit kegelförmiger Unterfläche, wenn $h = 0{,}125\ d_1$ bis $0{,}25\ d_1$

Formel 1 mit $\lambda = 0{,}38$ und $\mu = 0{,}68$,
Formel 3 mit $\alpha = 0{,}60$ und $\beta = 0{,}15$.

Fig. 368, Kegelventile mit kugelförmiger Unterfläche, wenn $h = 0{,}10\ d_1$ bis $0{,}25\ d_1$

Formel 1 mit $\lambda = 0{,}96$ und $\mu = 1{,}15$,
Formel 5 mit $\alpha = 2{,}70$; $\beta = -0{,}80$ und $\lambda = 0{,}14$.

Klappenventile.

Ventile mit Lederklappen (Fig. 369) können nur für Flüssigkeiten, welche das Leder nicht angreifen und niedrige Temperaturen haben (Kaltwasser und Luft), Verwendung finden. Ventile mit Gummiklappen (Fig. 370) werden verwendet für Pumpen mit hoher Tourenzahl. Das Einsetzen der Gummiplatten zeigt Fig. 371. Auch Gummi kann nur für niedrige Temperaturen verwendet werden, da er bei höheren Temperaturen weich wird. Die Gittersitze müssen verrundete Kanten haben.

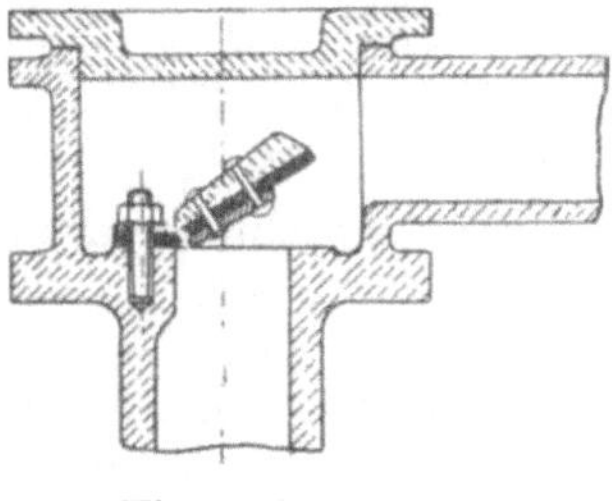

Fig. 369.

Für höhere Temperaturen und für Maschinen, welche längere Zeit stillstehen und dann sofort betriebsfertig sein müssen, wie Feuerspritzen, muß man Metallklappen verwenden, welche sorgfältig aufgeschliffen werden müssen. Der Führungsstift muß 1 bis 2 mm Luft haben, damit sich das Ventil sicher aufsetzen kann.

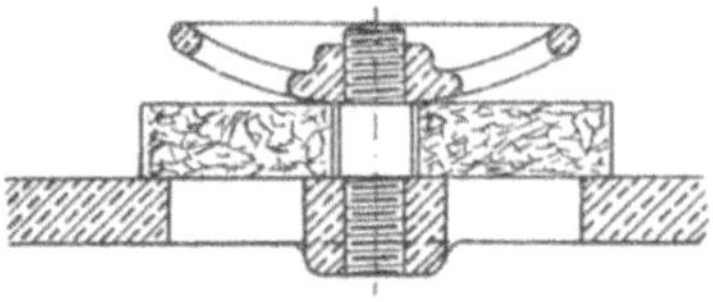

Fig. 370.

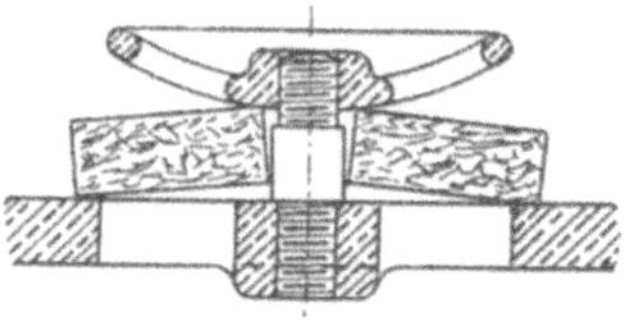

Fig. 371.

Das Drehmoment, welches das Klappenventil schließt, ist um so größer, je weiter der Schwerpunkt der Klappe vom Drehpunkt entfernt ist.

Fig. 372 zeigt eine Drosselklappe, welche bestimmt ist, den Querschnitt zu verengen; einen vollständigen Abschluß kann dieselbe nicht herbeiführen.

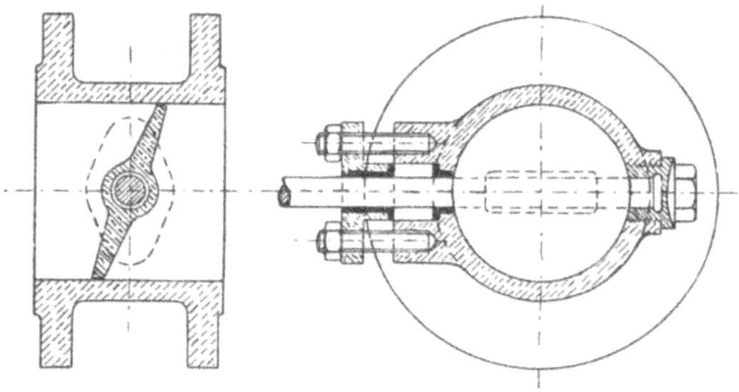

Fig. 372.

Gutermuth verwendet Klappen aus Tombakblech, deren Ende zu einer federnden Spirale aufgewunden ist, die die Klappe anpreßt. Diese Klappen sind sehr leicht.

2. Schieber.

Der Abschluß erfolgt durch Verschieben der abdichtenden Flächen.

Ist die Kraft, welche diese Flächen aufeinanderdrückt, senkrecht zu denselben gerichtet, so nennt man den Schieber Normalschieber, ist diese Kraft parallel den abdichtenden Flächen, Axialschieber.

Zu den Normalschiebern gehören die Flach-, Kolben- und Rundschieber, zu den Axialschiebern die Drehschieber und Hähne.

Dem Ventil gegenüber bietet der Schieber den Vorteil, daß er den Flüssigkeitsstrom nicht zu Richtungsänderungen zwingt.

Wenn möglich, legt man die Dichtungsflächen in besondere Einsätze.

a) Normalschieber.

Bei Wasser fertigt man den Schieberspiegel aus Bronze, bei Gas und Dampf aus Gußeisen.

Bei der Verwendung der Schieber für Dampf ist der Hauptvorteil der rasche Abschluß, bei der Verwendung für Wasser ist dieser schädlich, weshalb man, falls die Leitung nicht selbst weit genug ist, Windkessel einbauen muß, um die Stöße unschädlich zu machen.

Fig. 373 zeigt einen Wasserschieber, welcher langsam schließt. Ähnliche Schieber werden auch für Dampf verwendet.

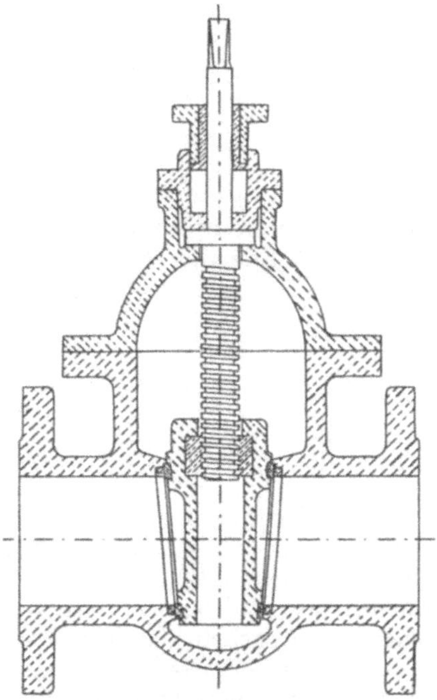

Fig. 373.

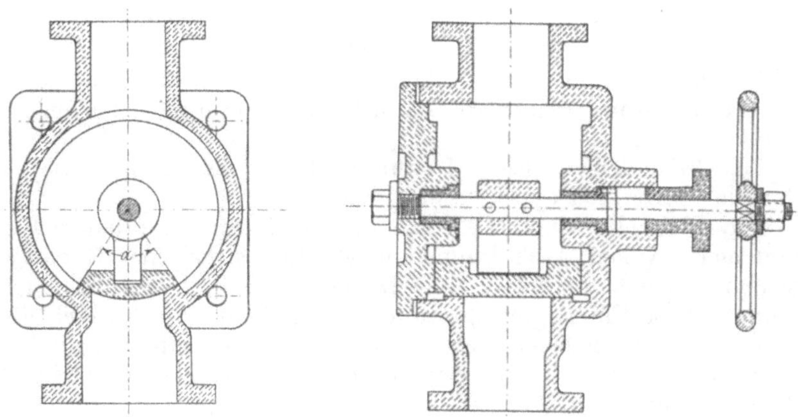

Fig. 374.

Bei Rundschiebern (Fig. 374) soll der Winkel α klein sein, weil die Flächenpressung nach den Rändern zu abnimmt.

Fig. 375 zeigt den gewöhnlichen Muschelschieber, der durch die Schieberstange zwangläufig bewegt wird. Die Befestigung der Schieberstange am Schieber muß der Abnutzung wegen senkrecht zur Be-

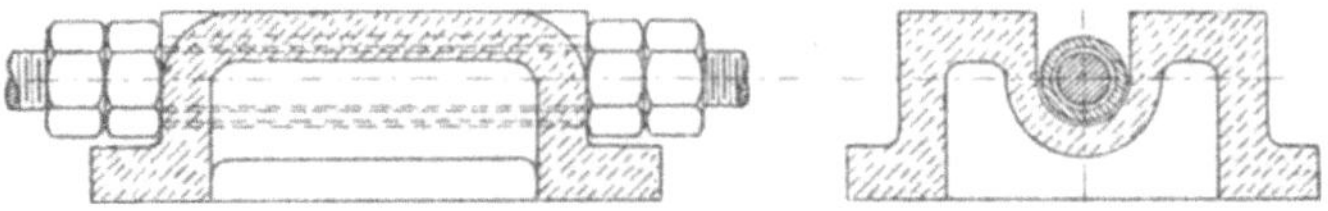

Fig. 375.

wegungsrichtung Spielraum geben, in der Längsrichtung dagegen nicht, doch soll die Stange in der Längsrichtung verstellbar sein. Die äußeren

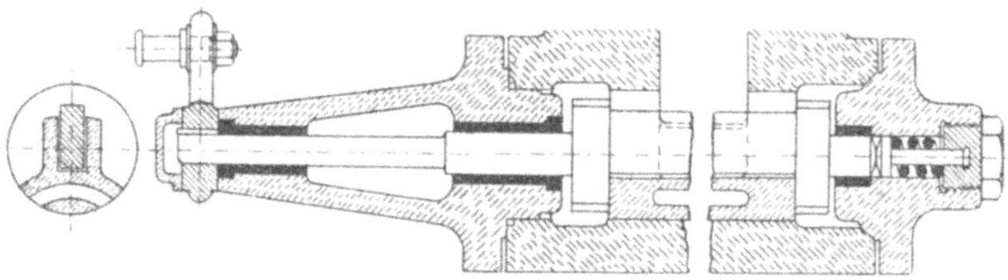

Fig. 376.

Kanten des Schiebers müssen bei der Bewegung über den Schieberspiegel hinausgehen, damit sich kein Ansatz bildet.

Der Schieberkasten kann an den Zylinder angegossen oder mit demselben verschraubt werden.

Fig. 376 zeigt einen gesteuerten Rundschieber für Corliß-Steuerung.

b) Axialschieber.

Bei den Axialschiebern ist dauernde Abdichtung weniger gesichert als bei den Normalschiebern, da sich die Dichtungsflächen ungleich abnutzen.

Fig. 377 zeigt einen Drehschieber, der früher viel als Dampfabsperrschieber verwendet wurde.

Fig. 378 zeigt einen gewöhnlichen Hahn. Der innere Kegel wird meist Küken, auch Hahnschlüssel, Hahnwirbel oder Hahnreiber genannt. Damit die Mutter beim Drehen des Kükens sich nicht lösen kann, sitzt die Unterlegscheibe auf einem Vierkant. Des Nachschleifens wegen sollen die Flächen dort, wo die Berührung aufhört, zylindrisch sein; auch ist es vorteilhaft, wenn die beiden aufeinander zu schleifenden Teile verschiedene Härte haben.

Die Vierkante sind mit Rücksicht auf das leichtere Einformen übereck anzuordnen.

Fig. 379 zeigt den Kleinschen Hahn, bei welchem die Flüssigkeitspressung selbst den zum Abdichten erforderlichen Druck ausübt.

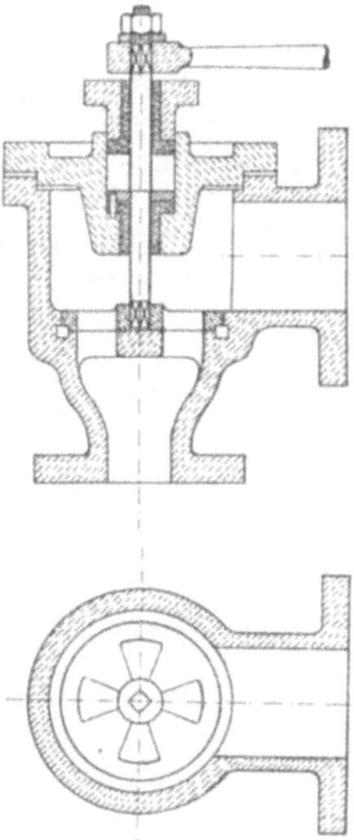

Fig. 377.

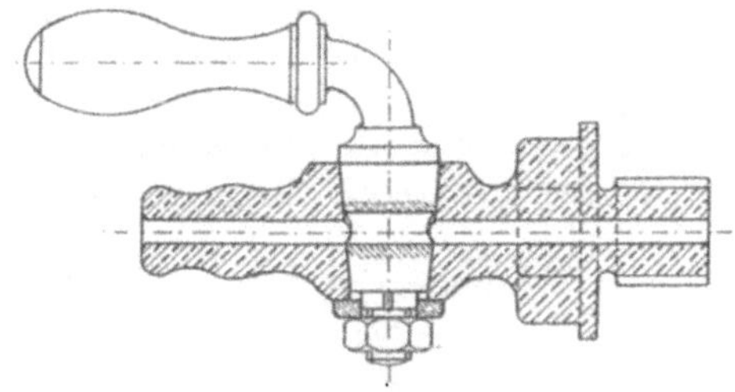

Fig. 378.

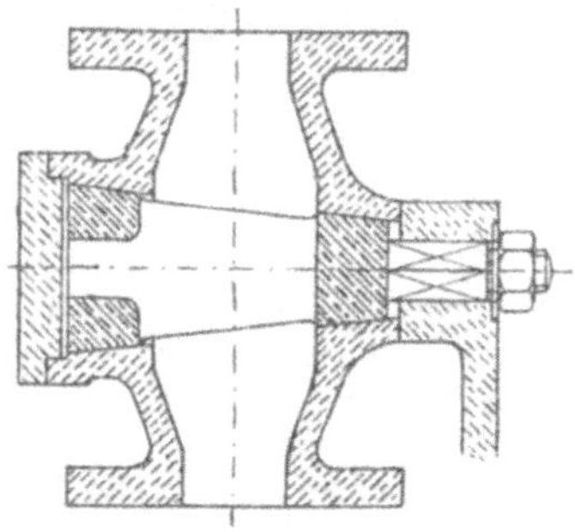

Fig. 379.

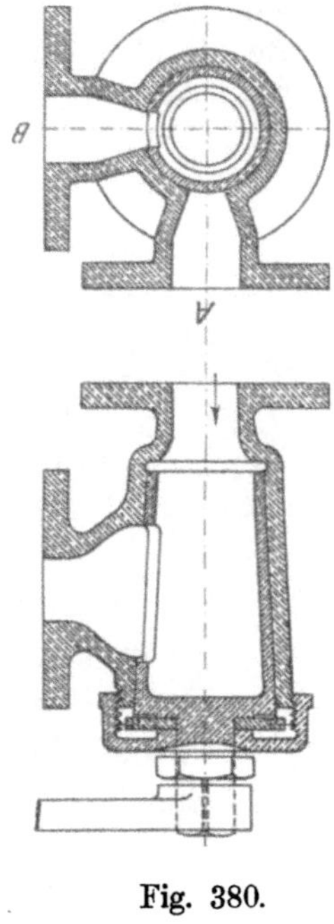

Fig. 380.

Fig. 380 zeigt einen Dreiweghahn. Die Flüssigkeit kommt von unten und kann entweder nach *A* oder nach *B* geleitet, oder ganz abgeschlossen werden.

Die Neigung der Kegelfläche gegen die Mittellinie soll 1 : 8 bis 1 : 15 sein, die Breite der Dichtungsfläche bei kleinen Hähnen mindestens 10 mm.

Die Hähne haben den Nachteil, daß sie den Querschnitt verengen oder mindestens den Flüssigkeitsstrahl zu Formänderungen zwingen, halten aber dichter als gewöhnliche ebene Drehschieber (wie Fig. 377).

Die Öffnung im Küken hat ungefähr Rechteckform, die Höhe gleich dem 1,8 bis 2,5fachen der Breite. Im Normenausschuß einigte man sich auf das Schlitzverhältnis 1 : 2,75 als Mittelweg für alle Hahngrößen.

Die Baulänge der Hähne soll die gleiche sein wie bei den Ventilen, um einen gegenseitigen Austausch vornehmen zu können. Um ein Urteil darüber zu erhalten, sollen schnellstens Zeichnungen für Hähne mit und ohne Stopfbuchsen angefertigt werden.

Als Beispiel eines Steinzeughahnes zeigt Fig. 381 den Oska-Hahn der Steinzeugröhrenfabrik G. m. b. H., Muskau in Lugknitz, O.-L., der als Durchgangshahn und Schnabelhahn ausgeführt wird. Das unten geschlossene Hahngehäuse ist zur Aufnahme der den Hahn durchströmenden Betriebsflüssigkeit sackartig erweitert. In diese Flüssigkeit ragt das untere Ende des Kükens hinein, so daß die Flüssigkeit federnd auf das Küken wirkt. Am Küken oder im Gehäuse angebrachte Dichtungsnuten, die sich gleichfalls mit Betriebsflüssigkeit füllen, verhindern infolge der Kohäsionswirkung derselben auf die bei leichtem Lecken durchsickernde Flüssigkeit, ein Tropfen des Hahns.

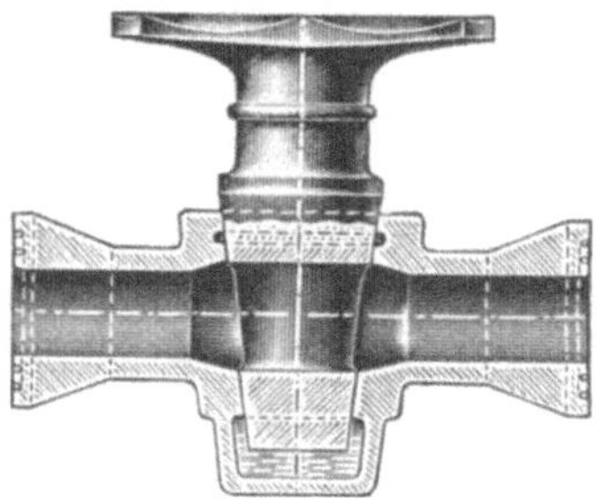

Fig. 381.

Bedienungselemente.

Die Normung aller an verschiedenen Maschinen in gleicher Form wiederkehrenden Teile hat zur Bildung dieser Gruppe von Maschinenteilen geführt, zu der Handräder, Kugelgriffe, Kegelgriffe, Stangengriffe, Keulengriffe, Ballengriffe, Hahngriffe, Walzengriffe usw. gehören. Es genügt hier auf die Normblätter zu verweisen.

Anhang.

Berechnung der Federn.

(Nach „Hütte“, Ingenieurs Taschenbuch.)

Nach der Beanspruchung unterscheiden wir Biegungsfedern und Drehungsfedern.

Ist

P die Tragfähigkeit der Federn,

f die Durchbiegung bei der Belastung P,

l die Länge der Feder in Zentimeter,

V das Volumen derselben in Kubikzentimeter,

k_b die zulässige Biegungsspannung in Kilogramm pro Quadratzentimeter,

E der Elastizitätsmodul des Materials

und

J das Trägheitsmoment des Querschnittes

für rechteckigen Querschnitt $J = \frac{b\,h^3}{12}$,

„ runden „ $J = \frac{d^4}{20}$,

so erhalten wir für rechteckige

Biegungsfedern

(Fig. 382, 383 und 384) die Festigkeitsgleichung:

$$P \cdot l = \frac{b\,h^2}{6} \cdot k_b$$

oder

$$P = \frac{b\,h^2}{6} \cdot \frac{k_b}{l}.$$

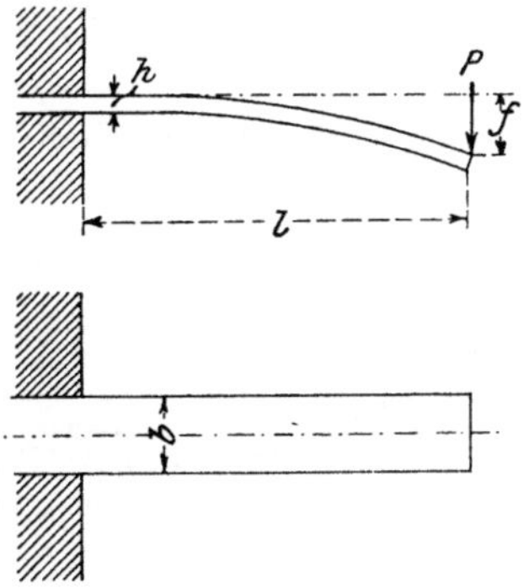

Fig. 382.

Die Durchbiegung einer Feder von gleicher Breite und gleicher Höhe (Fig. 382) erfolgt nach der sogenannten elastischen Linie und beträgt

$$f = \frac{P\,l^3}{3\,E\,J}$$

oder, wenn man für P und J die oben gegebenen Werte einsetzt,

$$f = \frac{b\,h^2}{6} \cdot \frac{k_b}{l} \cdot \frac{l^3 \cdot 12}{3\,E\,b\,h^3} = \frac{2}{3}\,\frac{l^2}{h} \cdot \frac{k_b}{E}.$$

Die Arbeit, die von einer Feder aufgenommen wird, indem sich dieselbe um f cm durchbiegt, ist

$$A = \frac{P\,f}{2} \text{ (mittlere Kraft } \frac{P}{2} \text{ mal Durchbiegung).}$$

Setzt man diese Gleichung in die oben gefundenen Werte von P und f ein, so erhält man

$$A = \frac{1}{2}\,\frac{b\,h^2}{6}\,\frac{k_b}{l} \cdot \frac{2}{3}\,\frac{l^2}{h} \cdot \frac{k_b}{E} = \frac{1}{18} \cdot \frac{k_b^2}{E} \cdot b \cdot h \cdot l\,,$$

$b \cdot h \cdot l$ ist aber das Volumen der Feder in Kubikzentimeter, also ist

$$A = \frac{1}{18} \cdot \frac{k_b^2}{E} \cdot V.$$

Für eine nach der kubischen Parabel zugeschärfte Feder (Fig. 383), welche sich kreisbogenförmig krümmt, ist zunächst der Querschnitt an der Einspannungsstelle genau so zu berechnen wie bei der vorigen Feder, die Feder wird nun gleichbreit ausgeführt, während die Höhen abnehmen und zwar, wenn x der Abstand der zu berechnenden Höhe vom Angriffspunkte der Kraft ist, nach der Gleichung

$$\frac{h_1^3}{h^3} = \frac{x_1}{x}.$$

Die Durchbiegung wird hier

$$f = \frac{P}{EJ}\frac{l^3}{2} = \frac{b\,h^2}{6}\cdot\frac{k_b}{l}\cdot\frac{l^3\,12}{2\,E\,b\,h^3} = \frac{l^2}{h}\cdot\frac{k_b}{E}$$

und die Federungsarbeit

$$A = \frac{P\,f}{2} = \frac{1}{9}\,\frac{k_b^2}{E}\cdot V$$

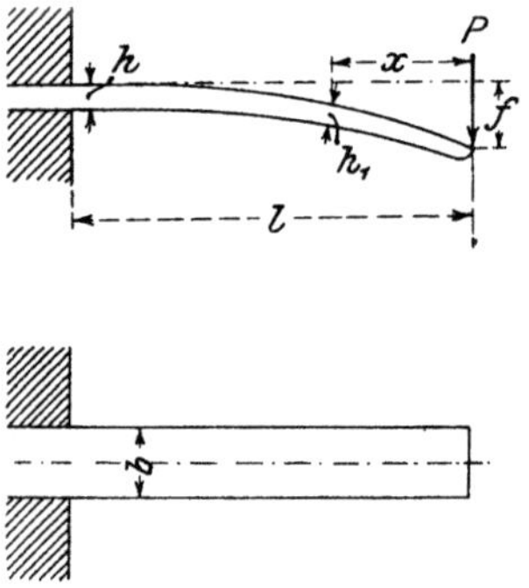

Fig. 383.

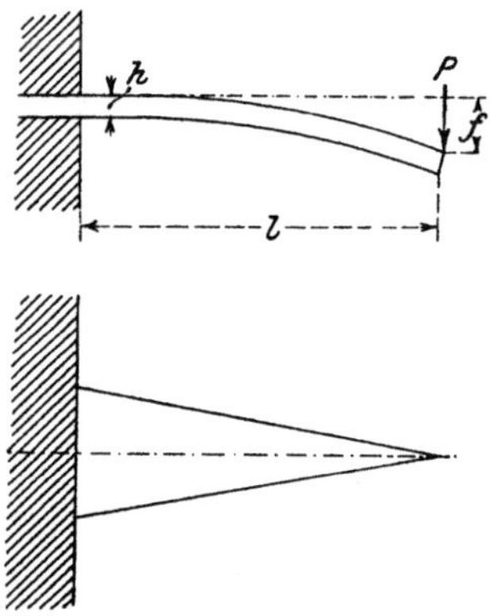

Fig. 384.

Auch die Dreieckfeder (Fig. 384) krümmt sich kreisbogenförmig; der Querschnitt an der Einspannungsstelle wird wieder wie früher berechnet, nur bleibt jetzt die Höhe konstant, während die Breite nach der Spitze zu gleichmäßig bis auf Null abnimmt. Die Durchbiegung ist ebenso groß wie die der vorigen Feder, die Federungsarbeit

$$A = \frac{1}{6}\,\frac{k_b^2}{E}\,V.$$

Aus der Dreiecksfeder kann man sich, indem man diese, wie Fig. 385 zeigt, zerlegt und die Streifen nach Fig. 386 übereinanderlegt, das Blattfederwerk entstanden denken. Dieses kann als einfache

Dreieckfeder berechnet werden. Statt die Enden der einzelnen Blätter dreieckig zuzuschärfen, kann man sie auch nach der kubischen Parabel (wie in Fig. 383) zuschärfen.

Für auf Biegung beanspruchte gewundene Federn (Spiralfedern) gelten, wenn die Kraft P am Radius r wirkt, bei rechteckigem Querschnitt (Fig. 387 und 388) die Formeln:

$$P \cdot r = \frac{b\,h^2}{6} \cdot k_b \qquad \text{oder} \qquad P = \frac{b\,h^2}{6} \cdot \frac{k_b}{r}$$

$$f = 2\,\frac{r\,l}{h} \cdot \frac{k_b}{E},$$

$$A = \frac{1}{6} \cdot \frac{k_d^2}{E} \cdot V,$$

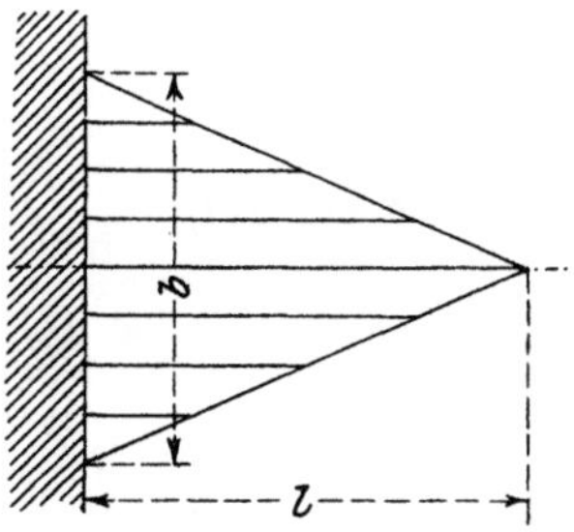

Fig. 385.

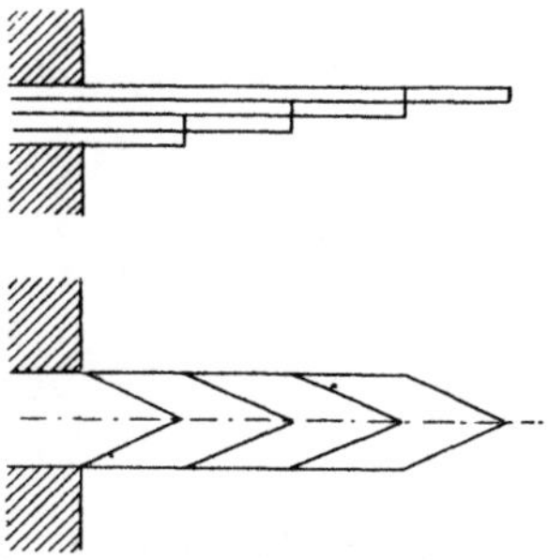

Fig. 386.

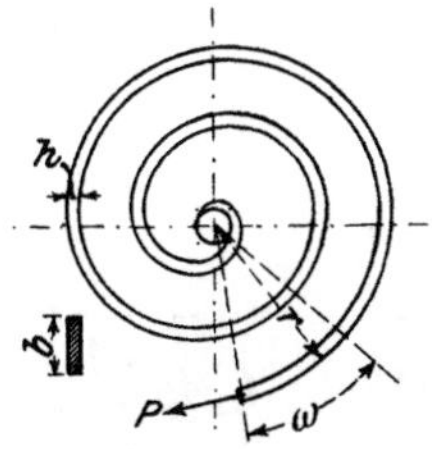

Fig. 387.

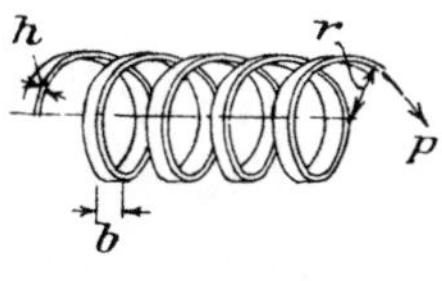

Fig. 388.

bei rundem Querschnitt

$$P\,r = \frac{d^3}{10} \cdot k_b \qquad \text{oder} \qquad P = \frac{d^3}{10} \cdot \frac{k_b}{r},$$

$$f = 2\,\frac{r\,l}{d} \cdot \frac{k_b}{E}$$

und

$$A = \frac{1}{8}\,\frac{k_b^2}{E} \cdot V.$$

Während die nach Art der in Fig. 387 und 388 eingezeichneten Kräfte belasteten Federn auf Biegung beansprucht sind, werden gerade Federn, welche wie in Fig. 389 belastet sind, sowie Spiralfedern, welche zusammengedrückt oder auseinandergezogen werden, auf Verdrehungsfestigkeit in Anspruch genommen und deshalb

Drehungsfedern

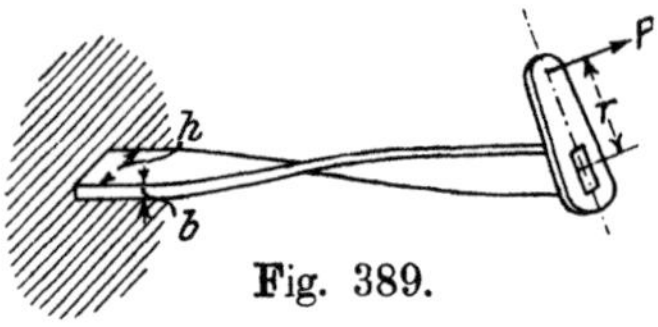

Fig. 389.

genannt. Für diese gelten folgende Formeln:

Fig. 389, gerade Drehungsfeder bei rundem Querschnitt

$$P \cdot r = \frac{d^3}{5} \cdot k_d \qquad \text{oder} \qquad P = \frac{d^3}{5} \cdot \frac{k_d}{r},$$

$$f = 2\frac{r\,l}{d} \cdot \frac{k_d}{E_s} \; (E_s = \text{Schubelastizitätsmodul}),$$

$$A = \frac{1}{4}\,\frac{k_d^2}{E_s} \cdot V,$$

für rechteckigen Querschnitt (Fig. 389)

$$P \cdot r = \frac{2\,b^2 \cdot h}{9} \cdot k_d \qquad \text{oder} \qquad P = \frac{2}{9} \cdot \frac{b^2 h}{r} \cdot k_d\,,$$

$$f = 0{,}8\,r\,l\,\frac{b^2 + h^2}{b\,h^2} \cdot \frac{k_d}{E_s},$$

$$V = \frac{4}{45}\left(\frac{b^2}{h^2} + 1\right)\frac{k_d^2}{E_s} \cdot V\,.$$

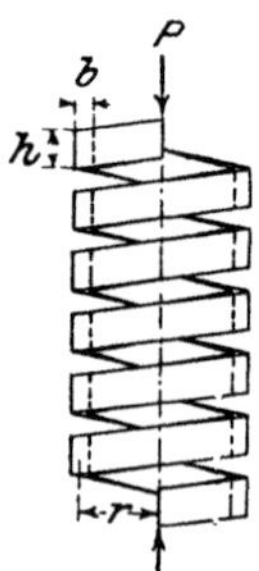

Fig. 390.

Fig. 390, Schraubenfeder mit rundem Querschnitt

$$P \cdot r = \frac{d^3}{5} \cdot k_d \qquad \text{oder} \qquad P = \frac{d^3}{5} \cdot \frac{k_d}{r},$$

$$f = \frac{4\,\pi\,n\,r^2}{d} \cdot \frac{k_d}{E_s},$$

$$A = \frac{1}{4}\,\frac{k_d^2}{E_s} \cdot V,$$

bei rechteckigem Querschnitt (Fig. 390)

$$P\,r = \frac{2\,b^2\,h}{9} \cdot k \qquad \text{oder} \qquad P = \frac{2}{9}\,\frac{b^2\,h}{r} \cdot k_d\,,$$

$$f = 1{,}6\,\pi\,n\,r^2\,\frac{b^2 + h^2}{b\,h^2} \cdot \frac{k_d}{E_s}\,,$$

$$A = \frac{4}{45}\left(\frac{b^2}{h^2} + 1\right)\frac{k_d^2}{E_s} \cdot V\,.$$

Fig. 391, Kegelfeder
mit rundem Querschnitt

$$P \cdot r = \frac{d^3}{5} \cdot k_d \qquad \text{oder} \qquad P = \frac{d^3}{5} \cdot \frac{k_d}{r}\,,$$

$$f = \frac{r\,l}{d} \cdot \frac{k_d}{E_s} = \pi\,n\,\frac{r^2}{d} \cdot \frac{k_d}{E_s}\,,$$

$$A = \frac{1}{8}\,\frac{k_d^2}{E_s} \cdot V\,,$$

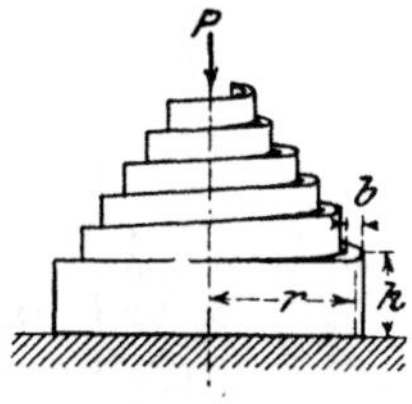

Fig. 391.

mit rechteckigem Querschnitt (Fig. 391)

$$P\,r = \frac{2\,b^2\,h}{9} \cdot k_d \qquad \text{oder} \qquad P = \frac{2}{9}\,\frac{b^2\,h}{r} \cdot k_ä\,,$$

$$f = 0{,}4\,\pi\,n\,r^2\,\frac{b^2 + h^2}{b\,h^2} \cdot \frac{k_d}{E_s}\,,$$

$$A = \frac{2}{45}\left(\frac{b^2}{h^2} + 1\right)\frac{k_d^2}{E_s} \cdot V\,.$$

(Hierbei ist l die Länge der ausgestreckt gedachten Feder, n die Anzahl der Windungen.)

Bei rechteckigen Drehungsfedern wird die Federungsarbeit A am größten, wenn $\frac{b^2}{h^2} = 1$, also $b = h$ ist, d. h. wenn der Federquerschnitt quadratisch ist.

Tabellen.

Tabelle 1.

Whitworthsches Gewinde.

Äußerer Durchmesser des Gewindes d		Kern-Durchmesser d_1	Kern-Querschnitt $\frac{\pi d_1^2}{4}$	Anzahl der Gewindegänge auf einen engl. Z.	Anzahl der Gewindegänge auf die Länge d	Höhe d. Mutter, abgerundet h_1	Höhe d. Kopfes, abgerundet h_0	Schlüsselweite abgerundet S_0	Tragkraft $Q = {}^1/_4 \pi d_1^2 k_z$, wenn (in kg/qcm) $k_z = 480$	$k_z = 600$
engl. Z.	mm	mm	qcm	engl. Z.	d	mm	mm	mm	kg	kg
$^1/_4$	6,35	4,72	0,175	20	5	6	4	13	85	105
$^5/_{16}$	7,94	6,13	0,295	18	$5^3/_8$	8	6	16	140	175
$^3/_8$	9,52	7,49	0,441	16	6	10	7	19	210	265
$^7/_{16}$	11,11	8,79	0,607	14	$6^1/_8$	11	8	21	290	365
$^1/_2$	12,70	9,99	0,784	12	6	13	9	23	375	470
$^5/_8$	15,87	12,92	1,311	11	$6^7/_8$	16	11	27	630	785
$^3/_4$	19,05	15,80	1,961	10	$7^1/_2$	19	13	33	940	1 175
$^7/_8$	22,22	18,61	2,720	9	$7^7/_8$	22	15	36	1 305	1 630
1	25,40	21,33	3,573	8	8	25	18	40	1 715	2 145
$1^1/_8$	28,57	23,93	4,498	7	$7^7/_8$	29	20	45	2 160	2 700
$1^1/_4$	31,75	27,10	5,768	7	$8^3/_4$	32	22	50	2 770	3 460
$1^3/_8$	34,92	29,50	6,836	6	$8^1/_4$	35	24	54	3 280	4 100
$1^1/_2$	38,10	32,68	8,388	6	9	38	27	58	4 030	5 030
$1^5/_8$	41,27	34,77	9,495	5	$8^1/_8$	41	29	63	4 560	5 700
$1^3/_4$	44,45	37,94	11,31	5	$8^3/_4$	44	32	67	5 430	6 780
$1^7/_8$	47,62	40,40	12,82	$4^1/_2$	$8^7/_{16}$	48	34	72	6 150	7 690
2	50,80	43,57	14,91	$4^1/_2$	9	51	36	76	7 160	8 950
$2^1/_4$	57,15	49,02	18,87	4	9	57	40	85	9 060	11 320
$2^1/_2$	63,50	55,37	24,08	4	10	64	45	94	11 560	14 450
$2^3/_4$	69,85	60,55	28,80	$3^1/_2$	$9^5/_8$	70	49	103	13 820	17 280
3	76,20	66,90	35,15	$3^1/_2$	$10^1/_2$	76	53	112	16 870	21 090
$3^1/_4$	82,55	72,57	41,36	$3^1/_4$	$10^9/_{16}$	83	58	121	19 850	24 820
$3^1/_2$	88,90	78,92	48,92	$3^1/_4$	$11^3/_8$	89	62	130	23 480	29 350
$3^3/_4$	95,25	84,40	55,95	3	$11^1/_4$	95	67	138	26 960	33 570
4	101,60	90,75	64,68	3	12	102	71	147	31 050	38 810
$4^1/_4$	107,95	96,65	73,37	$2^7/_8$	$12^7/_{32}$	108	76	156	35 220	44 020
$4^1/_2$	114,30	102,98	83,29	$2^7/_8$	$12^{15}/_{16}$	114	80	165	39 980	49 970
$4^3/_4$	120,65	108,84	93,04	$2^3/_4$	$13^1/_{16}$	121	85	174	44 660	55 820
5	127,00	115,19	104,2	$2^3/_4$	$13^3/_4$	127	89	183	50 020	62 530
$5^1/_4$	133,35	121,67	116,3	$2^5/_8$	$13^{25}/_{32}$	133	93	192	55 810	69 760
$5^1/_2$	139,70	127,51	127,7	$2^5/_8$	$14^7/_{16}$	140	98	201	61 300	76 620
$5^3/_4$	146,05	133,05	139,0	$2^1/_2$	$14^3/_8$	146	102	209	66 740	83 420
6	152,40	139,39	152,6	$2^1/_2$	15	152	106	218	73 250	91 560

Tabelle 2.

S.-I.-Gewinde (System International, Zürich 1898).

Äußerer Gewindedurchmesser d mm	Kerndurchmesser d_1 mm	Ganghöhe h mm	Gangtiefe t mm	Schlüsselweite S_0 mm
6	4,59	1	0,705	12
7	5,59	1	1,705	13
8	6,24	1,25	0,83	15
9	7,24	1,25	0,83	16
10	7,89	1,5	1,055	18
11	8,89	1,5	1,055	19
12	9,54	1,75	1,23	21
14	11,19	2	1,405	23
16	13,19	2	1,405	26
18	14,48	2,5	1,76	29
20	16,48	2,5	1,76	32
22	18,48	2,5	1,76	35
24	19,78	3	2,11	38
27	22,78	3	2,11	42
30	25,08	3,5	2,46	46
33	28,08	3,5	2,46	50
36	30,37	4	2,815	54
39	33,37	4	2,815	58
42	35,67	4,5	3,165	63
45	38,67	4,5	3,165	67
48	40,96	5	3,52	71
52	44,96	5	3,52	77
56	48,26	5,5	3,87	82
60	52,26	5,5	3,87	88
64	55,70	6	4,15	94
68	57,70	6	4,15	100
72	65,85	6,5	4,575	105
76	66,85	6,5	4,575	110
80	70,15	7	4,925	116

Tabelle 3.

Gasgewinde.

Nr.	Innerer Rohrdurchmesser Zoll engl.	Innerer Rohrdurchmesser mm	Äußerer Gewindedurchmesser	Tiefe des Gewindes	Gangzahl auf 1 Zoll engl.
1	$^1/_8$	3,1	9,7	0,5	28
2	$^1/_4$	6,3	13,1	0,8	19
2	$^3/_8$	9,5	16,6	0,8	19
3	$^1/_2$	12,7	20,9	1,1	14
3	$^5/_8$	15,8	22,9	1,1	14
3	$^3/_4$	19,0	26,4	1,1	14
4	$^7/_8$	22,2	30,2	1,1	14
4	1	25,4	33,2	1,4	11
4	$1^1/_4$	31,7	41,9	1,4	11
4	$1^1/_2$	38,0	47,8	1,4	11
4	$1^3/_4$	44,4	51,9	1,4	11
4a	2	50,7	59,6	1,4	11
4a	$2^1/_4$	57,1	65,7	1,4	11
4a	$2^1/_2$	63,4	76,2	1,4	11
4a	$2^3/_4$	69,8	82,4	1,4	11
4a	3	76,1	88,5	1,4	11
5	$3^1/_2$	88,8	100,0	1,4	11
5	4	101,6	112,7	1,4	11

Vom Verein Deutscher Ingenieure, dem Verein Deutscher Gas- und Wasserfachmänner, dem Verein Deutscher Zentralheizungsindustrieller und dem Verbande Deutscher Röhrenwerke wurde folgendes Gewinde vereinbart:

			Kerndurchmesser	
$^1/_4$	6,35	13	11,3	19
$^3/_8$	9,52	16,5	14,8	19
$^1/_2$	12,70	20,5	18,2	14
$^5/_8$	15,87	23	20,7	14
$^3/_4$	19,05	26,5	24,2	14
1	25,40	33	30	11
$1^1/_4$	31,75	42	39	11
$1^1/_2$	38,10	48	45	11
$1^3/_4$	44,45	52	49	11
2	50,80	59,70	56	11
$2^1/_2$	63,50	76	73	11
3	76,20	89	86	11
$3^1/_2$	88,90	101,5	98,5	11
4	101,60	114	111	11

Tabelle 4.

Whitworth-Gewinde nach Original. D. I.-Norm 11

$h = \frac{25,40}{z}$

$r = 0,13733\ h$

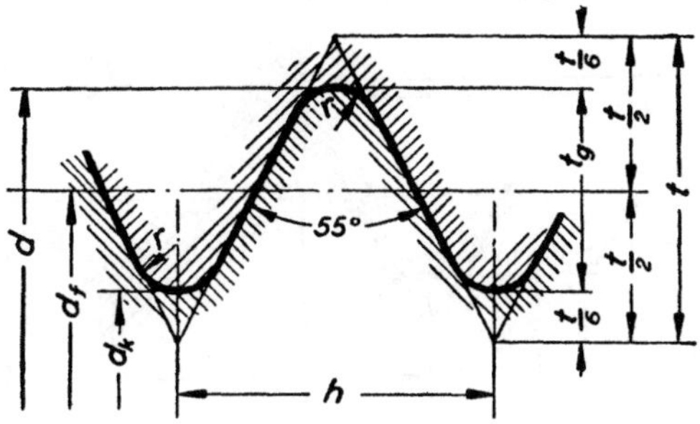

$t = 0,96049\ h$

$t_g = 0,64033\ h$

Maße in mm

Gewindedurchmesser d engl. Zoll	mm	Kern-durch-messer d_k	Flanken-durch-messer d_f	Gangzahl auf 1 Zoll z	Steigung h	Gewinde-tiefe t_g	Rundung r
1/4	6,35	4,72	5,537	20	1,270	0,813	0,174
5/16	7,94	6,13	7,033	18	1,411	0,904	0,194
3/8	9,52	7,49	8,508	16	1,587	1,017	0,218
(7/16)	11,11	8,79	9,950	14	1,814	1,162	0,249
1/2	12,70	9,99	11,344	12	2,117	1,356	0,291
5/8	15,87	12,92	14,396	11	2,309	1,479	0,317
3/4	19,05	15,80	17,424	10	2,540	1,626	0,349
7/8	22,22	18,61	20,418	9	2,822	1,807	0,388
1	25,40	21,33	23,367	8	3,175	2,033	0,436
1 1/8	28,57	23,93	26,250	7	3,629	2,324	0,498
1 1/4	31,75	27,10	29,425	7	3,629	2,324	0,498
1 3/8	34,92	29,50	32,213	6	4,233	2,711	0,581
1 1/2	38,10	32,68	35,388	6	4,233	2,711	0,581
1 5/8	41,27	34,77	38,021	5	5,080	3,253	0,698
1 3/4	44,45	37,94	41,196	5	5,080	3,253	0,698
(1 7/8)	47,62	40,40	44,010	4 1/2	5,644	3,614	0,775
2	50,80	43,57	47,185	4 1/2	5,644	3,614	0,775
2 1/4	57,15	49,02	53,083	4	6,350	4,066	0,872
2 1/2	63,50	55,37	59,433	4	6,350	4,066	0 872
2 3/4	69,85	60,56	65,202	3 1/2	7,257	4,647	0,997
3	76,20	66,91	71,552	3 1/2	7,257	4,647	0,997
3 1/4	82,55	72,54	77,545	3 1/4	7,815	5,004	1,078
3 1/2	88,90	78,89	83,894	3 1/4	7,815	5,004	1,073
3 3/4	95,25	84,40	89,826	3	8,467	5,422	1,163
4	101,60	90,75	96,176	3	8,467	5,422	1,163
4 1/4	107,95	96,63	102,291	2 7/8	8,835	5,657	1,213
4 1/2	114,30	102,98	108,641	2 7/8	8,835	5,657	1,213
4 3/4	120,65	108,82	114,734	2 3/4	9,236	5,914	1,268
5	127,00	115,17	121,084	2 3/4	9,236	5,914	1,268
5 1/4	133,35	120,96	127,151	2 5/8	9,676	6,196	1,329
5 1/2	139,70	127,31	133,501	2 5/8	9,676	6,196	1,329
5 3/4	146,05	133,04	139,541	2 1/2	10,160	6,506	1,395
6	152,40	139,39	145,891	2 1/2	10,160	6,506	1,395

Die Gewinde 9/16, 11/16 und 15/16 der Originalreihe sind nicht aufgeführt.
Die eingeklammerten Gewinde sind möglichst nicht zu verwenden.
Die Werte gelten für 16 2/3° Bezugstemperatur.

Tabelle 5.

Whitworth-Gewinde mit Spitzenspiel.

D. I.-Norm 12

Das Muttergewinde erhält am Fuß ein Spiel von 0,05 h durch Ausrunden, am Kopf (Kern) ein Spiel 0,074 h durch Abflachen.

$h = \frac{25,40}{z}$

$r = 0,13733\ h$

$r_{1\,min} = 0,09443\ h$

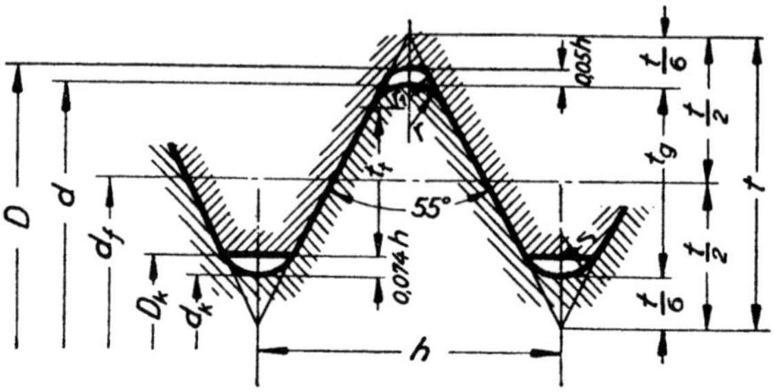

$t = 0,96049\ h$

$t_t = 0,49214\ h$

$t_g = 0,64033\ h$

Maße in mm

Gewindedurchmesser d engl. Zoll	mm	Kern-durch-messer d_k	Flanken-durch-messer d_f	Gangzahl auf 1 Zoll z	Steigung h	Gewinde-tiefe t_g	Tragtiefe t_t	Rundung am Bolzen r	Rundung i. d. Mutter r_1	Mutter Gewinde-durchm. D	Mutter Kern-durchm D_k
1/4	6,35	4,72	5,537	20	1,270	0,813	0,625	0,174	0,120	6,48	4,91
5/16	7,94	6,13	7,033	18	1,411	0,904	0,694	0,194	0,133	8,08	6,34
3/8	9,52	7,49	8,508	16	1,587	1,017	0,782	0,218	0,150	9,68	7,73
(7/16)	11,11	8,79	9,950	14	1,814	1,162	0,893	0,249	0,171	11,29	9,06
1/2	12,70	9,99	11,344	12	2,117	1,356	1,042	0,291	0,200	12,91	10,30
5/8	15,87	12,92	14,396	11	2,309	1,479	1,136	0,317	0,218	16,11	13,26
3/4	19,05	15,80	17,424	10	2,540	1,626	1,250	0,349	0,240	19,30	16,17
7/8	22,22	18,61	20,418	9	2,822	1,307	1,389	0,388	0,266	22,51	19,03
1	25,40	21,33	23,367	8	3,175	2,033	1,563	0,436	0,300	25,72	21,80
1 1/8	28,57	23,93	26,250	7	3,629	2,324	1,786	0,498	0,343	28,94	24,46
1 1/4	31,75	27,10	29,425	7	3,629	2,324	1,786	0,498	0,343	32,11	27,64
1 3/8	34,92	29,50	32,213	6	4,233	2,711	2,083	0,581	0,400	35,35	30,13
1 1/2	38,10	32,68	35,388	6	4,233	2,711	2,083	0,581	0,400	38,52	33,30
1 5/8	41,27	34,77	38,021	5	5,080	3,253	2,500	0,698	0,480	41,78	35,52
1 3/4	44,45	37,94	41,196	5	5,080	3,253	2,500	0,698	0,480	44,96	38,69
(1 7/8)	47,62	40,40	44,010	4 1/2	5,644	3,614	2,778	0,775	0,533	48,19	41,23
2	50,80	43,57	47,185	4 1/2	5,644	3,614	2,778	0,775	0,533	51,36	44,41
2 1/4	57,15	49,02	53,083	4	6,350	4,066	3,125	0,872	0,600	57,78	49,96
2 1/2	63,50	55,37	59,433	4	6,350	4,066	3,125	0,872	0,600	64,13	56,31
2 3/4	69,85	60,56	65,202	3 1/2	7,257	4,647	3,571	0,997	0,685	70,57	61,63
3	76,20	66,91	71,552	3 1/2	7,257	4,647	3,571	0,997	0,685	76,92	67,98
3 1/4	82,55	72,54	77,545	3 1/4	7,815	5,004	3,846	1,073	0,738	83,33	73,70
3 1/2	88,90	78,89	83,894	3 1/4	7,815	5,004	3,846	1,073	0,738	89,68	80,05
3 3/4	95,25	84,40	89,826	3	8,467	5,422	4,167	1,163	0,800	96,09	85,66
4	101,60	90,75	96,176	3	8,467	5,422	4,167	1,163	0,800	102,44	92,01
4 1/4	107,95	96,63	102,291	2 7/8	8,835	5,657	4,348	1,213	0,834	108,83	97,94
4 1/2	114,30	102,98	108,641	2 7/8	8,835	5,657	4,348	1,213	0,834	115,18	104,29
4 3/4	120,65	108,82	114,734	2 3/4	9,236	5,914	4,545	1,268	0,872	121,57	110,19
5	127,00	115,17	121,084	2 3/4	9,236	5,914	4,545	1,268	0,872	127,92	116,54
5 1/4	133,35	120,96	127,151	2 5/8	9,676	6,196	4,762	1,329	0,914	134,31	122,39
5 1/2	139,70	127,31	133,501	2 5/8	9,676	6,196	4,762	1,329	0,914	140,66	128,74
5 3/4	146,05	133,04	139,541	2 1/2	10,160	6,500	5,000	1,395	0,959	147,06	134,54
6	152,40	139,39	145,891	2 1/2	10,160	6,506	5,000	1,395	0,959	153,41	140,89

Die eingeklammerten Gewinde sind möglichst nicht zu verwenden.

Die Tabellenwerte sind berechnet mit dem von England gesetzlich festgelegten Wert von 25,40 mm fi einen Zoll bei $16^2/_3$° Bezugstemperatur. Bei Verwendung von Meßwerkzeugen mit einer Bezugstemperatı von 20° (D. I.-Norm 102) sind die Zollwerte der Tabelle mit 25,401 zu multiplizieren.

Tabelle 6a.

Metrisches Gewinde (S. I.) von $1 \div 10$ mm Durchmesser.

$a_{\text{max}} = \frac{t}{16} = 0{,}054\,h$

$a_{\text{min}} = \frac{t}{24} = 0{,}036\,h$

$a_{\text{mittel}} = 0{,}045\,h$

$r_{\text{mittel}} = 0{,}0633\,h$

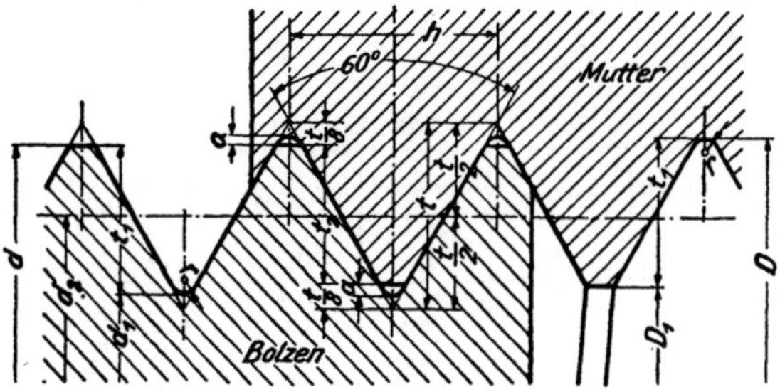

$t = 0{,}866\,h$

$t_1 = 0{,}6945\,h$

$t_2 = 0{,}6495\,h$

Maße in mm

Bolzen			Flanken-durchmesser	Steigung	Gewinde-tiefe	Tragtiefe	Spielraum mittel	Rundung mittel	Mutter	
Gewinde-durchmesser	Kern-durchmesser	Kern-querschnitt							Gewinde-durchmesser	Kern-durchmesser
d	d_1	cm^2	d_2	h	t_1	t_2	a	r	D	D_1
1	0,652	0,0033	0,838	0,25	0,174	0,162	0,012	0,02	1,024	0,676
1,2	0,852	0,0057	1,038	0,25	0,174	0,162	0,012	0,02	1,224	0,876
1,4	0,984	0,0076	1,205	0,3	0,208	0,195	0,013	0,02	1,426	1,010
1,7	1,214	0,0116	1,473	0,35	0,243	0,227	0,016	0,02	1,732	1,246
2	1,444	0,0164	1,740	0,4	0,278	0,260	0,018	0,03	2,036	1,480
2,3	1,744	0,0239	2,040	0,4	0,278	0,260	0,018	0,03	2,336	1,780
2,6	1,974	0,0306	2,308	0,45	0,313	0,292	0,021	0,03	2,642	2,016
3	2,306	0,0418	2,675	0,5	0,347	0,325	0,022	0,03	3,044	2,350
3,5	2,666	0,0558	3,110	0,6	0,417	0,390	0,027	0,04	3,554	2,720
4	3,028	0,072	3,545	0,7	0,486	0,455	0,031	0,04	4,062	3,090
(4,5)	3,458	0,094	4,013	0,75	0,521	0,487	0,034	0,05	4,568	3,526
5	3,888	0,119	4,480	0,8	0,556	0,520	0,036	0,05	5,072	3,960
(5,5)	4,250	0,142	4,915	0,9	0,625	0,585	0,040	0,06	5,580	4,330
6	4,610	0,167	5,350	1	0,695	0,650	0,045	0,06	6,090	4,700
(7)	5,610	0,247	6,350	1	0,695	0,650	0,045	0,06	7,090	5,700
8	6,264	0,308	7,188	1,25	0,868	0,812	0,056	0,08	8,112	6,376
(9)	7,264	0,414	8,188	1,25	0,868	0,812	0,056	0,08	9,112	7,376
10	7,916	0,492	9,026	1,5	1,042	0,974	0,068	0,09	10,136	8,052

Die Gewinde unter 6 mm Durchmesser sind die deutsche Fortsetzung des im Jahre 1898 in Zürich für den Bereich von $6 \div 80$ mm Durchmesser festgelegten internationalen Systems (S. I.).

Für den Spielraum a ist in der Tabelle der Wert $0{,}045\,h \sim \frac{t}{19}$ zugrunde gelegt als Mittelwert der in Zürich festgelegten Grenzwerte $\frac{t}{16}$ und $\frac{t}{24}$. Diesem Mittelwert von a entspricht auch der Wert der Rundung r der Tabelle.

Die eingeklammerten Gewinde sind möglichst nicht zu verwenden.

Tabelle 6b.

Metrisches Gewinde (S. I.) von 6 ÷ 150 mm Durchmesser.

D. I.-Norm 14

$a_{max} = \frac{t}{16} = 0{,}054\ h$

$a_{min} = \frac{t}{24} = 0{,}036\ h$

$a_{mittel} = 0{,}045\ h$

$r_{mittel} = 0{,}0633\ a$

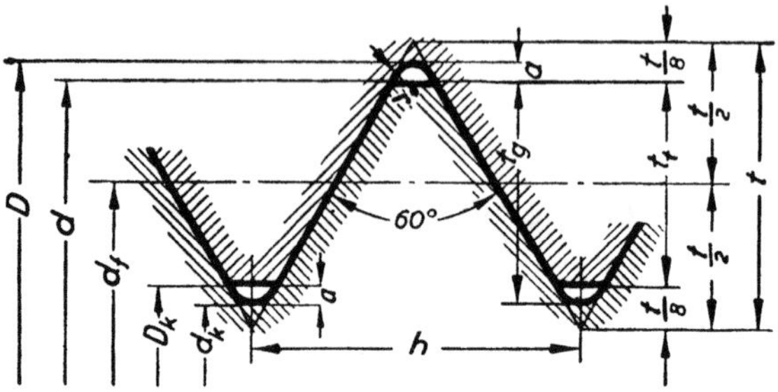

$t = 0{,}866\ h$

$t_t = 0{,}6495\ h$

$t_g = 0{,}6945\ h$

Maße in mm

Gewinde-durchmesser d	Kern-durchmesser d_k	Flanken-durchmesser d_f	Steigung h	Gewinde-tiefe t_g	Tragtiefe t_t	Spielraum a mittel	Rundung r mittel	Mutter: Gewinde-durchmesser D	Mutter: Kern-durchmesser D_k
6	4,61	5,351	1	0,695	0,650	0,045	0,063	6,09	4,70
(7)	5,61	6,351	1	0,695	0,650	0,045	0,063	7,09	5,70
8	6,26	7,188	1,25	0,868	0,812	0,056	0,079	8,11	6,38
(9)	7,26	8,188	1,25	0,868	0,812	0,056	0,079	9,11	7,38
10	7,92	9,026	1,5	1,042	0,974	0,068	0,095	10,14	8,05
(11)	8,92	10,026	1,5	1,042	0,974	0,068	0,095	11,14	9,05
12	9,57	10,863	1,75	1,215	1,137	0,079	0,111	12,16	9,73
14	11,22	12,701	2	1,389	1,299	0,090	0,127	14,18	11,40
16	13,22	14,701	2	1,389	1,299	0,090	0,127	16,18	13,40
(18)	14,53	16,376	2,5	1,736	1,624	0,113	0,158	18,23	14,75
20	16,53	18,376	2,5	1,736	1,624	0,113	0,158	20,23	16,75
(22)	18,53	20,376	2,5	1,736	1,624	0,113	0,158	22,23	18,75
24	19,83	22,052	3	2,084	1,949	0,135	0,190	24,27	20,10
(27)	22,83	25,052	3	2,084	1,949	0,135	0,190	27,27	23,10
30	25,14	27,727	3,5	2,431	2,273	0,158	0,222	30,32	25,45
(33)	28,14	30,727	3,5	2,431	2,273	0,158	0,222	33,32	28,45
36	30,44	33,402	4	2,778	2,598	0,180	0,253	36,36	30,80
(39)	33,44	36,402	4	2,778	2,598	0,180	0,253	39,36	33,80
42	35,75	39,077	4,5	3,125	2,923	0,203	0,285	42,41	36,15
(45)	38,75	42,077	4,5	3,125	2,923	0,203	0,285	45,41	39,15
48	41,05	44,753	5	3,473	3,248	0,225	0,317	48,45	41,51
(52)	45,05	48,753	5	3,473	3,248	0,225	0,317	52,45	45,51
56	48,36	52,428	5,5	3,820	3,572	0,248	0,348	56,50	48,86
(60)	52,36	56,428	5,5	3,820	3,572	0,248	0,348	60,50	52,86
64	55,67	60,103	6	4,167	3,897	0,270	0,380	64,54	56,21
(68)	59,67	64,103	6	4,167	3,897	0,270	0,380	68,54	60,21
72	62,97	67,778	6,5	4,514	4,222	0,293	0,411	72,59	63,56
(76)	66,97	71,778	6,5	4,514	4,222	0,293	0,411	76,59	67,56
80	70,28	75,454	7	4,862	4,547	0,315	0,443	80,63	70,91
(85)	75,28	80,454	7	4,862	4,547	0,315	0,443	85,63	75,91
90	79,58	85,129	7,5	5,209	4,871	0,338	0,475	90,68	80,26
(95)	84,58	90,129	7,5	5,209	4,871	0,338	0,475	95,68	85,26
100	88,89	94,804	8	5,556	5,196	0,360	0,506	100,72	89,61
110	98,89	104,804	8	5,556	5,196	0,360	0,506	110,72	99,61
120	107,50	114,155	9	6,251	5,846	0,405	0,570	120,81	108,31
130	117,50	124,155	9	6,251	5,846	0,405	0,570	130,81	118,31
140	127,50	134,155	9	6,251	5.846	0,405	0,570	140,81	128,31
150	136,11	143,505	10	6,945	6,495	0,450	0,633	150,90	137,01

Die Gewinde über 80 mm Durchmesser sind die deutsche Fortsetzung des im Jahre 1898 in Zürich für den Bereich von 6 ÷ 80 mm Durchmesser festgelegten internationalen Systems (S. I.).

Für den Spielraum a ist in der Tabelle der Wert $0{,}045\ h \backsim \frac{t}{19}$ zugrunde gelegt als Mittelwert der in Zürich festgelegten Grenzwerte $\frac{t}{16}$ und $\frac{t}{24}$. Diesem Mittelwert von a entspricht auch der Wert der Rundung r der Tabelle.

Die eingeklammerten Gewinde sind möglichst nicht zu verwenden.

Die 2. Ausgabe der D. I.-Norm 14 ist verworfen, die Neuherausgabe läßt sich noch nicht übersehen, wir bringen deshalb nochmals die alte Fassung aus der vorigen Auflage.

Tabelle 7a.

Trapezgewinde eingängig.

D. I.-Norm 103 Bl. 1

$t = 1{,}866\,h$
$t_1 = 0{,}5\,h + {}^2/_3\,b$
$t_2 = 0{,}5\,(h - a)$
$T = 0{,}5\,(h + a)$

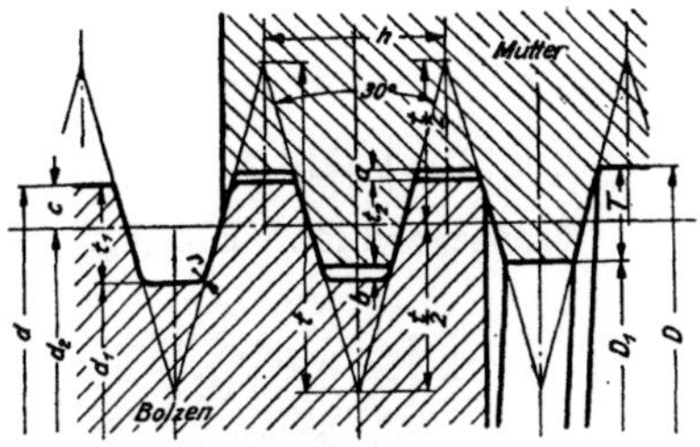

$a = 0{,}25$ mm
$b = 0{,}375$ mm
$c = 0{,}25\,h$
$r = 0{,}25$ mm

Maße in mm

Bolzen				Flanken-durch-messer	Steigung	Tragtiefe	Mutter		
Gewinde-durchmesser d	Kern-durchmesser d_1	Kern-querschnitt cm^2	Gewinde-tiefe t_1	d_2	h	t_2	Gewinde-durchmesser D	Kern-durchmesser D_1	Gewinde-tiefe T
10	6,5	0,33	1,75	8,5	3	1,375	10,5	7,25	1,625
12	8,5	0,57	„	10,5	„	„	12,5	9,25	„
14	9,5	0,71	2,25	12	4	1,875	14,5	10,25	2,125
16	11,5	1,04	„	14	„	„	16,5	12,25	„
18	13,5	1,43	„	16	„	„	18,5	14,25	„
20	15,5	1,89	„	18	„	„	20,5	16,25	„
22	16,5	2,14	2,75	19,5	5	2,375	22,5	17,25	2,625
24	18,5	2,69	„	21,5	„	„	24,5	19,25	„
26	20,5	3,30	„	23,5	„	„	26,5	21,25	„
28	22,5	3,98	„	25,5	„	„	28,5	23,25	„
30	23,5	4,34	3,25	27	6	2,875	30,5	24,25	3,125
32	25,5	5,11	„	29	„	„	32,5	26,25	„
(34)	27,5	5,94	„	31	„	„	34,5	28,25	„
36	29,5	6,83	„	33	„	„	36,5	30,25	„
(38)	30,5	7,31	3,75	34,5	7	3,375	38,5	31,25	3,625
40	32,5	8,3	„	36,5	„	„	40,5	33,25	„
(42)	34,5	9,35	„	38,5	„	„	42,5	35,25	„
44	36,5	10,46	„	40,5	„	„	44,5	37,25	„
(46)	37,5	11,04	4,25	42	8	3,875	46,5	38,25	4,125
48	39,5	12,25	„	44	„	„	48,5	40,25	„
(50)	41,5	13,53	„	46	„	„	50,5	42,25	„
52	43,5	14,86	„	48	„	„	52,5	44,25	„
55	45,5	16,26	4,75	50,5	9	4,375	55,5	46,25	4,625
(58)	48,5	18,47	„	53,5	„	„	58,5	49,25	„
60	50,5	20,03	„	55,5	„	„	60,5	51,25	„
(62)	52,5	21,65	„	57,5	„	„	62,5	53,25	„
65	54,5	23,33	5,25	60	10	4,875	65,5	55,25	5,125
(68)	57,5	25,97	„	63	„	„	68,5	58,25	„
70	59,5	27,81	„	65	„	„	70,5	60,25	„
(72)	61,5	29,71	„	67	„	„	72,5	62,25	„
75	64,5	32,67	„	70	„	„	75,5	65,25	„
(78)	67,5	35,78	„	73	„	„	78,5	68,25	„
80	69,5	37,94	„	75	„	„	80,5	70,25	„
(82)	71,5	40,15	„	77	„	„	82,5	72,25	„
85	72,5	41,28	6,25	79	12	5,875	85,5	73,25	6,125
(88)	75,5	44,77	„	82	„	„	88,5	76,25	„
90	77,5	47,17	„	84	„	„	90,5	78,25	„
(92)	79,5	49,64	„	86	„	„	92,5	80,25	„
95	82,5	53,46	„	89	„	„	95,5	83,25	„
(98)	85,5	57,41	„	92	„	„	98,5	86,25	„
100	87,5	60,13	„	94	„	„	100,5	88,25	„
(105)	92,5	67,20	„	99	„	„	105,5	93,25	„
110	97,5	74,66	„	104	„	„	110,5	98,25	„

Die eingeklammerten Gewinde sind möglichst nicht zu verwenden.

Tabelle 7b.

Trapezgewinde eingängig.

D. I.-Norm 103 Bl. 2

$t = 1{,}866\ h$
$t_1 = 0{,}5\ h + {}^2/_3\ b$
$t_2 = 0{,}5\ (h - a)$
$T = 0{,}5\ (h + a)$

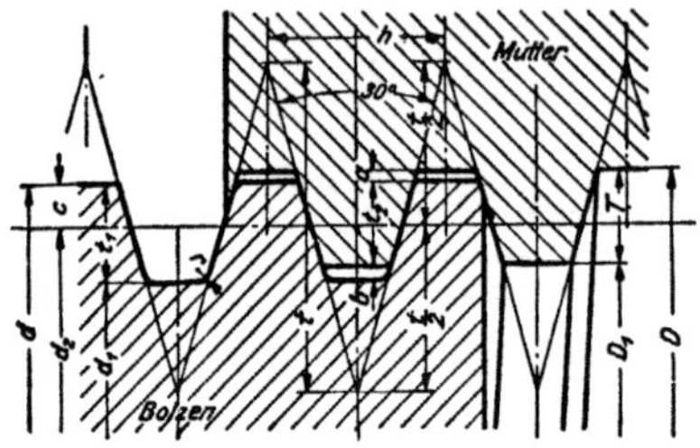

$a = 0{,}5$ mm
$b = 0{,}75$ mm
$c = 0{,}25\ h$
$r = 0{,}5$ mm

Maße in mm

Bolzen				Flanken-durch-messer	Steigung	Tragtiefe	Mutter		
Gewinde-durchmesser d	Kern-durchmesser d_1	Kern-querschnitt cm^2	Gewinde-tiefe t_1	d_2	h	t_2	Gewinde-durchmesser D	Kern-durchmesser D_1	Gewinde-tiefe T
(115)	100	78,54	7,5	108	14	6,75	116	101,5	7,25
120	105	86,59	"	113	"	"	121	106,5	"
(125)	110	95,03	"	118	"	"	126	111,5	"
130	115	103,87	"	123	"	"	131	116,5	"
(135)	120	113,1	"	128	"	"	136	121,5	"
140	125	122,72	"	133	"	"	141	126,5	"
(145)	130	132,73	"	138	"	"	146	131,5	"
150	133	138,93	8,5	142	16	7,75	151	134,5	8,25
(155)	138	149,57	"	147	"	"	156	139,5	"
160	143	160,61	"	152	"	"	161	144,5	"
(165)	148	172,03	"	157	"	"	166	149,5	"
170	153	183,85	"	162	"	"	171	154,5	"
(175)	158	196,07	"	167	"	"	176	159,5	"
180	161	203,58	9,5	171	18	8,75	181	162,5	9,25
(185)	166	216,42	"	176	"	"	186	167,5	"
190	171	229,66	"	181	"	"	191	172,5	"
(195)	176	243,29	"	186	"	"	196	177,5	"
200	181	257,30	"	191	"	"	201	182,5	"
210	189	280,55	10,5	200	20	9,75	211	190,5	10,25
220	199	311,03	"	210	"	"	221	200,5	"
230	209	343,07	"	220	"	"	231	210,5	"
240	217	369,84	11,5	229	22	10,75	241	218,5	11,25
250	227	404,71	"	239	"	"	251	228,5	"
260	237	441,15	"	249	"	"	261	238,5	"
270	245	471,44	12,5	258	24	11,75	271	246,5	12,25
280	255	510,71	"	268	"	"	281	256,5	"
290	265	551,55	"	278	"	"	291	266,5	"
300	273	585,35	13,5	287	26	12,75	301	274,5	13,25

Die eingeklammerten Gewinde sind möglichst nicht zu verwenden.

Tabelle 8.
Keil-Tafel.

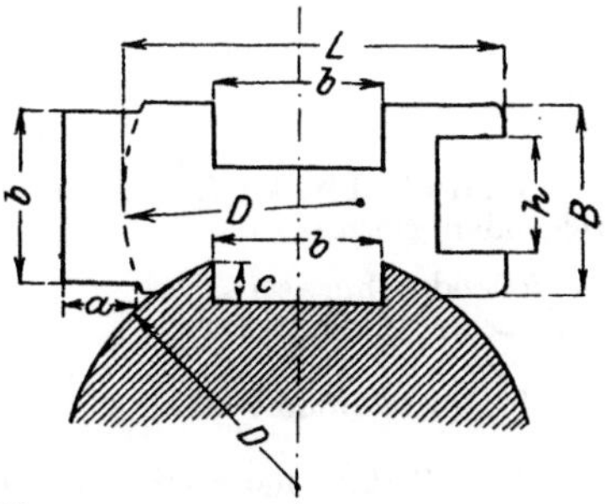

Fig. 392. Keilschablone.

Wellen-durch-messer D	Flach- und Hohlkeile Fig. 63b u. c		Nutenkeile Fig. 63a		Nutentiefe der		Äußere Abmessungen	
	Breite b	Höhe h	Breite b	Höhe h	Welle c	Bohrung a	Länge L	Höhe B
20	10	5	10	6	2	4	16	13
30	13	6	13	8	3	5	20	16
40	15	6	15	10	4	6	30	18
50	18	7	18	12	4	8	40	20
60	20	7	20	12	4	8	50	25
70	22	8	22	14	5	9	55	30
80	25	8	25	14	5	9	65	35
90	28	10	28	16	6	10	70	40
100	30	13	30	18	6	12	75	45
120	nur für leichte		35	20	7	13	75	50
140	Wellen geeignet		40	22	7	15	80	55
160	Doppelkeile		45	25	8	17	80	58
180			50	28	8	20	90	60
200	25	20	55	30	9	21	90	65
220	28	22	60	35	10	25	100	70
240	30	24	65	40	13	27	100	75
260	32	26	70	43	13	30	110	80
280	35	28	75	46	14	32	110	85
300	38	30	80	50	15	35	125	90
325	40	32	85	52	16	36	125	95
350	42	34	90	55	17	38	150	100
375	45	36	95	58	18	40	150	110
400	48	38	100	60	20	40	175	120
450	50	40	110	65	22	43	175	125
500	55	42	120	70	25	45	200	125

Tabelle 9.
Abmessungen schmiedeeiserner Zapfen.

Durchmesser in mm	30	40	50	60	70	80	90	100	120
Anlauf: Höhe x in mm	4	5	6	7	8	9	10	10	12
Anlauf: Breite b in mm	6	8	10	10	10	12	12	12	18
Anlauf: Hohlkehle r_0 in mm	2	3	3	3	4	4	4	5	6

Durchmesser in mm	140	160	180	200	220	240	260	280	300
Anlauf: Höhe x in mm	13	14	15	18	19	20	21	22	24
Anlauf: Breite b in mm	20	22	25	25	30	30	30	30	30
Anlauf: Hohlkehle r_0 in mm	8	8	9	10	10	12	13	14	15

Tabelle 10.

Stellringe.

Ludwig Loewe & Co., Berlin, fertigt Stellringe mit Schlitzschrauben nach folgenden Normalien:

Wellendurchmesser	20	30	40	50	60	70	80	90	100
Äußerer Durchmesser	35	50	65	80	90	100	110	120	135
Breite	13	14	15	18	18	20	22	22	24
Schraubendurchmesser	8	8	8	10	12	12	12	12	12

Die Berlin-Anhaltische Maschinenbau-A.-G. in Dessau liefert Stellringe folgender Abmessungen:

Bohrung	Äußerer Durchmesser		Breite		Zahl der Schrauben
	ungeteilt	geteilt	ungeteilt	geteilt	
mm	mm	mm	mm	mm	
30	70	75	35	35	1
35	75	80	35	35	1
40	80	85	35	35	1
45	85	90	35	35	1
50	90	100	40	40	1
55	95	105	40	40	1
60	100	110	40	40	1
65	105	115	40	40	1
70	110	130	40	45	2
75	115	135	40	45	2
80	130	140	45	45	2
85	135	145	45	45	2
90	140	150	45	45	2
95	145	155	45	45	2
100	160	170	50	50	2
105	165	175	50	50	2
110	170	180	50	50	2
115	175	185	50	50	2
120	180	190	50	50	2
125	185	195	50	50	2
130	200	210	55	55	2
135	205	215	55	55	2
140	210	220	55	55	2
145	215	225	55	55	2
150	220	230	55	55	2
155	225	235	55	55	2
160	240	250	60	60	2
165	245	255	60	60	2
170	250	260	60	60	2
175	255	265	60	60	2
180	260	270	60	60	2
185	265	275	60	60	2
190	280	280	65	65	2
195	285	285	65	65	5
200	290	290	65	65	2

Tabelle 11.

Hanf- und Baumwollseile.

Transmissions-Hanf- und Baumwollseile von Felten & Guilleaume, Köln a. Rh.

Geschlagene Seile (Rundseile)

Durchmesser im aufgelegten Zustand mm		Ungefähres Gewicht per Meter kg
25	aus Ia feinem Schleißhanf	0,52
30	aus Ia feinem Schleißhanf	0,73
35	aus Ia feinem Schleißhanf	1,05
40	aus Ia feinem Schleißhanf	1,40
45	aus Ia feinem Schleißhanf	1,70
50	aus Ia feinem Schleißhanf	2,00
55	aus Ia feinem Schleißhanf	2,40
25	aus Ia rein. hellen Manilahanf	0,46
30	aus Ia rein. hellen Manilahanf	0,65
35	aus Ia rein. hellen Manilahanf	0,85
40	aus Ia rein. hellen Manilahanf	1,25
45	aus Ia rein. hellen Manilahanf	1,50
50	aus Ia rein. hellen Manilahanf	1,90
55	aus Ia rein. hellen Manilahanf	2,25
25	aus Ia amerikan. Baumwolle	0,47
30	aus Ia amerikan. Baumwolle	0,67
35	aus Ia amerikan. Baumwolle	0,93
40	aus Ia amerikan. Baumwolle	1,25
45	aus Ia amerikan. Baumwolle	1,50
50	aus Ia amerikan. Baumwolle	1,90
55	aus Ia amerikan. Baumwolle	2,25

Geflochtene Seile

Durchmesser mm		Ungefähres Gewicht per Meter kg
	Quadrat-Seile	
23	(für 25 mm Norm.-Rundseil-Rillen)	0,40
27	„ 30 „ „ „ „	0,60
32	„ 35 „ „ „ „	0,90
36	„ 40 „ „ „ „	1,10
40	„ 45 „ „ „ „	1,30
45	„ 50 „ „ „ „	1,60
50	„ 55 „ „ „ „	1,95
55	„ 60 „ „ „ „	2,40
	Achtkant-Seile	
25	(für 25 mm Norm.-Rundseil-Rillen)	0,45
30	„ 30 „ „ „ „	0,50
35	„ 35 „ „ „ „	0,80
40	„ 40 „ „ „ „	1,05
45	„ 45 „ „ „ „	1,30
50	„ 50 „ „ „ „	1,60
55	„ 55 „ „ „ „	1,95

Hanfseile für Aufzug-, Flaschenzug- und Hebezwecke (Schlenken oder Schlingen) von Felten & Guilleaume, Köln a. Rh.

Seile aus Ia russischem Reinhanf			Seile aus Ia reinem Schleißhanf			Seile aus Ia echt badischem Schleißhanf		
Durchmesser in mm	Ungefähres Gewicht p. Meter kg	Tragfähigkeit bei 8 fach. Sicherheit kg	Durchmesser in mm	Ungefähres Gewicht p. Meter kg	Tragfähigkeit bei 8 fach. Sicherheit kg	Durchmesser in mm	Ungefähres Gewicht p. Meter kg	Tragfähigkeit bei 8 fach. Sicherheit kg
13	0,13	130	13	0,14	145	13	0,14	165
16	0,20	200	16	0,21	230	16	0,21	251
18	0,24	254	18	0,25	290	18	0,25	330
20	0,30	314	20	0,31	350	20	0,31	393
23	0,38	416	23	0,39	470	23	0,39	519
26	0,50	531	26	0,51	600	26	0,51	663
29	0,65	660	29	0,67	740	29	0,67	825
33	0,78	855	33	0,80	960	33	0,80	1067
36	0,93	1017	36	0,96	1145	36	0,96	1271
39	1,10	1194	39	1,15	1340	39	1,15	1492
46	1,45	1661	46	1,50	1870	46	1,50	2055
52	1,90	2122	52	1,95	2390	52	1,95	2599
55	2,15	2226	55	2,25	2493	55	2,25	2783

Seile aus Ia russischem Reinhanf			Seile aus Ia reinem Schleißhanf			Seile aus Ia echt badischem Schleißhanf		
Durchmesser in mm	Ungefähres Gewicht p. Meter kg	Tragfähigkeit bei 8 fach. Sicherheit kg	Durchmesser in mm	Ungefähres Gewicht p. Meter kg	Tragfähigkeit bei 8 fach. Sicherheit kg	Durchmesser in mm	Ungefähres Gewicht p. Meter kg	Tragfähigkeit bei 8 fach. Sicherheit kg
60	2,50	2473	60	2,55	2755	60	2,55	3180
65	2,80	2694	65	2,90	2984	65	2,90	3563
70	3,30	2885	70	3,50	3221	70	3,50	3846
75	3,80	3160	75	3,90	3587	75	3,90	4101
80	4,30	3328	80	4,50	4020	80	4,50	4460
85	4,85	3757	85	5,00	4395	85	5,00	4890
90	5,40	4133	90	5,60	4848	90	5,60	5404
95	6,10	4665	95	6,30	5400	95	6,30	5932
100	7,00	5163	100	7,20	5887	100	7,20	6476
110	8,30	6056	110	8,50	6886	110	8,50	7598
120	9,50	7206	120	9,60	8051	120	9,60	8890
130	11,30	8300	130	11,50	9286	130	11,50	10103
140	13,30	9610	140	13,60	10577	140	13,60	11535
150	15,00	10810	150	15,30	11700	150	15,30	12805

Tabelle 12. **Drahtseile.**

Felten & Guilleaume, Carlswerk, A.-G., Köln-Mülheim a. Rh.

Transmissions-Drahtseile (mit Hanf in den Litzen).

Kleinster zulässiger Durchm. der Seilscheiben mm	Seildurchmesser mm	Anzahl der Drähte	Drahtstärke mm	Ungefähres Gewicht für 1 m kg
Für kleine Scheibendurchmesser.				
1000	11	48	1,0	0,36
1000	12	54	1,0	0,40
1000	13	60	1,0	0,45
1000	14	64	1,0	0,48
1000	15	72	1,0	0,55
1200	16	64	1,2	0,69
1200	18	72	1,2	0,79
1200	20	80	1,2	0,88
1400	22	80	1,4	1,20
1500	24	88	1,4	1,33
1600	26	80	1,6	1,56
1750	28	88	1,6	1,73
1900	30	80	1,8	1,98
2000	32	88	1,8	2,19
2250	34	96	1,8	2,41
Für normale Scheibendurchmesser.				
1000	9	36	1,0	0,26
1000	10	42	1,0	0,31
1200	11	36	1,2	0,38
1200	12	42	1,2	0,45
1400	13	36	1,4	0,51
1400	14	42	1,4	0,61
1500	15	48	1,4	0,70
1600	16	42	1,6	0,79
1600	18	48	1,6	0,91
1800	20	48	1,8	1,15
1800	22	54	1,8	1,30
2000	24	60	1,8	1,46
2250	26	60	2,0	1,80

Förderseile von Felten & Guilleaume A.-G., Carlswerk Köln-Mülheim a. Rh.

(Die Tabellen über Förderseile können nur im Auszug gebracht werden.)

Konstruktion: 6 Litzen à 6 Drähte und 1 Hanfseele mit Kerndraht in jeder Litze. Fig. 224.

1,0	9	0,31	3 400	3 980	4 550	5 100
1,2	11	0,45	4 880	5 690	6 500	7 300
1,4	13	0,62	6 650	7 750	8 860	9 970
1,6	15	0,80	8 680	10 120	11 560	13 000
1,8	17	1,02	10 970	12 800	14 630	16 450
2,0	18	1,25	13 600	15 850	18 100	20 370
2,2	20	1,52	16 400	19 150	21 880	24 620
2,4	22	1,80	19 520	22 770	26 020	29 270
2,6	24	2,12	22 930	26 750	30 570	34 400
2,8	26	2,46	26 600	31 000	35 470	39 900
3,0	28	2,82	30 540	35 630	40 720	45 800

Konstruktion: 6 Litzen à 16 Drähte und 7 Hanfseelen.

1,0	15	0,72	9 100	10 600	12 120	13 630
1,2	17	1,05	13 000	15 170	17 330	19 500
1,4	20	1,40	17 730	20 680	23 630	26 580
1,6	23	1,85	23 140	27 000	30 860	34 720
1,8	26	2,30	29 250	34 130	39 000	43 900
2,0	29	2,85	36 170	42 200	48 230	54 260
2,2	32	3,45	43 780	51 070	58 370	65 670
2,4	34	4,10	52 070	60 750	69 430	78 100
2,6	37	4,85	61 170	71 370	81 570	91 770
2,8	40	5,60	70 950	82 770	94 600	106 400
3,0	43	6,45	81 440	95 000	108 560	122 120

Konstruktion: 6 Litzen à 18 Drähte und 1 Hanfseele mit Kerndraht in jeder Litze.

1,0	16	0,85	10 230	11 950	13 650	15 350
1,2	19	1,22	14 640	17 080	19 520	21 960
1,4	22	1,68	19 950	23 280	26 600	29 930
1,6	26	2,18	26 040	30 390	34 730	39 070
1,8	29	2,76	32 900	38 400	43 890	49 370
2,0	32	3,40	40 700	47 470	54 250	61 030
2,2	35	4,12	49 240	57 450	65 660	73 870
2,4	38	4,90	58 580	68 350	78 100	87 860
2,6	41	5,75	68 820	80 280	91 740	103 200
2,8	44	6,66	79 820	93 120	106 420	119 720
3,0	47	7,65	91 630	106 900	122 170	137 440

Konstruktion: 6 Litzen à 36 Drähte und 1 Hanfseele mit Kerndraht in jeder Litze.

1,0	22	1,65	20 470	23 850	27 260	30 670
1,2	26	2,40	29 280	34 160	39 040	43 920
1,4	30	3,25	39 900	46 560	53 200	59 860
1,6	35	4,25	52 100	60 770	69 450	78 130
1,8	39	5,40	65 830	76 800	87 770	98 740
2,0	44	6,65	81 380	94 950	108 500	122 070
2,2	48	8,00	98 490	114 900	131 320	147 740
2,4	52	9,54	117 150	136 680	156 200	175 730
2,6	56	11,20	137 630	160 560	183 500	206 450
2,8	60	13,00	159 660	186 270	212 880	239 500
3,0	65	15,00	183 250	213 800	244 330	274 870

Flache Förderseile (Bandseile).

Drahtstärke	Seilbreite	Seildicke	Ungef. Gew. für 1 m	Rechnungsmäßige Bruchfestigkeit des Seiles aus Patent-Gußstahldraht von		
				120	140	160
mm	mm	mm	kg	kg Bruchfestigkeit pro qmm		
Konstruktion: 6 Schenkel à 4 Litzen à 5 Drähte und Hanf in den Litzen.						
1,0	41	9	0,90	11 370	13 270	15 160
1,2	48	11	1,25	16 270	18 980	21 700
1,4	56	13	1,80	22 170	25 870	29 560
1,6	64	15	2,30	28 950	33 760	38 600
1,8	72	16	2,90	36 570	42 670	48 770
2,0	80	18	3,60	45 220	52 750	60 300
Konstruktion: 8 Schenkel à 4 Litzen à 6 Drähte und Hanf in den Litzen.						
1,2	72	12	2,25	26 030	30 380	34 720
1,4	83	14	3,00	35 470	41 380	47 290
1,6	95	16	3,80	46 300	54 020	61 730
1,8	108	18	4,75	58 500	68 260	78 000
2,0	118	20	6,00	72 330	84 380	96 430
Konstruktion: 10 Schenkel à 4 Litzen à 8 Drähte und Hanf in den Litzen.						
1,2	108	14	3,45	43 400	50 630	57 860
1,4	126	16	4,80	59 140	69 000	78 840
1,6	143	18	6,40	77 160	90 000	102 900
1,8	160	21	7,80	97 500	113 800	130 000
2,0	178	24	9,60	120 600	140 700	160 800

Drahtseile flachlitziger Konstruktion (Fig. 225).

Seil-durch-messer	Dicke der Rund-drähte	Querschnitt der		Rechnungsmäßige Bruchfestigkeit			Ungef. Gew. für 1 m
		Oval-drähte	Rund-drähte	der Oval-drähte	der Rund-drähte	aller Drähte	
mm	mm	qmm	qmm	kg	kg	kg	kg
28drähtige Konstruktion mit 1 Hanfseele.							
11	1,60	6,7	48,2	570	5 780	6 350	0,55
12	1,70	7,0	54,4	590	6 520	7 110	0,60
13	1,80	7,3	60,9	610	7 310	7 920	0,65
14	1,90	7,5	67,9	630	8 150	8 780	0,75
15	2,00	7,8	75,3	660	9 040	9 700	0,80
45 drähtige Konstruktion mit 1 Hanfseele.							
10	1,00	8,3	32,0	700	3 840	4 540	0,40
11	1,15	9,9	41,6	840	4 990	5 830	0,50
12	1,23	10,7	47,6	910	5 710	6 620	0,56
13	1,35	16,2	57,2	1380	6 860	8 240	0,70
14	1,45	16,4	65,2	1390	7 820	9 210	0,75
15	1,52	18,9	72,7	1610	8 720	10 330	0,88
16	1,65	21,7	82,4	1840	9 880	11 720	1,05
17	1,74	24,0	95,1	2030	11 400	13 430	1,10
18	1,85	27,2	107,4	2310	12 880	15 190	1,30
19	1,95	32,7	119,4	2780	14 320	17 100	1,50
21	2,05	34,0	132,0	2890	15 840	18 730	1,60
22	2,15	36,2	145,2	3070	17 420	20 490	1,80
23	2,25	40,3	160,4	3430	19 250	22 680	1,90
24	2,35	43,7	173,4	3720	20 800	24 520	2,10

Seildurchmesser	Dicke der Runddrähte	Querschnitt der		Rechnungsmäßige Bruchfestigkeit			Ungef. Gew. für 1 m
		Ovaldrähte	Runddrähte	der Ovaldrähte	der Runddrähte	aller Drähte	
mm	mm	qmm	qmm	kg	kg	kg	kg
45drähtige Konstruktion mit 1 Hanfseele.							
25	2,45	47,3	188,6	4020	22 620	26 640	2,20
26	2,57	51,8	204,4	4400	24 520	28 920	2,50
27	2,65	56,0	220,8	4760	26 500	31 260	2,65
28	2,75	59,8	237,8	5080	28 530	33 610	2,85
29	2,85	65,0	255,4	5530	30 640	36 170	3,10
30	2,97	69,2	277,2	5880	33 260	39 140	3,30
31	3,07	74,4	296,2	6320	35 540	41 860	3,60
32	3,20	79,8	321,6	6780	38 590	45 370	3,90
33	3,27	85,2	335,8	7240	40 300	47 540	4,10

Seildurchmesser	Dicke der Runddrähte	Querschnitt der		Rechnungsmäßige Bruchfestigkeit			Ungef. Gew. für 1 m
		Ovaldrähte	Runddrähte	der Ovaldrähte	der Runddrähte	aller Drähte	
mm	mm	qmm	qmm	kg	kg	kg	kg
140drähtige Konstruktion mit 1 Hanfseele.							
12	0,72—0,66	7,4	51,0	630	6 120	6 750	0,57
14	0,78—0,72	7,7	59,6	650	7 150	7 800	0,70
15	0,85—0,77	8,4	68,2	720	8 180	8 900	0,77
16	0,90—0,83	10,4	81,0	880	9 720	10 600	0,90
17	0,95—0,88	12,6	90,8	1070	10 920	11 990	1,05
18	1,01—0,94	13,6	103,4	1150	12 410	13 560	1,15
19	1,08—0,99	14,9	116,0	1270	13 920	15 190	1,30
20	1,15—1,05	16,8	131,0	1420	15 720	17 140	1,45
21	1,21—1,10	18,4	144,2	1560	17 310	18 870	1,55
22	1,27—1,16	20,0	153,8	1690	18 460	20 150	1,75
23	1,33—1,21	21,8	174,7	1850	20 960	22 810	1,90
24	1,40—1,27	23,7	193,0	2010	23 160	25 170	2,10
25	1,44—1,32	26,6	206,0	2260	24 720	26 980	2,25
26	1,51—1,38	28,8	225,9	2450	27 100	29 550	2,50
27	1,57—1,42	31,4	242,2	2670	29 070	31 740	2,65
28	1,62—1,49	34,2	261,0	2900	31 300	34 200	2,85
29	1,70—1,55	35,9	282,1	3050	33 800	36 850	3,10
30	1,75—1,60	38,9	302,9	3300	36 330	39 630	3,30
31	1,80—1,65	42,0	320,9	3570	38 500	42 070	3,50
32	1,87—1,71	44,5	343,3	3780	41 310	45 090	3,80
33	1,95—1,78	47,0	369,0	4000	44 280	48 280	4,00
34	1,99—1,82	51,1	391,6	4340	47 000	51 340	4,30
35	2,05—1,87	55,3	411,6	4700	49 400	54 100	4,50
36	2,10—1,93	56,3	437,5	4780	52 500	57 280	4,70
37	2,18—1,99	60,2	469,5	5110	56 300	61 410	5,00
38	2,25—2,05	64,5	499,5	5480	59 940	65 420	5,40
39	2,30—2,10	66,8	522,3	5640	62 670	68 310	5,70
40	2,36—2,15	71,5	549,4	6080	65 900	71 980	6,00

Dreikant-Litzenseile (Förderseile) Fig. 226.

Seil-durch-messer	Anzahl der Litzen	Anzahl der Form-drähte in jeder Litze	Anzahl und Stärke der		Querschnitt der sämtlichen		Anzahl der Hanf-Seelen im Seil	Ungefähres Gewicht für 1 m	Rechnungsmäßige Bruchfestigkeit des Seiles aus Patent-Gußstahldraht von					
			inneren Drähte	äußeren Drähte	Form-drähte	Rund-drähte			130	140	150	160	170	180
mm					qmm	qmm		kg	kg Bruchfestigkeit pro qmm					
25	6	3	11 à 1,10	11 à 1,90	32,4	249	1	2,6	35 280	37 770	40 260	42 750	45 240	47 730
26,5	6	3	11 à 1,15	11 à 2,05	37,8	286	1	2,95	40 580	43 440	46 300	49 160	52 020	54 880
28,5	6	3	11 à 1,25	11 à 2,15	44,0	320	1	3,3	45 560	48 760	51 960	55 160	58 360	61 560
30	6	3	9 à 1,60	12 à 2,15	41,4	369	1	3,7	51 690	59 380	59 070	62 760	66 450	70 140
32	6	3	9 à 1,70	12 à 2,30	50,4	421	1	4,2	59 260	63 470	67 680	71 890	76 100	80 310
34	6	3	12 à 1,55	14 à 2,12	86,4	432	1	4,7	63 930	68 250	72 570	76 890	81 210	85 530
36	6	3	12 à 1,70	14 à 2,25	98,0	497	1	5,35	73 430	78 400	83 370	88 340	93 310	98 280
38	6	3	12 à 1,77	14 à 2,40	106,0	557	1	6,05	81 950	87 520	93 090	98 660	104 230	109 800
40	6	3	12 à 1,86	14 à 2,52	117,0	614	1	6,55	90 350	96 490	102 630	108 770	114 910	121 050
42	6	3	12 à 1,92	14 à 2,65	130,0	671	1	7,20	98 530	105 640	112 350	119 060	125 770	132 480
44	6	3	12 à 2,00	14 à 2,75	136,0	725	1	7,75	106 490	113 740	120 990	128 240	133 490	142 740
46	6	3	12 à 2,17	15 à 2,70	155,7	781	1	8,4	115 540	123 350	131 160	138 970	146 780	154 590
48	6	3	12 à 2,25	15 à 2,85	172,0	860	1	9,30	127 280	135 880	144 480	153 080	161 680	170 280
50	6	3	12 à 2,44	16 à 2,80	210,0	927	1	10,3	139 410	148 680	157 950	167 220	176 490	185 760
52	6	3	12 à 2,50	16 à 2,91	216,0	991	1	11,0	148 270	158 180	168 090	178 000	187 910	197 820
54	6	3	13 à 2,55	17 à 2,90	270,0	1072	1	12,2	163 660	174 380	185 100	195 820	206 540	217 260
56	6	3	13 à 2,75	18 à 2,90	320,0	1176	1	13,6	181 680	193 440	205 200	216 960	228 720	240 480
58	6	3	13 à 2,85	19 à 2,90	349,0	1250	1	14,5	193 900	206 400	218 900	230 400	243 900	256 400

Die Bruchfestigkeit der Formdrähte ist in obiger Tabelle mit 90 kg pro Quadratmillimeter in Anrechnung gebracht. Die größere Sicherheit der Dreikantlitzen-Seile gegenüber den gewöhnlichen Runddrahtlitzen-Seilen ist dadurch begründet, daß bei den Dreikantlitzen-Seilen die einzelnen Drähte sich näher aneinanderfügen, wodurch eine gleichmäßigere Verteilung der Beanspruchung auf die einzelnen Drähte gewährleistet wird. Die längere Haltbarkeit dieser Seile, ihr ruhigerer Lauf und ihre größere Unempfindlichkeit gegen seitliche Reibung, endlich der geringere Verschleiß an Rollen und Seilscheiben erklärt sich durch die geschlossenere und glattere Oberfläche dieser Seilkonstruktion. Die Haltbarkeit wird auch noch durch die Lagerung der einzelnen Litzen gegeneinander, da hier Fläche gegen Fläche ruht und sich infolgedessen der Druck sehr günstig verteilt, wesentlich unterstützt. — Diese Vorteile der Dreikantlitzen-Seile sind durch zahlreiche vorzügliche Betriebsresultate erwiesen.

Drahtseile in verschlossener feindrähtiger Konstruktion (Förderseile) Fig. 227.

Seildurchmesser mm	Ungef. Gewicht für 1 m kg	Rechnungsmäß. Bruchfestigkeit des Seiles aus Patent-Gußstahldraht v. 120 kg Bruchfestigkeit pro qmm	Kleinster zulässiger Trommel- und Scheibendurchmesser m
12	0,85	11 000	1,50
13	0,95	13 100	1,50
14	1,10	15 200	2,00
15	1,25	17 300	2,00
16	1,40	20 400	2,00
17	1,60	23 300	2,25
18	1,85	26 200	2,25
19	2,00	27 400	2,25
20	2,20	31 100	2,50
21	2,40	35 000	2,50
22	2,74	38 800	2,75
23	2,85	42 000	2,75
24	3,10	45 200	3,00
25	3,40	48 300	3,00
26	3,70	54 900	3,25
27	4,00	58 700	3,25
28	4,30	62 500	3,50
29	4,65	66 400	3,50
30	5,10	73 500	3,75
31	5,46	79 400	3,75
32	5,81	85 300	4,00
33	6,17	88 300	4,00
34	6,55	92 200	4,25
35	6,75	98 500	4,25
36	7,00	104 800	4,50
37	7,60	116 200	4,50
38	8,15	120 700	4,75
39	8,70	125 200	4,75
40	9,30	129 700	5,00

Die angegebenen Bruchfestigkeiten können, wenn erforderlich, bis um 10% erhöht werden.

Tabelle

Kalibrierte Gliederketten

Welter Elektrizitäts- und Hebezeug-

Ketteneisen-dicke mm	Innere Gliedlänge mm	Äußerste Betriebs-belastung kg	Ketten- (obere Zahl: Teil- (untere Zahl:					
4,5	16	125	62 7	102 10	153 15	173 17		
5	18,5	155	58 5	72 6	83 7	95 8	118 10	212 18
6	18,5	225	72 6	83 7	95 8	118 10	130 11	142 12
6	20	225	76 6	140 11	166 13	179 14	204 16	255 20
7	22,5	300	73 5	85 6	100 7	115 8	143 10	172 12
8	22,5	400	73 5	85 6	100 7	115 8	143 10	158 11
9	25	500	82 5	97 6	128 8	160 10	176 11	239 15
9,5	31	565	100 5	120 6	159 8	198 10	238 12	316 16
11	30	750	98 5	114 6	135 7	153 8	192 10	211 11
	36	1050	117 5	137 6	162 7	185 8	207 9	230 10
14,5	42,5	1300	165 6	218 8	272 10	320 12	380 14	407 15
16	48	1600	156 5	186 6	216 7	275 9	337 11	362 12
18	54	2000	175 5	210 6	243 7	277 8	311 9	332 10
20	62,5	2500	200 5	242 6	281 7	320 8	360 9	
22	62,5	3025	243 6	282 7	321 8	361 9	479 12	796 20
25	72	3900	236 5	279 6	325 7	370 8	415 9	565 12
30	80	5600	260 5	310 6	361 7	411 8		
32	80	6375	310 6	411 8				

13.

und verzahnte Kettenräder.

Werke A.-G., Köln-Zollstock.

räder
kreisdurchmesser)
Zähnezahl)

283	365									
24	31									
187	200	212	234	283	353	365	376	420	484	1002
16	17	18	20	24	30	31	32	36	41	85
281	357	484	548	637						
22	28	38	43	50						
187	286	387	458	616	740	859	944	1001		
13	20	27	32	43	52	60	66	77		
172	186	244	258	286	316	387	458	616	740	859
12	13	17	18	20	22	27	32	43	52	60
319	430	573								
20	27	36								
336	360	395	436	534	593	778				
17	18	20	22	27	30	40				
223	268	287	382	401	422	455	574	680	1471	
12	14	15	20	21	22	24	30	36	77	
253	276	299	321	345	458	480	551	714	826	836
11	12	13	14	15	20	21	24	32	36	37
860										
32										
490	1101									
16	36									
479										
14										

Tabelle 14.

Bergwerks-, Schiffs- und Kranketten von H. Schlieper Sohn, Grüne i. Westfalen.

Zulässige Belastung kg	Probebelastung kg	Annäherndes Gewicht per 100 m kg	Eisenstärke der Ketten mm	Zulässige Belastung kg	Probebelastung kg	Annäherndes Gewicht per 100 m kg	Eisenstärke der Ketten mm
250	450	60	5	4 840	9 150	1100	22
360	700	80	6	5 300	10 000	1200	23
400	850	90	6,5	5 760	10 880	1300	24
490	1000	110	7	6 260	11 810	1400	25
640	1200	140	8	6 760	12 780	1600	26
810	1600	180	9	7 810	14 820	1800	28
1000	1890	230	10	8 300	16 000	1900	29
1210	2290	270	11	9 000	17 000	2100	30
1440	2720	320	12	10 260	21 703	2300	32
1690	3190	380	13	10 890	23 093	2500	33
1960	3700	440	14	12 960	27 483	3000	36
2250	4250	510	15	16 030	32 254	3600	40
2560	4840	600	16	16 840	36 476	3800	41
2900	5460	700	17	17 660	37 406	4000	42
3240	6120	730	18	20 250	42 941	4500	45
3600	6820	810	19	23 050	48 859	5100	48
4000	7560	900	20	26 020	55 156	5800	51
4400	8330	1000	21				

Für Stegketten

werden gerechnet 20% Aufschlag auf die Preise der Ketten ohne Steg bei 25% höherer Belastungsfähigkeit der Stegketten gegenüber der Belastungsfähigkeit der Ketten ohne Steg.

Tabelle 15.

Gallsche Gelenkketten.

Garantierte Belastung *P* bei 5facher Sicherheit	Teilung oder Baulänge	Länge	Stärke	Zapfenstärke	Plattenzahl	Plattendicke	Plattenbreite	Größte Gesamtbreite der Kette		Gewicht pro m
		des Mittelbolzens								
kg	*L*	*e*	*D*	*d*	*i*	*δ*	*b*	*B*		ca. kg
100	15	12	5	4	2	1,5	12	23	ohne Unterlegscheiben vernietet	0,7
250	20	15	7,5	6	2	2	15	28		1
500	25	18	10	8	2	3	18	38		2
750	30	20	11	9	4	2	20	45		2,7
1 000	35	22	12	10	4	2	27	50		3,8
1 500	40	25	14	12	4	2,5	30	60	mit Unterlegscheiben vernietet	5
2 000	45	30	17	14	4	3	35	67		7,1
3 000	50	35	22	17,5	6	3	38	90		11,1
4 000	55	40	24	21	6	4	40	110		16,5
5 000	60	45	26	23	6	4	46	118		19
6 000	65	45	28	24	6	4	53	125		24
7 500	70	50	32	26	8	4,5	53	150		31,5
10 000	80	60	34	30	8	4,5	65	165		34
12 500	85	65	35	31	8	5	70	180		44,5
15 000	90	70	38	34	8	5,5	75	195		51,1
17 500	100	75	40	36	8	6	80	208	versplintet	58,1
20 000	110	80	43	37	8	6	85	215		74,4
25 000	120	90	45	40	8	6,5	100	235		83,3
30 000	130	100	50	45	8	7	106	255		100

Tabelle 16.

Gelenkketten von Zobel, Neubert & Co., Schmalkalden.

Für eine Spannung *P* von	Teilung oder Baulänge	Länge	Stärke	Stärke des Innenbolzens	Plattenzahl	Plattendicke	Plattenbreite	Ganze Breite der Kette		Gewicht pro m
		des freien Mittelbolzens								
kg	*L*	*e*	*D*	*d*	*t*	*δ*	*b*	*B*		ca. kg
100	20	14	10	6	2	2	14	30	vernietete Bolzen	1,6
150	20	16	12	7,5	2	3	16	38		2,2
200	25	18	14	9	2	3	21	40		2,5
300	30	20	17	11	2	3,5	25	46		3,9
400	35	22	18	12	2	4	27	50		4,1
500	40	25	20	14	2	4	30	54		4,6
750	45	30	22	16	2	5	35	64		6,7
1000	50	35	26	18	2	6	38	72		9,0
1500	55	45	28	20	4	4	40	97		13,0
2000	60	50	32	24	4	5	46	113	mit Scheiben versplintet	14,0
2500	65	55	36	28	4	5	53	120		18,0
3000	70	60	40	32	4	5	60	125		19,5
4000	80	70	44	34	6	4,5	65	146		27,3
5000	90	80	48	36	6	4,5	75	156		33,0

Tabelle 17.

Normaltabelle für gußeiserne Flanschenrohre.

Lichter-Durchmesser D	Normal-Wanddicke δ	Äußerer Rohrdurchmesser D_1	Übliche Baulänge	Flanschen Durchmesser	Flanschen Dicke	Flanschen Lochkreisdurchmesser	Schrauben- Anzahl	Schrauben- Dicke engl. Zoll	Schrauben- Dicke mm	Dichtungsleiste Breite	Dichtungsleiste Höhe	Gewicht einer Flansche	Gewicht pro lfd. m Baulänge
mm	mm	mm	mm	mm	mm	mm		engl. Zoll	mm	mm	mm	kg	kg
40	8	56	2	140	18	110	4	1/2	13	25	3	1,89	10,64
50	8	66	2	160	18	125	4	5/8	16	25	3	2,41	12,98
60	8,5	77	2	175	19	135	4	5/8	16	25	3	2,96	16,22
70	8,5	87	3	185	19	145	4	5/8	16	25	3	3,21	17,34
80	9	98	3	200	20	160	4	5/8	16	25	3	3,84	20,80
90	9	108	3	215	20	170	4	5/8	16	25	3	4,37	23,20
100	9	118	3	230	20	180	4	3/4	19	28	3	4,96	25,65
125	9,5	144	3	260	21	210	4	3/4	19	28	3	6,26	33,07
150	10	170	3	290	22	240	6	3/4	19	28	3	7,69	41,57
175	10,5	196	3	320	22	270	6	3/4	19	30	3	8,96	50,33
200	11	222	3	350	23	300	6	3/4	19	30	3	10,71	60,00
225	11,5	248	3	370	23	320	6	3/4	19	30	3	11,02	69,30
250	12	274	3	400	24	350	8	3/4	19	30	3	12,98	80,26
275	12,5	300	3	425	25	375	8	3/4	19	30	3	14,41	91,46
300	13	326	3	450	25	400	8	3/4	19	30	3	15,32	102,89
350	14	378	3	520	26	465	10	7/8	22	35	4	21,29	130,26
400	14,5	429	3	575	27	520	10	7/8	22	35	4	25,44	153,85
450	15	480	3	630	28	570	12	7/8	22	35	4	29,89	178,80
500	16	532	3	680	30	625	12	7/8	22	40	4	34,69	211,17
550	16,5	583	3	740	32	675	14	1	26	40	5	44,28	242,42
600	17	634	3	790	33	725	16	1	26	40	5	47,41	270,51
650	18	686	3	840	33	775	18	1	26	40	5	50,13	307,28
700	19	738	3	900	33	830	18	1	26	40	5	56,50	348,82
750	20	790	3	950	33	880	20	1	26	40	5	59,81	390,63

Tabelle 18.

Normaltabelle für gußeiserne Muffenrohre.

Lichter Durchmesser D	Normalwanddicke δ	Äußerer Rohrdurchmesser D_1	Übliche Baulänge	Muffen: Muffentiefe t	Muffen: Bleifugendicke f	Muffen: Lichte Weite D_2	Muffen: Wanddicke y	Muffen: Äußerer Durchmesser	Muffen: Wulst: Dicke und Breite	Muffen: Wulst: Durchmesser	Gewicht: der Muffe	Gewicht: pro lfd. m Baulänge exkl. Muffe	Gewicht: pro lfd. m Baulänge inkl. Muffe	Gewicht: des Bleiringes
mm	mm	mm	m	mm	mm	mm	mm	mm	mm	mm	kg	kg	kg	kg
40	8	56	2	74	7	70	11	92	23	116	2,68	8,75	10	0,56
50	8	66	2	77	7,5	81	11	103	23	127	3,14	10,57	12	0,61
60	8,5	77	2	80	7,5	92	12	116	24	140	3,89	13,26	15	0,73
70	8,5	87	3	82	7,5	102	12	126	24	150	4,35	15,20	16,5	0,84
80	9	98	3	84	7,5	113	12,5	138	25	163	5,09	18,24	20	1,05
90	9	108	3	86	7.5	123	12,5	148	25	173	5,07	20,29	22	1,15
110	9	118	3	88	7,5	133	13	159	25	183	6,20	22,34	24	1,35
125	9,5	144	3	91	7,5	159	13,5	186	26	211	7,64	29,10	32	1,70
150	10	176	3	94	7,5	185	14	213	27	239	9,89	36,44	40	2,14
175	10,5	196	3	96	7,5	211	14,5	240	28	267	12,00	44,36	48	2,46
200	11	222	3	100	8	238	15	268	29	296	14,41	52,76	58	2,97
225	11,5	248	3	100	8	264	16	296	30	324	16,89	61,95	68	3,67
250	12	274	4	103	8,5	291	17	325	31	353	19,61	71,61	77	4,30
275	12,5	300	4	103	8,5	317	17,5	352	32	381	22,51	81,85	87	4,69
300	13	326	4	105	8,5	343	18	379	33	409	25,78	92,68	99	5,09
350	14	378	4	107	8,5	395	19,5	434	35	465	32,23	116,07	124	5,33
400	14,5	429	4	110	9,5	448	20,5	489	36	520	39,15	136,89	147	7,46
450	15	480	4	112	9,5	499	21	541	37	573	44,90	158,87	170	8,33
500	16	532	4	115	10	552	22,5	597	39	630	54,48	188,04	202	10,1
550	16,5	583	4	117	10	603	23	649	40	683	62,34	212,90	228	11,7
600	17	634	4	120	10,5	655	24	703	41	737	71,15	238,90	257	13,3
650	18	686	4	122	10,5	707	25	757	43	793	83,10	273,86	295	14,4
700	19	738	4	125	11	760	26,5	813	45	850	98,04	311,15	336	15,5
750	20	790	4	127	11	812	28	868	47	906	111,20	350,76	379	17,4

Tabelle 19.

Gewicht gezogener Messingröhren.

Dicke Millimeter	Wandstärke in Millimeter						
	1	1,25	1,5	1,75	2	2,5	3
25	0,719	0,912	1,105	1,300	1,492	1,908	2,322
30	0,857	1,085	1,313	1,541	1,769	2,254	2,737
35	0,995	1,258	1,520	1,783	2,045	2,599	3,151
40	1,134	1,431	1,728	2,025	2,322	2,944	3,566
45	1,272	1,604	1,935	2,267	2,598	3,289	3,981
50	1,410	1,776	2,143	2,509	2,878	3,634	4,396
55		1,949	2,350	2,751	3,151	3,979	4,810
60		2,122	2,577	2,993	3,428	4,324	5,225
65		2,295	2,765	3,235	3,704	4,669	5,640
70		2,468	2,972	3,477	3,981	5,015	6,055
75			3,180	3,719	4,257	5,361	6,469
80			3,387	3,961	4,534	5,707	6,884
85			3,595	4,203	4,810	6,053	7,299
90			3,802	4,445	5,087	6,399	7,714
95			4,010	4,887	5,363	6,745	8,128
100			4,217	5,129	5,640	7,091	8,543
105					5,916	7,437	8,958
110					6,193	7,783	9,373
115					6,469	8,129	9,787
120					6,746	8,475	10,200

Sachregister.

GPSR Compliance

The European Union's (EU) General Product Safety Regulation (GPSR) is a set of rules that requires consumer products to be safe and our obligations to ensure this.

If you have any concerns about our products, you can contact us on ProductSafety@springernature.com

In case Publisher is established outside the EU, the EU authorized representative is:

Springer Nature Customer Service Center GmbH
Europaplatz 3
69115 Heidelberg, Germany

Batch number: 10620143

Printed by Printforce, the Netherlands